Aus dem Institut für Sportökonomie und Sportmanagement
der Deutschen Sporthochschule Köln
Geschäftsführender Leiter: Univ.-Prof. Dr. H.-D. Horch

INSTANTANE-RATIONALE EMOTIONALITÄT

EIN RATIONAL REFLEKTIERTES REGULATIONSKONSTRUKT EMOTIONALEN ERLEBENS ZUR SICHERUNG DER ENTSCHEIDUNGSSITUATION BEI MERGERS & ACQUISITIONS DARGESTELLT AM BEISPIEL DER ÜBERNAHME VON REEBOK DURCH ADIDAS

von der Deutschen Sporthochschule Köln
zur Erlangung des akademischen Grades

Doktorin der Sportwissenschaften

genehmigte Dissertation

vorgelegt von

Dipl.-Kffr.
Lara T. Mohr
aus
Mannheim
Köln 2009

Vorsitzender:	Univ.-Prof. Dr. E. Meinberg
Erster Referent:	Univ.-Prof. Dr. H-D. Horch
Zweiter Referent:	Univ.-Prof. Dr. C. Breuer
Prüfer im Hauptfach:	Univ.-Prof. Dr. H-D. Horch
Prüfer im Nebenfach:	Univ.-Prof. Dr. J. Kleinert
Tag der mündlichen Prüfung:	04 März 2009

Dr. Lara T. Mohr

Die Bedeutung subjektiv-rationaler und emotionaler Manager-Motive bei Mergers & Acquisitions

Untersucht am Beispiel der Übernahme von REEBOK durch ADIDAS

EUL VERLAG

Bibliographische Information der Deutschen Bibliothek

Die Deutsche Bibliothek verzeichnet diese Publikation in der Deutschen Nationalbibliothek; detaillierte bibliographische Daten sind im Internet über <http://dnb.ddb.de> abrufbar.

Dissertation, Deutsche Sporthochschule Köln, 2009, unter dem Titel: Instantane-rationale Emotionalität – Ein rational reflektiertes Regulationskonstrukt emotionalen Erlebens zur Sicherung der Entscheidungssituation bei Mergers & Acquisitions dargestellt am Beispiel der Übernahme von REEBOK durch ADIDAS

ISBN 978-3-89936-790-4
1. Auflage März 2009

JOSEF EUL VERLAG GmbH
Brandsberg 6
D-53797 Lohmar
Tel.: +49 (0) 22 05 / 90 10 6-6
Fax: +49 (0) 22 05 / 90 10 6-88
http://www.eul-verlag.de
info@eul-verlag.de

Bei der Herstellung unserer Bücher möchten wir die Umwelt schonen. Dieses Buch ist daher auf säurefreiem, 100% chlorfrei gebleichtem, alterungsbeständigem Papier nach DIN 6738 gedruckt.

Für meine Familie

Leni und Marc

Silvia und Fred

Vorwort

Die Rationalität von Entscheidungen wird in den Wirtschaftswissenschaften häufig überschätzt. Wirtschaftsgeschehen wird jedoch nicht nur rational, sondern durch die beteiligten Menschen auch emotional beeinflusst. Zum Verständnis ökonomischer Zusammenhänge sind psychologische und verhaltensorientierte Ansätze zu berücksichtigen.

Erste Gedanken zu vorliegender Arbeit sind bereits während meines Studiums der Betriebswirtschaftslehre in Mannheim gereift. Sowohl dort als auch im Rahmen meines Promotionsstudiums an der Deutschen Sporthochschule ist mir immer wieder bewusst geworden, dass zum Verständnis von Ökonomie der neoklassische Ansatz um Aspekte und Einsichten anderer Wissenschaften ergänzt werden muss.

Zum Gelingen der Arbeit haben zahlreiche Personen beigetragen, denen ich an dieser Stelle meinen Dank aussprechen möchte.

Mein ganz besonderer Dank gilt meinem Doktorvater, Prof. Dr. H.-D. Horch, für die wertvollen und konstruktiven fachlichen und methodischen Anregungen sowie für die mir gewährten Freiräume bei der Gestaltung der Arbeit. Prof. Dr. Ch. Breuer danke ich für die Übernahme des Zweitgutachtens. Bei Prof. Dr. J. Kleinert bedanke ich mich für die Unterstützung beim Rigorosum.

Für die kritische Durchsicht der Arbeit und das Lektorat bedanke ich mich bei Christoph Moors und meinen Eltern, Silvia und Dr. Alfred Mohr. Beide haben mich in jeder Lebenslage unterstützt, mich gefördert und gefordert und sind und waren immer für mich da. Ihre Liebe kann nicht hoch genug bewertet werden.

Für die Liebe und Unterstützung in den letzten eineinhalb Jahren der Arbeit bin ich meinem Mann, Marc Mazur, dankbar. Unsere Liebe ist einzigartig und für mich das größte Glück.

Mein größter Dank gilt jedoch meinem Vater für unseren ständigen Gedankenaustausch, seine Bereitschaft, die Arbeit immer wieder zu lesen und wissenschaftliches Denken zu hinterfragen, seine unermüdliche Unterstützung bei der Literatursammlung und seine konstruktive Kritik. Ihm widme ich diese Arbeit.

Im März 2009

Lara Teresa Mohr

Abstract

Der Wirtschaftssektor befindet sich aufgrund erheblicher Veränderungen im Wettbewerbsumfeld weltweit im Umbruch. Mergers & Acquisitions (M&A) werden zunehmend zu einem notwendigen Mittel, sich im globalen Wettbewerb durchzusetzen. M&A im Sportbereich sind kaum untersucht, auch wenn im Sportsektor Unternehmen wie SALOMON, K2, ROSSIGNOL, PUMA und REEBOK übernommen wurden.

Diese Arbeit untersucht am Beispiel der Übernahme von REEBOK durch ADIDAS die Bedeutung subjektiver und emotionaler Manager-Motive bei M&A. Ausgangspunkt der Arbeit ist das praktische Problem, dass Anzahl und Bedeutung von M&A in der 6. Transaktionswelle weiter zugenommen haben, obwohl nach wissenschaftlichen Erkenntnissen im Durchschnitt aller Studien über 60 Prozent scheitern. Eine mögliche Ursache hierfür könnte die Vernachlässigung subjektiver und emotionaler Manager-Motive im Entscheidungsprozess sein. Die betriebswirtschaftliche M&A-Literatur beschäftigt sich überwiegend mit strategisch-rationalen Überlegungen. Es fehlt ein integrativer Ansatz, der die unterschiedlichen Treiber einer M&A-Entscheidung systematisiert und dabei interdisziplinär subjektive und emotionale Managermotive berücksichtigt.

Auf der Grundlage betriebswirtschaftlicher M&A-Ansätze, erweitert um neuere institutionenökonomische, verhaltenswissenschaftlich orientierte, psychologische, neurowissenschaftliche, soziologische und sportwissenschaftliche Ansätze zur Bedeutung von Emotionen, kommt die Arbeit zu dem Ergebnis, dass Emotion und Ratio im M&A-Entscheidungsprozess nicht zu trennen sind, sondern sich gegenseitig bedingen. Emotionen sind multiperspektivisch zu verstehen und sollten bei M&A-Entscheidungen unmittelbar (instantan) rational reflektiert wahrgenommen, hinterfragt und genutzt werden. Damit ergänzt die Arbeit die dominante Gewichtung strategisch-rationaler Entscheidungen in Gestalt des Homo oeconomicus in einem integrativen Ansatz, der die unterschiedlichen rationalen, subjektiven und emotionalen Motive systematisiert.

Sowohl die Erfolgsmessung als auch die Motivanalyse der Übernahme von REEBOK ergeben kein einheitliches Bild oder abschließendes Urteil. Die Momentaufnahme anhand von jahresabschluss-, kapitalmarkt- und ereignisorientierten Messverfahren zeigt, dass die formulierten Ziele nicht im angestrebten Zeitraum erreicht werden konnten. Nach der Motivanalyse erweist sich die ADIDAS-REEBOK-Transaktion als komplexe Mischung rationaler und emotionaler M&A-Motive, wobei letztere im Entscheidungsprozess nicht angemessen berücksichtigt waren.

Abstract

The economic sector is going through a significant transformation due to major changes in the global competitive environment. Mergers & Acquisitions (M&A) are increasingly a necessary instrument to compete at a global level. M&A in the sport sector has not often been analyzed, although sports companies like SALOMON, K2, ROSSIGNOL, PUMA an REEBOK were subjects to takeovers.

This dissertation analyzes the importance of subjective and emotional M&A-motives using the example of the takeover of REEBOK by ADIDAS. The initial point of this paper is the practical problem of the increase of quantity and importance of M&A during the 6th Merger-Wave, although, according to scientific studies, on average 60 percent of all transactions fail. A possible root cause for that could be the disregard of subjective and emotional management motives within decision making processes. The business and management literature mainly concentrates on strategical and rational considerations. An integrative approach systemizing the different M&A decision drivers while considering subjective and emotional M&A-motives is missing.

Based on business management M&A concepts, complemented by new institutional economic, behavioural science, neuroscience, sociological and sports science concepts relating to the importance of emotions, this dissertation concludes that emotions and rationality in the M&A decision process should not be analyzed apart, but form an interaction. Emotions are viewed in a multi-dimensional perspective and should be perceived, questioned and used instantaneously and rationally in the M&A decision making process. With this, the dissertation complements the dominant strategic-rational decision making view of Homo oeconomicus through an integrative approach systemizing the different rational, subjective and emotional motives.

The results of the performance as well as the motive analysis of the ADIDAS-REEBOK takeover are inconsistent nor allow a final opinion. The snapshot of the performance measurement based on annual statements, equity market data and event-oriented analysis shows that the formulated objectives during the projected time frame could not be accomplished. According to the motive analysis, the ADIDAS-REEBOK takeover can be described as a complex mixture of rational and emotional M&A motives, whereas the later were not adequately considered in the decision making process.

Inhaltsverzeichnis

Abkürzungsverzeichnis

Abb.	=	Abbildung
Abs.	=	Absatz
Adidas Group	=	ADIDAS
AR	=	abnormale Rendite
Aufl.	=	Auflage
Bd.	=	Band
BGB	=	Bürgerliches Gesetzbuch
bspw.	=	beispielsweise
bzw.	=	beziehungsweise
Dax	=	Deutscher Aktienindex
d. h.	=	das heißt
Diss.	=	Dissertation
DM	=	Deutsche Mark
durchges.	=	durchgesehen
ebd.	=	ebenda
Ed.	=	Editor
Eds.	=	Editors
erw.	=	erweitert
et al.	=	et alii
etc.	=	et cetera
f.	=	folgende
ff.	=	folgende Seiten
F&E	=	Forschung und Entwicklung
HGB	=	Handelsgesetzbuch
hrsg.	=	herausgegeben
Hrsg.	=	Herausgeber
IAS	=	International Accounting Standards
IMA	=	Institute for Mergers & Acquisitions
IT	=	Informationstechnologie
Jg.	=	Jahrgang
KAR	=	kumulierte abnormale Rendite

M&A	=	Mergers & Acquisitions – Fusionen und Übernahmen/Akquisitionen
Mio.	=	Million/-en
Mrd.	=	Milliarde/-n
No.	=	Number
Nr.	=	Nummer
o. S.	=	ohne Seitenangabe
o. V.	=	ohne Verfasser
RBV	=	Resource-based View
S.	=	Seite
s. S.	=	siehe Seite
s. o.	=	siehe oben
s. u.	=	siehe unten
SHV	=	Shareholder-Value
Tab.	=	Tabelle
u. a.	=	und andere
überarb.	=	überarbeitet
U. S.	=	United States
USA	=	United States of America
US $	=	US-Dollar
vgl.	=	vergleiche
vollst.	=	vollständig
z. B.	=	zum Beispiel
z. T.	=	zum Teil

Abkürzungsverzeichnis zitierter Zeitschriften

AER	=	American Economic Review
AME	=	Academy of Management Executive
AMJ	=	Academy of Management Journal
FAZ	=	Frankfurter Allgemeine Zeitung
HBR	=	Harvard Business Review
IJIO	=	International Journal of Industrial Organization
JBF	=	Journal of Banking and Finance
JEP	=	Journal of Economic Perspectives
JFE	=	Journal of Financial Economics
JMI	=	Journal of Management Issues
QJE	=	Quarterly Journal of Economics
SMJ	=	Strategic Management Journal
SJoM	=	Strategic Journal of Management
WiSt	=	Wirtschaftwissenschaftliches Studium
WISU	=	Wirtschaftsstudium
ZfB	=	Zeitschrift für Betriebswirtschaft
ZfbF	=	Zeitschrift für betriebswirtschaftliche Forschung

Abbildungsverzeichnis

Tabellenverzeichnis

Teil A

1 Einleitung

1.1 *Problemstellung*

Zu Beginn des 21. Jahrhunderts stehen Gesellschaft und Wirtschaft vor neuen Herausforderungen. Die Transformation von Wirtschaft, Politik und Gesellschaft schreitet unaufhaltsam voran. Digitalisierung und Globalisierung führen zu einer Beschleunigung aller wirtschaftlichen und gesellschaftlichen Prozesse.[1] Die zunehmende Vernetzung von Menschen und Organisationen durch Telekommunikations- und Informationstechnologie begünstigt die globale Verflechtung von Unternehmen und schafft Raum für neue Wertschöpfungsstrukturen.

Die Geschwindigkeit, mit der sich heute Globalisierung und technischer Fortschritt vollziehen, ist durch endogene Maßnahmen für viele Unternehmen nicht mehr darstellbar. Mergers & Acquisitions (M&A) werden zunehmend zu einem notwendigen Mittel, sich im globalen Wettbewerb durchzusetzen und zu behaupten. Fusionen und Akquisitionen stellen im Rahmen von Neustrukturierungen für Unternehmen eine strategische Handlungsoption zur Sicherung des bestehenden Geschäftes und zum Ausbau der Wettbewerbsfähigkeit dar. Durch M&A-Transaktionen, verstanden als „Hedging"-Strategie im Sinne der Absicherung, können fehlende Leistungsabschnitte besetzt und Lücken in der Wertschöpfungskette geschlossen werden. Ergebnisse der GLOBAL-CEO-Studie 2006 zeigen, dass an der Spitze der Prioritätenliste der Führungsverantwortlichen wieder Wachstum anstatt Kostenreduzierung steht.[2]

Mergers & Acquisitions stehen als strategische Option häufig im Wettbewerb zur Eigenentwicklung des in Frage stehenden Geschäftsegments. Dabei machen Unternehmenszusammenschlüsse nur dann Sinn, wenn die aus ihnen resultierenden Größen- und Verbundvorteile die Nachteile der Integrationskosten, die Risiken erhöhter Komplexität und die Gefahren kultureller Spannungen übersteigen. Mergers & Acquisitions übertreffen dann die Alternative Eigenentwicklung, wenn sie im Resultat aus

[1] Vgl. GLOTZ (1999), S. 20, HENZLER (1999), S. 2.
[2] Vgl. http://www-935.ibm.com/services/de/bcs/pdf/2006/ceostudy_execsum.pdf

Vor- und Nachteilen günstiger als diese abschneiden und zu einer schnelleren Umsetzung führen.

Im Kontext dieser Arbeit sind Mergers (Fusionen) die juristische Verschmelzung zweier Unternehmen, bei der eines der beiden Unternehmen seine rechtliche und wirtschaftliche Rechtspersönlichkeit verliert. Eine Akquisition wird definiert als der Kauf ganzer Unternehmen bzw. einzelner Unternehmensteile oder strategischer Anteilspakete, wobei das akquirierte Unternehmen nur seine wirtschaftliche Selbständigkeit aufgibt. Nach einer Akquisition kann das übernommene Unternehmen entweder autonom bleiben oder partiell bzw. ganz in das Mutterunternehmen eingegliedert werden. Aus juristischer Sicht bleiben die Unternehmen jedoch als rechtlich unabhängige Einheiten bestehen.[3]

Seit Beginn der 90er Jahre des letzten Jahrhunderts ist die globale Wirtschaft branchenübergreifend durch eine Fusions- und Übernahmewelle gekennzeichnet. Getreu dem Motto „big is beautiful“ scheinen viele Unternehmen den Herausforderungen der Globalisierung begegnen zu wollen. Im Jahr 2000 betrug nach einer Untersuchung des Finanzdienstleisters THOMSON FINANCIAL der Wert aller weltweiten Unternehmensübernahmen 3.490 Mrd. US $.[4] Im Vergleich zu 1999 mit einem Transaktionswert von 865 Mrd. US $ wurde damit erstmals die Schallmauer von 1 Billion US $ überschritten.[5] Nach dem fast unendlich scheinenden Wachstum der Transaktionszahlen und -volumina zeigten die Jahre 2001 bis 2003 global, europa- und auch deutschlandweit einen drastischen Abschwung im M&A-Markt. Weltweit rezessive Tendenzen, die Terroranschläge vom 11. September 2001 in New York und Washington gegen die freie Welt und schmerzvolle Erfahrungen von Unternehmen, Managern und Aufsichtsratgremien mit der Diskrepanz zwischen Erwartung und Realität haben zu diesem Rückgang beigetragen.

Erst 2004 konnte die Talsohle im globalen M&A-Geschäft dank der Erholung der Weltkonjunktur, steigender Kurse an den internationalen Börsen, hohem Konsolidierungsdruck in vielen Branchen und eines vergleichsweise niedrigen Zinsniveaus in den USA durchschritten werden. Sowohl 2004 als auch 2005 hat der M&A-Markt wieder an Fahrt gewonnen. 2005 verzeichnete der weltweite Markt für Unterneh-

---

[3] Vgl. zum gesamten Absatz VOGEL (2002), S. 5 ff. Für eine definitorische Begriffsbildung und zu weiteren Aspekten des M&A-Begriffs siehe Kapitel 2.2.1 und 2.2.2.
[4] Vgl. http://www.ma-online.de/ Jahresrückblick 2000.
[5] Vgl. http://www.ma-online.de/ Jahresrückblick 1999.

mensfusionen und -übernahmen einen deutlichen Aufschwung. Sowohl das Volumen als auch die Anzahl der weltweit abgeschlossenen Transaktionen sind im Vergleich zum Vorjahr um jeweils 19 Prozent gestiegen.[6] Im Jahr 2005 wurden weltweit 24.806 M&A-Transaktionen mit einem Gesamtwert von 2.990 Mrd. US $ abgeschlossen.[7] 2004 waren im selben Zeitraum nur 20.888 Übernahmen mit einem Wert von 1.736 Mrd. US $ verzeichnet worden.[8] 2006 wurden weltweit Unternehmenskäufe im Wert von 4.060 Mrd. US $ angekündigt.[9] Das entspricht einer Steigerung um knapp 36 Prozent im Vergleich zu 2005.[10] Das weltweit angekündigte Transaktionsvolumen in 2006 übersteigt damit erstmals den Wert von 3.490 Mrd. US $ aus dem bisherigen M&A-Rekordjahr 2000 um circa 23 Prozent.[11] Erste Zahlen zum Übernahmevolumen 2007 zeigen eine anhaltende Transaktionseuphorie. Trotz des Einbruchs im globalen M&A-Markt ab der zweiten Jahreshälfte, verursacht durch die Krise am US-Hypothekenmarkt und damit verbundene verschlechterte Finanzierungskonditionen, kann das Jahr 2007 als Boomjahr mit einem Anstieg beim Transaktionsvolumen im Vergleich zu 2006 um 15 Prozent auf 4.506 Mrd. US $ bezeichnet werden. Lediglich die Anzahl der Transaktionen war 2007 mit einem Minus von 0,5 Prozent und 33.189 Transaktionen leicht rückläufig.[12]

Auch in der Sportartikelindustrie zeigt sich ein bewegter Transformationsprozess. In 2007 ist der kalifornische Sportartikelhersteller K2 für 1,2 Mrd. US $ an den amerikanischen Konsumgüterproduzenten JARDEN verkauft worden. Bereits seit 2005 gehört die französische ROSSIGNOL-Gruppe zum amerikanischen Konzern QUICKSILVER. Die Aktionäre von QUICKSILVER sind mit der Akquisition und ihrer Entwicklung keineswegs zufrieden. Für einzelne Marken der ROSSIGNOL-Gruppe wie DYNASTAR werden Käufer gesucht. Die Golfmarke CLEVELAND ging bereits für 132,5 Mio. US $ an das japanische Unternehmen SRI SPORTS. Das wohl spektakulärste Beispiel für die Transaktionsentwicklung in der Sportartikelbranche ist die Übernahme von REEBOK durch die Adidas Group[13] im Jahr 2006. Ziel der Übernahme von REEBOK durch ADIDAS, die am 31. Januar 2006 für einen Kaufpreis in

---

[6] Vgl. http://www.ma-online.de/mar/dateien/jahresrueckblick2005.pdf.
[7] Vgl. http://www.ma-online.de/mar/dateien/jahresrueckblick2005.pdf.
[8] Vgl. ebd.
[9] Vgl. http://www.ma-online.de/mar/dateien/jahresrueckblick2006.pdf.
[10] Vgl. ebd.
[11] Vgl. http://www.ma-online.de/ Jahresrückblick 2000.
[12] Vgl. http://www.kpmg.de/about/press_office/18332.htm.
[13] Im folgenden Adidas Group = ADIDAS.

Höhe von 3,8 Mrd. US $ abgeschlossen wurde[14], war, in den kommenden Jahren dank erhoffter Effizienzvorteile am unangefochtenen Spitzenreiter der Sportartikelbranche NIKE vorbeizuziehen. Bereits ein halbes Jahr nach der Übernahme musste jedoch auch das Management von ADIDAS erste Einschränkungen hinsichtlich der Realisierung der angestrebten Synergieeffekte bekannt geben. Obwohl die Marke ADIDAS gute Zahlen vorweisen konnte, wurde das Konzernergebnis durch enttäuschende Zahlen von REEBOK belastet.

Auch wenn die Bedeutung von Mergers & Acquisitions sowohl von wissenschaftlicher als auch unternehmenspraktischer Seite allgemein anerkannt ist, bedeutet das nicht, dass Unternehmenszusammenschlüsse in der Regel erfolgreich durchgeführt werden. In den vergangenen Jahren ist eine Reihe bekannter Fusionen und Akquisitionen fehlgeschlagen. BMW hatte mit der Übernahme von ROVER keinen Erfolg, MERCEDES BENZ scheiterte an der Integration von CHRYSLER, SONY verliert trotz der Übernahme von BMG zunehmend Marktanteile gegenüber der Konkurrenz und die Integration von WELLA in den PROCTER & GAMBLE-Konzern kostete zahlreiche Arbeitsplätze und löste eine Managerflucht aus. In Abhängigkeit von Methodik und Untersuchungsdesign belegen empirische Studien Misserfolgsquoten von 14 bis 80 Prozent.[15] Folglich führt die große Mehrheit der M&A-Transaktionen nicht zu einer Wertsteigerung, sondern zu einer Wertvernichtung.

Es überrascht, dass trotz relativ stabiler empirischer Misserfolgsquoten die Transaktionszahlen steigen. Wachsende wirtschaftliche Probleme von Unternehmen mit M&A-Aktivitäten und hohe Misserfolgsquoten haben zu einer verstärkten Auseinandersetzung hinsichtlich ökonomischer Nachhaltigkeit und strategischer Logik der mit M&A-Transaktionen formierten Geschäftsmodelle und Organisationsstrukturen beigetragen. Die ermittelten Misserfolgsquoten fordern dazu auf, ein tieferes Verständnis für die hinter M&A-Aktivitäten stehenden Treiber sowie für die zentralen Gründe des Scheiterns von M&A-Projekten zu erlangen. Warum haben M&A-Entscheidungsträger nicht aus Fehlern gelernt? Kennen M&A-Führungskräfte die ernüchternde, empirisch nachgewiesene Erfolgswahrscheinlichkeit von M&A-Transaktionen nicht oder wird diese bewusst ignoriert? Werden im Rahmen der Transaktionskonzeption emotionale Aspekte bagatellisiert oder stehen vielmehr nur

[14] Vgl. http://www.adidas-group.com/de/investor/_downloads/pdf/pressemeldungen/reebok-d.pdf (31.01.2006, S. 1).
[15] Vgl. JANSEN (2004), S. 113 ff.

effizienzbezogene M&A-Motive im Vordergrund, mit denen vor allem Kapitalgeber und Anteilseigner beeindruckt werden sollen? Vernachlässigen M&A-Akteure möglicherweise bei ihren Entscheidungen einen integrativen Ansatz? Es ist durchaus denkbar, dass M&A-Manager sich bei Entscheidungen zu sehr von Emotionen und opportunistischen Interessen leiten lassen.

1.2 *Forschungslücke*

1.2.1 Grenzen rationaler Orientierung der klassischen Theorie

Die Rationalität von Entscheidungen wird in den Sozial- und Wirtschaftswissenschaften häufig überschätzt. Wirtschaftsgeschehen wird nicht nur rational, sondern auch durch die am Wirtschaftsgeschehen beteiligten Menschen emotional und triebbestimmt gestaltet. Zum Verständnis ökonomischer Zusammenhänge dürfen psychologische und verhaltensorientierte Faktoren nicht vernachlässigt werden. Explizit spielen subjektive und emotionale Komponenten eine entscheidende Rolle, wenn Menschen im Wirtschaftsgeschehen Nutzenentscheidungen treffen.

Bis heute fehlt ein wesentlicher Zugang zum Verständnis des überwiegend emotional geprägten menschlichen Handelns. Emotionale Verhaltensweisen lassen sich durch objektive Erklärungsmuster bisher nicht zweifelsfrei erklären. Da für die klassische Ökonomie emotionales Verhalten nicht beobachtbar ist und damit hinsichtlich der Bedeutung von Emotionalität in Entscheidungssituationen ein Problem der wissenschaftlichen Messbarkeit existiert, werden die im Modell des Homo oeconomicus getroffenen Annahmen als logisch unterstellt. Mit Hilfe von Soziologie, Psychologie sowie Verhaltens- und Neurowissenschaften ist es jedoch möglich, emotional beeinflusstes Verhalten besser zu verstehen.

Die Neoklassik hat die Tatsache, dass Wirtschaftsgeschehen letztlich auf menschlichem Verhalten und Erleben gründet, in der Vergangenheit nur eingeschränkt berücksichtigt. Vereinfachende Annahmen zum menschlichen Verhalten zeigen sich insbesondere im Modell des Homo oeconomicus. Das traditionelle ökonomische Menschenbild geht von rational nach Eigennutz strebenden Individuen aus. Der Homo oeconomicus trifft seine Entscheidungen, indem er rational und emotionslos zwischen den erwarteten Kosten und Nutzen verschiedener Alternativen abwägt. Da das Verfolgen von Eigeninteressen stets motivational und emotional beeinflusst ist, reichen die im Homo-oeconomicus-Modell unterstellten Annahmen nur unter bestimmten Bedingungen aus, wirtschaftliche Vorgänge zu erläutern und daraus Prognosen abzuleiten. Mit dem einfachen Modell des Homo oeconomicus ist es nicht möglich, die komplexe menschliche Motivationsstruktur abzubilden. Nach BENZ und FREY sollte der neoklassische ökonomische Ansatz nicht mehr so sehr „Exportprodukt" sein, sondern um Aspekte und Einsichten anderer Wissenschaften wie der Psychologie erweitert werden.[16] Nur durch die Einführung von Einsichten der Psychologie, der Verhaltenstheorie und der Neurowissenschaften kann das ökonomische Menschenbild verbessert und an die Realität angepasst werden. Da Sozialwissenschaften, Psychologie und Neurowissenschaften das Erleben und Verhalten von Individuen zum Gegenstand haben, können verhaltenswissenschaftliche, psychologische und neurowissenschaftliche Erkenntnisse die Analyse wirtschaftlicher Vorgänge ergänzen, auch wenn nicht alle Erscheinungen des Wirtschaftslebens alleine durch deren Berücksichtigung erklär- und vorhersagbar werden. Erkenntnisse der Psychologie, Soziologie, Neurowissenschaften und Verhaltenstheorie machen die Wirtschaftswissenschaften lebens- und erfahrungsnah.

1.2.2 Diskrepanz zwischen Theorie und Praxis: Rationalität und Emotionalität

Emotionen galten jahrzehntelang als Feind der Rationalität. Erst in den letzten Jahren hat sich die ökonomische Lehre dem Einfluss von Emotionen im Wirtschaftsgeschehen geöffnet. Trotzdem besteht nach wie vor die Tendenz, Emotionen in eine instrumentelle Logik zu überführen und zu vereinnahmen. Die traditionelle betriebswirtschaftliche Theorie blendet aus, dass Emotionen relevante ökonomische Organisa-tionsphänomene darstellen. Im klassischen ökonomischen Denken dominiert das Rationalitätsprimat. Emotionen werden dabei als Störfaktoren betrachtet, die es aufgrund ihrer Unberechenbarkeit und Irrationalität zu eliminieren gilt.[17] Obwohl die Verdrängung von Emotionalität mit negativen finanziellen Folgen, wie bspw. hohen Misserfolgsquoten von Unternehmenszusammenschlüssen, verbunden sein kann, weicht die klassische Theorie nicht von der Annahme rationaler Entscheidungen ab. Hinter der systematischen Missachtung von Emotionen steht der Mythos einer von Gefühlen trennbaren Rationalität.[18]

---

[16] Vgl. BENZ/FREY (2007), S. 10.
[17] Vgl. OATLEY/JOHNSON-LAIRD (1987), S. 30.
[18] Vgl. STEGER (2001), S. 81.

In der Praxis nimmt die Bedeutung von Emotionen jedoch stetig zu. Der praktische Bedeutungszuwachs resultiert aus Mikro- und Makrokontexten der Unternehmen, die damit als emotionale Lebenswelten definiert werden können. Der Einfluss von Emotionalität im Unternehmensumfeld wächst dabei umso stärker, je mehr Unternehmen Problemdruck und Veränderungen ausgesetzt sind. Man kann annehmen, dass Entscheidungen in Unternehmen von rationalen Gesichtspunkten und von emotionalen sowie motivationalen Eigeninteressen der Entscheidungsträger bestimmt werden. Emotionale, auf Eigennutz beruhende Entscheidungen entsprechen aber nur selten den Interessen des Unternehmens. Es ist jedoch auch voreilig und falsch, emotionale Entscheidungen als grundsätzlich irrational zu verdammen. Emotionen begründen Visionen, Ziele, Motive, Intuition, Leitbilder, Wandel, Wettbewerbsvorteile und werthaltigen Fortschritt. Emotionale Entscheidungen dürfen als kreativ, fortschrittlich und visionär betrachtet werden. Emotionen können dazu beitragen, dass Unternehmen ihre Aufgaben besser erfüllen und ihre Ziele effizienter erreichen. Führungskräfte, die emotional und intuitiv entscheiden, erkennen Signale, die von rein rational handelnden Entscheidungsträgern übersehen werden.

Die problematische Diskrepanz zwischen der zunehmenden Bedeutung von Emotionalität in der Praxis und ihrer unzureichenden Beachtung in der Theorie ist eindeutig. Der Einfluss und die Wirkung von Emotionalität in Entscheidungssituationen sind verkannt und bis heute ungewürdigt. Neue Erkenntnisse zeigen, dass Rationalität und Emotionalität bei Entscheidungen vielschichtig miteinander verflochten sind.[19] Emotionalität formt rationales Verhalten. Daher muss Denken, Handeln und Fühlen wirtschaftlicher Akteure als Einheit aufgefasst und verstanden werden. Die in dieser Arbeit dargestellte interdisziplinäre integrative M&A-Entscheidung versucht, das Spannungsfeld von Anspruch und Wirklichkeit von Emotionalität und Rationalität zu überwinden. Der integrative Lösungsansatz folgt der Erkenntnis, dass reiner Rationalismus ohne kritische Überprüfung scheitern muss und beinhaltet die Einsicht, dass Vernunft ohne Emotion auf Dauer nicht erfolgreich bestehen kann.

1.2.3 Stand der M&A-Forschung

Die wissenschaftliche Literatur begegnet dem Geschäftsmodell weltweiter Mergers & Acquisitions mit zunehmender Intensität. Von Seiten der Forschung wurde das M&A-

[19] Vgl. FINEMAN (1993), S. 16.

Phänomen aus einer Vielzahl theoretischer Perspektiven beleuchtet. Je nach Forschungsziel wurden unterschiedliche Analyseschwerpunkte gesetzt. Gegenwärtig bilden Mergers & Acquisitions aber noch keine eigenständige betriebswirtschaftliche Disziplin. Zudem fehlt es an Untersuchungen, die den besonderen Determinanten von Transaktionen innerhalb einzelner Industriezweige oder geographischer Räume Rechnung tragen. In der Praxis werden fachspezifische Kenntnisse und Erfahrungen von Experten des Finanz- und Rechnungswesens, des Gesellschafts- und Wettbewerbsrechts, des Steuerwesens, des Personalbereichs, des Marketings, der Produktion, der Forschung und Entwicklung, des Umweltbereichs, des IT-Sektors und der Organisation oft nicht berücksichtigt.

Es überrascht, dass trotz der alltäglichen Gegenwart von M&A-Transaktionen in der Praxis die Empfehlungen der Managementforschung bezüglich der Wertgenerierung aus Unternehmensübernahmen lückenhaft und teilweise widersprüchlich sind.[20] Obwohl bekannt ist, dass das Scheitern von M&A durch ein diszipliniertes Vorgehen bei der Entscheidungsfindung verhindert werden kann, haben sich bisher nur wenige Studien mit der M&A-Entscheidung und den dahinter stehenden Motiven beschäftigt. Ein allumfassender Erklärungs- und Treiberansatz für das M&A-Phänomen existiert in der M&A-Forschung nicht. Aus diesem Defizit leitet sich das Ziel der Arbeit ab.

Der Zusammenbruch der Wachstumsmärkte im zweiten Quartal 2000 und hohe Misserfolgsquoten bei M&A-Transaktionen haben eine Überprüfung der Kausalität und ökonomischen Vorteilhaftigkeit von M&A-Aktivitäten aufgezeigt. Hohe Wertverluste zahlreicher, anhand von strategisch-rationalen Kriterien gerechtfertigter M&A-Transaktionen unterstreichen die Dringlichkeit einer differenzierten Auseinandersetzung mit der Thematik. Infolge der Vernichtung substantieller Kapitalwerte muss daher hinterfragt werden, ob und wie sich andere M&A-Motive neben strategisch-rationalen Treibern auf die Durchführung von M&A-Transaktionen auswirken. Andere Motive, welche die Durchführung einer M&A-Transaktion begründen können, wurden bisher nicht angemessen gewürdigt. Ein ausschließlich am Kriterium der Effizienz orientierter Nachweis der Vorteilhaftigkeit von M&A-Transaktionen kann, zumindest aus Ex-post-Sicht, nicht erfolgen.

Wenn die Kausalität zahlreicher M&A-Transaktionen jedoch nicht ausschließlich mit strategisch-rationalen Kriterien gerechtfertigt werden kann, bleibt fraglich, welche

[20] Vgl. ZOLLO/SINGH (2004), S. 1233–1256

anderen Triebkräfte kausal hinter dem industrieübergreifenden M&A-Trend stehen. Um eine ganzheitliche Analyse über die Logik und Treiber des M&A-Phänomens zu erhalten, muss der Einfluss subjektiv-rationaler und emotional induzierter Faktoren Berücksichtigung finden. Die Dominanz strategisch-rationaler Entscheidungen im Zusammenhang mit der Unternehmens- und Organisationsgestaltung darf bezweifelt werden, wenn der Faktor Mensch eine Rolle spielt.

M&A-Entscheidungen lassen sich nicht auf einen kausalen Treiber zurückführen. Diese Arbeit gründet auf der Annahme, dass die Kausalität zahlreicher M&A-Transaktionen sowohl auf strategisch-rationale Motive zurückgeführt werden kann als auch auf den Einfluss subjektiv-rationaler und emotionaler Treiber. Im Verlauf dieser Arbeit wird sich aufbauend auf den Erkenntnissen der Neuen Institutionenökonomie, den Verhaltenswissenschaften, der Psychologie und den Neurowissenschaften zeigen, dass strategisch-rationale Entscheidungen unbewusst emotional geprägt sind und vice versa emotionales Verhalten individuell strategisch-rational beeinflusst ist. Die Einsicht, dass sich Emotionalität und Rationalität gerade nicht ausschließen, sondern vielmehr gegenseitig bedingen, erlaubt die Entwicklung der in Abbildung 1 dargestellten interdisziplinären integrativen M&A-Entscheidung. Diese Arbeit vertritt die Meinung, dass die negative Erfolgsbilanz von Unternehmenszusammenschlüssen und die damit verbundene fehlende Wertschaffung hauptsächlich mit Interessenkonflikten und triebbestimmtem sowie subjektiv motiviertem Verhalten der Unternehmensführung erklärt werden kann, das instantan[21] nicht mit strategisch-rationalen Entscheidungen verbunden war. Im Umkehrschluss bedeutet das, dass M&A-Entscheidungsträger, die Emotionalität bewusst hinterfragen und emotionalem Verhalten mit Ratio begegnen, erfolgreicher handeln werden. Emotionalität darf demnach nicht als unbeherrschbares Fehlverhalten gedeutet werden, sondern als realistisch gesehener, berechenbarer und gewollt positiv einzusetzenden Faktor einer Erfolgsstrategie.

Mit der Entwicklung und der Kenntnis der Bedeutung der interdisziplinären integrativen M&A-Entscheidung als nachhaltigem Wettbewerbsvorteil trägt die Arbeit dazu bei, das bestehende M&A-Wissen um die emotionale Komponente zu erweitern. Hierzu knüpft die Arbeit an Fragestellungen des strategischen Managements, der klassischen Theorie, der Neuen Institutionenökonomie, der Sozial-, Neuro- und Ver-

---

[21] Der Duden definiert instantan = gleichzeitig, momentan, sofort, augenblicklich, unverzüglich, unmittelbar, im genau gleichen Moment.

haltenswissenschaften und der Psychologie an. Die Arbeit darf damit als interdisziplinär verstanden werden.

Den interdisziplinären Zusammenhang und seine einzelnen Komponenten, die im Verlauf der Arbeit diskutiert werden, gibt Abbildung 1 wieder.

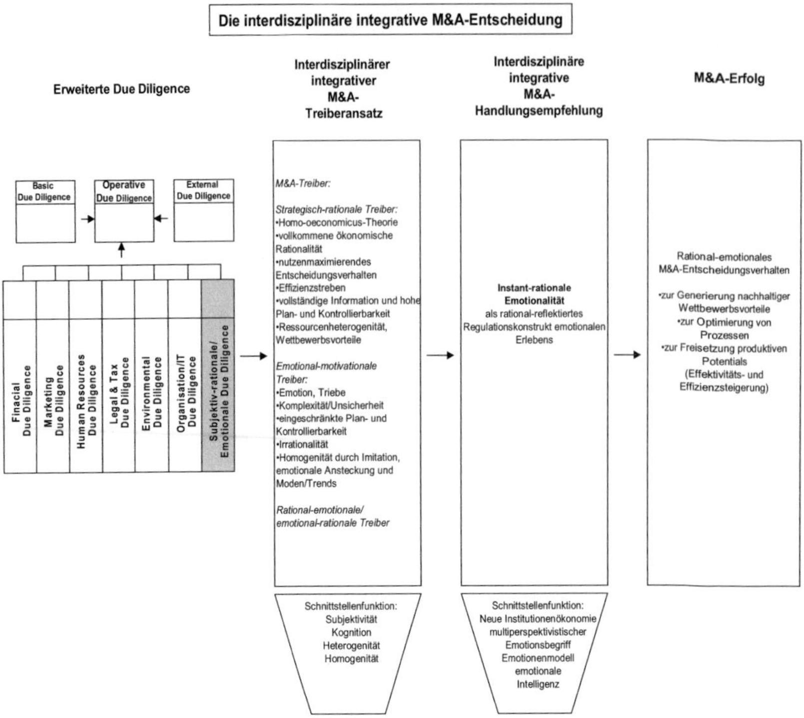

Abb. 1: Die interdisziplinäre integrative M&A-Entscheidung – Zusammenhang: erweiterte Due Diligence – M&A-Treiberansatz – M&A-Handlungsempfehlung – M&A-Erfolg.

Quelle: eigene Darstellung

1.3 ***Forschungsleitende Fragestellung und Ziel der Arbeit***

Ausgehend von einer wissenschaftlichen Lücke, einem praxisbezogenen Kausalitätsproblem bei der Bestimmung der relevanten Treiber des M&A-Phänomens und hohen Misserfolgsquoten bei M&A-Aktivitäten steht im Mittelpunkt der Arbeit, ein tieferes Verständnis für die hinter Unternehmensübernahmen stehenden Motive sowie für die zentralen Gründe des Scheiterns von M&A-Transaktionen zu erhalten. Aufbauend auf der bislang in der M&A-Forschung nicht berücksichtigten Bedeutung subjektiv und emotional beeinflusster M&A-Entscheidungen ist das Ziel der Arbeit die Entwicklung eines Ansatzes, der, neben dem bekannten Einfluss rationaler Treiber, die Rolle von Subjektivität und Emotionalität in der M&A-Entscheidungsphase bewusst macht. Aus dem zu erarbeitenden interdisziplinären integrativen Treiberansatz können praktische Handlungsanweisungen für ein erfolgreiches M&A-Projektmanagement abgeleitet werden. Die zu entwickelnde Handlungsempfehlung wird Ansätze zu einem reifen, kostruktiven und verantwortlichen Umgang mit Subjektivität und Emotionalität in M&A-Entscheidungssituationen erarbeiten und regt damit eine Weiterentwicklung und Neuausrichtung der wirtschaftswissenschaftlichen Entscheidungsforschung an.

1.4 *Aufbau der Arbeit*

Die Dissertation setzt sich aus neun Kapiteln zusammen. Die Kapitel eins bis fünf befassen sich schwerpunktmäßig mit Mergers & Acquisitions, Rationalität und Emotionalität, den M&A-Treiber-relevanten theoretischen Ansätzen sowie der interdisziplinären integrativen M&A-Entscheidung und ihren Teilbereichen. In den Kapiteln sechs bis neun folgen methodische Grundlagen, die empirische Hauptuntersuchung und Schlussfolgerungen.

Kapitel eins legt als Einleitungsteil die Basis für die Dissertation und beschreibt die Problemstellung. Dazu werden die praxisbezogene und die theoretische Ausgangslage skizziert. Darauf aufbauend werden die Ziele der Arbeit konkretisiert und die forschungsleitende Fragestellung formuliert. Aussagen zum Gang der Untersuchung schließen das einführende Kapitel ab.

Im zweiten Kapitel werden die theoretische und praxisnahe M&A-Literatur ausgewertet, die zum Verständnis des Themenfeldes relevanten Begriffe „Mergers“ und „Acquisitions“ definiert und Ordnungskriterien für Unternehmenszusammenschlüsse aufgezeigt. Zudem erfolgen ein Überblick über die historische Entwicklung des M&A-Phänomens und die Darstellung wichtiger Zahlen und Fakten zum M&A-Markt. Im Anschluss folgt eine kurze Einführung zu Erfolgskriterien und Erfolgsstudien von M&A-Transaktionen

Bezugnehmend auf die klassische Theorie sowie auf die Neue Institutionenökonomie führt Kapitel drei in das Thema Emotionalität und Rationalität im Allgemeinen und im organisationalen Kontext im Speziellen ein. Zur Ableitung eines multiperspektivischen Emotionsbegriffs werden im dritten Kapitel unterschiedliche Definitionen von rationalem, beschränkt bzw. subjektiv-rationalem und emotionalem Verhalten aus der Betriebswirtschaft, den Sportwissenschaften, der Psychologie, den Verhaltenswissenschaften und den Neurowissenschaften vorgestellt. Darauf aufbauend wird der interdependent verknüpfte Zusammenhang von Rationalität und Emotionalität erörtert. Die Erkenntnisse aus der Diskussion des Wechselwirkungsverhältnisses von Ratio und Emotion bilden die Grundlage für die Erarbeitung der interdisziplinären integrativen M&A-Entscheidung in Kapitel fünf.

Danach erfolgt im vierten Kapitel die Darstellung möglicher Treiber, die Unternehmenszusammenschlüsse erklären können. Zunächst werden dabei strategisch-rationale Erklärungsansätze vorgestellt. Die einzelnen Ansätze, denen die klassische Theorie zugrunde liegt, werden ausführlich systematisiert und untersucht, da die Literatur in diesem Themenfeld durch eine Vielzahl von theoretischen Ansätzen gekennzeichnet ist, die zum Teil unverbunden nebeneinanderstehen. Da sich die strategisch-rationalen Theorieansätze als nicht hinreichend erweisen, werden im Anschluss emotionale M&A-Treiber und die damit einhergehenden Erklärungsansätze erörtert. Die ermittelten emotional induzierten M&A-Treiber gründen auf der Prinzipal-Agenten-Theorie und auf psychologischen Ansätzen. Im Anschluss werden Überschneidungen der zunächst widersprüchlichen Ansätze hervorgehoben. Die nicht offensichtlichen Verknüpfungen strategisch-rationaler, subjektiv-rationaler und emotional induzierter Treiber erlauben die Hypothesen der Erklärungsansätze zu einem interdisziplinären integrativen M&A-Treiberansatz zusammenzuführen.

In Kapitel fünf werden die Teilbereiche der interdisziplinären integrativen M&A-Entscheidung vorgestellt. In Ergänzung zu der aus der M&A-Literatur bekannten strategisch-rationalen Due Diligence während der M&A-Entscheidungsphase wird eine subjektiv-rationale/emotionale Unternehmensbewertung eingeführt. Der subjektiv-rationalen/emotionalen Due Diligence kommt dabei die Rolle eines Frühwarnsystems für Akquisitionsrisiken durch nicht identifizierte persönliche und subjektiv motivierte M&A-Treiber zu. Aufbauend auf den aus der erweiterten Due Diligence identifizierten subjektiv-rational und emotional induzierten Motiven kann der interdisziplinäre integrative M&A-Treiberansatz entwickelt werden. Dieser bildet dann wiederum die Grundlage für die zu erarbeitende M&A-Gestaltungsempfehlung, die durch die explizite rationale Berücksichtigung der dem menschlichen Verhalten immanenten beschränkten bzw. subjektiven Rationalität und Emotionalität dazu beitragen soll, die Erfolgswahrscheinlichkeit und die Gestaltungssicherheit von M&A-Transaktionen zu verbessern. Eine kritische Würdigung der interdisziplinären integrativen M&A-Entscheidung schließt das fünfte Kapitel ab.

Das sechste Kapitel führt in die methodischen Grundlagen des empirischen Teils ein. Zur Ermittlung der hinter M&A-Aktivitäten stehenden Treiber und dem damit verbundenen Erfolg von M&A-Transaktionen werden unterschiedliche Messverfahren vorgestellt und die Auswahl der in dieser Arbeit eingesetzten Methoden begründet. Da die Erforschung subjektiver Rationalität und Emotionalität in Entscheidungssituationen bei Führungskräften mit Problemen verbunden ist und die bekannten quantitativen und qualitativen Forschungsmethoden Unzulänglichkeiten aufweisen, wird zur Ermittlung des subjektiv-rationalen bzw. emotionalen Einflusses im Rahmen der M&A-Entscheidung die Metapher-Analyse in Verbindung mit dem Emotionen-Modell als alternatives Zugangsinstrument vorgestellt.

Nach einer kurzen Einführung zu den Grundlagen der ADIDAS-REEBOK-Transaktion werden in Kapitel sieben die Übernahme und ihre relevanten M&A-Treiber empirisch untersucht.

In Kapitel acht erfolgen eine Analyse der Übernahme von REEBOK vor dem aktuellen Markthintergrund, eine vorsichtige Erfolgseinschätzung, ein Vergleich mit der fehlgeschlagenen SALOMON-Transaktion und ein fiktiver auf der erarbeiteten Gestaltungsempfehlung aufbauender Anwendungsvorschlag für die Integration von REEBOK. Mit einer kritischen Würdigung zur empirischen Fallstudie und zur Analyse der ADIDAS-REEBOK-Transaktion endet das achte Kapitel.

Das neunte Kapitel fasst die Ergebnisse der Arbeit zusammen und schließt die Arbeit mit einem Ausblick ab. In dichter Form werden Antworten auf die eingangs gestellten Forschungsfragen zusammengefasst und theoretische, praxisbezogene und betriebliche Implikationen zum Untersuchungsobjekt angeführt. Neben dem Einfluss strategischer und subjektiver Rationalität sowie triebbestimmter Emotionalität bei M&A-Entscheidungen zur erfolgreichen Umsetzung der Unternehmensziele wird im letzten Kapitel auch auf die Grenzen der interdisziplinären integrativen M&A-Entscheidung und ihrer Teilbereiche eingegangen, die als Grundlage für weitere Forschungsvorhaben dienen können.

Die folgende Gliederungsansicht bietet einen Überblick über den Aufbau und die Struktur der Arbeit.

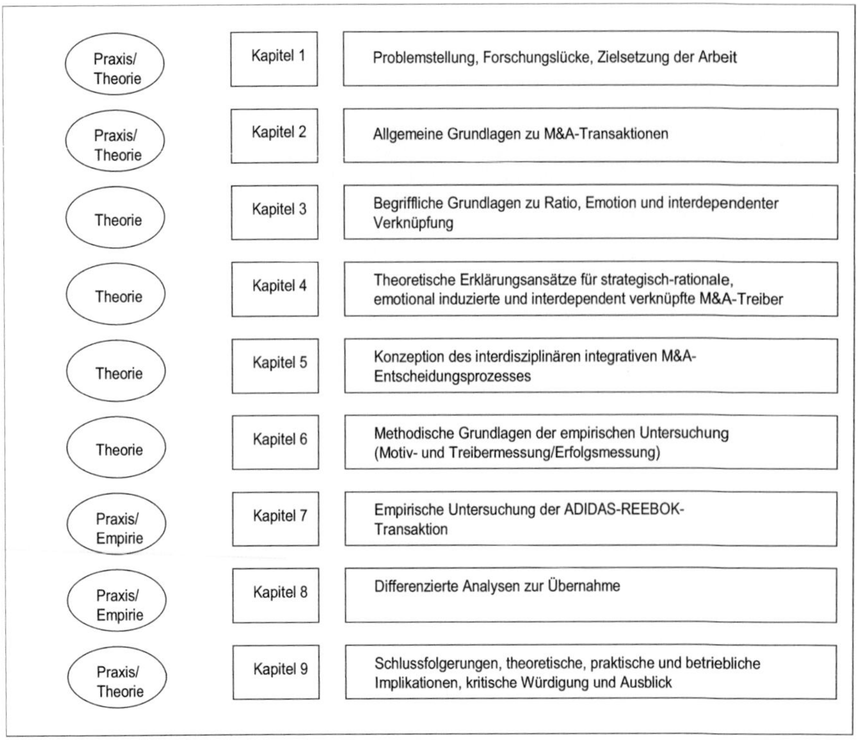

Abb. 2: Aufbau und Struktur der Arbeit.

Quelle: eigene Darstellung

2 Mergers & Acquisitions

2.1 *Allgemeine Grundlagen*

Die Weltwirtschaft befindet sich infolge erheblicher Veränderungen innerhalb des Wettbewerbsumfeldes im Umbruch. Das Marktgeschehen wird durch Systemvariationen, komplexe Wertschöpfungsketten, zunehmenden Wettbewerb um Kapitalressourcen und wechselnde Aktionärsstrukturen beeinflusst. Anspruchsvolle Kapitalmarktbewertungen von Unternehmen und hohe Erwartungen der Investoren an nachhaltiges Ertragswachstum erhöhen den Handlungsdruck auf Unternehmensleitungen, alle verfügbaren Quellen profitablen Wachstums zu erschließen. Um sich langfristig eine Erfolg versprechende Wettbewerbsstellung zu sichern, müssen Unternehmen den Wettbewerb aktiv mitgestalten. Es gilt, zu agieren anstatt zu reagieren. Mergers & Acquisitions stellen eine strategische Handlungsoption dar, um den infolge der beschriebenen Umwelt- und Systementwicklungen veränderten Marktstrukturen zu begegnen. Nach Auffassung von MÜLLER-STEWENS, SPICKERS und DEISS bieten M&A-Transaktionen – bei beträchtlichem Risiko – das Potential, ein Unternehmen zielgerichtet zu verändern, um sich optimal zu positionieren.[22] GOMEZ und WEBER fassen Mergers & Acquisitions als ein organisationales Wachstumsphänomen auf mit dem Ziel, in expandierenden Märkten die Wettbewerbsstellung eines Unternehmens auf globaler Basis zu sichern.[23] Mit Unternehmenszusammenschlüssen wird somit eine externe Wachstumsstrategie verfolgt, mit der auf veränderte Anforderungen und Rahmenbedingungen der Märkte reagiert wird. Dass M&A-Transaktionen damit einzel- und gesamtwirtschaftliche Bedeutung zukommt, ist offensichtlich.

2.2 *Begriffbestimmung*

Der Facettenreichtum auf dem Markt für Unternehmen und Unternehmensbeteiligungen ist groß und erweitert sich ständig. Es ist daher zweckmäßig, sich dem Thema Mergers & Acquisitions mit einer Eingrenzung des Begriffs zu nähern.

---

[22] Vgl. MÜLLER-STEWENS/SPICKERS/DEISS (1999), S. 9.
[23] Vgl. GOMEZ/WEBER (1989), S. 15.

Die internationale Wirtschaftswelt gewährt zu unterschiedlichen Zeiten bestimmten Theorien, Begriffen und Entwicklungen besondere Aufmerksamkeit. Mergers & Acquisitions haben gegenwärtig globale Prominenz erlangt. Nach einigen Jahren der M&A-Flaute mit Kursstürzen, lahmender Weltwirtschaftskonjunktur und mangelnder Investitionstätigkeit wird in der Wirtschafts- und Tagespresse wieder täglich über neue Transaktionen und Übernahmekandidaten berichtet.

Die Tatsache, dass die englische Wortkombination M&A zum weltweiten Gattungsbegriff geworden ist, hebt die Dominanz der englischsprachigen Länder in der M&A-Wissenschaft hervor.[24] Der M&A-Begriff trat bereits Ende des 19. Jahrhunderts in den USA während der ersten Übernahmewelle (1895–1904) auf. Schon damals waren Fusionen und Übernahmen fester Bestandteil des Repertoires zur Neuausrichtung von Unternehmensportfolios. Für das englische Begriffspaar Mergers & Acquisitions existiert in der Literatur keine einheitliche Abgrenzung, vielmehr ist eine Definition dem jeweiligen Untersuchungsziel anzupassen.[25] In der englischsprachigen Literatur treten Mergers & Acquisitions in der Regel als „ständig verbundenes Begriffspaar“ auf.[26] Die deutschsprachige Literatur verwendet die Dachbegriffe Unternehmenszusammenschluss oder Unternehmensakquisition. Sowohl die deutsch- als auch die englischsprachige Literatur wird von unterschiedlichen Terminologien und einer Vielzahl an Systematisierungsansätzen geprägt. Eine Reihe von heterogenen Definitionsan-sätzen verwundert nicht. In der modernen angelsächsischen Literatur wird der Begriff M&A breit definiert. COPELAND und WESTON erläutern: „The traditional subject of M&A has been expanded to include takeovers and related issues of corporate restructuring, corporate control, and changes in the ownership structure of firms.“[27] KOOTZ bemerkt hierzu: „Internationally, the expression merger & acquisition – abbreviated M&A or only merger – has become a general term which refers to all kinds of activities which are related to the buying and selling of a company.“[28] SUDARSANAM definiert den Begriff noch weiter und fasst M&A als „means of corporate expansion and growth“ auf.[29] Nach der US-amerikanischen Literatur schließt der M&A-Begriff die in Tabelle 1 aufgelisteten Bereiche ein.

---

[24] Vgl. BRESSMER/MOSER/SERTL (1989), S. 6.
[25] Vgl. HÖLTERS (2002), S. 3.
[26] Vgl. PAUSENBERGER (1989), S. 624, GAUGHAN (1999), S. 7.
[27] Vgl. COPELAND/WESTON (1988), S. 676.
[28] Vgl. KOOTZ (1996), S. 8.
[29] Vgl. SUDARSANAM (1995), S. 1.

Tab. 1: Teilbereiche des M&A-Geschäftes gemäß US-Definition.

Quelle: COPELAND/WESTON (1988), S. 677, GAUGHAN (1999), WESTON (2001)

Expansion	Corporate Restructurings
•Mergers •Acquisitions •Tender Offers •Joint Ventures	•Spin-offs •Divestitutres •Equity Carve-outs •Split-ups und Split-offs
Corporate Control	Changes in Ownership Structure
•Premium Buybacks •Standstill Agreements •Antitakeover Amendments •Proxy Contest •Employee Stock Ownership Plans	•Exchange Offers •Share Repurchases •Going private •Leveraged Buy-outs

Unter Expansion sind Mergers & Acquisitions, Tender Offers und Joint Ventures zu verstehen. Bei Mergers und Acqusitions handelt es sich nach US-amerikanischem Verständnis um horizontale, vertikale oder konglomerate Zusammenschlüsse oder Übernahmen. Tender Offers sind direkt an die Aktionäre gerichtete monetäre Angebote mit oder ohne Einverständnis des Vorstandes. Die zeitlich beschränkte Zusammenarbeit zweier oder mehrerer Parteien für einen begrenzten Bereich der Geschäftsaktivitäten ist als Joint Venture bekannt. Zu den Corporate Restructuring Maßnahmen zählen Spin-offs, Split-ups, Split-offs, Devestitures und Equity Carve-Outs. Spin-offs sind für Aktionäre wertneutrale Ausgliederungen von Unternehmensbereichen. Sonderform der Spin-offs sind Split-ups und Splitt-offs, bei denen zugunsten der einzelnen Bereiche die Holding aufgelöst wird. Die Veräußerung von Unternehmensteilen wird als Devestiture verstanden. Die Veräußerung von Unternehmensteilen durch Börsengang ist ein Equity Carve-Out. Corporate Control Maßnahmen beinhalten Premium Buybacks, Standstill Agreements, Antitakeover Amendments, Proxy Contests und Employee Stock Ownership Plans. Premium Buybacks sind Rückkäufe von größeren Aktienpaketen durch Aktionäre mit einer oberhalb des Marktpreises liegenden Prämie. Standstill Agreements sind freiwillige Verträge, die regeln, dass die derzeitigen Großaktionäre keine Erhöhung ihrer Anteile oder die ausgekauften Aktionäre im Rahmen von Buybacks keine weiteren Investitionen in das Unternehmen vornehmen. Antitakeover Amendments haben zum Ziel, Übernahmen zu erschweren bzw. zu verteuern. Mittels Proxy Contests versucht ein konkurrierendes Management gegen die Führungsverantwortlichen einen Übernahmeversuch durchzusetzen, beim Employee Stock Ownership Plan wird den Mitarbeitern des Unternehmens die Möglichkeit gegeben, das Unternehmen zu erwerben. Der vierte Teilbereich des US-amerikanischen M&A-Verständnisses umfasst Exchange Offers, Share Repurchases, Going private und Leveraged Buy-outs. Die Veränderung der Unternehmenskapitalstruktur durch Austausch von Schulden oder Vorzugsaktien in normale Stammaktien und vice versa ist als Exchange Offer bekannt. Bei einem Share Repurchase werden eigene Aktien zurückgekauft mit dem Ziel, den Aktienwert für die verbliebenen Aktionäre zu erhöhen. Der Kauf des Eigenkapitals einer staatlichen Unternehmung durch eine Investorengruppe wird als Going private bezeichnet. Bei Leveraged Buy-outs erfolgt eine Konzentration des breit gestreuten Aktienbesitzes auf eine kleine Eigentümergruppe durch hohe Fremdfinanzierungsanteile.

Tabelle 1 gibt einen Überblick zum US-amerikanischen Verständnis der vier M&A-Teilbereiche. Auffällig ist, dass bei den US-amerikanischen M&A-Definitionen nicht der Dienstleistungsmoment sowie die Beratung und Finanzierung durch Dritte im Vordergrund stehen, sondern die Unternehmensperspektive hinsichtlich Restrukturierung, Sanierung und Unternehmenskontrolle bzw. -steuerung.

In Deutschland wurden Mergers & Acquisitions durch die wirtschaftswissenschaftliche Forschung erst in den letzten 25 Jahren intensiv thematisiert. Das kann auch erklären, weshalb der Begriff M&A weder bei WÖHE und HEINEN noch bei SCHMALENBACH in den jeweiligen betriebswirtschaftlichen Basiswerken ausführlich erörtert wurde.[30] WÖHE spricht von M&A-Geschäften als „Sonderfälle der Außenfinanzierung".[31] Auch in der Spezialliteratur wird auf eine explizite Definition des M&A-Begriffs verzichtet. Dennoch liegen einige wenige Begriffsbestimmungen für Mergers & Acquisitions von deutschsprachigen Autoren vor. Eine Auswahl von M&A-Definitionen deutscher Autoren zeigt die folgende Tabelle 2.

Tab. 2: Definitionen des M&A-Begriffs deutscher Autoren.

Quelle: eigene Darstellung, in Anlehnung an WIRTZ (2003), S. 11 f.

Autor	Definition
Willers/Siegert (1988)	Unter M&A wird jede Form von externem Wachstum verstanden, wobei die Integrationsvarianten von Joint Ventures/strategischen Allianzen und Beteiligungsmodellen bis zum 100%-igen Kauf eines Unternehmens reichen können.
Behrens/Merkel (1990)	Mergers & Acquisitions (M&A) sind Fusionen und Übernahmen von Unternehmen bzw. deren Teilbereichen oder Tochtergesellschaften.
Müller-Stewens/Spickers/Deiss (1999)	M&A sind Transaktionen, die neben dem Transfer von Eigentumsrechten vor allem die Übertragung von Kontroll- und Leitungsbefugnissen an Unternehmen zum Gegenstand haben.
Achleitner (2001)	Der Begriff M&A bezeichnet zunächst Transaktionen auf dem Markt für Unternehmen, Unternehmensteile und Beteiligungen. Nach allgemeiner Auffassung beschränkt sich M&A allerdings auf den Erwerb und die Veräußerung von Unternehmen, Unternehmensteilen und Beteiligungen und die Eingliederung in den Unternehmensverbund des Erwerbers gegebenenfalls als Tochtergesellschaft (Acquisition) und die Verschmelzung (Fusion) zweier Unternehmen mit oder ohne vorherigen Anteilserwerb (Merger). [...] Üblicherweise nicht im Bereich M&A anzusiedeln sind [...] der Erwerb von Anteilen, die keine Leitungs- und Kontrollbefugnis gewähren. Der Erwerb selbst größerer Beteiligungen, die ausschließlich der passiven Finanzlage dienen, wird ebenfalls nicht unter dem Begriff M&A subsumiert.
Vogel (2002)	Der Begriff M&A schließt alle Transaktionen [...] ein, die die Übertragung strategisch induzierter und aktiv wahrzunehmender Kontroll- und Leitungsbefugnisse an Unternehmen bzw. entsprechender Rechte und Pflichten bei vertraglichen Kooperationen zum Inhalt haben.

[30] Vgl. SCHMALENBACH (1947), WÖHE (1968), HEINEN (1992).
[31] Vgl. WÖHE (1993), S. 913 f.

Lucks/Meckl (2002)	[...] M&A [kann] als Oberbegriff für Transaktionen verwendet [werden], die durch den Übergang von Weisungs- und Kontrollbefugnissen an Unternehmen auf andere Unternehmen gekennzeichnet sind. Die Trennung von Fusion und Akquisition nach der juristischen Begrifflichkeit wird [...] nur dann vorgenommen, wenn sich für den M&A-Prozess relevante Unterschiede ergeben.
Wirtz (2003)	M&A-Transaktionen sind das Ergebnis eines strategisch motivierten Kaufs bzw. Zusammenschlusses von Unternehmen oder Unternehmensteilen. Damit verbunden ist eine Übertragung der Verfügungs-, Kontroll- und Leitungsbefugnisse.

Bei einem Vergleich der unterschiedlichen Definitionsansätze fällt die Übereinstimmung einiger weniger, jedoch zentraler Charakteristika auf. Nahezu alle Definitionen sehen im Transaktionsprozess eine zentrale Bedeutung und sind im Vergleich zur angelsächsischen Literatur stärker marktbezogen. Die meisten Definitionen weisen eine teleologische Perspektive auf, indem sie insbesondere den Transfer von Eigentumsrechten und die Übertragung von Leitungs-, Weisungs- und Kontrollbefugnissen hervorheben. Explikative Aussagen finden sich ebenso wenig wie emotionale oder integrative Perspektiven. Einige Definitionsansätze sehen das Ziel von M&A Transaktionen im Verfolgen strategischer Absichten. Keine der aufgelisteten Definitionen berücksichtigt Emotionen, Herdentrieb, Absicherungsziele oder opportunistisches Verhalten. Die Definitionen bestätigen die wirtschaftswissenschaftliche Vernachlässigung der dem menschlichen Verhalten immanenten Emotionalität. Der M&A-Begriff ist um das emotionale Element zu erweitern.

Unter Berücksichtigung der unterschiedlichen Aspekte des M&A-Begriffs und der bereits angesprochenen Notwendigkeit der Anpassung des Begriffs an das jeweilige Untersuchungsfeld ist folgende Definition sachgerecht: Der Begriff Mergers & Acquisitions schließt alle Transaktionen ein, die die Übertragung strategisch-rational und/oder emotional induzierter und aktiv wahrzunehmender Kontroll- und Leitungsbefugnisse an Unternehmen bzw. entsprechender Rechte und Pflichten bei vertraglichen Kooperationen zum Inhalt haben. Die folgende Abbildung 3 verdeutlicht die wichtigsten M&A-Transaktionsformen:

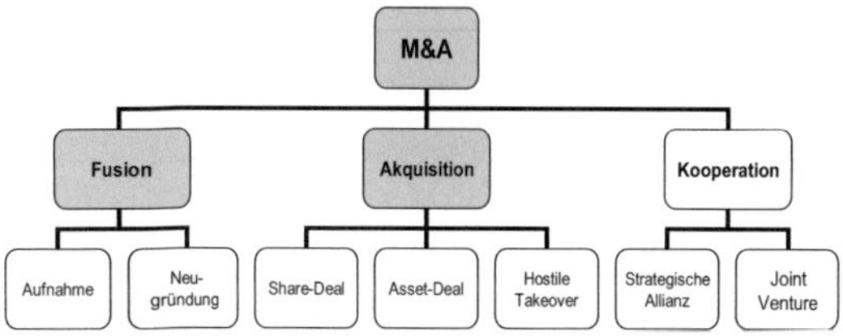

Abb. 3: Die wichtigsten Arten von M&A-Transaktionen.

Quelle: eigene Darstellung

Die klassischen Erscheinungsformen von Mergers & Acquisitions umfassen die in Abbildung 3 dunkel unterlegten und den Untersuchungsgegenstand dieser Arbeit darstellenden Fusionen und Akquisitionen.

2.2.1 Fusion (Merger)

Unter einer Fusion, das Umwandlungsgesetz (UmwG)[32] spricht von Verschmelzung, wird die wirtschaftliche und rechtliche Vereinigung von zuvor rechtlich selbständigen Unternehmen verstanden. Eine Fusion beginnt demnach mit dem Untergang der ursprünglichen Rechtspersönlichkeit mindestens eines der beteiligten Unternehmen. Die Verschmelzung der Vermögensmassen erfolgt durch Übernahme aller Wirt-

[32] Vgl. UMWANDLUNGSGESETZ vom 28.10.1994.

schaftsgüter der übertragenden von der aufnehmenden Gesellschaft (Fusion durch Aufnahme)[33] oder durch Übertragung der Vermögen beider Unternehmen auf eine neu gegründete Gesellschaft (Fusion durch Neugründung)[34].

2.2.2 Akquisition (Acquisition)

Der Erwerb eines Unternehmens oder von Teilen desselben wird Akquisition genannt. Für das gekaufte Unternehmen bedeutet das in der Regel, dass es seine rechtliche Selbständigkeit unter neuer Eigentümerstruktur beibehält.

Aus betriebswirtschaftlicher Sicht bezeichnet eine Akquisition den Kauf eines Unternehmens oder einzelner Unternehmensteile, die im Anschluss in das Unternehmen des Käufers integriert werden. Dabei gehen die Leitungs- und Kontrollbefugnisse des akquirierten Unternehmens auf den Käufer über. Juristisch gesehen, unterscheiden sich Fusion und Akquisition durch den Grad der rechtlichen Selbständigkeit der beteiligten Unternehmen nach der Transaktion. Bei einer Akquisition bleibt die rechtliche Selbständigkeit der Transaktionspartner erhalten, auch wenn die wirtschaftliche Selbständigkeit des gekauften Unternehmens durch den teilweisen oder vollständigen Übergang der Kontrollrechte entscheidend berührt wird.[35] CAYTAS und MAHARI ziehen zum besseren Verständnis den Vergleich mit einem Schiff: Es „wechselt nicht die Bauart, nur der Steuermann: die Kontrolle geht in andere Hände über, und deshalb ändert sich der Kurs meist spürbar".[36] Wegen des Übergangs der Kontrollrechte wird eine Akquisition in der betriebswirtschaftlichen Literatur häufig mit strategischen Zielen verknüpft, inhaltlich wird aber lediglich der Kauf der Kontrollrechte beschrieben.[37]

Die Reinform einer Akquisition bildet der hundertprozentige Erwerb der Vermögensgegenstände bzw. Anteile eines Unternehmens. Eine Akquisition kann aber auch durch den Erwerb geringerer Anteile, mit denen ein maßgeblicher wirtschaftlicher Einfluss erreicht wird, erfolgen.[38] Fraglich ist jedoch, ab welcher Beteiligungshöhe ein solcher Einfluss besteht. Zieht man zur Beurteilung dieser Frage die rechtliche Begriffsauffassung heran, zeigt sich, dass diese, ebenso wie die betriebswirtschaftliche

[33] Vgl. §§ 4 ff. UmwG.
[34] Vgl. §§ 36 ff. UmwG.
[35] Vgl. KOOTZ (1996), S. 7.
[36] Vgl. CAYTAS/MAHARI (1988), S. 23.
[37] Vgl. SCHAPER-RINKEL (1998), S. 17–18.
[38] Vgl. BAMBERGER (1994), S. 5.

Literatur, durch uneinheitliche Termini gekennzeichnet ist. Nach dem Handelsrecht (HGB) besteht eine Beteiligung ab einer Beteiligungsquote von mehr als 20 Prozent am Nominalkapital der Tochtergesellschaft.[39] Das Aktiengesetz sieht die Beherrschung eines Unternehmens ab einer Mehrheitsbeteiligung (mindestens 50 Prozent des Nominalkapitals) als gegeben, während das Gesetz gegen Wettbewerbsbeschränkungen (GWB) von Unternehmenszusammenschlüssen ab dem Erwerb von Anteilen oder Stimmrechten in Höhe von mindestens 25 Prozent spricht.[40] Das zum 1. Januar 2002 verabschiedete Gesetz zur Regelung öffentlicher Angebote zum Erwerb von Wertpapieren und Unternehmensübernahmen (WpÜG) geht von einem Erwerb der Kontrolle über Unternehmen ab dem Halten von mindestens 30 Prozent der Stimmrechte der Zielgesellschaft aus.[41]

Um die wirtschaftliche Kontrolle über ein Unternehmen zu erlangen, müssen nicht zwangsläufig Gesellschaftsanteile des Rechtsträgers erworben werden. Eine Akquisition, bei der die gesellschaftliche Beteiligung durch Kapitalanteilserwerb erfolgt, heißt Share Deal. Dabei stellt die gesellschaftsrechtliche Beteiligung den rechtlichen Kaufgegenstand dar und die Identität des übernommenen Unternehmens bleibt bestehen. Bei dieser Form des Unternehmenserwerbs liegt ein Rechtskauf nach § 433 I Satz 2 BGB vor, weil nicht die Unternehmensanteile selbst, sondern die Rechte daran erworben werden, die bei Aktiengesellschaften Wertpapiere sind.[42]

Ein Asset Deal dagegen liegt vor, wenn der Vermögenserwerb über die zum Unternehmen gehörenden Rechte und Sachen erfolgt. Beim Asset Deal wird eine Übertragung aller Wirtschaftsgüter, d. h. aller wesentlichen Aktiva und Passiva, vorgenommen. Es liegt somit ein Sachkauf im Sinne des § 433 I Satz 1 BGB vor, bei dem nicht nur der vollständige Besitz, sondern auch das komplette Eigentum des Verkäuferunternehmens erworben wird.[43] Hinsichtlich des Akquisitionsbegriffs ergibt sich beim Asset Deal ein Abgrenzungsproblem, da unklar ist, ab wann eine wirtschaftliche Kontrolle vorliegt, wenn lediglich einzelne Vermögensgegenstände den Eigentümer wechseln. Um bei einem Asset Deal von einer Akquisition zu sprechen, müssen deshalb alle wesentlichen, d. h. für die Erfüllung der wirtschaftlichen Zweckbestimmung

[39] Vgl. § 271 Abs. 1 sowie § 291 HGB.
[40] Vgl. § 16 AktG sowie § 37 Abs. 1 Nr. 3 GWB. Vgl. PAPROTTKA (1995), S. 7–8, BAMBERGER (1994), S. 5.
[41] Vgl. § 29 Abschnitt 4 Satz 2 WpÜG (2002).
[42] Vgl. § 433 I Satz 2 BGB.
[43] Vgl. § 433 I Satz 1 BGB.

eines Akquisitionsobjektes unabdingbaren Vermögensbestandteile übertragen werden.[44]

Hostile Takeovers (feindliche Übernahmen) sind ein sich seit den 70er Jahren im angelsächsischen Raum parallel zum gesamten M&A-Markt entwickelndes Phänomen. Mittlerweile werden laut JANSEN ca. 14 Prozent aller Übernahmeversuche zunächst feindlich vorgetragen.[45] Feindliche Übernahmen sind Übernahmeangebote, die ohne Zustimmung des Managements des Zielunternehmens erfolgen, wobei zunächst keine Wertung vorgenommen wird, ob der Zusammenschluss ökonomisch sinnvoll ist oder nicht. In vielen Fällen ist eine schlechte Unternehmensführung ein Hauptmotiv für die Unterbewertung von Unternehmen, die bei einer feindlichen Übernahme und dem resultierenden Austausch des Managements eine Wertsteigerung erzielen können. Feindliche Übernahmen werden in der Regel unter dem Aspekt der Abwehr betrachtet. Es ist umstritten, welche Legitimationszusammenhänge für oder gegen feindliche Übernahmen sprechen. Gegen feindliche Übernahmen sprechen Argumente, die die Unternehmensinteressen und insbesondere die der Stakeholder betreffen. Auf der anderen Seite bestricht die Eigentümerlogik, nach der das Management des Zielunternehmens entsprechend des Shareholder Value-Prinzips kein Angebot ablehnen darf, dass die Aktionäre an einer Verkaufsmöglichkeit zu einem Kurs oberhalb des aktuellen Aktienkurses hindert. Investmentbanken betonen die Berechtigung unfreundlicher Übernahmen, allerdings mit dem Hinweis auf Informations- und Preisgestaltungsprobleme sowie schwierige Integrationsaufgaben (Demotivation des Managements).

Da Fusionen und Akquisitionen den Untersuchungsgegenstand dieser Arbeit bilden, werden die unter den M&A-Begriff Kooperation fallenden Transaktionsformen Strategische Allianz und Joint Venture nur kurz erörtert.

2.2.3 Kooperation

Zu den Merkmalen einer Kooperation zählen die gemeinsame Erfüllung von Aufgaben, die rechtliche und wirtschaftliche Selbständigkeit der beteiligten Unternehmen, die Existenz eines verbindlichen Vertrags, kein Zwang zur Mitgliedschaft, rechtliche Zulässigkeit, Zielkongruenz unter den Vertragspartnern, die Verbesserung der Wett-

[44] Vgl. GERPOTT (1993), S. 29.
[45] Vgl. JANSEN (2001b), S. 60.

bewerbsposition und Zeitvorteile. Interessant im Zusammenhang mit Kooperationen ist die Frage der rechtlichen Selbständigkeit der Vertragsunternehmen. Während die rechtliche Selbständigkeit im Hinblick auf die eigenständige Rechtspersönlichkeit gegeben ist, sind die beteiligten Unternehmen nach JANSEN dann als wirtschaftlich unabhängig zu betrachten, wenn sie über die Entscheidungsfreiheit verfügen, die Kooperationsbeziehung aufzunehmen oder zu beenden.[46]

In Deutschland definiert das Gesetz gegen Wettbewerbsbeschränkungen (GWB) den Kooperationsbegriff. Die Kooperation wird erlaubt, sofern sie dem Zweck der wirtschaftlichen Rationalisierung dient, den Wettbewerb auf dem Markt nicht wesentlich beeinträchtigt und vertraglich zwischen kleineren und mittleren Unternehmen verabredet wird.

Im Verhältnis zu Fusionen und Akquisitionen, die auch als „harter Weg" bezeichnet werden, sind Kooperationen auf vertraglicher Basis als der „weiche Weg" des Restrukturierungsprozesses im globalen Wettbewerbsumfeld anzusehen.[47] Als eigenständige Variante können Kooperationen Vorstufe zu weitergehenden Unternehmensverbindungen sein.

Nach JANSEN ist die Strategische Allianz eine zeitlich begrenzte Kooperationsform zwischen rechtlich und wirtschaftlich unabhängigen Organisationen, die in bestimmten Geschäftsfeldern gemeinsam getroffene Entscheidungen koordiniert umsetzen und dadurch langfristige Wettbewerbsvorteile anstreben.[48] Dabei können die Partner sowohl gleichartige als auch komplementäre Ressourcen einbringen. Mit Strategischen Allianzen wird zunehmend versucht, etablierten Unternehmen den Zugang zu neuen Entwicklungen Dritter zu sichern und gleichzeitig jungen, stark wachsenden Unternehmen den Zugang zu bestehenden Ressourcen und gewachsener Kompetenz zu ermöglichen. CHAN und andere fanden heraus, dass Strategische Allianzen einen positiven Effekt auf den Unternehmenswert der beteiligten Partner haben, ohne dass es zu einseitigen Transfers zwischen den Unternehmen gekommen ist. Es konnte zudem gezeigt werden, dass Strategische Allianzen, die einen Wissenstransfer einschlossen, wertschaffender waren als Allianzen die lediglich gemeinsame Marketing-Aktivitäten vorsahen.[49]

---

[46] Vgl. JANSEN (2001b), S. 111.
[47] Vgl. DOZ (1992), S. 47.
[48] Vgl. JANSEN (2001b), S. 125 f.
[49] Vgl. CHAN, KENSINGER, KEOWN u.a. (1997), S. 200.

Bei Strategischen Allianzen haben sich dennoch ähnliche Misseerfolgsraten wie bei Fusionen und Akquisitionen gezeigt. Aufgrund der leichteren Auflösbarkeit von Strategischen Allianzen sind sie den klassischen M&A-Transaktionen jedoch dann vorzuziehen, wenn die Konsequenzen der Unternehmensverbindung zum Zeitpunkt des Zusammenschlusses nicht fundiert prognostiziert werden können.

Der Begriff des Joint Venture hat als deutsches Pendant das Gemeinschaftsunternehmen. Unter Joint Ventures verstehen SCHUBERT und KÜTING eine Form der betrieblichen Zusammenarbeit zwischen zwei oder mehreren voneinander unabhängigen Unternehmen, den Gesellschafterunternehmen, die sich darin niederschlägt, dass ein rechtlich selbständiges Unternehmen gemeinsam gegründet oder erworben wird mit dem Ziel, Aufgaben im gemeinsamen Interesse der Gesellschafterunternehmen auszuführen.[50] Diese Definition deckt sich weitgehend mit der angelsächsischen Auffassung eines Equity Joint Venture. Die Führung und Aufsicht des Unternehmens wird in den meisten Fällen gemeinsam ausgeübt. Die erfolgreiche Führung eines Joint Venture durch die beteiligten Gesellschaften setzt zentrale Regelungsbereiche in der Leitungs- und Entscheidungskompetenz, der Finanzierung, dem Ausscheiden von Gesellschaftern und der Beendigung des Joint Venture, der Haftung, der steuerlichen Belastung sowie der bilanztechnischen Behandlung voraus.

2.3 *Ordnungskriterien für Unternehmenszusammenschlüsse*

2.3.1 Bindungsintensität

Die im vorherigen Abschnitt abgeleitete Definition von Mergers & Acquisitions basiert implizit auf dem Systematisierungsansatz der Bindungsintensität von Unternehmenszusammenschlüssen. Diesem liegen im Wesentlichen zwei Kriterien zugrunde. Zum einen ist entscheidend, durch welche Bindungsinstrumente der Unternehmenszusammenschluss zustande kommt (z. B. auf Basis mündlicher oder schriftlicher Absprachen). Zum anderen ist relevant, wie hoch der Grad an wirtschaftlicher und rechtlicher Dispositionsfreiheit der Unternehmen im Anschluss an die Transaktion ist.[51] Abbildung 4 zeigt, dass Fusionen und Akquisitionen hinsichtlich der Intensität der Unternehmensverbindung den höchsten Grad aufweisen.

---

[50] Vgl. SCHUBERT/KÜTING (1981), S. 219.

[51] Vgl. ebd., S. 8. Die Bindungsintensität wird auch als Schärfe oder Strenge der unternehmerischen Zusammenarbeit bezeichnet.

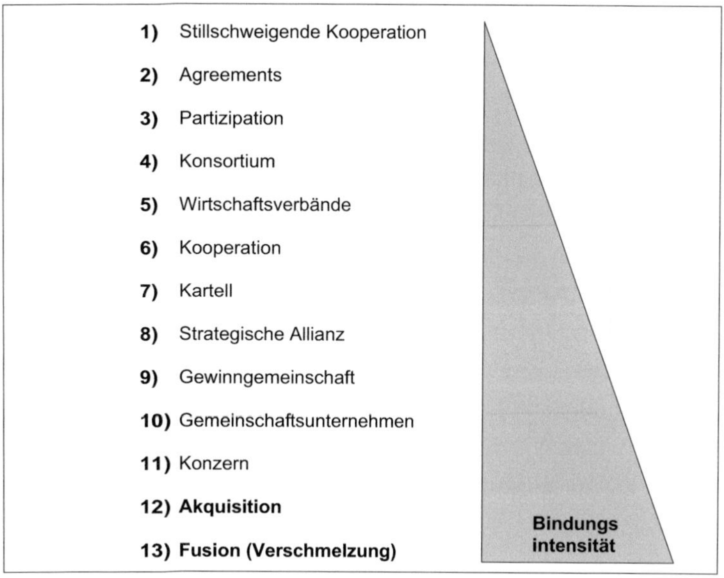

Abb. 4: Bindungsintensität von Unternehmenszusammenschlüssen.

Quelle: eigene Darstellung, in Anlehnung an BAMBERGER (1994), S. 6

Im Hinblick auf die Dispositionsfreiheit bleiben bei den in Abbildung 4 aufgeführten Formen der Unternehmensverbindungen 1 bis 10 sowohl die wirtschaftliche als auch die rechtliche Selbständigkeit des Unternehmens formal bestehen, eine kapitalmäßige Verflechtung der Transaktionspartner liegt nicht vor. Einschränkungen der Selbständigkeit basieren lediglich auf einer freiwilligen Zusammenarbeit, deren Rechtsgrundlage z. B. Verträge, Absprachen oder ein abgestimmtes Verhalten sein können. Da die wirtschaftliche und rechtliche Selbständigkeit der in Abbildung 4 aufgeführten Verbindungsformen 1 bis 10 bestehen bleiben, werden sie in der Literatur unter dem Begriff der „Kooperation" subsumiert.[52] Diese Verbindungsformen werden im Rah-

[52] Vgl. PAUSENBERGER (1989), S. 623–625.

men der vorliegenden Arbeit nicht weiter behandelt, da sie nicht unter die gewählte Arbeitsdefinition fallen.[53]

Die Unternehmensverbindung des Konzerns (Abbildung 4, Nr. 11) wird im Aktiengesetz (§ 18 Abs. 1 Satz 1 AktG) geregelt.[54] Hauptmerkmal des Konzerns ist die Unterordnung einzelner Unternehmen unter einer einheitlichen Leitung. Das Aktiengesetz differenziert Unterordnungskonzerne (Konzerne, die durch Abhängigkeitsverhältnisse entstehen) und Gleichordnungskonzerne (Unternehmen, zwischen denen kein Abhängigkeitsverhältnis besteht, die jedoch unter einheitlicher Leitung zusammengefasst sind). Als abhängige Unternehmen gelten nach § 17 Abs. 1 AktG „rechtlich selbständige Unternehmen, auf die ein anderes Unternehmen (herrschendes Unternehmen) unmittelbar oder mittelbar einen beherrschenden Einfluss ausüben kann“.[55] Ausgeübt wird der Einfluss über bestehende Beteiligungs- und Vertragsverhältnisse. Die Bindungsintensität kapitalmäßiger Unternehmensbeteiligungen ist folglich abhängig von der Höhe des Vermögens- und Kapitalanteils, den ein Unternehmen an einem anderen hält.[56]

Neben dem Systematisierungsansatz der Bindungsintensität existieren in der betriebswirtschaftlichen Literatur eine Reihe weiterer Kriterien, anhand derer Unternehmenszusammenschlüsse klassifiziert werden können. Einen Überblick vermittelt Abbildung 5.[57]

[53] Zur näheren Erläuterung der Kooperationsformen vgl. SCHUBERT/KÜTING (1981), S. 1, STORCK (1993), S. 30 ff.
[54] Vgl. § 18 Abs. 1 Satz 1 AktG.
[55] Vgl. § 17 Abs. 1 AktG.
[56] Vgl. PAPROTTKA (1995), S. 7.
[57] Zu alternativen Systematisierungsansätzen vgl. PAPROTTKA (1996), S. 5 ff.

Merkmal des Zusammenschlusses	Merkmalsausprägungen		
Entscheidungsfreiheit	freiwillig	erzwungen	
Dauer	**befristet**	**unbefristet**	
Leistung	**horizontal**	**vertikal**	**konglomerat**
Reichweite	Teilfunktions-bezogen	Funktions-bezogen	Unternehmens-weit
Bindungsinstrumente	Vertrag	Personelle Verflechtung	Kapital-beteiligung
Bindungsintensität	Eingeschränkte Selbständigkeit	beidseitige Selbständigkeit	
Institutionalisierung	Ohne eigenen Geschäftsbetrieb	Mit eigenem Geschäftsbetrieb	
Verhältnis der Partner	gleichgeordnet	untergeordnet	
Wettbewerbswirkung	förderlich	neutral	beschränkend
Finanzierungsform	**außen/innen**	**eigen/fremd**	

Abb. 5: Kriterien zur Klassifikation von Unternehmenszusammenschlüssen.

Quelle: PAUSENBERGER (1989), S. 622

In der vorliegenden Arbeit wird auf eine vollständige Darstellung und Erläuterung der Vielzahl an Systematisierungsansätzen verzichtet, da dies den Rahmen der Arbeit sprengen würde. Nachstehend erfolgt lediglich eine Skizzierung der wichtigsten in Abbildung 5 hervorgehobenen Ansätze, mit denen eine weitere Abgrenzung des Untersuchungsfeldes möglich ist.

2.3.2 Dauer des Zusammenschlusses

Das Klassifizierungsmerkmal Dauer des Zusammenschlusses ist eng verbunden mit der Bindungsintensität. Kurzfristige Unternehmenszusammenschlüsse kommen in der Regel nur zur Durchführung bestimmter, zeitlich begrenzter Projekte zustande. Meist haben diese keinen Einfluss auf die wirtschaftliche oder rechtliche Selbständigkeit der Unternehmen. Dem stehen langfristig ausgelegte Unternehmensverbindungen gegenüber. Diese werden auf unbestimmte Zeit gebildet und rechtfertigen einen hohen Ressourceneinsatz, der die rechtliche und wirtschaftliche Integration der Transaktionspartner erfordert.[58]

2.3.3 Leistungswirtschaftlicher Zusammenhang

Einer der gängigsten Systematisierungsansätze in der Literatur ist die Differenzierung nach der strategischen Ausrichtung der M&A-Transaktion. Dieser Ansatz, der auf ANSOFF zurückgeht, klassifiziert die Transaktion nach dem Verhältnis der zu verbindenden Wirtschaftsstufen. Unterschieden werden horizontale, vertikale und konglomerate Zusammenschlüsse.[59]

Kennzeichen horizontaler Zusammenschlüsse ist das Agieren der beteiligten Unternehmen innerhalb des gleichen Produktmarktsegments. Das Bundeskartellamt unterscheidet in seinen Tätigkeitsberichten zwischen horizontalen Zusammenschlüssen mit und ohne Produktausweitung.[60] Ein horizontaler Zusammenschluss ohne Produktausweitung liegt vor, wenn die Produktionsbreite bzw. das Produktionsprogramm nicht erweitert werden. Von einem horizontalen Zusammenschluss mit Produktausweitung spricht man, wenn Unternehmen mit gleichen Produktionstechnologien auf benachbarten Marktsegmenten des gleichen Wirtschaftsbereichs tätig sind. Horizontale Unternehmenszusammenschlüsse werden aus dem Bestreben heraus getätigt, eine marktbeherrschende Stellung zu erlangen bzw. Synergien oder Größenvorteile in der Produktion zu erzielen. Solche Größenvorteile spiegeln sich in Kostenvorteilen durch höhere Bezugsmengen und einer verstärkten Einkaufsmacht wider, wie auch in einer gleichmäßigeren, kontinuierlicheren und höheren Auslastung von Fertigungsanlagen. Beispiele für horizontale Zusammenschlüsse sind die Fusion der Energiekonzerne VIAG und VEBA zu E.ON in 2000, die Fusion von MERCEDES-BENZ und CHRYSLER zu DAIMLERCHRYSLER 1998 und die Übernahme von REEBOK durch ADIDAS.

Ein vertikaler Zusammenschluss liegt vor, wenn vor- und nachgelagerte Produktionsstufen kombiniert werden.[61] Hierbei können wiederum zwei Fälle differenziert wer-

---

[58] Vgl. THOMMEN/ACHLEITNER (1998), S. 80.
[59] Vgl. ANSOFF (1965), S. 32 f. Die Richtung der Transaktion ist von der jeweiligen Definition des relevanten Marktes in Bezug auf das Produkt und des geographisch bearbeiteten Marktes des handelnden Unternehmens abhängig.
[60] Vgl. PAUSENBERGER (1989), S. 622.
[61] Vgl. ebd.

den: Einerseits kann eine vorgelagerte Produktions- oder Handelsstufe angegliedert werden (Rückwärtsintegration, Upstream-M&A), andererseits eine nachgelagerte Produktionsstufe dem bisherigen Wertschöpfungsprozess hinzugefügt werden (Vorwärtsintegration, Downstream-M&A).[62] Primär verfolgte Ziele vertikaler M&A-Transaktionen sind die Gestaltung des Absatzes durch den Produzenten bzw. die Sicherung einer planmäßigen Belieferung mit wichtigen Ressourcen, Kosten- und Planungsvorteile einer Verbundproduktion und eine effizientere Forschung und Entwicklung. Durch einen vertikalen Zusammenschluss mit dem Dortmunder Bauereikonzern BRAU und BRUNNEN ist der OETKER-Konzern 2004 zum größten deutschen Bierbrauer aufgestiegen. Auch die Übernahme des amerikanischen Funknetzbetreibers NET durch die DEUTSCHE TELEKOM in 2004 war eine vertikale M&A-Transaktion, durch die sich die DEUTSCHE TELEKOM mittels Rückwärtsintegration den Zugang zum nordamerikanischen Funknetz sichern konnte.

Bei konglomeraten Zusammenschlüssen bestehen keine Gemeinsamkeiten zwischen den jeweiligen Produkten oder bearbeiteten Märkten. Es findet eine Expansion in neue Produktmarktfelder statt.[63] Konglomerate Zusammenschlüsse erfolgen aus finanzpolitischen und risikomindernden Gesichtspunkten. Solche Zusammenschlüsse werden von Unternehmen getätigt, die aufgrund ihrer Angebotspalette mit zyklischen Nachfrageschwankungen konfrontiert sind oder deren Produkte sich bereits in der Endphase des Produktlebenszyklus befinden. Die Diversifikation in neue Produktmarktfelder soll Schwankungen in der Nachfrage des ursprünglichen Gutes ausgleichen und dadurch Kontinuität in der Umsatz- und Gewinnentwicklung gewährleisten. Durch konglomerate Zusammenschlüsse lässt sich vorhandenes Potential absichern und das allgemeine Unternehmensrisiko senken, indem Verluste, die rezessionsbedingt in einem Unternehmenszweig entstehen, durch Gewinne in anderen Bereichen ausgeglichen werden. Zu den konglomeraten Unternehmenszusammenschlüssen sind auch Übernahmen durch Private-Equity-Häuser zu zählen. Die Übernahme des deutschen Chemiekonzerns CELANESE durch den Finanzinvestor BLACKSTONE im Frühjahr 2004 kann den konglomeraten M&A-Transaktionen hinzugerechnet werden.

[62] Vgl. THOMMEN/ACHLEITNER (1998), S. 80.

[63] Diese Zusammenschlüsse werden auch als lateral, heterogen, anorganisch, diagonal oder wesensfremd bezeichnet. Vgl. STORCK (1993), S. 34.

Abbildung 6 stellt den leistungswirtschaftlichen Zusammenhang von M&A-Transaktionen im Überblick dar.

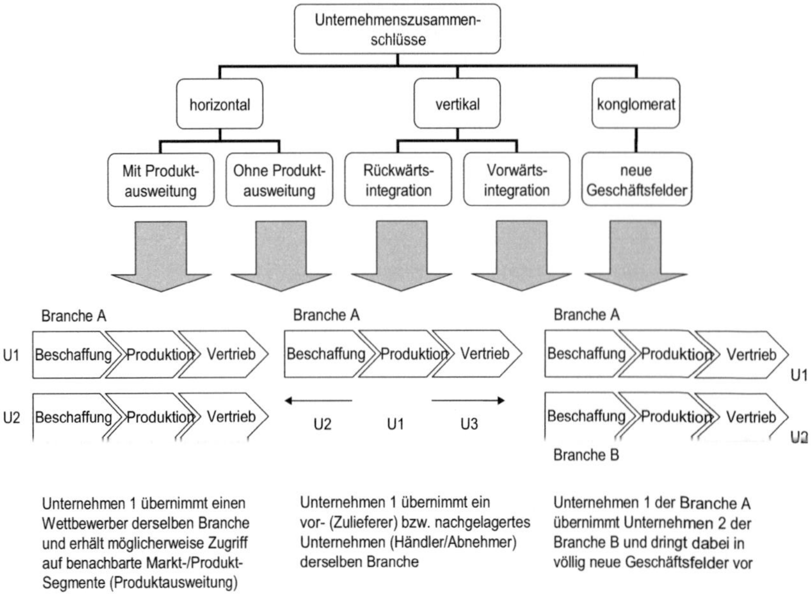

Abb. 6: Leistungswirtschaftliche Ausrichtung von M&A-Transaktionen.

Quelle: eigene Darstellung, in Anlehnung an WIRTZ (2003), S. 19

2.3.4 Finanzierungsform

Ein weiteres Ordnungskriterium für Akquisitionen und Fusionen ist die Finanzierungsform. Da die Finanzierungsform keinen direkten Einfluss auf die Geschäftstätigkeit hat, wird sie häufig unter dem Aspekt der technischen Abwicklung der Transaktion betrachtet. Grundsätzlich kann bei der Finanzierung einer M&A-Transaktion zwischen Außen- und Innenfinanzierung sowie Eigen- und Fremdfinanzierung unterschieden werden. Bei der Außenfinanzierung werden die benötigten Finanzmittel entweder aus unternehmensexternen Quellen in Form von Eigenkapitaleinlagen bzw. Beteiligungen (Eigenkapitalfinanzierung) oder aus Krediten (Fremdkapitalfinanzierung) bereitgestellt. Bei der Innenfinanzierung hingegen werden die für die Investition benötigten Mittel im betrieblichen Leistungs- und Umsatzprozess erwirtschaftet. Die Finanzierung aus einbehaltenen Gewinnen stellt dabei eine Form der Eigenfinanzierung, die Finanzierung aus Rückstellungen hingegen eine Form der Fremdfinanzierung dar. Abbildung 7 fasst die unterschiedlichen Finanzierungsformen zusammen.

	Innenfinanzierung	**Außenfinanzierung**
Eigenfinanzierung	•Selbstfinanzierung •Kapitalfinanzierung	•Einlagenfinanzierung •Beteiligungsfinanzierung
Fremdfinanzierung	•Finanzierung aus Rückstellungsgegenwerten	•Darlehensfinanzierung •Kreditfinanzierung •Kapital-/Geldmarktfinanzierung

Abb. 7: Finanzierungsarten.

Quelle: eigene Darstellung

Als spezielle Übernahmetechniken, die auch den Finanzierungsaspekt beeinflussen, gelten die verschiedenen Formen der Buy-outs. Als Außenfinanzierungsart sind Buy-outs durch einen hohen Fremdfinanzierungsanteil gekennzeichnet. Es kann zwischen Leveraged Buy-out (LBO), Management-Buy-out (MBO), Management-Buy-in (MBI), Employee-Buy-out (EBO) und Owner-Buy-out (OBO) differenziert werden. Als Leveraged Buy-out wird die Übernahme eines Unternehmens durch eine Gruppe externer Investoren bezeichnet. Der Kaufpreis wird überwiegend mit Fremdkapital finanziert, wobei die Aktien des zu akquirierenden Unternehmens im Fall einer Börsennotierung dabei als Sicherheit dienen.[64] Die Folge ist eine Konzentration des zuvor meist breit gestreuten Aktienbesitzes in einer kleinen Eigentümergruppe.[65]

Der Begriffsbestandteil „Leveraged" deutet dabei auf ein primär spekulatives Moment hin. Wenn die erzielte Gesamtkapitalrentabilität über dem Zinssatz des eingesetzten Kapitals liegt, nimmt die Eigenkapitalrendite mit steigender Verschuldung zu (Leverage-Effekt).

Während der Begriff Leveraged Buy-out vorwiegend auf die Form der Finanzierung Bezug nimmt, beziehen sich die Begriffe Management-Buy-out, Management-Buy-in, Employee-Buy-out und Owner-Buy-out auf die Person des Erwerbers und werden häufig in Form des Leveraged Buy-out abgewickelt. Beim Management-Buy-out wird das Zielunternehmen von eigenen, beim Management-Buy-in von externen Managern übernommen. Derartige Transaktionsformen sind hauptsächlich bei Familienunternehmen zu finden, die vor Nachfrageproblemen stehen. Das Volumen von Management-Buy-outs bzw. -Buy-ins hat in den letzten Jahren erheblich zugenommen und kann eine relativ hohe Erfolgquote vorweisen.[66] Das ist nicht zuletzt darauf zurückzuführen, dass ein Management, das als Mitgesellschafter am Erfolg des Unternehmens partizipiert, besonders motiviert und interessiert an der Unternehmensentwicklung ist. Bei Management-Buy-outs und Buy-ins zeigt sich die Bedeutung emotional induzierter Faktoren deutlich, da Eigeninteresse und Gestaltungsfreiheit des Managements dabei eine entscheidende Rolle spielen können. Bei einem Employee-Buy-out werden mehr als die Hälfte der Kapitalanteile von der Belegschaft aufgekauft. Um einen Owner-Buy-out handelt es sich, wenn ein einzelner Anteilseigner das Unternehmen durch Leveraged Buy-out übernimmt oder ein einzelner Erbe eines Familienunternehmens die Erbengemeinschaft oder einzelne Stämme ausbezahlt.[67]

[64] Vgl. VOGEL (2002), S. 27.
[65] Vgl. JANSEN (2001a), S. 54.
[66] Vgl. LEIMBACH (1991), S. 461.
[67] Vgl. JANSEN (2001a), S. 54, VOGEL (2002), S. 28.

2.4 *M&A-Entwicklungsphasen*

Da sich an der zyklischen Entwicklung des M&A-Marktes mit insgesamt fünf abgeschlossenen M&A-Wellen die Bedeutung emotional bestimmter Treiber bei M&A-Entscheidungen nachweisen lässt, ist es hilfreich, die historische Entwicklung des M&A-Marktes zu betrachten.

Exemplarisch für den nordamerikanischen Markt zeigen empirische Forschungsergebnisse zum M&A-Geschehen eine wellenförmige Struktur der absoluten Entwicklung auf. Unternehmenszusammenschlüsse sind ein zyklisches Phänomen: Der Konjunktur folgend, nimmt die M&A-Tätigkeit in Phasen des wirtschaftlichen Aufschwungs zu und während Rezessionen ab. Diese zyklische Entwicklung lässt sich mit dem Streben des Managements erklären, das Unternehmen und das Geschäftspotential langfristig zu sichern. Zudem zeigt sich die Bedeutung des Herdenverhaltens des Managements im verstärkten Auftreten bzw. Abflachen von M&A-Transaktionen in Aufschwungphasen und Rezessionszeiten. Sowohl das Sicherheitsstreben („Hedging") als auch die Nachahmung von Wettbewerbern sind emotional induziert und triebbestimmt. Abbildung 8 stellt die seit Ende des 19. Jahrhunderts beobachteten fünf M&A-Wellen dar. In den Kapiteln 2.4.1 bis 2.4.6 erfolgt eine knappe Darstellung der dominanten Fusionsarten und -treiber, der jeweiligen M&A-Wellen sowie der Hintergründe der einzelnen Konjunkturphasen.

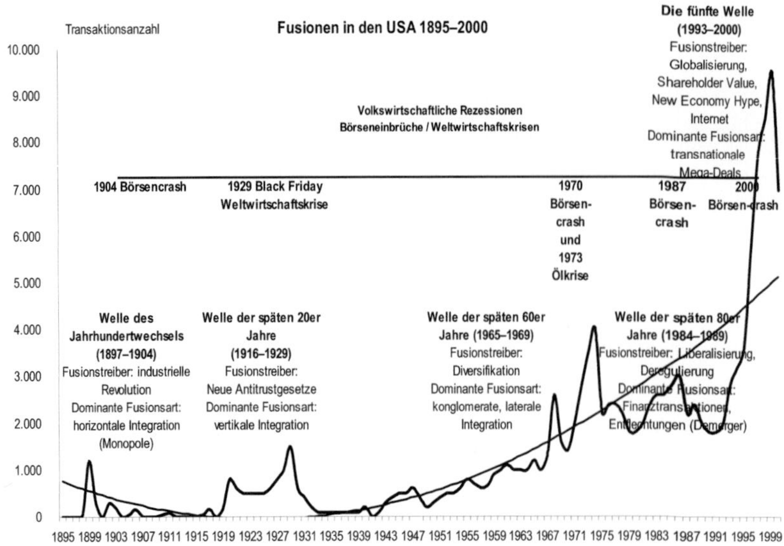

Abb. 8: Die fünf Merger-Wellen.

Quelle: eigene Darstellung

Das M&A-Phänomen hat viele Einflussfaktoren. Den einzelnen Wellenspitzen der fünf abgeschlossenen M&A-Wellen können unterschiedliche Treiber zugewiesen werden. Tabelle 3 fasst die jeweiligen Zyklen, ihre Ziele und Treiber zusammen.

Tab. 3: Ziele und Treiber der M&A-Wellen.

Quelle: eigene Darstellung, in Anlehnung an JANSEN/MÜLLER-STEWENS (2000)

Zeitraum		Ziele und Treiber
1897–1904	1. Welle	**Ziel:** Vermeidung von Überkapazitäten und Preisverfall durch horizontale Zusammenschlüsse: Aufbau von Trusts, Erzielung von Monopolrenten **Treiber: strategisch-rational**
1916–1929	2. Welle	**Ziel:** vertikale Integration zur Kontrolle der gesamten Wertschöpfungskette **Treiber: strategisch-rational**

1965–1969	3. Welle	**Ziel:** antizyklisches Portfolio zur Konjunkturabfederung („Hedging“) **Treiber: strategisch-rational und emotional motiviert**
1984–1989	4. Welle	**Ziel:** „Merger Mania“ – strategische M&A-Transaktionen: Konzentration auf Kerngeschäft (Desinvestitionen), Erschließung neuer Synergien, Finanztransaktionen **Treiber: strategisch-rational und emotional motiviert**
1993–2000	5. Welle	**Ziel:** globale Mega-Deals: Fortschreitende digitale Globalisierung, Schaffung des europäischen Binnenmarktes, zunehmend wertorientierte Unternehmensführung, Shareholder-Value-Orientierung **Treiber: strategisch-rational und emotional motiviert**
2004–?	6. Welle	**Ziel:** strategische M&A-Transaktionen, Suche nach potenten Partnern zur Verwirklichung von Wachstumsstrategien, niedriges Zinsniveau, attraktive Akquisitionsfinanzierung, M&A im Mittelstand, Konsolidierung **Treiber: strategisch-rational und emotional motiviert** **M&A-Wettbewerbsvorteil: instantane-rationale Emotionalität**

2.4.1 Die erste Merger-Welle Ende des 19. Jahrhunderts als klassische Zeit der Konsolidierung

Die erste Merger-Welle lässt sich in den USA während der Jahre 1897 bis 1904 nachweisen und fiel mit dem Aufkommen der industriellen Massenproduktion, der zunehmenden Verbreitung von Kapitalgesellschaften und der Entwicklung der Kapitalmärkte zusammen. Einen klaren Höhepunkt markiert das Jahr 1899, in dem 1.208 Unternehmen durch Übernahmen vom Markt verschwanden.[68] Als Einflussfaktoren lassen sich industrielle Revolution und Überkapazitäten sowie damit einhergehende Preissenkungen ausmachen. Während der ersten Übernahmewelle kam es vorwiegend zu horizontalen Zusammenschlüssen (Trusts), die dem Preisverfall entgegenwirkten und zu monopolistischen Strukturen mit teilweiser Marktbeherrschung von bis zu 70 Prozent führten. Die erste Merger-Welle endete mit dem Börsencrash von 1904 und der Anwendung des Sherman Act[69], der erstmals wettbewerbsbeschränkendes Verhalten zu untersagen versuchte, aber gleichzeitig Quasi-Monopole mit Marktanteilen von 50 bis 90 Prozent ermöglichte.

---

[68] Vgl. NELSON (1959), S. 37.

[69] SHERMAN ACT: Ältestes auf Bundesebene erlassenes Gesetz des amerikanischen Wettbewerbsrechts. Für Unternehmensübernahmen ist die Sektion 2 des SHERMAN ACT relevant, die wettbewerbsbeschränkendes Verhalten und damit Monopolbildung untersagt.

Diese erste Übernahmewelle in den USA kann als Ära der Konsolidierung bezeichnet werden. STIGLER spricht von der „merging for monopoly"-Welle.[70] Drei eindeutig strategisch-rationale Faktoren förderten die Entwicklung der ersten Merger-Welle: wirtschaftliche Expansion, Aufwärtsbewegungen am Aktienmarkt und gesellschaftsrechtliche Veränderungen. Zusammenfassend lässt sich feststellen, dass die erste Übernahmewelle die Struktur der nordamerikanischen Wirtschaft stark und dauerhaft verändert hat. Gemessen an den Unternehmensgewinnen und der Entwicklung der Aktienkurse waren die Übernahmen der ersten Merger-Welle jedoch nicht besonders erfolgreich.

2.4.2 Die zweite Merger-Welle in den 20er Jahren des letzten Jahrhunderts zur Komplettierung der Wertschöpfungskette

Während der zweiten Welle von 1916 bis 1929 hatten viele Unternehmen das Ziel, eine marktbeherrschende Stellung durch rasches externes Wachstum zu erreichen. Ausgangspunkt bildeten die „Roaring Twenties" mit wirtschaftlichem Aufschwung und technologischer Weiterentwicklung. Bedingt durch die Verabschiedung neuer Anti-trust-Gesetze, die die Monopolbildung verboten, dominierten besonders vertikale Integrationen durch Übernahme von in der Wertschöpfungskette vor- oder nachgelagerten Unternehmen den M&A-Markt. Priorität galt neben Rationalisierungsmaßnahmen der Verbesserung der Produktqualität und der Erzielung von Synergiegewinnen. M&A-aktive bzw. -betroffene Branchen waren vorwiegend Banken, Versorger, Nahrungsmittel, Chemie, Automobil, Stahl, Erdöl und Bergbau. Auch die zweite Übernahmewelle war von nachhaltigem wirtschaftlichem Aufschwung und hohen Kursen am Aktienmarkt getrieben. Das Ende der zweiten M&A-Welle wurde im Jahr 1929 durch den „Black Friday"-Börsencrash eingeleitet, auf den die Weltwirtschaftskrise folgte. Als Reaktion auf die Rezession ging in den Jahren 1930 und 1931 die Anzahl der Fusionen und Akquisitionen deutlich zurück und verharrte in den folgenden Jahren auf niedrigem Niveau.[71]

Die zweite Übernahmewelle wird als strategisch-rational beeinflusst bezeichnet. STIGLER spricht von der „merging for oligopoly"-Welle.[72] Obwohl die zweite Übernahmewelle hinsichtlich der Zahl der Transaktionen der ersten Übernahmewelle kei-

---

[70] Vgl. STIGLER (1950), S. 27.
[71] Vgl. REID (1976), S. 15.
[72] Vgl. STIGLER (1950), S. 31.

neswegs nachstand, war ihr Einfluss auf die Marktstruktur weitaus geringer. Die Übernahmen der 20er Jahre des vergangenen Jahrhunderts führten weder zu großen Profiten bei den Übernahmegesellschaften noch zu hohen Renditen bei den Aktionären.

2.4.3 Die Übernahmewelle der 50er und 60er Jahre des 20. Jahrhunderts mit dem Ziel der Risikostreuung durch die Bildung von Konglomeraten

Von 1965 bis 1969 fand die dritte Fusionswelle unter verschärften kartellrechtlichen Rahmenbedingungen statt. Wie die beiden ersten Übernahmewellen war auch die dritte Übernahmewelle von einem Umfeld lang anhaltenden wirtschaftlichen Aufschwungs geprägt, der die Kurse an der Börse beflügelte.[73] Um negative Auswirkungen von Konjunkturzyklen zu umgehen und um das vorhandene Geschäft abzusichern, entstanden zunehmend breit aufgestellte, diversifizierte Konglomerate. Dazu wurden branchenfremde Unternehmen und Unternehmen, deren Produkte sich in anderen Phasen des Produktlebenszyklus befanden, akquiriert, um durch eine diversifizierte und antizyklische Produkt- und Unternehmenspalette die Firmenkontinuität zu wahren und den Ertragsstrom zu stabilisieren („Hedgen"). Der Einbruch am Aktienmarkt 1970 und die Ölkrise 1973 verbunden mit Steuerreformen beendeten die dritte Übernahmewelle.

Motiviert wurden Zusammenschlüsse der dritten M&A-Welle insbesondere durch den strategisch-rationalen Versuch zahlreicher Unternehmen, sich in neuen und wachsenden Geschäftsfeldern zu positionieren sowie Synergieeffekte zu nutzen. Initiatoren der dritten Übernahmewelle waren daher auch weniger bestimmte außenstehende Personengruppen, sondern vielmehr die Führungskräfte der Unternehmen selbst. In der Annahme, dass Manager bessere Investitionsentscheidungen treffen als Aktionäre, wurde die Ressourcenverteilung zwischen den Unternehmen der Kontrolle der Kapitalmärkte entzogen und die Kapitalallokation in die Hände von Konzernmanagern gelegt.[74] Diese Entwicklung, die der Hybris-Hypothese zugeordnet werden kann, macht deutlich, dass bereits während der dritten Merger-Welle auch emotionale Treiber im Zusammenhang mit M&A-Transaktionen eine Rolle gespielt haben.

[73] Vgl. REID (1976), S. 102–106.
[74] Vgl. ebd., S. 89.

2.4.4 Die Übernahmewelle der 80er Jahre des 20. Jahrhunderts angetrieben von Internationalisierung, Liberalisierung und Desinvestitionen

Von 1984 bis 1989 ereignete sich die vierte Welle von Unternehmenszusammenschlüssen, die so genannte „Merger Mania", die sich vor allem in den USA abspielte. Die Basis der vierten M&A-Welle bildete die Entflechtung der in der dritten Übernahmewelle formierten Konglomerate, die nicht die erhofften Diversifikationsvorteile erbracht hatten. Die vierte Übernahmewelle veränderte die Struktur der nordamerikanischen Unternehmenswelt nachhaltig. Insgesamt belief sich das Übernahmevolumen von 1980 bis 1990 auf über 1,3 Billionen US $.[75] Die Rezession in den Jahren 1989 und 1990 und der Ausbruch der Kuwait-Krise im August 1990 beendeten die vierte Merger-Welle.

Auslöser von politischer Seite waren die Liberalisierung der Monopol- und Steuergesetze, wodurch Unternehmenskäufe attraktiv bzw. Unternehmensübernahmen innerhalb der eigenen Branche erst wieder möglich wurden. Zusätzliche Unterstützung fanden M&A-Aktivitäten von ersten Internationalisierungstendenzen, positiven wirtschaftlichen Zukunftsaussichten, die es zu sichern galt, einem verhältnismäßig niedrigen Zinsniveau, dem Aufkommen neuer Finanzierungsquellen und steigenden Notierungen an den Aktienmärkten. Auf Seiten der Unternehmen fand eine Rückbesinnung auf Kernkompetenzen sowie ein Streben nach Synergiepotentialen statt, weshalb primär horizontale Zusammenschlüsse erfolgten. Die M&A-aktivsten Branchen waren der Rohstoffbereich, die Hard- und Softwareindustrie, der Luftfahrtsektor und der Nahrungsmittelbereich. Erstmalig fanden auch feindliche und stark fremdfinanzierte Unternehmenskäufe statt, die jedoch eher durch kurzfristige, emotional beeinflusste Möglichkeiten der Gewinnmitnahme motiviert waren als durch strategische Überlegungen. Das aufkommende Absicherungsstreben in Verbindung mit M&A-Transaktionen und das Auftreten emotional beeinflusster feindlicher Übernahmen machen die Dominanz und Bedeutung emotionaler Treiber neben strategisch-rationalen Entscheidungsfaktoren deutlich.

2.4.5 Die Übernahmewelle der 90er Jahre des 20. Jahrhunderts

Die fünfte Merger-Welle begann 1993 und wurde mit dem Rückgang der New Economy ab Mitte 2000 rapide gebremst. Besonderes Merkmal der fünften Übernahme-

[75] Vgl. JANSEN (2001b), S. 16 ff.

welle waren transnationale und grenzüberschreitende Mega-Deals, wie bspw. der Zusammenschluss der DAIMLER-BENZ AG und der CHRYSLER CORP. 1998, die ein bis zu dreimal so hohes Übernahmevolumen erreichten wie die größten Zusammenschlüsse der vierten Welle. Begünstigende Einflussfaktoren waren die zunehmende Globalisierung, ökonomische, soziokulturelle, politisch-rechtliche und technologische Veränderungen sowie eine stärkere Shareholder-Value-Orientierung. Die Schlüsselbranchen der fünften Merger-Welle bildeten die Telekommunikations- und Medienindustrie, Banken, Versicherungen, der Ölsektor sowie das Eisenbahnwesen. Während der fünften Übernahmewelle kam es vorwiegend zu horizontalen Transaktionen. Die Jahre 1999 und 2000 gehen als M&A-Rekordjahre mit einem weltweiten Übernahmevolumen von jeweils mehr als drei Billionen US $ ein, was einer Versechsfachung des 1994 erreichten Übernahmevolumens entspricht.[76]

2.4.6 Globale Entwicklung des M&A-Marktes 1997 bis 2007[77]

Abbildung 9 zeigt die Entwicklung globaler M&A-Aktivitäten von 1997 bis 2006. Das M&A-Rekordhalbjahr 2000 mit 3.169 Mrd. US $ ist deutlich erkennbar. Das zweite Halbjahr 2000 markiert den ersten Rückgang der M&A-Aktivitäten innerhalb der fünften Welle, sowohl hinsichtlich der Anzahl der Transaktionen als auch beim durchschnittlichen Transaktionsvolumen. Als Ursache lassen sich die Abschwächung der internationalen Konjunktur, eine anhaltende Baisse an den Aktienmärkten und die Attentate vom 11. September in New York und Washington gegen die freie Welt anführen.

[76] Vgl. zum gesamten Abschnitt http://www.ma-online.de/ Jahresrückblick 2000.
[77] Vgl. zum gesamten Abschnitt http://www.ma-online.de/ Jahresrückblick 2000, Jahresrückblick 2001, Jahresrückblick 2002, Jahresrückblick 2003, http://www.ma-online.de/mar/dateien/MA02_05_A1.pdf, http://www.ma-online.de/mar/dateien/jahresrueckblick2005.pdf, http://www.ma-online.de/mar/dateien/jahresrueckblick2006.pdf, http://www.ma-online.de/mar/dateien/Halbjahr0707.pdf.

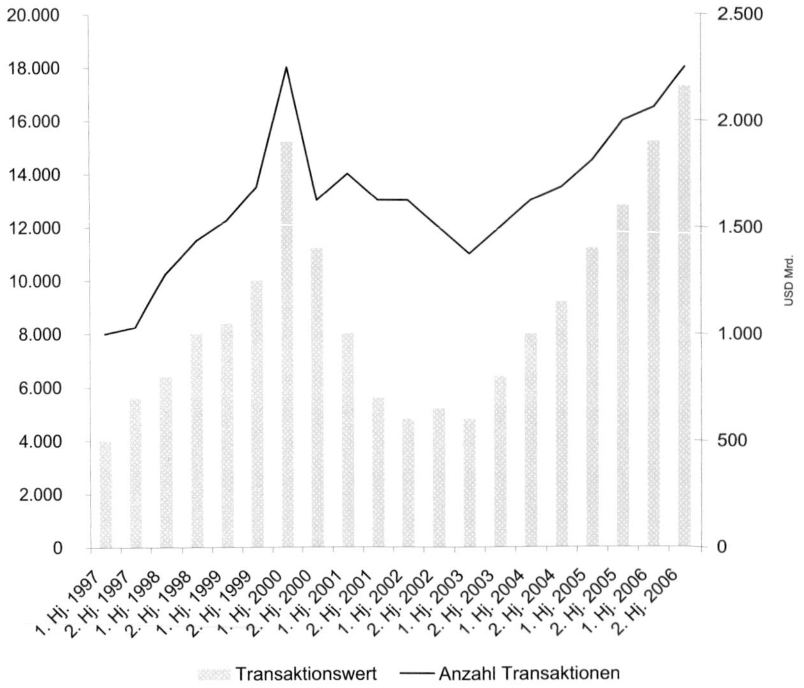

Abb. 9: Globale Unternehmenstransaktionen 1. Hj. 1997 bis 2. Hj. 2006.

Quelle: eigene Darstellung, in Anlehnung an http://www.ma-online.de/mar/dateien/jahresrueckblick2006.pdf

Nach weiter rückläufigen M&A-Transaktionszahlen in den Jahren 2001, 2002 und 2003 war 2004 erstmals wieder eine deutliche Belebung im globalen M&A-Markt zu beobachten. Das Volumen globaler Unternehmenstransaktionen betrug 2004 rund 1.736 Mrd. US $, was einer Steigerung von über 46 Prozent im Vergleich zum Vorjahreszeitraum entspricht. Die Anzahl der globalen M&A-Transaktionen erhöhte sich im selben Zeitraum von ca. 16.800 auf 20.888. Auch in 2005 konnte der weltweite M&A-Markt einen weiteren deutlichen Aufschwung verzeichnen. Sowohl das Volumen als auch die Anzahl der abgeschlossenen Transaktionen sind im Vergleich zum Vorjahr um jeweils 19 Prozent gestiegen. In 2005 wurden 24.806 M&A-Transaktionen mit einem Gesamtwert von 2.990 Mrd. US $ abgeschlossen. 2006 kann als M&A-Rekordjahr bezeichnet werden. Weltweit wurden in 2006 Unternehmenskäufe im Wert von 4.060 Mrd. US $ angekündigt. Das entspricht einer Steigerung um knapp 36 Prozent im Vergleich zu 2005 mit 2.990 Mrd. US $ für weltweit angekündigte M&A-Transaktionen. In 2006 war das weltweit angekündigte Transaktionsvolumen damit erstmals um circa 23 Prozent höher als der Wert von 3.490 Mrd. US $ aus dem bisherigen M&A-Rekordjahr 2000. Europa konnte in 2006 den Rückstand gegenüber dem nordamerikanischen M&A-Geschäft mit 1.590 Mrd. US $ im Vergleich zu 1.540 Mrd. US $ aufholen. Der Trend 2006 waren eindeutig Mega-Deals. In den USA wurden durchschnittlich 432 Mio. US $ für einen Unternehmenskauf bezahlt, was einer Steigerung von 35 Prozent im Vergleich zum Vorjahr und einer Steigerung um 29 Prozent zu 1999 (335 Mio. US $) entspricht. Auf dem weltweiten M&A-Markt machten grenzüberschreitende M&A-Aktivitäten in 2006 1.300 Mrd. US $ aus. Der bisherige Rekord aus 2000 lag bei einem grenzüberschreitenden Transaktionsvolumen von 1.150 Mrd. US $.

Erste Zahlen zum Transaktionsvolumen 2007 bestätigen die anhaltende Übernahmeeuphorie, auch wenn sich das globale Geschäft mit Fusionen und Übernahmen im zweiten Halbjahr 2007 erstmals seit 2003 abgeschwächt hat. Während das erste Halbjahr 2007 mit einem Anstieg von 62 Prozent im Vergleich zum ersten Halbjahr 2006 mit 2.700 Mrd. US $ an angekündigten Transaktionen das volumenstärkste M&A-Halbjahr überhaupt war, sind, verursacht durch die Krise am US-Hypothekenmarkt und damit einhergehende verschlechterte Finanzierungskonditionen, das Transaktionsvoluminen sowie die Anzahl der angekündigten weltweiten Transaktionen im zweiten Halbjahr 2007 stark zurückgegangen. Seit Ende Juni 2007 befinden sich die Finanzierungsmärkte in einem Prozess substantieller Neubewertungen von Risiken. Seit den Tiefständen für hohe Risikoklassen (High Yields) im zweiten Quartal 2007 haben sich die Risikoaufschläge in allen Klassen erheblich erhöht. Haupttreiber sind zunehmende Bedenken hinsichtlich der Folgewirkungen der aktuellen Schwäche des US-Immobilienmarktes und ein hohes Volumen aggressiv strukturierter und gepreister Darlehen sowie Bonds auf den Märkten, die zur Finanzierung von Unternehmenskäufen durch Private-Equity-Gesellschaften vereinbart wurden. Als Folge des großen Angebots an risikoreichen Finanzierungen bei gleichzeitig zurückgehender Risikoneigung der Investoren hat sich der Zinsspread[78] deutlich ausgeweitet. Im Vergleich zum ersten Halbjahr 2007 nahm das Transaktionsvolumen im zweiten Halbjahr 2007 um 34 Prozent auf 1.788 Mrd. US $ ab. Die Anzahl der angekündigten Transaktionen hat sich um 11 Prozent auf 15.654 reduziert. Den-

[78] Zinsspread: Aufschlag auf den risikofreien Basis-Zinssatz.

noch kann das Gesamtjahr 2007 als M&A-Boomjahr bezeichnet werden. Mit einem Anstieg um 15 Prozent beim Transaktionsvolumen auf 4.506 Mrd. US $ wurde sogar das Rekordvolumen von 2006 übertroffen. Die Anzahl der Transaktionen war mit einem Minus von 0,5 Prozent auf 33.189 Transaktionen weltweit leicht rückläufig.

2.4.7 Ausblick

Die langfristigen Aussichten für die Zukunft des globalen M&A-Marktes werden positiv beurteilt. Diverse Studien renommierter Institute und Unternehmensberatungen weisen darauf hin, dass auch zukünftig mit einem bewegten Transaktionsgeschehen zu rechnen ist. Es ist eindeutig, dass auch weltweite Entwicklungen, wie die Erholung der Weltkonjunktur, steigende Kurse an den Börsen, gefallene Bewertungen, hoher Konsolidierungsdruck in vielen Branchen und ein vergleichsweise niedriges Zinsniveau für ein anhaltend belebtes M&A-Geschehen sprechen. Da die Unternehmen über ausreichend Bargeldreserven verfügen und der Zugang zu soliden Finanzierungsmöglichkeiten gewährleistet ist, müssen Unternehmen nicht wie vor dem Ende der Übernahmewelle in 2000 Unternehmen mit Aktien kaufen. Der Großteil der Unternehmenskäufe wird bar bezahlt oder fremdfinanziert, was Experten in ihren Aussagen bestätigt, dass das positive Transaktionsgeschehen anhalten wird. Wie an der Börse eine Hausse die nächste Hausse nährt, kann auch im M&A-Markt emotional und triebbestimmt durch das Herdenverhalten der Marktteilnehmer und aus Absicherungsüberlegungen die positive Entwicklung am Transaktionsmarkt weiter steigende Transaktionszahlen bedingen. Eine Studie des Institute for Mergers & Acquisitions (IMA) der Universität Witten/Herdecke, die auf einer umfangreichen Befragung von 192 Führungskräften aus Unternehmen, Finanzierungs- und Beratungsgesellschaften basiert, kommt zu dem Ergebnis, dass ab 2006 die sechste M&A-Welle bevorsteht.[79] MÜLLER-STEWENS sieht den M&A-Markt bereits in der sechsten M&A-Welle.[80] Auch aus der jüngsten Studie von ERNST & YOUNG aus dem Jahr 2006, die auf einer Befragung von Entscheidungsträgern aus 147 Unternehmen zum Thema „Transaktionen“ und einer quantitativen Analyse von 189 Transaktionen der letzten 14 Jahre basiert, geht hervor, dass das Transaktionsvolumen in den nächsten ein bis zwei Jahren steigen wird. Die Hälfte der Befragten geht davon aus, dass der Transaktionsmarkt bis 2010 weiter kontinuierlich wachsen wird.[81]

[79] Vgl. IMA (2004), S. 1 ff.
[80] Vgl. MÜLLER-STEWENS (2006), S. 44.
[81] Vgl. ERNST & YOUNG (2006), S. 13 ff.

Wie die fünfte Welle ist das aktuelle M&A-Geschehen von deutlichen Kurssteigerungen an den weltweiten Börsen begleitet. Erste Vergleiche mit der Übernahmewelle der 90er Jahre des vergangenen Jahrhunderts, die mit der New-Economy-Krise ein abruptes Ende fand, werden bereits erstellt. Die fünfte Transaktionswelle war von Übernahmen von Technologiefirmen geprägt mit dem Ziel, Unternehmen der Old und New Economy zusammenzuführen. Im Unterschied zur M&A-Welle der 90er Jahre des letzten Jahrhunderts werden Transaktionen heute hauptsächlich bar bezahlt. Abbildung 10 zeigt, dass sich von 1998 bis 2007 das Verhältnis von Bar- und Aktienangeboten verschoben hat. Im ersten Halbjahr 2007 ist der Anteil der Transaktionen, bei denen Barmittel als Transaktionswährung eingesetzt wurden, mit einem Wert von 75 Prozent auf einem neuen Höhepunkt angekommen. In den Gesamtjahren 2005 (63 Prozent) und 2006 (70 Prozent) lagen die Vergleichswerte erheblich niedriger. Aktien als Transaktionswährung sind im ersten Halbjahr 2007 lediglich noch bei 9 Prozent aller Übernahmen eingesetzt worden. Den Hintergrund bilden die bereits angesprochenen niedrigen Finanzierungskosten und Currency Carry Trades (CCT)[82]. Die mit den Currency Carry Trades verbundenen Probleme stellen das größte Risiko für den aktuellen Übernahmeboom dar.

[82] Currency Carry Trade (CCT): Anlagestrategie auf dem Devisenmarkt. Dabei nimmt der Investor in einer Währung mit vergleichsweise niedrigen Zinsen einen Kredit auf. Das aufgenommene Geld wird gleichzeitig in einer Währung mit vergleichsweise hohen Zinsen investiert. Die Rendite von CCT setzt sich aus zwei Komponenten zusammen: zum einen die Differenz zwischen Haben- und Sollzins, zum anderen der Ertrag aus der Wechselkursentwicklung.

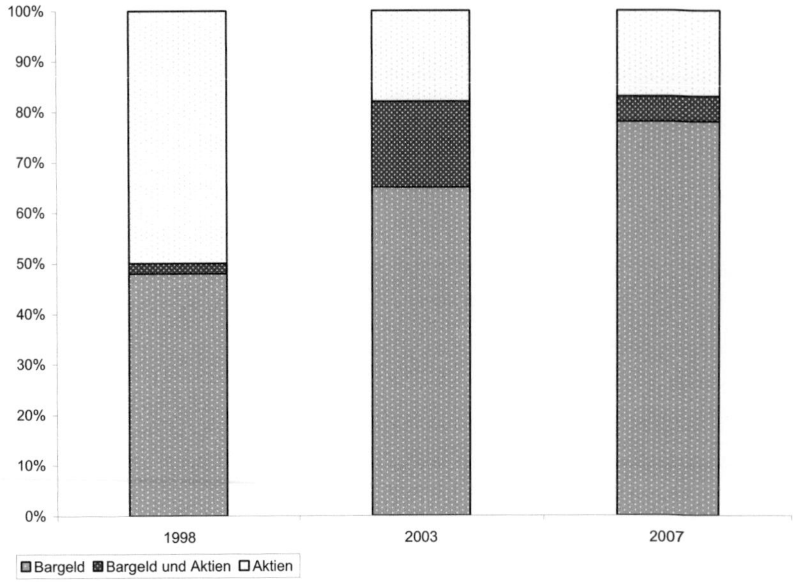

Abb. 10: Veränderung der Zahlungsart bei M&A-Transaktionen 1998 bis 2007.

Quelle: THOMSON FINANCIAL 2007

In positiver Hinsicht unterscheidet sich die sechste Übernahmewelle vor allem strukturell. Bei industriellen Übernahmen sind Transaktionstreiber globale Herausforderungen und weniger neue Geschäftsansätze. Trotzdem mehren sich mit steigenden Transaktionsvolumina auch vorsichtige und kritische Stimmen. Der INTERNATIONALE WÄHRUNGSFONDS (IWF) hat erste Bedenken geäußert, dass nachlassendes Fusionsgeschäft angesichts steigender Zinsen die Finanzstabilität gefährden könnte.[83] Die BANK für INTERNATIONALEN ZAHLUNGSAUSGLEICH (BIZ) kommt in ihrem jüngsten Quartalsbericht zum Schluss, dass sich die Unternehmen für Übernahmen höher verschulden als früher.[84] Laut BIZ finanzieren Unternehmen und Private-Equity-Gesellschaften teilweise bis zu 80 Prozent der Übernahmesummen mit

[83] Vgl. FAZ vom 14.06.2007, Nr. 135, S. 15.
[84] Vgl. ebd.

Krediten, was bei steigenden Zinsen zu finanziellen Schwierigkeiten führen kann.[85] Auch die im INSTITUTE of INTERNATIONAL FINANCE zusammengeschlossenen führenden Geschäftsbanken weisen darauf hin, dass durch hohe Liquidität und große Transaktionsvolumina auf einigen Märkten eine „Erosion der Standards der Kreditvergabe und Investitionen" zu beobachten sei.[86] Die UBS erwartet für 2008 einen moderaten Abschwung im Markt für Fusionen und Übernahmen.[87] Es ist offensichtlich, dass Entwicklungsprognosen schwierig sind. Langfristig wird mit einem bewegten M&A-Geschehen zu rechnen sein. Die historische Wellenbewegung im M&A-Markt wird sich folglich fortsetzen.

2.5 *Transaktionsbewertung*

Die Erfolgskontrolle von M&A-Transaktionen geht der Frage nach, inwieweit der Zussammenschluss als erfolgreich anzusehen ist. Auch wenn die Erfolgsmessung nicht den Kern dieser Arbeit darstellt, sondern die Analyse von hinter M&A-Transaktionen stehenden Motiven, darf die Transaktionsbewertung aufgrund hoher Misserfolgszahlen nicht vernachlässigt werden. Um Fehlentscheidungen aus emotionalem aber auch rein rationalem Verhalten zu vermeiden, darf die Erfolgsanalyse nicht ex post im Sinne einer Fehleranalyse erfolgen, sondern instantan, verstanden als vorweggenommene und antizipierte Erfolgskontrolle. In diesem Zusammenhang kann die große Anzahl gescheiterter M&A-Transaktionen als Folge nicht rational berücksichtigter Emotionen betrachtet werden. Dabei darf jedoch nicht übersehen werden, dass ein Scheitern auch im Rahmen der Vernunftslösung möglich ist.

Die Erfolgsanalyse umfasst Methoden zum Vergleich des Wertes des übernommenen Unternehmens und des gezahlten Transaktionspreises, Ansätze zur Ermittlung von Wertveränderungen der an der Transaktion beteiligten Unternehmen sowie Konzepte zur Beurteilung von Aktienkursreaktionen. Erfolgsanalysen sollten für die an einer Transaktion beteiligten Partner selbstverständlich sein. Auch wenn die an einer Übernahme oder an einem Zusammenschluss beteiligten Unternehmen mit der Transaktion konkrete Ziele verfolgen und diese im Vorfeld mit Planwerten gegenüber den jeweils zuständigen Kontrollgremien zu vertreten haben, finden in der Praxis nur unregelmäßig interne Erfolgsanalysen statt. Noch unüblicher ist eine Zwischenbe-

[85] Vgl. FAZ vom 14.06.2007, Nr. 135, S. 15.
[86] Vgl. ebd.
[87] Vgl. FAZ vom 28.06.2007, Nr. 147, S. 23.

richterstattung über Soll-Ist-Abweichungen. Als Grundregel kann festgehalten werden, dass eine objektive Nachbetrachtung umso weniger erfolgt, je weniger erfolgreich der Akquisitionsvorgang verläuft. Vielmehr werden dann Erklärungen abgegeben, die auf eine längerfristige Betrachtung und die Tatsache hinweisen, dass bei strategischen Entscheidungen schnelle Erfolge nicht zu erwarten seien.

2.5.1 Definition Transaktionserfolg

Die Beurteilung des Erfolges einer M&A-Transaktion setzt eine klare Definition des Begriffs Erfolg voraus. In Abhängigkeit von der Betrachtersituation existieren unterschiedliche Erfolgsdefinitionen. Grundsätzlich drückt der Erfolg den Grad der Zielerreichung aus, der mit der Akquisition oder Fusion während eines bestimmten Zeitraums erreicht wurde. Vereinfachend werden Rendite und Risiko zur Erfolgsmessung betrachtet. Unternehmensübernahmen sind dann erfolgreich, wenn durch die Transaktion die erwartete Rendite des eingesetzten Kapitals bei gleich bleibendem Risiko steigt oder das Risiko bei gleicher Rendite abnimmt.

In der M&A-Praxis wird für die Erfolgsmessung häufig die Perspektive eines Kapitalmarktteilnehmers eingenommen, der finanzielle Interessen hinsichtlich seines in ein Unternehmen investiertes Kapital verfolgt. Aber auch dieses auf die Wertsteigerung für Anteilseigner eingeschränkte Zielsystem, das Interessen anderer Stakeholder nicht berücksichtigt, kann zu unterschiedlichen Erfolgsdefinitionen führen. So verfolgen nicht auf Dauer engagierte Minderheitsaktionäre eher finanzielle Interessen, die kurz- und mittelfristige Unternehmenswertsteigerungen sowie Gewinnausschüttungen zum Ziel haben. Strategische Investoren hingegen nehmen bei einer Transaktion eine längerfristige Perspektive ein, die auch anfängliche Fehlschläge einschließt. Problematisch bei der Erfolgsbestimmung sind zudem die Bestimmung relevanter Erfolgsgrößen sowie die Zeitraumfestlegung und Abgrenzung der Transaktionseffekte von der Wertentwicklung ohne Transaktion. Eine weiterführende Erfolgsanalyse muss die Entwicklung von Kriterien zum Ziel haben, die für den Erfolg oder Misserfolg von M&A-Transaktionen entscheidend sind. Abbildung 11 gibt die dieser Arbeit zugrunde liegende Transaktionserfolgsdefinition mit den jeweiligen Einflussgrößen wieder.

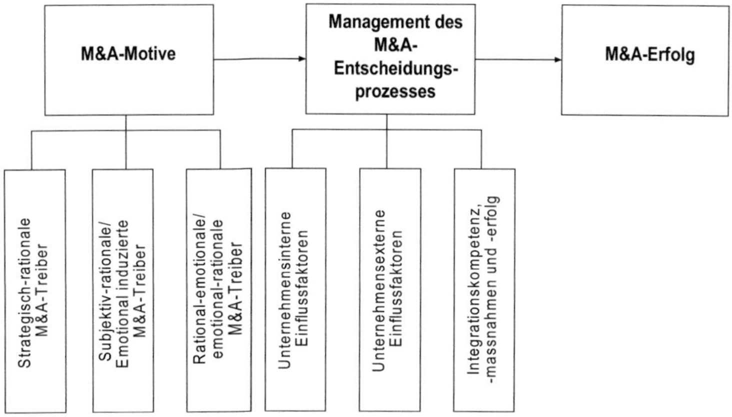

Abb. 11: Komponenten des M&A-Erfolgs.

Quelle: eigene Darstellung, in Anlehnung an Vogel (2002), S. 274

Der M&A-Erfolg wird vom Integrationserfolg beeinflusst und dieser wiederum von der M&A-Entscheidung. Kritischer Faktor für alle Teilschritte des M&A-Erfolgs ist das Management des gesamten M&A-Entscheidungsprozesses. M&A-Manager sind aufgefordert, Erfolgsfaktoren zu identifizieren und mit Hilfe kreativer Transaktionsstrategien ökonomische Werte zu generieren. Entsprechend der komplexen Natur der an einer Transaktion beteiligten Unternehmen stellen sich bei Zusammenschlüssen vielschichtige fach- und branchenübergreifende Aufgaben. Dabei sind relevante betriebswirtschaftliche Faktoren sowie wirtschaftsrechtliche, technische und soziale Parameter in die Akquisitionsplanung einzubeziehen. Die planende, steuernde und umsetzende Aufgabe der Akquisitionsgestaltung steht während der Dauer des M&A-Prozesses in ständigem Austausch mit strategisch-rationalen und emotionalen Treibern, die sich ihrerseits gegenseitig beeinflussen. Gradmesser des Erfolgs der Integrations- und Transaktionsphase und damit des gesamten M&A-Erfolgs sind die tegrations- und Transaktionsphase und damit des gesamten M&A-Erfolgs sind die Qualität der Umsetzung strategisch-rationaler Maßnahmen und die Kenntnis der Auswirkungen von subjektiv-rationalem und emotionalem Verhalten in Entscheidungssituationen.

2.5.2 M&A-Erfolgsstudien

Im englischsprachigen und zunehmend auch im deutschsprachigen Raum werden seit den 70er Jahren des vergangenen Jahrhunderts Untersuchungen bezüglich des Erfolgs von M&A-Transaktionen durchgeführt. Angesichts der wirtschaftlichen Bedeutung zunehmender Transaktionszahlen ist zu beklagen, dass mehr als die Hälfte aller Unternehmenstransaktionenen nicht den gewünschten Wertzuwachs und Renditeerfolg mit sich bringen.

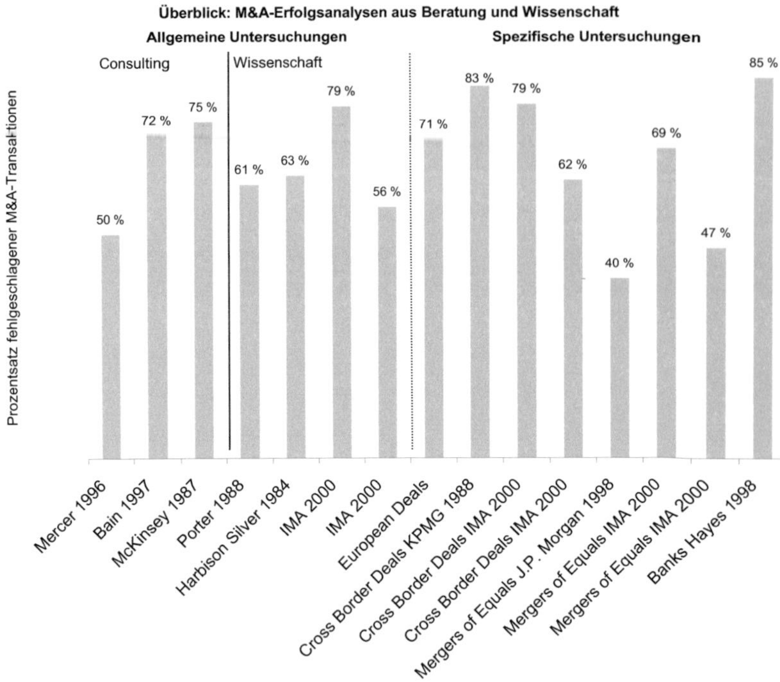

Abb. 12: Überblick ausgewählter M&A-Erfolgsanalysen aus Beratung und Wissenschaft.

Quelle: eigene Darstellung, in Anlehnung an PICOT (2005), S. 531

Tab. 4: Empirische Studien zum Erfolg von M&A-Transaktionen.

Quelle: eigene Darstellung, in Anlehnung an JANSEN (2004), S. 115 f.

Methodik	Quelle (Autor, Jahr)	Stichprobe	Ergebnis/Kernaussage
Kapitalmarkt-orientierte Analysen	Arthur Andersen, zitiert bei Dombert/Robens (2000), S. 104	EU, 1995–2000, Banken	Relative Aktienperformance fusionierter Unternehmen nach sechs Monaten schlechter
	Mercer Management, zitiert bei Hug (1998), S. 15	USA, 1986–1996, 340 Transaktionen	60–80 Prozent Misserfolg
	Bühner (1990), zitiert bei Jansen (2000), S. 472	D, 1973–1985, 90 Transaktionen börsennotierter Unternehmen	Negative abnormale Renditen beim Käufer Positive Renditen beim Target
Jahresabschluss-orientierte Analysen	Institut für Weltwirtschaft (2000), zitiert bei Jansen (2000), S. 472	EU, 104 Transaktionen	63 Prozent höhere Profitabilität
	Hopkins (1987), zitiert bei Jansen (2000), S. 472	USA, 1965–1979, 64 Transaktionen	Marktstellung verschlechtert
	Müller (1986), zitiert bei Jansen (2000), S. 472	USA, 1950–1972, 551 Transaktionen in 129 Unternehmen	Keine positiven Effekte, kurzfristig negative Effekte
	Ravenskraft/Scherer (1986), zitiert bei Jansen (2000), S. 472	USA, 1950–1977, 456 Unternehmen	Unterdurchschnittliche Rentabilität beim Target
Ereignisorientierte Analysen	Kaplan/Weisbach (1992), zitiert bei Jansen (2000), S. 472	USA, 1971–1982, 271 Transaktionen	44 Prozent Misserfolg 58 Prozent Verkäufe mit Gewinn 45 Prozent zum ursprünglichen Preis
	Hoffmann (1989), zitiert bei Jansen (2000), S. 472	D, 1960–1987, 80 Großunternehmen	20 Prozent Misserfolg
	Porter (1987), zitiert bei Jansen (2000), S. 472	USA, 1950–1986, 3788 Transaktionen bei 44 Unternehmen	61 Prozent Misserfolg
Erfolgskontrolle mittels Befragung	Feldmann/Spratt (2000), S. 45	1996, 124 Unternehmen	Ziele wurden nur bei 50 Prozent erreicht
	Müller-Stewens et al. (1992), zitiert bei Jan-	D/F/NL, 1989–1991, 55 Un-	14 Prozent Misserfolg

	sen (2000), S. 472	ternehmen	76 Prozent teilweiser Erfolg 10 Prozent Erfolg
	Möller (1983), zitiert bei Jansen (2000), S. 472	D, 1967–1981, 73 Transaktionen	38 Prozent Misserfolg
Kombinierte Verfahren (Börsenwert/Umsatz/Insiderbefragung)	Ernst & Young (2006), S. 19	D, 1992–2006, Managerbefragung, 147 Unternehmen, quantitative Analyse von 189 Transaktionen	Kurzfristig 49 Prozent negativer Kapitalwert Mittelfristig 54 Prozent negativer Kapitalwert Langfristig 50 Prozent negativer Kapitalwert
	Jansen/Körner (2000), zitiert bei Jansen (2000), S. 472	D, 1994–1999, 103 Transaktionen	79 Prozent keine Wertsteigerung relativ zur Branche 56 Prozent keine Umsatzsteigerung relativ zur Branche 47 Prozent gute bis sehr gute Selbsteinschätzung
	Weimer/Wisskirchen (1999), S. 54	Weltweit, 40 Unternehmen, Banken	Ein Drittel Misserfolg, ein Drittel fraglich, ein Drittel Erfolg

Abbildung 12 und Tabelle 4 beinhalten eine Auswahl von M&A-Erfolgsanalysen aus Beratung und Wissenschaft. Da sich die Studien hinsichtlich Methodik und Erfolgsdefinition unterscheiden und die verwendeten Messmethoden systematische Schwächen aufweisen, ist der Erfolg von M&A-Transaktionen schwierig zu bewerten. Betrachtet man die Kernaussagen der Tabelle und der durchgeführten Studien, ergeben sich Misserfolgsquoten von 50 und mehr Prozent. Ein Studien-Sample von JANSEN mit 38 untersuchten empirischen Analysen über den Erfolg von Unternehmenszusammenschlüssen, bei dem insbesondere auf eine breite Methodenauswahl und eine weitgehende Abdeckung der fünf Fusionswellen geachtet wurde, ergab eine Misserfolgsrate von 61,4 Prozent unabhängig von allen Untersuchungsmethoden.[88] Branchenübergreifend wird die Erfolgswahrscheinlichkeit von Unternehmenszusammenschlüssen mit der Formel 40 zu 60 zusammengefasst. Schätzungen zufolge soll der Vermögensverlust nicht erfolgreicher Akquisitionen allein in den Jahren 1980–1990 zwischen 150 und 250 Milliarden € betragen haben.[89]

Offensichtlich ist, dass die ermittelten Misserfolgsquoten unterschiedliche Ergebnisse auf den Aktionärsseiten von Verkäufer und Käufer aufweisen. Die Aktionäre des

[88] Vgl. JANSEN (2004), S. 221 ff.
[89] Vgl. JANSEN (2001b), S. 240.

Zielunternehmens können mit einer durchschnittlichen Kurssteigerung von knapp 20 Prozent rechnen.[90] Auf der Seite der Aktionäre der Kaufunternehmung ergibt sich laut AGRAWAL, JAFFEE und MANDELKER, die sämtliche Transaktionen von im Zeitraum 1955 bis 1987 an der NYSE notierten Unternehmen untersucht haben, ein statistisch signifikanter Wertverlust von 10,26 Prozent über den Zeitraum von fünf Jahren nach der Übernahme.[91] Anderen Untersuchungen zufolge beträgt der Vermögensverlust für die Aktionäre der Käufer bereits in den ersten sechs Monaten circa sieben Prozent.[92] JENSEN und RUBACK haben für die Wertentwicklung auf der Käuferseite ein Null-Summen-Spiel ermittelt, was bei einer positiven Branchenentwicklung eine Underperformance darstellt.[93] Auch die Meta-Studie von KING et al., in der die Ergebnisse von 93 Querschnittsanalysen zusammenfassend ausgewertet wurden, zeigt, dass M&A-Transaktionen für die Käuferseite größtenteils keinen Wert schaffen bzw. Wert vernichten.[94]

2.5.3 Implikationen der M&A-Erfolgsstudien

Die niedrigen Erfolgsquoten bei Mergers & Acquisitions sprechen somit nicht unbedingt für die Durchführung von M&A-Transaktionen. Die Diskrepanz zwischen stabilen empirischen Misserfolgsquoten und zunehmenden Transaktionszahlen verwundert. Die ernüchternde Erfolgwahrscheinlichkeit von M&A-Transaktionen scheint keinen entscheidungsleitenden Charakter zu besitzen. Diese Entwicklung rechtfertigt die eingangs gestellte Frage, inwieweit das Management bei M&A-Entscheidungen die empirischen Befunde nicht kennt oder bewusst ignoriert.

2.6 *Zusammenfassung und Implikation*

In diesem Kapitel wurden die allgemeinen Grundlagen zu M&A-Transaktionen diskutiert, Begrifflichkeiten definiert, M&A-Entwicklungslinien aufgezeigt, das aktuelle Transaktionsgeschehen vorgestellt und der Erfolg von Unternehmensübernahmen kritisch betrachtet.

Im weiteren Verlauf dieser Arbeit wird deutlich, dass die Diskrepanz von steigenden Transaktionszahlen und hohen Misserfolgsquoten nur auf den ersten strategisch-

---

[90] Vgl. MÜLLER-STEWENS (2000), S. 54.
[91] Vgl. AGRAWAL/JAFFEE//MANDELKER (1992): S. 1605–1621.
[92] Vgl. MÜLLER-STEWENS (2000), S. 54.
[93] Vgl. JENSEN/RUBACK (1983), S. 5–50.
[94] Vgl. KING et al. (2004), S. 187 ff.

rationalen Blick widersprüchlich ist. Berücksichtigt man den Einfluss emotionaler Treiber bei M&A-Entscheidungen, wie das Herdenverhalten der Marktteilnehmer und ihre Tendenz, das Geschäftsrisiko durch Absicherungsstrategien zu reduzieren, lassen sich steigende Transaktionszahlen auf dem M&A-Markt bei gleichzeitig hohen Misserfolgsquoten erklären.

Bevor im Anschluss an das folgende Kapitel M&A-Treiber und die ihnen zugrunde liegenden Erklärungsansätze diskutiert werden, sind zunächst die zentralen Begriffe dieser Arbeit, Emotion und Ratio, zu erörtern.

3 Theoretische Grundlagen zu Emotionalität und Rationalität

In den klassischen, betrieblich orientierten Theorien der Wirtschaftswissenschaften existiert bis heute eine interessante Diskrepanz zwischen strategischer Rationalität einerseits und emotionalem Verhalten andererseits. Diese Arbeit versucht daher einen Themenkreis aufzugreifen, der trotz unbestrittener ökonomischer Relevanz lange vernachlässigt wurde: subjektiv-rationales und emotionales Verhalten im Wirtschaftsgeschehen im Allgemeinen und in M&A-Entscheidungssituationen im Speziellen. Subjektiv-rationale und emotionale Verhaltensweisen dürfen nicht negiert werden. Vielmehr ist nach ihrem erklärungstheoretischen Hintergrund, ihren Auswirkungen und ihren Beeinflussungsmöglichkeiten zu fragen.

Das in der klassischen ökonomischen und der betriebswirtschaftlichen Merger-Theorie verwendete Modell des Homo oeconomicus geht von rational nach Eigennutz strebenden Individuen aus. Das zentrale ökonomische Axiom stellt dabei die REMM-Hypothese des „resourceful, evaluating, maximizing man" dar.[95] Diese Betrachtungsweise, die eine Konstruktion der Wirklichkeit zur Reduktion von Komplexität darstellt, vernachlässigt den Einfluss von Emotionen auf das menschliche Verhalten, obwohl Emotionen zur Auswahl suboptimaler Lösungen, zu irrationalen Nutzenkalkülen und zu Fehlverhalten bezüglich Kosten und Nutzen der in Entscheidungen einzubeziehenden Informationen führen können.

Erst in den letzten Jahren hat sich die ökonomisch orientierte Theorie durch die Beiträge und Zusammenfassungen von JENSEN und MECKLING, EISENHARDT, FAMA, PRATT und ZECKHAUSER (Neue Institutionenökonomie (Prinzipal-Agenten-Theorie), SIMON (Neue Institutionenökonomie (Eingeschränkte Rationalität), DAMASIO, FINEMAN, GOLEMAN, LAZARUS sowie LOEWENSTEIN und LERNER (Verhaltenswissenschaftliche und psychologische Ansätze) mit Fragen zur subjektiven Rationalität beschäftigt sowie der Analyse und Diskussion des Einflusses von

---

[95] Vgl. MECKLING (1976), S. 545 ff. Resourceful (Auswahl aus verschiedenen Handlungsmöglichkeiten), evaluating (Bewertung der Handlungsalternativen), maximizing (Zielerreichung mit geringstmöglichem Aufwand).

Emotionen auf das Entscheidungsverhalten von Menschen geöffnet.[96] Eine umfassende und systematische Betrachtung subjektiv-rationaler sowie emotionaler Faktoren in Entscheidungssituationen fehlt nach wie vor. Der verhaltenswissenschaftlichen Theorie folgend können Emotionen Visionen, Ziele, Leitbilder, Motive, Wettbewerbsvorteile und werthaltigen Fortschritt begründen. Im Zusammenhang mit M&A-Entscheidungen erweist sich die Vernachlässigung subjektiv-rationaler und emotionaler Aspekte als erfolgskritisch. Zur Abbildung der Realität ist daher die Integration soziologischer, psychologischer sowie neuro- und sportwissenschaftlicher Konzepte und Einsichten in die wirtschaftswissenschaftliche Theorie notwendig. Auch wenn Erkenntnisse der Neuro- und Verhaltenswissenschaften sowie der Psychologie zu widersprüchlichen ökonomischen Befunden führen, kann gerade das Erkennen und Verstehen dieser Gegensätze zu neuen Einsichten führen.

Der Weg zum Verständnis von Emotion und Ratio, damit verbundener Widersprüchlichkeit und Auflösung dieses Dualismus bedarf eines historischen Abrisses und der Definition sowie Abgrenzung der Begrifflichkeiten.

3.1 *Emotionalität und Rationalität im historischen Abriss*[97]

Das Verhältnis von Emotionalität und Rationalität ist in der historischen Betrachtung von wechselhaften Wertungen geprägt. Neben der Tradition, Emotionen (als Gegenpart der Ratio) abzuwerten und aus der Öffentlichkeit auszugrenzen, lassen sich auch entgegengesetzte Definitionen finden, die Emotionen und Emotionalität positiv bewerten.

In in der abendländischen Geistesgeschichte waren Emotion und Ratio ein untersuchtes Phänomen. Je nach Untersuchungsgegenstand dominiert im Rahmen der Emotionsforschung ein mehr oder weniger starker rationaler Bezug. Von PLATON (427–347 v. Chr.) stammt die erste Theorie des Emotionalen. Das platonische Denken mit der metaphysischen Ideenlehre baut auf dem Primat des Logos und der Rationalität auf, was im Weiteren zu einer Abwertung des Emotionalen geführt hat.[98]

[96] Vgl. JENSEN/MECKLING (1976), EISENHARDT (1989a), FAMA (1980), PRATT/ZECKHAUSER (1985), DAMASIO (1995), (1997) und (2000), FINEMAN (1993), GOLEMAN (1999) und (2001), LAZARUS (1991), LOEWENSTEIN/LERNER (2001).
[97] Vgl. zur älteren Emotionsforschung KÜPERS/WEIBLER (2005), S. 30 ff.
[98] Vgl. zum gesamten Absatz PLATON (1994).

In der Nachfolge von Platon schreibt ARISTOTELES (384–322 v. Chr.) Emotionen erstmals eine motivationale Rolle zu. Nach ARISTOTELES ist Emotionalität mit Handlungsabsichten verbunden und beeinflusst damit das menschliche Verhalten.[99]

Nach den Stoikern um SENECA (4–65 n. Chr.), EPIKTET (50–130 n. Chr.) und AURELIUS (121–180 n. Chr.) ist der Mensch ein von Vernunft geleitetes Wesen. Nach der Lehre der Stoiker mindern Emotionen vernunftgemäßes Handeln, weshalb sie eine rationale Steuerung von Emotionalität befürworten.[100]

Das Mittelalter und die dominierende Lehre der Scholastik um VON AQUIN (1224–1274 n. Chr.) kann eindeutig als emotionsfeindlich beschrieben werden. VON AQUIN kommt zu dem Schluss: „Die Vernunft ist des Menschen Natur. Was immer also wider der Vernunft ist, das ist wider des Menschen Natur.“ (AQUIN 2001, 14,2, ad 8)[101]

Im Zuge der geistigen Wende vom Mittelalter zur Neuzeit, der Renaissance, kam es zur Wiedergeburt antiker Emotionsbegriffe. DESCARTES (1596–1650 n. Chr.) trennt Geist und Körper und geht davon aus, dass sich menschliches Denken losgelöst vom Körper vollzieht. Für die Geringschätzung emotionalen Verhaltens gilt DESCARTES Leitsatz „Cogito ergo sum“. DESCARTES betrachtet Emotionen damit als von Natur aus nützlich, jedoch nicht zu rationalen Erkenntnissen beitragend. Seine Emotionslehre bestätigt somit den Widerspruch von Emotionalität und Rationalität und entwickelt gleichzeitig ein Konzept, das eine vernunftgemäße kontrollierte Leitung von Emotion vorsieht.[102] Auch SPINOZA (1632–1677 n. Chr.) geht von einem denkenden Geist und einem fühlenden Leib aus. Das Ziel seiner rationalistisch begründeten Theorie menschlicher Praxis ist eine vernünftige menschliche Weltorientierung, in der jegliche Fremdbestimmung abgelegt wird und freies Handeln möglich ist. Daran wird der Mensch jedoch nach SPINOZA durch seine Emotionalität gehindert. SPINOZA spricht dem Menschen die Macht zu, seine Emotionen zu zügeln. Die Bestimmung des Menschen besteht damit darin, sich gleichermaßen als Gefühls- und Vernunftswesen zu verwirklichen.[103]

Zu Beginn des 19. Jahrhunderts fand als Teil des Zivilisationsprozesses die Unterdrückung von Emotionen ihren Höhepunkt. Auch wenn Emotionalität aus dem öffent-

[99] Vgl. zum gesamten Absatz ARISTOTELES (1995).
[100] Vgl. zum gesamten Absatz SENECA (1995), EPIKTET (1992), AURELIUS(1986).
[101] Vgl. VON AQUIN (2001), KÜPERS/WEIBLER (2005), S. 33.
[102] Vgl. DESCARTES/HEFFERNAN (2001), POSER (2003).
[103] Vgl. SPINOZA (2003).

lichen Leben weitgehend ausgegrenzt und auf den privaten Raum beschränkt wurde, fanden Emotionen Eingang in die allgemeine psychologische und soziologische Forschung. DARWIN (1809–1882 n. Chr.) versucht in seinem Werk „Der Ausdruck der Gemütsbewegungen bei den Menschen und Tieren“, die sichtbaren mimischen Veränderungen mit der Aktivität bestimmter Gesichtsmuskeln zu erklären. Ihm zufolge offenbaren sich Emotionen nicht nur in der Mimik, sondern auch in typischen Verhaltensweisen und körperlichen Veränderungen.[104] WUNDT (1879–1963 n. Chr.) stellt erstmals die Emotionen den Empfindungen gleichgewichtig zur Seite und widerspricht damit der zu dieser Zeit geltenden Auffassung, emotionales Verhalten als bloße Begleiterscheinung von Sinneselementen zu betrachten. WUNDT hat die Unzulänglichkeit der zu dieser Zeit vorherrschenden Tendenz, Emotionalität als Lust- oder Unlustgefühle anzusehen, erkannt und postuliert drei bipolare Hauptrichtungen von Emotionen: Lust–Unlust, Erregung–Hemmung und Spannung–Lösung. Damit hat WUNDT das Kontrast- oder Polaritätsprinzip der Emotionen beschrieben.[105]

Als Hauptvertreter der modernen theoretischen Soziologie hat sich PARETO (1848–1923 n. Chr.) explizit mit emotionalem und rationalem Verhalten beschäftigt. Das Wesentliche in PARETOS Lebenswerk ist die Verbindung von Ökonomie und Soziologie zu einer allumfassenden Sozialwissenschaft. PARETO erkennt damit bereits einen fließenden Übergang von ökonomischer Theorie und soziologischer Ökonomie und bezweifelt die Tragfähigkeit der ökonomischen Theorie für ein wissenschaftliches Verständnis gesellschaftlicher Prozesse. In seinem Werk „Trattato di Sociologia Generale“ (1916/1917) beschreibt PARETO Emotionen nicht, wie von der Neoklassik unterstellt, als diffuse psychische Zustände, sondern als kategorisierte kollektive Deutungsmuster, die auf eine tiefenstrukturelle Sinnebene verweisen. PARETOS Emotionsbegriff ist demnach mehr kulturell und kulturanthropologisch als psychologisch oder biologisch. PARETO konzeptualisiert Emotionen als bestimmte kognitive Grundstrukturen menschlichen Handelns und verweist zudem auf komplexe soziale Bedingungs- und Vermittlungsstrukturen, die emotionales Verhalten entscheidend beeinflussen. Mit seinem Verständnis von Emotionen als vorreflexive kognitive Deutungsmuster überwindet PARETO den Dualismus von Emotionalität und Rationalität und kritisiert das neoklassische Handlungsmodell des Homo oeconomicus und die immanente Theorieprämisse rationalen Verhaltens.[106]

[104] Vgl. DARWIN (2007).
[105] Vgl. zum gesamten Absatz BOTTENBERG (1972), S. 35, EKMAN (1973), S. 1 ff., WUNDT (2007).
[106] Vgl. zum gesamten Absatz PARETO/EISERMANN (1962), S. 81–93.

Auch WEBER (1864–1920 n. Chr.) hat sich als wesentlicher Begründer der Soziologie als Wissenschaft in Deutschland mit dem menschlichen Verhalten und immanenter Emotionalität und Rationalität befasst. WEBER definiert Soziologie als Wissenschaft, die soziales Handeln deutend versteht und dadurch deren Ablauf und Wirkung ursächlich erklärt.

WEBER beschreibt in der soziologischen Analyse „Wirtschaft und Gesellschaft" den Idealtyp bürokratischer Herrschaft als Inbegriff technisch-rationaler Vernunft.[107] Effiziente Organisationen erfordern die Unterdrückung alles Emotionalen, ein Arbeiten „sine ira et studio". WEBER zeigt jedoch auch die Grenzen des Effizienzprinzips. Damit thematisiert er das Spannungsfeld von Emotionalität und Rationalität sowie die negative Seite einer emotionslosen Rationalität.

Auch im Bezug auf das menschliche Verhalten hat sich WEBER mit Emotionalität und Rationalität auseinandergesetzt. WEBER unterscheidet zwischen zweckrationalem, wertrationalem, emotionalem und traditionellem menschlichen Verhalten. Abbildung 13 verdeutlicht die begrifflichen Abgrenzungen.

[107] Vgl. WEBER (2006).

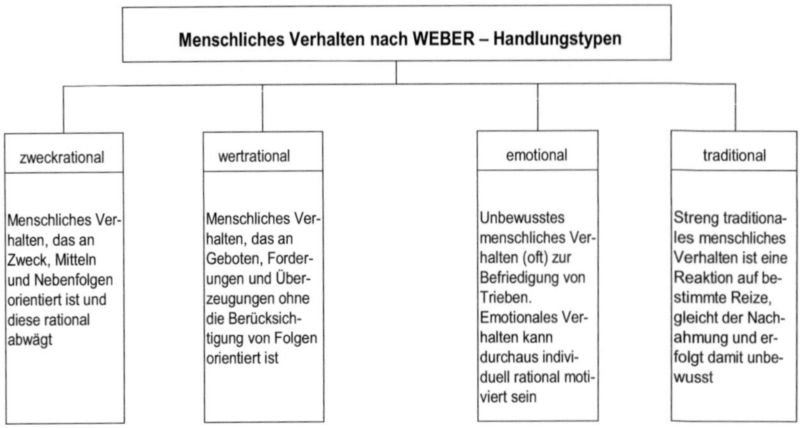

Abb. 13: Handlungstypen nach WEBER.

Quelle: eigene Darstellung

Für WEBER sind die erarbeiteten Handlungstypen keine ausschließliche Klassifikation, sondern lediglich Annäherungen an die Realität. Da er auch Mischformen nachweist, widerspricht er dem in der Neoklassik angenommenen Dualismus von Emotionalität und Rationalität. Die von der Noklassik verbreitete Homo-oeconomicus-Theorie und das dazugehörende Idealbild streng rational handelnder Individuen weist WEBER als Utopien ab, die die Wirklichkeit nicht abbilden und lediglich für den Zweck der Erforschung und Veranschaulichung spezifische Dienste leisten. WEBER hat erkannt, dass die Realität weitaus weniger von rationalem Verhalten beeinflusst wird als angenommen. Vielmehr verhüllen vorgeschobene Motive, nach WEBER, den Handelnden den wirklichen Zusammenhang der Ausrichtung ihres Verhaltens.

WEBER sieht bereits die Gefahr rationalistischer Deutungen, wie sie auch bei M&A-Führungskräften als Ex-post-Rechtfertigung strategisch- und subjektiv-rationaler M&A-Treiber bei Misserfolgen zu beobachten ist. Aufgrund des Wechselwirkungsverhältnisses von Emotionalität und Rationalität plädiert WEBER bereits für eine Interdisziplinarität von Soziologie und Psychologie.[108]

Motivationspsychologisch besonders bedeutsam ist die Frage nach einem möglichen Zusammenhang zwischen Emotionen und sonstigen Antriebserlebnissen wie Trieben, Strebungen oder Willensakten. Während WUNDT Triebe auf gefühlshafte oder affektive seelische Gebilde reduziert, verweist MCDOUGALL (1871–1938 n. Chr.) auf den evolutionspsychologisch engen Zusammenhang zwischen Emotionen und Trieben. MCDOUGALL unterscheidet zudem zwischen Gefühlen und Emotionen. Ein Gefühl bezieht sich nach MCDOUGALL auf das Erleben, eine Emotion schließt neben dem Gefühl einen körperlichen Zustand und Ausdruck ein. Bei MCDOUGALL findet man sowohl eine mentalistische Emotionsdefinition (Emotionen sind die zum Instinktprozess bestimmter Emotionen gehörigen Erlebensqualitäten) als auch eine Syndromdefinition (Emotionen sind identisch mit dem Instinktprozess einschließlich des Instinktverhaltens).[109]

In der von PLUTCHIK 1958 entwickelten evolutionspsychologisch orientierten Emotionstheorie, die der Instinkttheorie von MCDOUGALL ähnelt, wird die Bedeutung der Kognition betont. PLUTCHIK unterscheidet zwischen primären und sekundären Emotionen. In PLUTCHIKS Emotionen-Modell werden Emotionen so auf einem Kreis angeordnet, dass qualitativ ähnliche Emotionen nebeneinanderliegen und entgegengesetzte Emotionen gegenüberliegen. Mit der Einführung einer dritten Dimension Intensität wird das Modell zu einem dreidimensionalen Konstrukt. Nach PLUTCHIK beruhen Primäremotionen auf ererbten Mechanismen und entstehen durch grundlegende Anpassungsprobleme, deren Lösung das Überleben sicherstellt. Für PLUTCHIK sind Emotionen Reaktionsketten mit Rückmeldeschleifen, wobei der Reiz nicht Bestandteil der Emotion ist, sondern lediglich Auslöser. Durch die Reizbewertung werden Gefühle ausgelöst, die von der kognitiven Einschätzung und den physiologischen Reaktionen determiniert werden. Der sich daraus ergebende Handlungsimpuls führt zu einem bestimmten Verhalten, das situationsabhängig ist. Sekundäre Emotionen

[108] Vgl. zu den vier letzten Absätzen WEBER (1921), S. 19 ff.
[109] Vgl. zum gesamten Absatz MCDOUGALL (1927), S. 5 ff.

sind nach PLUTCHIK Mischungen von primären Emotionen, die auftreten, wenn bei der Reizbewertung mehr als eine primäre Emotion ausgelöst wird.[110]

Bei der von SCHACHTER entwickelten kognitiven Theorie der Emotionen ergibt sich die Erfahrung einer Emotion aus physiologischer Erregung und kognitiver Bewertung. LAZARUS vertritt die Meinung, dass emotionale Erfahrungen sich nicht allein daraus ergeben, was in einer Person oder deren Gehirn vorgeht, sondern aus der ständigen Interaktion mit der Umgebung erwachsen, die emotionsspezifisch bewertet wird. Damit ist LAZARUS einer der ersten Vertreter, der den sozialen und umweltbezogenen Einfluss bei der Entstehung von Emotionalität thematisiert. Nach der LAZARUS-SCHACHTER-Theorie werden sowohl Reizereignisse als auch physiologische Erregungen gleichzeitig anhand von situativen Hinweisreizen und Kontexterfahrungen kognitiv bewertet, wobei sich die Erfahrung einer Emotion aus der Interaktion des Erregungsniveaus und der Art der Bewertung ergibt. Auch EKMAN sowie AVERILL und NUNLEY sehen Emotionen als Produkte evolutionärer bzw. kultureller Entwicklungsprozesse und postulieren, dass Emotionalität nur aus der sozialen Perspektive verstanden werden kann.[111]

Die jüngsten Untersuchungen zu Emotionen integrieren in die psychologische Forschung neurowissenschaftliche und biologische Erkenntnisse. Auf die Forschungen der Neurowissenschaften wird im historischen Abriss verzichtet, da das neurowissenschaftliche Emotionsverständnis im Verlauf dieses Kapitels noch ausführlich behandelt wird.

Der Abriss zur Entwicklung des Wechselwirkungsverhältnisses von Emotionalität und Rationalität hat gezeigt, dass keine eindeutige Entwicklungslinie existiert. Vielmehr ist das Verhältnis von Emotion und Ratio von Ambivalenzen und Widersprüchlichkeiten gekennzeichnet. Zusammenfassend kann festgehalten werden, dass im historischen Verlauf das irrationale und destruktive Element von Emotionen im Vordergrund stand und erst in der jüngeren Vergangenheit Rationalität hinterfragt und Emotionalität aufgewertet wurde.

---

[110] Vgl. zum gesamten Absatz PLUTCHIK (1962), S. 8 ff.

[111] Vgl. zum gesamten Absatz SCHACHTER (1962), S. 379–407, EKMAN (1973), S. 1 ff., AVERILL/NUNLEY (1992), S. 15 ff.

3.2 *Zum Begriff der Rationalität*

Unter rationalem Entscheidungsverhalten wird im Allgemeinen ein Verhalten verstanden, bei dem der Entscheider vom Streben nach Maximierung des eigenen, objektiven oder subjektiven, Nutzens geleitet wird und bei der Lösung des Entscheidungsproblems ein sukzessives, logisches und lineares Vorgehen zeigt. Der Zusatz „im Allgemeinen“ ist erforderlich, weil nicht nur in der ökonomischen Literatur, sondern auch in den Sozial- und Verhaltenswissenschaften verschiedene Rationalitätskonzepte und -begriffe diskutiert werden.

Die klassische betriebswirtschaftliche Theorie vertritt die Homo-oeconomicus-Prämisse. Das neoklassische Rationalitätskonzept geht von zweckgerichteten Entscheidungsträgern aus, die ihren Nutzen auf der Basis perfekter Rationalität (vernunftbegabtes Verhalten), vollkommenen Informationen, vollständiger Informationsverarbeitungskapazität und nach festgeordneten Präferenzen und gegebener Restriktionen der Ressourcen maximieren. Die Neoklassik unterstellt somit, dass wirtschaftliche Akteure auf vollkommenen Märkten stets optimale von psychologischen, verhaltensorientierten oder emotionalen Einflussfaktoren freie Entscheidungen treffen.

Kritiker bezweifeln die Annahmen der neoklassischen Theorie, auf der das Rationalitätskonzept beruht, da sie die beobachtbare Realität nicht abbilden und komplexe ökonomische Probleme allenfalls ansatzweise erklären können. Ökonomische Entscheidungsprobleme entsprechen demnach gerade nicht den Modellannahmen, sondern werden auch subjektiv-rational oder emotional bestimmt. ELSTER, KEREN und LOEWENSTEIN weisen darauf hin, dass Definitionen des ökonomischen Rationalitätskonzeptes und des Nutzenmaximierungskalküls psychologische Aspekte und Erklärungen sowie emotionale Faktoren ausklammern.[112] In der Realität sind Menschen in Entscheidungssituationen Unsicherheit, sich stetig wandelnden Motiven, subjektiven Erwartungen und kognitiven sowie emotionalen Beschränkungen ausgesetzt.

Die Neue Institutionenökonomie hat mit ihrer Argumentationslogik die in der Neoklassik vorherrschenden Rationalitätsvorstellungen hinterfragt. Institutionalistische

[112] Vgl. KEREN (1996), S. 169–178, LOEWENSTEIN (1996), S. 272–292, ELSTER (1998), S. 47–74.

Ansätze verdeutlichen, dass sich hinter dem Begriff der strategischen Rationalität kein in sich geschlossenes Konzept im Sinne einer stringenten Zweck-Mittel-Beziehung verbirgt. Die Neue Institutionenökonomie unterstellt wirtschaftlich handelnden Akteuren begrenzte Rationalität und die Neigung zu opportunistischem (subjektivem) Verhalten. Als Vertreter der Neuen Institutionenökonomie hat SIMON mit der Theorie des beschränkten Rationalverhaltens eine Brücke zwischen den entscheidungslogischen Überlegungen der neoklassischen Lehre und den wahrnehmungs-, denk- und lernorientierten Theorien der Institutionenökonomie geschaffen.

SIMON entwickelte das Konzept einer eingeschränkten (begrenzten) Rationalität, für das er 1978 den Wirtschaftsnobelpreis erhielt. Unter begrenzter Rationalität versteht SIMON die Tatsache, dass Entscheidungsprozesse aufgrund von Einschränkungen kognitiver menschlicher Fähigkeiten, Zeitmangel, subjektiven Vorstellungen, endlicher Informationaverarbeitungskapazität, unvollkommenen Informationen, Subjektivität und Emotionen nur eingeschränkt rational getroffen werden. Nach SIMON ist Rationalität folglich nicht die perfekte Anpassung der Mittel an den Zweck, sondern eine universelle, natürliche Einschränkung, die die Wahrnehmung vorhandener Alternativen filtert. Entscheidungsträger können damit niemals alle Handlungsalternativen kennen und sind zudem nicht in der Lage, deren Konsequenzen vollständig zu überblicken. Um trotzdem zu Entscheidungen zu gelangen, wird auf vereinfachende Methoden zurückgegriffen. Beispielsweise wird die Anzahl zu berücksichtigender Handlungsalternativen gering gehalten, Entscheidungen werden gemäß dem subjektiven Situationsbild des Entscheidungsträgers getroffen, das Verhalten wird teilweise routinisiert, Heuristiken werden verwendet, Wahlakte werden auf subjektive und nicht auf objektive Ziele bezogen und an Entscheidungsprozessen wird nicht bis zum Erreichen eines Entscheidungsoptimums festgehalten, sondern bei Erreichen eines im Hinblick auf ein vorher festgelegtes Anspruchsniveau abgebrochen. Die Folge dieser Vereinfachungen ist ein adaptives Problemlösungsverhalten. [113]

Die Ausführungen zu begrenzt rationalem Verhalten machen den subjektiven Bezug deutlich. Das subjektive Element wird damit zum wesentlichen Unterscheidungskriterium des Rationalitätsbegriffs. Die folgende Abbildung 14 zeigt den Zusammenhang von strategischer und subjektiver Rationalität.

[113] Vgl. zum gesamten Absatz SIMON (1959), S. 253–283.

Strategische versus subjektive Rationalität

- Subjektiv-rationales Verhalten beinhaltet intentionales Handeln. Versucht man objektive bzw. strategische Kriterien anzulegen, müssen subjektive und strategische Rationalität nicht übereinstimmen

- Subjektive Rationalität ist immer eingeschränkte Rationalität. Entscheidungen werden unter Unsicherheit getroffen

- Subjektiv-rationale Entscheidungen spiegeln Erwartungen wieder und können sich im Nachhinein für den Entscheidungsträger auch als Fehleinschätzung herausstellen

Abb. 14: Strategische versus subjektive Rationalität.

Quelle: eigene Darstellung

3.3 *Zum Begriff der Emotion*

Bisher existiert keine Theorie, die das Emotionskonstrukt ganzheitlich erfasst. Die Spannweite der modernen Emotionsforschung umfasst betriebswirtschaftliche, sportwissenschaftliche, psychologische und neurowissenschaftliche Ansätze.[114] Im Folgenden wird der Emotionsbegriff aus diesen unterschiedlichen Perspektiven kritisch beleuchtet, um anschließend ein multiperspektivisches Begriffsverständnis für die vorliegende Arbeit abzuleiten.

[114] Darüber hinaus beschäftigen sich mit dem Emotionsbegriff weitere Wissenschaften wie Soziologie, Kommunikationswissenschaften, Anthropologie, Biologie und Theologie. Auf diese Ansätze wird jedoch hier verzichtet.

3.3.1 Allgemeines Emotionsverständnis

Emotionen sind komplexe Konstrukte, die sich aus sozialen und kulturellen Beziehungen ergeben. Etymologisch geht der Begriff Emotion auf die lateinischen Verben „emovere" (herausbewegen) und „moveri" (bewegt werden) zurück. Die Herkunft des Wortes verdeutlicht, dass sich emotionale Zustände in körperlich-sinnlichen bzw. energetisierenden Zusammenhängen manifestieren. Die dem Begriff zugrunde liegende Komplexität zeigt sich in der Vielzahl unterschiedlicher Emotionsdefinitionen. Die deutsche Sprache kennt ca. 350 Begriffe, um Gefühle auszudrücken, die englische Sprache kommt auf ca. 250 Begriffe, die spanische auf ca. 450 und die chinesische auf ca. 650.[115] In einer wissenschaftlichen Übersicht von KLEINGINNA und KLEINGINNA finden sich 101 verschiedene Emotionskonzeptualisierungen.[116] KLIMA definiert Emotion als allgemeine Bezeichnung für die affektive Seite des Erlebens.[117] Für FIEBIG und KRAMER stellen Emotionen Gefühle und die damit verbundenen Gedanken inklusive psychologischer, biologischer und verhaltenssteuernder Gedanken dar.[118] Für ELSTER sind Emotionen und emotionales Verhalten multidimensionale Konzepte, die sich nicht in einer allgemeingültigen Definition fassen lassen.[119]

Allgemein anerkannt ist, dass unter Emotionen zeitlich abgrenzbare Phänomene von kurzer Dauer und mit schnellem Beginn zu verstehen sind, die dadurch ausgelöst werden, dass eine Person, bewusst oder unbewusst, ein wahrgenommenes Ereignis als bedeutsam für die Erreichung eines bestimmten Zieles bewertet. Als charakteristisch für emotionales Verhalten ist die Wahrnehmung eines speziellen psychologischen Gefühlszustandes, der von physischen Veränderungen und spezifischen Ausdruckserscheinungen begleitet wird. Emotionen legen Handlungsalternativen nahe und wirken motivational. Zusammenfassend lässt sich der allgemeine Emotionsbegriff anhand folgender drei Elemente beschreiben: der subjektive Bezug, die Verhaltens- und Ausdruckskomponente und die physiologisch-biochemische Ebene.

Diese Kategorisierung macht deutlich, dass das menschliche Verhalten durch unterschiedliche emotionale Erfahrungen gekennzeichnet wird. Emotionen beeinflussen gegenwärtige Wahrnehmungen, Erinnerungen und zukünftige Gedanken. Gleichzei-

[115] Vgl. HEINEMANN (2007), S. 105.
[116] Vgl. KLEINGINNA/KLEINGINNA (1981), S. 359–379.
[117] Vgl. KLIMA (1988), S. 255.
[118] Vgl. FIEBIG/KRAMER (1998), S. 536.
[119] Vgl. ELSTER (1998), S. 47–74

tig strukturieren und regulieren Emotionen soziale Kontexte und Beziehungen. Damit informieren Emotionen über das soziale Umfeld, über Einstellungen sowie über mögliche Handlungen. Emotionen sichern zudem das Überleben, helfen bei der Vermeidung von Gefahr, halten Bindungen aufrecht und dienen dem Selbstschutz sowie der Verteidigung („Hedgen").

Die oben beschriebene Wirkungsweise von Emotionen gibt Abbildung 15 wieder.

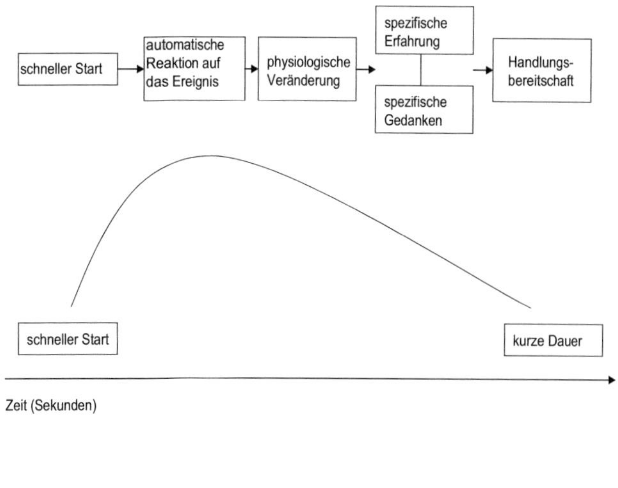

Abb. 15: Die Wirkungsweise von Emotionen.

Quelle: eigene Darstellung

3.3.2 Betriebswirtschaftliches Emotionsverständnis

Es ist bereits angeklungen, dass in den Wirtschaftswissenschaften Analysen und Forschungen über Emotionen im Allgemeinen und emotionale Verhaltensweisen von Führungskräften im Speziellen lange Zeit nicht zum Untersuchungsgegenstand gehörten und damit rar sind. Aufgrund der Rationalitätsprämisse der neoklassischen betriebswirtschaftlichen Forschung wurde emotionales Verhalten mit Hilfe von Präferenzen und Nutzenfunktionen nur eingeschränkt abgebildet. Mit der Öffnung der ökonomischen Theorie zu psychologischen und verhaltenswissenschaftlichen Erkenntnissen hat der Emotionsbegriff vermehrte Beachtung gefunden. Tabelle 5 gibt einen Überblick über ausgewählte Definitionsansätze des Emotionsbegriffs der betriebswirtschaftlichen Forschung, ohne dabei einen Anspruch auf Vollständigkeit zu erheben.

Tab. 5: Betriebswirtschaftliche Definitionen zum Emotionsbegriff.

Quelle: eigene Darstellung

Autor	Begriffsdefinition
Westbrook, R. (1987), S. 259	[...] im Allgemeinen wird unter dem Emotionsbegriff ein mentales Phänomen verstanden, das einen bewussten, subjektiven Gefühlszustand beinhaltet [...].
Preißner, A./Engel, S. (1997)	[...] innere Erregungszustände, die unterschiedliche Qualitäten haben können.
Hawkins, D. et al. (2001), S. 378	Emotionen sind starke, verhältnismäßig unkontrollierbare Empfindungen, die das menschliche Verhalten beeinflussen.
Nieschlag, R. et al. (2002), S. 167	[...] das erlebnismäßige Resultat der kognitiven Interpretation bestimmter, durch bioelektrische Vorgänge ausgelöste Erregungs- und Aktivierungsmuster.
Kroeber-Riel, W./Weinberg, P. (2003), S. 53	[...] innere Erregungsvorgänge, die angenehm oder unangenehm empfunden und mehr oder weniger bewusst erlebt werden.
Trommsdorff, V. (2003), S. 66	[...] vorübergehende, nicht regelmäßig wiederkehrende Empfindungszustände, die sich nach Stärke, Vorzeichen, Klasse und Ausdruck beschreiben lassen.

Tabelle 5 verdeutlicht die Uneinheitlichkeit der Definitionsansätze in der betriebswirtschaftlichen Theorie. Einige Definitionen können als tautologisch bezeichnet werden. Eindeutige Abgrenzungen oder Zusammenfassungen von verwandten Konstrukten wie Aktivierung, Motivation, Einstellung, Affekt, Gefühl und Stimmung werden jedoch nicht deutlich. Darüber hinaus wird die Darstellung von Ursache-Wirkungs-Zusammenhängen vernachlässigt.

3.3.3 Sportwissenschaftliches Emotionsverständnis

Emotionen können im Sport vielfältige und unterschiedliche Bedeutungen zugeschrieben werden. HEINEMANN spricht von Gefühlen der Zusammengehörigkeit, der Freundschaft und Feindschaft, der Sympathie und Antipathie, der Freude und Angst, Gefühlen des gegenseitigen Vertrauens, aber auch des Misstrauens, des Neids und der Missgunst, Gefühlen der Solidarität und der emotionalen Bindung an Mannschaften, Vereine und Sportler.[120]

Die Sportwissenschaft ist eine interdisziplinäre Wissenschaft, die Probleme und Erscheinungsformen im Umfeld von Sport zum Gegenstand hat. Dabei wird auf eine Reihe anderer Wissenschaften zurückgegriffen. Folgende Disziplinen können innerhalb der Sportwissenschaften unterschieden werden: Bewegungswissenschaft, Sportgeschichte, Sportinformatik, Sportmedizin, Sportökologie, Sportpädagogik, Sportphilosophie, Sportrecht, Sportethik, Sportökonomie, Sportpsychologie, Sportsoziologie und Trainingswissenschaft. Von Interesse für diese Arbeit sind die interdisziplinären Verbindungen von Sportökonomie, Sportpsychologie und Sportsoziologie.

Durch den soziologischen Einfluss in den Sportwissenschaften seit Ende der 20er Jahre des vergangenen Jahrhunderts hat sich eine Klassifikation von Emotionen herausgebildet, die in aktivitätsbezogene Emotionen, Bindungsgefühle, Emotionen in sozialen Beziehungen und emotionales Klima in Gruppen sowie in Vereinen unterscheidet. Die Sportwissenschaft versteht unter aktivitätsbezogenen Emotionen Gefühle, die im Handlungsvollzug entstehen. Emotionen begleiten damit als Erleben das Handeln und sind nicht als Komplementär zum kognitiven Verhalten zu betrachten. Emotion und Ratio werden nicht als Gegensätze verstanden, sondern als im Prozess des Entscheidungsverhaltens verknüpfte Elemente. Bindungsgefühle beschreiben Emotionen der Zugehörigkeit, der Einbindung und der Identifikation. Sie sind Teil der Konstruktion und Interpretation der Realität sowie Bestandteil des menschlichen Lebensumfelds. Unter Emotionen in sozialen Beziehungen werden Emotionen verstanden, die in den in Vereinen typischen Beziehungen und Interaktionen eingelagert sind. Das emotionale Klima in Gruppen bersteht aus einer gemeinsamen affektiven Befindlichkeit, durch die eine konsistente Selektion und Interpretation dessen erreicht wird, was für die Mitglieder der Gruppe von Bedeutung ist. Die

[120] Vgl. HEINEMANN (2007), S. 104.

Ausführungen von ALBROW zu Emotionen in Vereinen können auf Emotionen in Unternehmen übertragen werden. Gemäß ALBROW entwickeln sich Emotionen nicht nur im Inneren von Handelnden. Vielmehr sind sie auch Eigenschaften von Organisationen und zugleich ein zentraler Aspekt ihrer Leistung. Sowohl Vereine wie auch Unternehmen besitzen somit ein emotionales Klima, das von der Organisationskultur, dem Entwicklungs- und Reifestand sowie den subjektiven Interessen der Entscheidungsträger der Organisation beeinflusst wird.[121]

Wie in Unternehmen geht es im Sport um die bestmögliche Zielerreichung. Emotionen können zur Ziel- und Aufgabenerfüllung beitragen. Die Sportwissenschaften stützen die Sichtweise der Neoklassik, dass alle Emotionen schädlich und irrational sind, nicht. Vielmehr wird in den Sportwissenschaften in positive sowie negative Emotionen unterschieden und darauf hingewiesen, dass die willentliche Unterdrückung von Emotionalität die Entscheidungsfähigkeit und Zielerreichung beeinträchtigen kann. Es wird sich im Verlauf der Ausführungen zum psychologischen Emotionsbegriff zeigen, dass zwischen dem sportwissenschaftlichen und dem psychologischen Emotionsverständnis Parallelen bestehen.

Im Gegensatz zur Neoklassik ist in den Sportwissenschaften somit die Bedeutung von Emotionen bekannt, weshalb bereits früh der Aufforderung, ein Emotionsmanagement aufzubauen, gefolgt wurde. Unter Emotionsmanagement wird die Anwendung rationaler Strategien verstanden, mit denen im Sport und in seinen Organisationen positive Emotionen gesichert und das Auftreten negativer Emotionen vermieden wird. Als Emotionsarbeit werden rationale Strategien bezeichnet, die zum Ziel haben, Emotionen anderer im eigenen Interesse zu beeinflussen sowie den Umgang mit den eigenen Emotionen zu optimieren.[122]

Auch wenn das Thema dieser Arbeit hinsichtlich Besonderheiten im Sport bzw. für den Sport wenig Relevanz hat, helfen Einsichten der Sportwissenschaften und ihre Interdisziplinarität diese Arbeit zu ergänzen. Im Gegensatz zur klassischen betriebswirtschaftlichen Theorie sind die Sportwissenschaften offen gegenüber anderen wissenschaftlichen Disziplinen und haben deren Erkenntnisse in die eigene Forschung integriert. Die in dieser Arbeit geforderte Interdisziplinarität wird von den Sportwissenschaften bereits gelebt. Interdisziplinäre Überschneidungen lassen sich zudem in

---

[121] Vgl. ALBROW (1992), S. 313.
[122] Vgl. HEINEMANN (2007), S. 111–113.

den Ausführungen von ALBROW und für das Verständnis von Unternehmen als emotionale Lebenswelten finden. Auch die Unterscheidung in positive und negative Emotionen und die Erkenntnis, dass Emotionen weitere Bedeutung als irrationale Verhaltensweisen zukommt, muss als fortschrittlich betrachtet werden. Die Klassifikation von Emotionen als aktivitätsbezogene Gefühle hat gezeigt, dass sich Emotion und Ratio nicht ausschliessen, sondern wechselseitig miteinander verknüpft sind. Den Sportwissenschaften kann hier eine Vorreiterrolle zugesprochen werden.

3.3.4 Psychologisches Emotionsverständnis

Seit dem Nobelpreis für Wirtschaftswissenschaften im Jahr 1978 für SIMON hat sich die Psychologische Ökonomie entwickelt. Als Vorläufer im deutschsprachigen Raum sind SCHMÖLDERS (1962) sowie JÖHR (1972) und im englischen Sprachgebiet KATONA (1975), LEIBENSTEIN (1975) und SCITOVSKY (1976) bekannt.[123] Heute wird die psychologieorientierte Ökonomie von Autoren wie AKERLOF (1984), KAHNEMAN und TVERSKY (1984), FRANK (1985,1988) und THALER (1992) beeinflusst.

Auch in der Psychologie hat sich bis heute keine allgemein akzeptierte Definition des Emotionsbegriffs durchgesetzt. Vielmehr existiert in der psychologischen Forschung eine Vielzahl theoretischer Ansätze und Definitionsversuche. Der größte Teil der Definitionen erklärt nicht das Phänomen selbst, sondern zählt emotionale Funktionen auf bzw. erklärt die Entstehung von Emotionen.

KLEINGINNA und KLEINGINNA sowie PLUTCHIK konnten mit Hilfe von Metaanalysen innerhalb unterschiedlicher psychologischer Emotionstheorien eine Merkmalsumschreibung des Emotionsbegriffs ableiten.[124] Dieser Ansatz, der keine Definition darstellt, jedoch in der einschlägigen Literatur zur Emotionspsychologie zugrunde gelegt wird, umfasst drei Ebenen: die Ebene der neurophysiologischen Vorgänge, die Ebene des beobachtbaren (Ausdrucks-)Verhaltens und die Ebene der subjektiven Erlebnisse. Die erste Ebene stellt die emotionalen Reaktionen innerhalb des neuronalen Nervensystems auf spezifische Stimuli dar. Sie kann sich in physiologischen Erregungen wie Schwitzen der Hände, Erröten oder Veränderung der Atmung

[123] Vgl. SCHMÖLDERS (1962), JÖHR (1972), S. 157–184, KATONA (1975), LEIBENSTEIN (1976), SCITOVSKY (1976), AKERLOF (1984), KAHNEMAN/TVERSKY (1984), S. 263–291, FRANK (1985), FRANK (1988), THALER (1992).
[124] Vgl. KLEINGINNA/KLEINGINNA (1981), S. 345–379, PLUTCHIK (1984), S. 105–112.

und der Herzschlagfrequenz ausdrücken. Die zweite Ebene beschreibt den expressiven (Ausdrucksverhalten: Mimik, Gestik, Körperhaltung) und instrumentellen (Handlungsabsicht) Verhaltensaspekt von Emotionen. Auf der dritten Ebene wird das subjektive Erleben einer spezifischen Emotion behandelt. PLUTCHIK spricht dabei von der subjektiven emotionalen Wahrnehmung eines Individuums.[125] Darunter versteht PLUTCHIK, dass Individuen bewusst oder unbewusst einen bestimmten körperlichen emotionalen Zustand empfinden und diesen subjektiv erleben und äußern.[126] Damit wird offensichtlich, dass emotionale Verhaltensweisen mit spezifischen Empfindungen einhergehen. Das subjektive Erleben einer Emotion kann unterschiedliche Auswirkungen beinhalten. Zum einen können Erfahrungen und Erlebnisse, die mit dem Emotionsauslöser assoziiert werden, ins Bewusstsein überführt werden. Zum anderen kann die Emotion jedoch auch als bewusste Information in kognitive Prozesse eingebunden werden.[127] Die Subjektivität des Erlebens erschwert eine nachvollziehbare und objektive Erforschung und Messung des Emotionskonstrukts.

Neben diesen drei Erscheinungsebenen wird der Emotionsbegriff in der psychologischen Literatur häufig um drei weitere, übergreifende Charakteristika ergänzt, was dazu beiträgt, das Emotionsverständnis von verwandten Konstrukten abzugrenzen. Emotionen werden als aktuelle psychische Zustände von Individuen definiert. Eine emotionale Reaktion stellt damit einen Zustand von begrenzter Dauer und nicht eine Eigenschaft dar. Zudem wird Emotionen eine bestimmte Intensität und Qualität zugewiesen. Diese Merkmale dienen dazu, unterschiedliche Emotionsarten zu unterscheiden und helfen, Emotionsklassen zu bilden. Trotzdem besteht kein Konsens hinsichtlich Anzahl und Ausprägung spezifischer Emotionen. Letztlich wird angenommen, dass emotionales Verhalten objektgerichtet ist. Eine Emotion ist damit eine Veränderung eines physiologischen Zustandes oder einer Ausdrucksweise, die durch ein bestimmtes Objekt ausgelöst wird.

Die Beschreibung des Emotionsbegriffs anhand der genannten Ebenen trägt zu größerer Klarheit in Bezug auf das Emotionsverständnis bei, stellt jedoch keine allgemeingültige und eindeutige Definition dar. KLEINGINNA und KLEINGINNA betonen in ihrer Metaanalyse, dass die drei Ebenen der Emotion ein komplexes Konstrukt von Interaktionen zwischen objektiven und subjektiven Faktoren darstellen, die durch neuronale Systeme gesteuert werden.[128] Vor diesem Hintergrund ist eine

[125] Vgl. PLUTCHIK (1984), S. 105–112.
[126] Vgl. ebd.
[127] Vgl. KLEINGINNA/KLEINGINNA, (1981), S. 371.

neuronale Systeme gesteuert werden.[128] Vor diesem Hintergrund ist eine Betrachtung des Emotionsbegriffs aus der neurowissenschaftlichen Perspektive sinnvoll.

3.3.5 Neurowissenschaftliches Emotionsverständnis

Die Neurowissenschaften haben sich in den letzten 100 Jahren aus unterschiedlichen Disziplinen entwickelt, die sich mit der Erforschung des Nervensystems beschäftigen. Das Gehirn ist mit einem Netzwerk von über 100 Mrd. Nervenzellen das komplexeste menschliche Organ. Es gehört zum Zentralnervensystem und ist für die Steuerung der Körperfunktionen zuständig. Darüber hinaus kontrolliert das Gehirn die so genannten höheren kognitiven Funktionen, durch die sich der Mensch von anderen Lebewesen unterscheidet. Das Gehirn ist für Lernen, Denken, Speichern und Abrufen von Erinnerungen, Verarbeitung von Informationen und für die Integration von emotionalen Reaktionen in Entscheidungsprozesse verantwortlich. Grundlage des neurowissenschaftlichen Emotionsverständnisses ist damit, dass das logisch-analytische und das emotionale Denken und Verhalten im menschlichen Gehirn gekoppelt sind.

Die Neurowissenschaften können erklären, wie durch das Zusammenspiel von Emotion und Ratio im Gehirn Entscheidungen getroffen werden. Einseitige Entscheidungen entstehen, wenn Emotionalität oder Rationalität überwiegen und auch durch bewusstes Abwägen nicht abgefangen werden können. Gemäß den Neurowissenschaften ist der Mensch nur durch die Verbindung von emotionalen und rationalen Elementen im neuronalen Kreislauf der Vielfalt täglicher Aufgaben und Entscheidungen gewachsen.

Das Problem der Erforschung des Emotionskonstrukts in den Neurowissenschaften besteht in der Subjektivität und teilweisen Unbewusstheit emotionaler Verhaltensweisen. Neurowissenschaftler untersuchen daher Emotionen unabhängig von ihrer subjektiven Interpretation auf der Grundlage von Hirnmechanismen. Innerhalb der letzten 15 Jahre hat der Emotionsbegriff in den Neurowissenschaften durch technologische Innovationen im Bereich der Hirnbildgebung einen erheblichen Bedeutungszuwachs erfahren.[129] Trotzdem setzt sich auch die neurowissenschaftliche Literatur zum Emotionsbegriff eher mit Berichten über Untersuchungen zur Frage auseinan-

[128] Vgl. KLEINGINNA/KLEINGINNA, (1981), S. 345–379.
[129] Vgl. LEDOUX (2000), S. 155 f., DAMASIO (2001), S. 781.

der, wie und wo das Gehirn Emotionen verarbeitet, anstatt mit begrifflichen Konstrukten. Daher können die Definitionsansätze der Neurowissenschaften ebenfalls nicht als einheitlich und umfassend bezeichnet werden.

Die neurowissenschaftliche Forschung unterscheidet Emotionen von Gefühlen, Stimmungen und Einstellungen und trägt damit zu einer erweiterten Definitionseindeutigkeit bei. Gemäß den Neurowissenschaften sind Gefühle mentale Repräsentationen auf physiologische Körperveränderungen. DAMASIO folgend sind Gefühle die bewusste, subjektive Empfindung von Emotionen.[130] Die Subjektivität von Gefühlen äußert sich dadurch, dass die Ursache für die Auslösung eines Gefühls sich stark von dem Gefühlsauslöser einer anderen Person unterscheidet. Zudem werden Gefühle intersubjektiv unterschiedlich empfunden. Eine Abgrenzung zu Stimmungen, Affekten und Einstellungen erfolgt anhand der Charakteristika Intensität, Qualität, Dauer und Richtung. Stimmungen sind im Gegensatz zu Emotionen durch eine längere Zustandsdauer gekennzeichnet und müssen nicht zwingend objektgerichtet sein.[131] Darüber hinaus weisen die Ausprägungen von Stimmungen eine geringere Intensität auf.[132] Einstellungen sind im Gegensatz zum Emotionskonstrukt immer bewusst und keine somatische Zustandsdefinition, sondern das Ergebnis von Informations-verarbeitungs- und Evaluierungsprozessen. Einstellungen weisen affektive, kognitive und konative Bestandteile auf.[133]

Emotionen hingegen gehen mit neuronalen Reaktionen einher, die durch spezifische Aktivierungsmuster im Gehirn nachvollzogen werden können. DEETJEN definiert Emotionen als mehr oder weniger starke Gemütsbewegungen, die eng mit unbewussten Inhalten, Instinktreaktionen und vegetativen Regulationen gekoppelt sind. Für DEETJEN werden emotionale Verhaltensweisen als bestimmte Reaktionsmuster durch spezifische reale oder vorgestellte Personen, Objekte oder Ereignisse ausgelöst.[134]

Die Sichtweise DEETJENS wird von DAMASIO unterstützt. Nach DAMASIO können Emotionen durch externe Stimuli wie Objekte, Personen oder Situationen hervorgerufen werden oder durch interne Stimuli wie Erinnerungen an bestimmte Objekte,

[130] Vgl. DAMASIO (2000), S. 14 ff.
[131] Vgl. FRIJDA (1986), S. 60, SCHMIDT-ATZERT (1996), S. 22 ff., DAMASIO (1997), S. 769 ff., OTTO (2000), S. 13.
[132] Vgl. BAGOZZI (1999), S. 185, MEYER (2001), S. 40.
[133] Vgl. BAGOZZI (1999), S. 185, TROMMSDORFF (2003), S. 150 ff.
[134] Vgl. DEETJEN et al. (2004), S. 328.

Personen oder Situationen.[135] Dabei müssen die internen oder externen Stimuli nicht real vorhanden sein, sondern können auch imaginär auftreten. DAMASIO definiert emotionales Verhalten als spezifischen Körperzustand, der sich in Form einer Ansammlung chemischer und neuronaler Veränderungen ausdrückt, die in verschiedenen Gehirnbereichen repräsentiert werden. Für DAMASIO sind Emotionen folglich komplizierte Kombinationen regulatorischer Reaktionen des Gehirns mit dem biologischen Zweck, günstige Umstände für das Überleben des Organismus zu schaffen. DAMASIO kommt mit seinen Untersuchungen zu dem Schluss, dass Emotionen einem evolutionären Entwicklungsprozess unterliegen und sich durch individuelle Lernprozesse und kulturelle Einflüsse verändern. Für DAMASIO nutzen Emotionen den Körper als Ausdrucksmöglichkeit und beeinflussen gleichzeitig diverse Gehirnfunktionen.[136] Folglich kann die willentliche Unterdrückung von Emotionen die Entscheidungsfähigkeit beeinträchtigen.

Die neurowissenschaftliche Forschung schreibt Emotionen zwei unterschiedliche Ursprungsarten zu. Zum einen basieren Emotionen auf genetisch verankerten und damit angeborenen Mechanismen, die sich im Verlauf der evolutionsbiologischen Stammesgeschichte entwickelt haben. Zum anderen werden Emotionen durch Reaktionsschemata hervorgerufen, die im Laufe der Entwicklungsgeschichte des einzelnen Individuums erlernt wurden. Emotionen weisen darüber hinaus unterschiedliche zeitliche, situationsspezifische und persönlichkeitsbezogene Profile auf.

Zusammenfassend werden Emotionen in der neurowissenschaftlichen Literatur als spezifische Körperzustände definiert, deren neurale Repräsentationen Signale oder Anweisungen an andere Hirnbereiche und an das periphere Nervensystem senden. Um sich auf die Ebenenbeschreibung der Psychologie zu beziehen, bilden Emotionen nach dem neurowissenschaftlichen Verständnis unmittelbar die erste sowie mittelbar die zweite Ebene und Empfindungen die dritte Ebene. Neben dem psychologischen Drei-Ebenen-Schema sind auch die weiteren jeweils aufgeführten Abgrenzungen der Psychologie entweder sinngemäß oder komplementär zu den neurowissenschaftlichen Ansätzen.

Die psychologische und die neurowissenschaftliche Forschung haben mit der Einführung kognitiver Elemente im Rahmen emotionaler Verhaltensweisen zu einem erwei-

[135] Vgl. DAMASIO (2000), S. 15 f.
[136] Vgl. zum gesamten Absatz DAMASIO (1995), S. 1 ff.

terten Verständnis von Emotionalität beigetragen. Die Erkenntnisse können auf die Erforschung des Entscheidungsverhaltens im Allgemeinen und im Speziellen bei Unternehmenstransaktionen angewandt werden und fördern damit das Verständnis rationaler und emotionaler Verhaltensweisen in Entscheidungssituationen.

3.3.6 Emotionsverständnis der vorliegenden Arbeit (multiperspektivisches Emotionsverständnis)

Die vorherigen Ausführungen haben verdeutlicht, dass eine wissenschaftstheoretisch geforderte disziplinübergreifend einheitliche, in sich eindeutige und zweckmäßige Definition des Emotionsbegriffs nicht existiert. Für die vorliegende Arbeit wird daher eine definitorische Konkretisierung des Emotionskonstrukts vorgenommen, die dem Sachinhalt der Arbeit entspricht.

Zusammenfassend lassen sich aus den oben erläuterten Emotionsbegriffen der Betriebswirtschaftslehre, der Psychologie sowie der Sport- und Neurowissenschaften fünf spezifische Emotionen beschreibende Komponenten ableiten: die kognitive Komponente, die physiologische Komponente, die motorische Komponente, die subjektive Gefühlskomponente sowie die motivationale Komponente. Spezifische Komponenten des multiperspektivischen Emotionsverständnisses sind bei ARISTOTELES (Handlungsabsicht), PARETO (kognitive Grundstruktur), MCDOUGALL (nicht steuerbarer innerer Erregungszustand von begrenzter Dauer) sowie LAZARUS und SCHACHTER (kognitiver und sozialer Bezug) zu finden.[137] Der subjektive Bezug und das handlungsleitende Element können egoistische und unreflektierte Verhaltensweisen beinhalten.

Aufbauend auf den erörterten Komponenten lässt sich folgende Arbeitsdefinition ableiten, die den Wahrnehmungs- und Denkaspekt von Emotionen in den Fokus stellt und das Kognitions-, Gefühls- und Motivationselement beinhaltet. Emotionen sind als Wahrnehmung eines Stimulus aufzufassen, der mittels einer subjektiven Bewertung bezüglich seiner Bedeutsamkeit für das Individuum dimensionalisiert wird und das Denken sowie Handeln beeinflussen kann.

[137] Vgl. MCDOUGALL (1927), S. 5 ff., PARETO/EISERMANN (1962), S. 81–93, SCHACHTER (1962), S. 379–407, ARISTOTELES (1995).

3.4 *Rationalität, Emotionalität und interdependente Verknüpfung*

Die Ausführungen zu Ratio und Emotion haben die Diskrepanz der Begrifflichkeiten unter neoklassischen Gesichtspunkten verdeutlicht. Die Neoklassik, die von rational handelnden Entscheidungsträgern ausgeht, verkennt den Einfluss und die Wirkung von Subjektivität und Emotionalität in Entscheidungssituationen. Gemäß der neoklassischen Theorie sind Vernunft, Kognition und Denken Begriffe, die mit Rationalität verbunden sind, während Leidenschaft, Affekte und Gefühle für Emotionen stehen. Gleichzeitig wird Emotionalität als Gegensatz von Rationalität betrachtet.[138]

Ausgangspunkt für die Entwicklung eines realistischen Rationalitätsbegriffs in den letzten Jahren war die Erkenntnis, dass die dem Homo-oeconomicus-Prinzip zugrunde liegenden Annahmen die beobachtbare Realität nicht abbilden. Die von SIMON entwickelte Theorie beschränkt rationalen Verhaltens beinhaltet subjektive Elemente. Festgehalten werden muss, dass auch die institutionenökonomischen Ansätze Emotionen nicht thematisieren. Trotzdem existieren Überschneidungen mit dem dieser Arbeit zugrundeligenden Emotionsverständnis. Ausgehend von der neoklassischen Dichotomie von rationalem und emotionalem Verhalten lässt sich der interdependent verknüpfte Zusammenhang von Ratio und Emotion wie folgt darstellen.

[138] Vgl. PUTNAM/MUMBY (1993), S. 40, DOMAGALSKI (1999), S. 833–852.

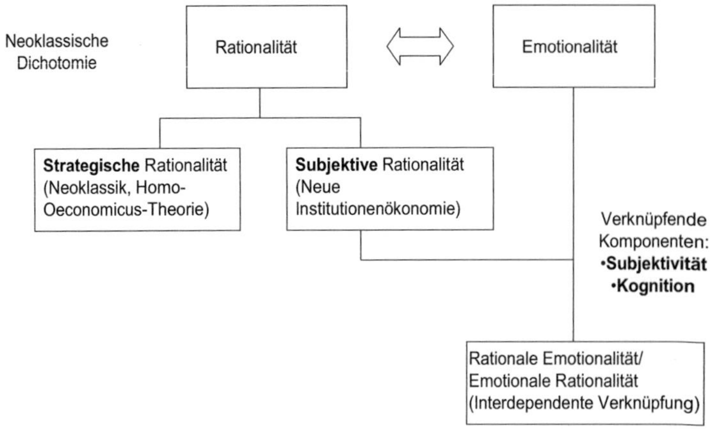

Abb. 16: Interdependente Verknüpfung von Ratio und Emotion.

Quelle: eigene Darstellung

Grundlage gleichzeitiger Emotionalität und Rationalität (Instantane rationale Emotionalität) bilden somit das aus der psychologischen Emotionsforschung abgeleitete, von den Neurowissenschaften hervorgehobene und in den Sportwissenschaften aufgrund deren immanenter Interdisziplinarität erkannte kognitive Element emotionaler Verhaltensweisen sowie der subjektive Bezug von Emotionen.

3.5 *Perspektiven der Organisations- und Managementforschung zu Rationalität und Emotionalität*

Emotionen sind fester Bestandteil des Organisations- und Managementsalltags und tragen dazu bei, dass Unternehmensziele erreicht werden. Gerade in Entscheidungssituationen ist die Kontrolle und effiziente Nutzung von Emotionalität von Bedeutung. Die Kenntnis, Einschätzung und Bewertung subjektiv-rationaler Verhaltensweisen sowie der eigenen Emotionen und ihre gezielte strategisch-rationale Verwendung vor dem Hintergrund organisationaler und gesellschaftlicher Erwartungen wird zum entscheidenden Wettbewerbsvorteil. In Unternehmen darf es nicht dem Zufall überlassen bleiben, positive Emotionen zu entwickeln und negative zu kontrollieren. Vielmehr sollte angestrebt werden, das subjektiv-rational oder emotional beeinflusste Verhalten von Entscheidungsträgern zu kanalisieren und durch bestimmte Handlungsempfehlungen Normen und Anreize vorzugeben.

Wenn die klassische betriebswirtschaftliche und die Merger-Literatur die Rationalität von Entscheidungen in den Vordergrund stellen, ist offensichtlich, dass auch im Bereich der Organisations- und Managementforschung subjektiv-rationale und emotionale Verhaltensweisen nicht die ihrer Bedeutung angemessene Beachtung gefunden haben. Der neoklassischen Theorie folgend wurden Organisationen auf das Rationalitätsprinzip reduziert. Im Zentrum der Erklärungsmodelle standen bei der Erreichung der Unternehmensziele Effektivität und Effizienz. Emotionalität wurde als dysfunktionaler Störfaktor betrachtet, den es durch das Management zu eliminieren bzw. zu kontrollieren galt.

Die Sicht auf Organisationen als emotionale Erlebniswelten ist relativ neu und beruht auf den Theorien der Neuen Institutionenökonomie.[139] FINEMAN spricht von Organisationen als „emotionale Arenen“, da das individuelle Verhalten der Organisationsmitglieder in hohem Maße durch eigene Emotionen bestimmt wird.[140] Die jüngere Organisations- und Managementforschung weist Emotionalität somit eine kulturelle Aufwertung zu. Der Wandel vom Störfaktor Emotion zum Produktionsfaktor und einer damit einhergehenden zunehmenden Disziplinierung und Informalisierung von Emotionalität ist eindeutig.[141] Noch nicht analysiert ist jedoch der Einfluss von Emotionalität in M&A-Entscheidungssituationen.

---

[139] Vgl. GABRIEL (1998), S. 292.
[140] Vgl. FINEMAN (1993), S. 30.
[141] Vgl. KRELL (2002), S. 73, BOLTON (2005), S. 14.

3.5.1 Einführung von Konstrukten der Organisations- und Managementforschung als Grundlage der in dieser Arbeit zu entwickelnden Handlungsempfehlung

Die in dieser Arbeit zu entwickelnde Gestaltungssempfehlung zu M&A-Entscheidungsverhalten basiert auf Theorien der jüngeren Organisations- und Managementforschung. Die Bedeutung subjektiv-rationaler und emotionaler Treiber in M&A-Entscheidungssituationen kann mit der Prinzipal-Agenten-Theorie erklärt werden. Das Emotionen-Modell von RAFAELI und SUTTON dient zum Verständnis emotionaler Treiber im sozialen Kontext.[142] Aufbauend auf dem Emotionen-Modell und dem Konzept der emotionalen Intelligenz von GOLEMAN[143] kann dann eine Handlungsempfehlung abgeleitet werden, die Emotionalität als Rationalität unterstützend betrachtet und somit auch die interdependente Verknüpfung von Ratio und Emotion bestätigt.

3.5.2 Die Prinzipal-Agenten-Theorie zur Erklärung subjektiv-rationaler und emotionaler M&A-Treiber

Subjektiv-rationales und emotionales Verhalten bei Unternehmenszusammenschlüssen und damit verbundene Marktunvollkommenheiten können mit der neoklassischen Theorie nicht erklärt werden. Die Prinzipal-Agenten-Theorie der Neuen Institutionenökonomie hilft Prämissen der Neoklassik aufzulösen und Marktunvollkommenheiten aufgrund subjektiv-rationalem oder emotional induziertem Entscheidungsverhaltens zu analysieren. Die Prinzipal-Agenten-Theorie sieht die Ursache von Akquisitionen in subjektiv getriebenen Zielen und emotionalen Verhaltensweisen des Managements. Dabei steht nicht die Unternehmenswertsteigerung im Vordergrund der Bemühungen der M&A-Entscheidungsträger, sondern individuelle Interessen. Im Wesentlichen geht es dabei um die Maximierung von Gehältern, Einfluss, Macht und Ansehen sowie um die Reduzierung des persönlichen Risikos (Arbeitsplatzverlust, Karrierestagnation) und damit um individuelles Sicherheitsstreben („Hedgen"). Dafür werden verschiedenartige Spielzüge angewandt, die sowohl Formen der Kooperation und Nachahmung als auch der Differenzierung beinhalten können.

---

[142] Vgl. RAFAELI/SUTTON (1989), S. 5.
[143] Vgl. GOLEMAN (1999), S. 48 f.

Den Ausgangspunkt der Managementtreiber-Ansätze bildet die Arbeit von BERLE und MEANS (1935) über die Trennung von Eigentum und Führung in Unternehmen, die zu Prinzipal-Agenten-Problemen führen kann.[144] Der größte Einfluss auf die Entwicklung der Prinzipal-Agenten-Theorie wird JENSEN und MECKLING (1976), FAMA (1980) sowie EISENHARDT (1989) zugeschrieben.[145] Die Prinzipal-Agenten-Theorie thematisiert Probleme und Gestaltungsfragen, die in Vertragsbeziehungen zwischen einem Auftraggeber (Prinzipal) und einem Auftragnehmer (Agenten) entstehen.[146] MACHARZINA definiert Beauftragungs- bzw. Agenturverhältnisse als Form kooperativer Handlungen, bei denen eine oder mehrere Personen andere Personen beauftragen, Dienste im Interesse der erstgenannten Partei zu leisten, wobei eine Delegation von Entscheidungsbefugnissen auf den Agenten erfolgt, das Risiko von Fehlentscheidungen jedoch beim Prinzipal verbleibt.[147] Das Grundmodell der Prinzipal-Agenten-Theorie, dargestellt in Abbildung 17, geht davon aus, dass der Agent Handlungen vornehmen kann, die nicht nur sein Wohlergehen, sondern auch das des Prinzipals betreffen. In einem Beauftragungsverhältnis können jedoch die Ziele von Prinzipal und Agent voneinander abweichen, Informationsasymmetrien entstehen und das Verhalten des Agenten eingeschränkt rationale Züge beinhalten.

[144] Vgl. BERLE/MEANS (1935), S. 548–554.
[145] Vgl. EISENHARDT (1989a), S. 57–74, JENSEN/MECKLING (1976), S. 305–360, FAMA (1980), S. 288–307, FAMA/JENSEN (1983), S. 327–349.
[146] Vgl. ACHLEITNER (2001), S. 49, PICOT/REICHWALD/WIGAND (2001), S. 56.
[147] Vgl. MACHARZINA (2004), S. 5 ff.

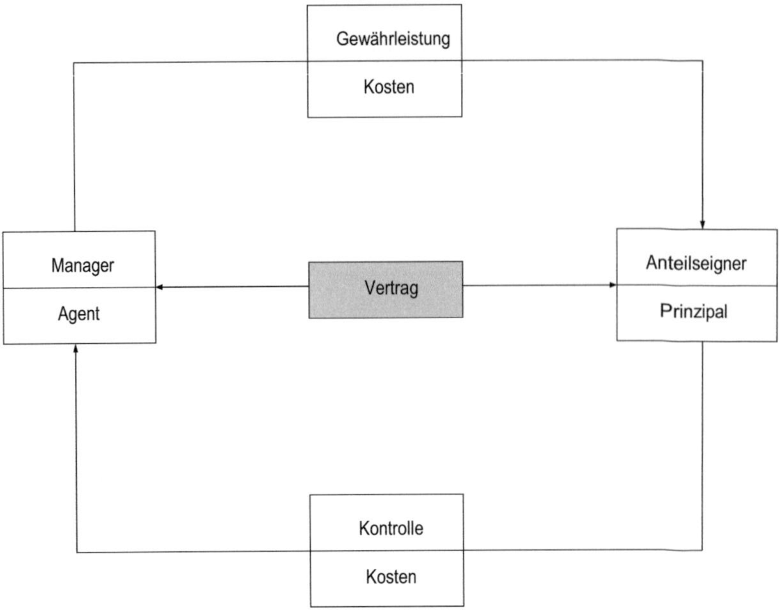

Abb. 17: Das Grundmodell der Prinzipal-Agenten-Theorie.

Quelle: eigene Darstellung

Abbildung 17 zeigt, dass Prinzipal-Agenten-Beziehungen, bei Vorliegen von Informationsasymmetrien, durch Entscheidungen des Agenten gekennzeichnet sind, die das Nutzenniveau des Prinzipals beeinflussen. Da eine Verringerung der Informationsasymmetrien durch die Eigentümer (Prinzipale), bspw. durch Kontrolle der Handlungen der Unternehmensleitung, mit zum Teil prohibitiv hohen Kosten verbunden ist, bestehen für das Management (Agenten) diskretionäre Handlungsspielräume, die zum eigenen Vorteil genutzt werden können.

Im Zusammenhang mit Unternehmensübernahmen geht die Prinzipal-Agenten-Theorie davon aus, dass das Management mit der Transaktion eigene Ziele verfolgt, die mit denen der Eigentümer der Unternehmen nicht deckungsgleich sind. Die subjektiv-rational oder emotional beeinflussten M&A-Treiber der Manager können darin bestehen, die Größe des Unternehmens (und nicht den Marktwert des Eigenkapitals) zu maximieren, da ihr Einkommen sowie ihre Macht positiv mit der Unternehmensgröße korreliert sind, und das Risiko des Unternehmens durch Diversifikation zu reduzieren, um die eigene Position abzusichern. M&A-Aktivitäten sind gemäß der Managementtheorien folglich das Ergebnis genutzter Handlungsspielräume aufgrund suboptimaler Kontroll- und Anreizmechanismen der Prinzipale mit dem Ziel, eigene Interessen durchzusetzen.[148]

3.5.3 Das Emotionen-Modell von RAFAELI und SUTTON zur Erklärung der Wirkung emotionaler M&A-Treiber im sozialen Kontext

Im organisationalen Kontext lassen sich zwei Strömungen zur Konzeptualisierung von Emotionen ausmachen. Die psychodynamische Richtung fokussiert personeninterne Prozesse und betont den Einfluss unterbewusster und instinktiver Kräfte bei der Entstehung von Emotionen. Demgegenüber steht bei der sozialkonstruktivistischen Orientierung der soziale Kontext, in den Emotionen eingebettet sind, im Vordergrund. Entsprechend kommt den Organisationsmitgliedern und ihrer Kultur höhere Aufmerksamkeit zu. Aus der sozialkonstruktivistischen Perspektive vermitteln Organisationen Regeln zur Emotionsregulation.[149] Die Arbeit des Individuums in Organisationen ist gemäß FINEMAN eine Rationalisierung von Ängsten und Sehnsüchten.[150]

Das Modell von RAFAELI und SUTTON, das der sozialkonstruktivistischen Richtung zugeordnet werden kann, aber auch verschiedene Aspekte der psychodynamischen Sichtweise beinhaltet, integriert Emotionen in einen größeren organisationalen Kontext.[151]

[148] Vgl. zum gesamten Absatz PICOT (1991), S. 150 ff.
[149] Vgl. FINEMAN (1993), S. 131.
[150] Vgl. ebd., S. 23.
[151] Vgl. RAFAELI/SUTTON (1989), S. 5.

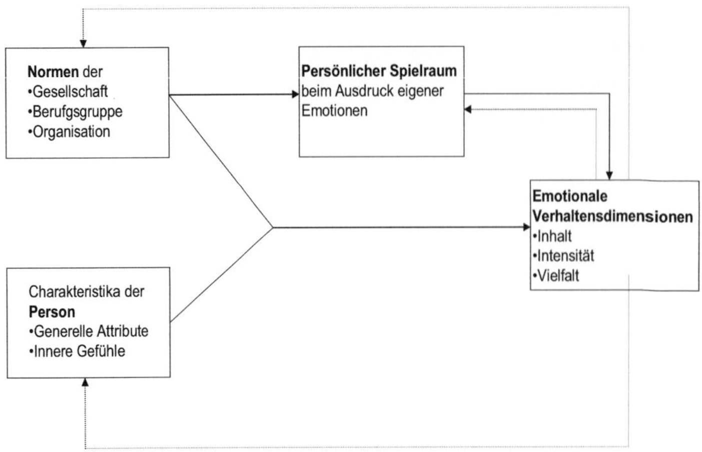

Abb. 18: Emotionen-Modell: Konstrukt zur Darstellung und Erklärung von Emotionen im organisationalen Kontext.

Quelle: in Anlehnung an RAFAELI/SUTTON (1989), S. 5

Das Modell besteht aus vier Elementen: Zu den spezifischen Charakteristika des Individuums zählen nach RAFAELI und SUTTON Geschlecht, persönliche Selbstbeherrschung und emotionales Stehvermögen. Neben diesen allgemeinen, dauerhaften Eigenschaften ist die situative Gefühlslage zu beachten, die einen latenten Einfluss ausübt. In der unmittelbaren (Arbeits-)Umwelt prägen das Individuum bewusst oder unbewusst verschiedene Normen und Regeln unterschiedlicher Herkunft und Zielvorgabe. Ein besonderes emotionales Konfliktpotential kann dabei aus Situationen mit mehrdeutiger oder mangelhafter Kommunikation und sich widersprechenden Normen resultieren. Zusätzlich beeinflussen der persönliche Entscheidungsspielraum und die Handlungsautonomie, die organisationsabhängig sind, das emotionale Verhalten.[152]

Das zum Ausdruck gebrachte emotionale Verhalten kann unterschiedliche direkte und indirekte Auswirkungen auf Personen des Entscheidungs- und Kommunikationsprozesses, die Handlungsautonomie sowie die organisationalen Normen und Regeln haben.

3.5.4 Das Konzept der emotionalen Intelligenz von GOLEMAN als Grundlage der Handlungsempfehlung dieser Arbeit

Zu den neueren Ergebnissen der Managementliteratur zu Emotionalität zählen die Forschungsperspektiven von GOLEMAN zu emotionaler Intelligenz. Grundlage des Konzepts emotionaler Intelligenz sind die Neurowissenschaften. Angelehnt an die Erkenntnisse der Neurowissenschaftler DAMASIO und LEDOUX beschreibt GOLEMAN, wie Emotionen durch neuronale Schaltungen kontrolliert werden können. Sein Hauptaugenmerk liegt auf einer Harmonisierung von Emotion und Ratio, verstanden als gegenseitige Befruchtung von Emotionalität und Rationalität, wenn strategische Entscheidungen getroffen werden.[153] GOLEMAN versteht emotionale Intelligenz zunächst als Fähigkeit, Emotion und Ratio gleichzeitig positiv zu nutzen und definiert emotionale Intelligenz dann ausführlich als Fähigkeit, eigene Gefühle und die anderer zu erkennen, sich selbst zu motivieren sowie rational mit den eigenen Emotionen und den Emotionen anderer umzugehen.[154]

Studien der Unternehmensberatung MCBER & COMPANY bestätigen GOLEMANS Ansatz, dass die über den Intelligenzquotienten gemessene Intelligenz lediglich eine Grundkompetenz darstellt. Um Spitzenleistungen zu erbringen, sind emotionale Kompetenzen notwendig, rein rational-kognitive Fähigkeiten sind nicht ausreichend. Aufgrund weiterer Studien von MCBER & COMPANY formulierte GOLEMAN die Faustregel, dass für herausragende Leistungen emotionale Kompetenz doppelt so wichtig ist wie rational-kognitive Fähigkeiten. Laut GOLEMAN lässt sich Erfolg auf der höchsten Führungsebene fast ausschließlich mit emotionaler Kompetenz erklären.[155]

---

[152] Vgl. zum gesamten Absatz RAFAELI/SUTTON (1989), S. 5.
[153] Vgl. GOLEMAN (1999), S. 48 f, LEDOUX (2000), S. 155 f., DAMASIO (2001), S. 781 ff.
[154] Vgl. GOLEMAN (1999), S. 387.
[155] Vgl. ebd., S. 47.

Das Konzept GOLEMANS wird im Folgenden als Grundlage der zu erarbeitenden M&A-Handlungsempfehlung dienen. Die Überlegungen GOLEMANS, die die Bedeutung emotionaler Fähigkeiten verbunden mit rationaler Kompetenz für erfolgreiches Handeln herausstellen, können auf die Gestaltungsanleitung für die Durchführung Erfolg versprechender M&A-Transaktionen und die Generierung von Wettbewerbsvorteilen übertragen werden.[156] GOLEMAN hat 25 emotionale Fähigkeiten ermittelt, die fünf verschiedenen Dimensionen emotionaler Intelligenz zugeordnet werden können (Selbstwahrnehmung, -regulierung, Motivation, Empathie, soziale Fähigkeit).[157]

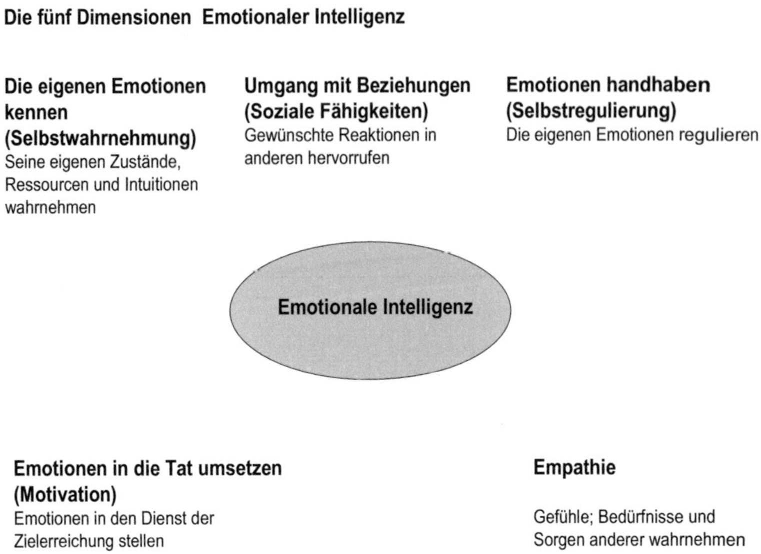

Abb. 19: Die fünf Dimensionen Emotionaler Intelligenz nach GOLEMAN.

Quelle: eigene Darstellung, in Anlehnung an GOLEMAN (1999), S. 38 f., GOLEMAN (2001), S. 28, GOLEMAN (2007), S. 277–380

Nach GOLEMAN beinhaltet emotionale Intelligenz die menschliche Fähigkeit der gleichzeitigen Selbstwahrnehmung, Selbstbeherrschung, Motivation, Empathie, und

[156] Vgl. GOLEMAN (1999), S. 48 f.
[157] Vgl. GOLEMAN (2007), S. 377–380.

sozialen Kompetenz. Selbstwahrnehmung bedeutet die eigenen Emotionen, inneren Zustände und Ressourcen zu kennen. Zur inneren Selbstreflexion gehören laut GOLEMAN ein emotionales Bewusstsein, eine realistische Selbsteinschätzung und Selbstvertrauen. Die Entwicklung eines emotionalen Bewusstseins setzt die Fähigkeit voraus, Gefühlsklarheit zu schaffen und die Auswirkungen der eigenen Gefühle auf das Verhalten einzuschätzen. Unter einer realistischen Selbsteinschätzung versteht GOLEMAN sich seiner Stärken und Schwächen bewusst zu sein und die eigenen Grenzen zu erfahren. Das persönliche Selbstvertrauen entsteht durch die Kenntnis der eigenen Wertigkeit sowie durch eine positive Einstellung zu den eigenen Fähigkeiten. Massgebend ist dabei die realistische Einschätzung der eigenen Persönlichkeit sowie das Erkennen und Verstehen der eigenen Gefühle, Bedürfnisse und Motive.

Die Dimension der Selbstregulierung baut auf der Selbstwahrnehmung auf, da ohne Selbsterkenntnis keine bewusste Regulierung der eigenen Emotionaliät möglich ist. Ziel der Selbstregulierung ist es, Gefühlen und Stimmungen nicht mehr ausgeliefert zu sein, sondern sich zu befähigen, diese konstruktiv zu beeinflussen. Durch Selbstkontrolle, Vertrauenswürdigkeit, Aufrichtigkeit, Gewissenhaftigkeit, Anpassungsfähigkeit und Innovationsfreude kann mit störenden Emotionen umgegangen, auf Veränderungen reagiert und neue Ideen sowie Informationen aufgenommen werden.

Unter Motivation versteht GOLEMAN sich selbst und andere das Erreichen von Zielen zu erleichtern. Dieses wird möglich, indem Emotionen in den Dienst der Zielerreichnung gestellt werden, so dass über emotionale Selbstbeherrschung ein fliessender Zustand optimaler Leistungsbereitschaft erreicht wird. Die Dimension Motivation beinhaltet folglich Leistungsdrang, Engagement, Initiative und Optimismus. Leistungsdrang bedeutet den eigenen hohen Ansprüchen zu entsprechen bzw. diese zu übertreffen. Engagement, Initiative und Optimismus beziehen sich auf die Fähigkeit, sich Ziele anderer zu Eigen zu machen sowie auf die Bereitschaft, Chancen zu ergreifen. Motivieren muss somit als Kompetenz verstanden werden, aus sich selbst heraus jederzeit Leistungsbereitschaft und Begeisterungsfähigkeit zu entwickeln, um sich und andere in schwierigen Situationen zum Weitermachen zu bewegen.

Empathie bezeichnet die Fähigkeit Gefühle, Bedürfnisse und Sorgen anderer wahrzunehmen. Dazu zählt andere zu verstehen, zu fördern und emotionale Strömungen in Gruppen zu erfassen (organisationspolitisches Bewusstsein). Empathie setzt damit die Kompetenz zur Selbtswahrnehmung und zur Wahrnehmung anderer voraus. Dazu bedarf es, Signale und Ziele anderer zu erkennen und zu deuten.

Die Dimension soziale Fähigkeiten umfasst den Umgang mit Beziehungen und schliesst folgende Kompetenzen ein: Einfluss, Kommunikationsfähigkeit, Konfliktbewältigung, Führungsqualität, Teamfähigkeit sowie die Fähigkeit Bindungen aufzubauen und zu pflegen. Voraussetzung für soziale Kompetenz sind die Dimensionen Selbstregulierung und Empathie. Wesentlicher Aspekt sozialer Fähigkeit und um in Konfliktsituationen bestehen zu können, ist die eigenen Gefühle in Übereinkunft mit den geltenden Regeln und Normen zu bringen. [158]

Abbildung 20 gibt die zur Erarbeitung der Handlungsempfehlung von GOLEMAN identifizierten Kompetenzen tabellarisch wieder. Offensichtlich sind Überschneidungen mit den bereits vorgestellten Theorien der neuen Organisations- und Managementforschung, der Prinzipal-Agenten-Theorie und dem Emotionen-Modell von RAFAELI und SUTTON.

[158] Vgl. GOLEMAN (2007), S. 377–380.

	Persönliche Kompetenz	Soziale Kompetenz
Wahrnehmung	•Emotionale Selbstwahrnehmung (Erkennen eigener Gefühle, Verstehen des Zusammenhangs von Gedanken, Gefühlen und Reaktionen) •Emotionales Bewusstsein (Erkennen, was hinter Gefühlen steckt und Finden von Wegen, mit eigenen Motiven, Zielen, Trieben etc. fertig zu werden) •Emotionales Selbstvertrauen (Verantwortung übernehmen, Anerkennen und Akzeptieren der Folgen eigener Entscheidungen, Gefühle)	•Emotionale Empathie/Einsicht (Wahrnehmung und Anerkennung der Gedanken, Gefühle, Bedürfnisse und Sorgen anderer) •Emotionale Politik in Unternehmen (Erkennen und Verständnis für emotionale Strömungen und Machtbeziehungen)
Regulierung	•Emotionale Selbstkontrolle (Erkennen und Kontrollieren störender Emotionen) •Emotionale Anpassungsfähigkeit (Flexibilität angesichts Wandel) •Emotionale Innovationsfähigkeit (Aufnahme neuer Ideen, Methoden, Informationen)	•Emotionale Führung (visionäres, rational hinterfragtes emotionales Beziehungs-management) •Emotionale Entscheidungsfindung (visionäre, rational hinterfragte emotionale Entscheidungsfindung)

Abb. 20: Auswahl emotionaler Kompetenzen nach GOLEMAN.

Quelle: eigene Darstellung, in Anlehnung an GOLEMAN (1999), S. 38 f., GOLEMAN (2001), S. 28, GOLEMAN (2007), S. 377–380

3.6 *Zusammenfassung und Implikation*

In diesem Kapitel wurden die zentralen Begriffe der Arbeit, Emotion und Ratio, und deren Verständnis in der Literatur aus interdisziplinärer Perspektive diskutiert und eine geeignete Arbeitsdefinition im Sinne des multiperspektivischen Emotionsbegriffs für die weiteren Ausführungen abgeleitet.

Folgt man der Neoklassik, ist der Mensch ein rational nach Eigennutz strebendes Wesen ohne Emotionen bzw. ausgestattet mit Ratio zur Kontrolle eigener Emotionen. Dass ökonomische Entscheidungen nur unzulänglich verstanden und abgebildet werden können, wenn der Einfluss von Emotionalität nicht berücksichtigt wird, ist gezeigt worden und wird von der Praxis bestätigt. Eine interdisziplinär ausgerichtete Theorie, die ökonomische, psychologische, sozialwissenschaftliche sowie sport- und neurowissenschaftliche Erkenntnisse verbindet, kann dazu beitragen, den Widerspruch von Emotionalität und Rationalität zu überwinden. Die folgende Abbildung 21 fasst den in diesem Kapitel erörterten Zusammenhang von strategischer Rationalität, subjektiver Rationalität, Emotionalität, interdependenter Verknüpfung und die dahinter stehenden Theorie zusammen.

Zusammenhang: Ratio-Emotion, Neoklassik-Neue Institutionenökonomie

Akteure/Fokus		
Theorien **Treiber**	Neoklassik	Neue Institutionenökonomie
Strategisch-rational	**Unternehmen** Homo-oeconomicus-Prinzip Profit Marktlicher Wettbewerb Einzeleigentümer*	**Manager** Shareholder, Stakeholder** Profit Wettbewerb Arbeitsmarkt für Manager
Subjektiv-rational ⇕ **Interdependente Verknüpfung**	-	Prinzipal-Agenten-Probleme Managerpriorität: Eigeninteresse vor Unternehmensinteresse
Emotional Positiv: Ideengeber, Vision, werthaltiger Fortschritt, Wettbewerbsvorteile Negativ: Verfolgen opportunistischer Interessen	-	Prinzipal-Agenten-Probleme Managerpriorität: Eigeninteresse vor Unternehmensinteresse

*auch Eigentümer können subjektiv-rational bzw. emotional handeln; subjektiv-rationale bzw. emotionale Verhaltensweisen der Eigentümer sind nicht das Thema dieser Arbeit

*auch Shareholder und Stakeholder können subjektiv-rational bzw. emotional handeln; subjektiv-rationale bzw. emotionale Verhaltensweisen von Shareholdern und Stakeholdern sind nicht das Thema dieser Arbeit

Abb. 21:Zusammenhang Ratio-Emotion, Neoklassik-Neue Institutionenökonomie.

Quelle: eigene Darstellung

Die Annahme vollkommen rationalen Verhaltens gilt als umstritten. Empirische Untersuchungen der Neuen Institutionenökonomie bestätigen die Annahme über vollständig rationales Verhalten nicht.[159] Nach HALL herrscht in den Entscheidungsprozessen der betrieblichen Praxis sehr wenig Rationalität.[160] Manager versuchen zwar rationale Entscheidungen zu treffen, sind jedoch im strategischen Planungs- und Entscheidungsprozess dem Einfluss subjektiv-rationaler und emotionaler Treiber ausgesetzt. Ferner wird das Entscheidungsverhalten vom Eigeninteresse (Sicherheits-, Nachahmungs, Machtstreben) der Führungskräfte geprägt. Da Entscheidungsträger nicht über vollständige Informationen verfügen, niemals alle Strategiealternativen und Konsequenzen kennen können und nicht frei vom Streben nach individueller Nutzenmaximierung sind, muss davon ausgegangen werden, dass Entscheidungen in der betrieblichen Praxis auf Basis begrenzter bzw. subjektiver Rationalität getroffen werden. Nach MÜLLER-STEWENS und LECHNER ergibt sich damit kein optimales, sondern nur ein zufrieden stellendes Ergebnis.[161] Die systematische Nichtbeachtung von Emotionalität und deren Auswirkungen für Entscheidungen kann zu negativen finanziellen Folgen führen. Zahlreiche empirische Untersuchungen weisen negative Gefühlszustände von Organisationsmitgliedern nach, die nicht nur als „seelische Kosten" bei den Betroffenen anfallen, sondern auch in pekuniären Kosten für die Unternehmen resultieren.[162]

Wie der Abschnitt zur interdependenten Verknüpfung von emotionalem und rationalem Verhalten gezeigt hat, dürfen Emotionalität und Rationalität nicht als zwei sich ausschließende Konstrukte aufgefasst werden. Vielmehr zeigen aktuelle Befunde der psychologischen und neurowissenschaftlichen Emotionsforschung, dass Entscheidungen das Zusammenspiel rationaler Funktionen und emotionaler Prozesse sind. Nur das Zusammenwirken von Rationalität und Emotionalität erlaubt, die Ganzheitlichkeit menschlichen Verhaltens zu erklären. Zwischen rationalen und emotionalen Strukturen bestehen wechselseitige Beziehungen und Abhängigkeiten, die das menschliche Handeln steuern. Der emotionale Wahrnehmungsprozess hängt von der rationalen Bewertung des physiologischen Erregungszustandes ab und emotionale Fähigkeiten beeinflussen kognitive Funktionen.

Rationalität und Emotionalität nicht als Gegensätze zu betrachten, sondern als sich gegenseitig befruchtende Einheiten ist ein realistisch anzustrebender Zustand. Wie subjektiv-rationales Verhalten und emotionale Fähigkeiten, rational verstanden, ein-

---

[159] Vgl. MÜLLER-STEWENS/LECHNER (2001), S. 16.
[160] Vgl. HALL (2002), S. 157.
[161] Vgl. MÜLLER-STEWENS/LECHNER (2001), S. 183.
[162] Vgl. KÜPERS/WEIBLER (2005), S. 20.

gesetzt und kontrolliert in der Unternehmenspraxis Entscheidungen positiv beeinflussen können und damit die Erfolgswahrscheinlichkeit von M&A-Transaktionen zu verbessern helfen, wird die zu erarbeitende auf den jüngeren Erkenntnissen der Organisationsforschung beruhende Gestaltungsempfehlung zeigen.

4 M&A-Treiber und Erklärungsansätze

4.1 *M&A-Motive und theoretische Fundierung*

Das M&A-Phänomen hat das Interesse von Forschern aus unterschiedlichen Disziplinen der Sozialwissenschaften geweckt. Aus Perspektive der Volkswirtschaft, der Betriebswirtschaft, des strategischen Managements und der Verhaltenswissenschaften haben sich unverbundene Erklärungsansätze herausgebildet. Je nach Forschungsinteresse und akademischem Hintergrund werden unterschiedliche Aspekte des M&A-Phänomens untersucht. KOOTZ kommt in seinen Analysen zu dem Schluss, dass von Seiten der wissenschaftlichen Forschung eine nicht unbeachtliche Anzahl divergierender Theorien formuliert wurden, die das M&A-Phänomen zu erklären versuchen.[163]

Die Analyse der Motive und Triebkräfte von Unternehmenszusammenschlüssen hat wesentlich weniger theoretische Bemühungen hervorgebracht als die Untersuchungen der Auswirkungen von M&A-Transaktionen. Die meisten Studien erforschen den Erfolg von M&A-Transaktionen und nicht deren zugrunde liegende Logik. Im Rahmen der wenigen Untersuchungen zu den Treibern von Unternehmenszusammenschlüssen dominieren ökonomische und strategisch-rationale Theorien der Neoklassik. Auch die Praxis folgt dieser Tendenz. Führungskräfte rechtfertigen M&A-Entscheidungen mit der ökonomischen Grundlogik und heben das rationale Element hervor.

Die in zahlreichen empirischen Studien nachgewiesene Erfolglosigkeit von mit strategisch-rationalen Gründen gerechtfertigten Unternehmenszusammenschlüssen führt zu der Frage, welche anderen Treiber das M&A-Phänomen beeinflussen. Diese Arbeit vertritt die Meinung, dass neben den strategisch-rationalen Treibern subjektiv-rationale, emotionale und interdependent verknüpfte Motive zunehmend das M&A-Entscheidungsverhalten bestimmen. Da bisher die Bedeutung subjektiv-rationaler, emotional bestimmter und interdependent verknüpfter Treiber bei M&A-Entscheidungen in der Literatur nur unzureichend bzw. überhaupt nicht behandelt

---

[163] Vgl. KOOTZ (1996), S. 8.

wurde, existiert bis heute kein interdisziplinärer integrativer Treiberansatz zur Klassifizierung von M&A-Motiven.

Ziel dieser Arbeit ist es daher, einen ganzheitlichen Erklärungsansatz bestehend aus strategisch-rationalen, subjektiv-rationalen, emotionalen und interdependent verknüpften Treibern zu konzipieren, der als Grundlage der zu erarbeitenden M&A-Handlungsempfehlung dient. Voraussetzung für einen interdisziplinären integrativen M&A-Treiberansatz ist die Auflösung des von der Neoklassik angenommenen Dualismus von Emotionalität und Rationalität. Aufbauend auf dem in dieser Arbeit erörterten Wechselwirkungsverhältnis von Emotion und Ratio, dem multiperspektivischen Emotionsverständnis und den Ausführungen von DAMASIO, der erkannt hatte, dass Emotionen für rationale Entscheidungen unerlässlich sind[164], wird sich im Verlauf der Systematisierung der M&A-Motive zeigen, dass sich Emotion und Ratio gerade nicht widersprechen, sondern vielmehr gegenseitig bedingen bzw. interdependent verknüpft sind. Es wird sich herausstellen, dass emotionales Verhalten rational bestimmt sein kann und rationales Verhalten durchaus auch emotional beeinflusst wird.

Unter Treibern für M&A-Transaktionen sollen in dieser Arbeit alle Faktoren subsumiert werden, die das Handeln der Entscheidungsträger auf das Akquisitionsziel ausrichten. In Abhängigkeit unternehmensbezogener oder persönlicher Transaktionsziele sind M&A-Treiber nicht konstant und beinhalten aus sozialen und biologischen Gründen anziehende oder abstoßende Zustände, die von Entscheidungsträgern angestrebt oder vermieden werden. In Anlehung an die Abbildung 16 Kapitel 3.4 unterscheidet die Arbeit in strategisch-rationale, subjektiv-rationale, emotional induzierte und rational-emotionale bzw. emotional-rationale Treiber.

[164] Vgl. DAMASIO (1995), S. 1 ff.

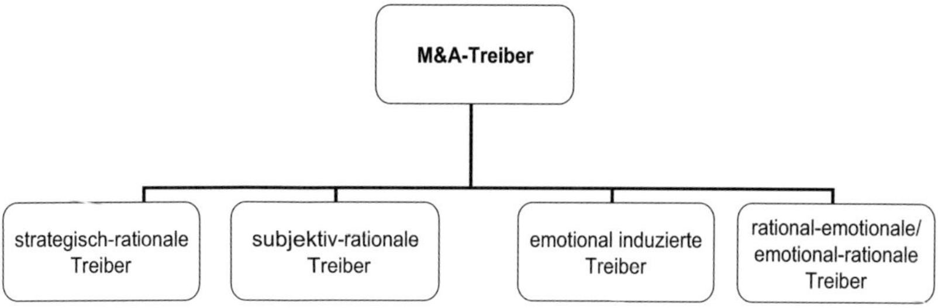

Abb. 22: M&A-Treiber.

Quelle: eigene Darstellung

In der Literatur existiert kein einheitlicher Klassifizierungsansatz für M&A-Motive. Einen exemplarischen Überblick zu den unterschiedlichen Systematisierungsansätzen und Treibern von M&A-Transaktionen sowie ihren entsprechenden Theorien vermittelt Tabelle 6.

Tab. 6: Hierarchie theoretischer M&A-Treiber und Erklärungsansätze.

Quelle: vgl. TRAUTWEIN (1990), S. 284

M&A-Transaktion als **rationale** Entscheidung	M&A-Transaktion dient den **Anteilseignern,** das **Unternehmensinteresse** steht im Vordergrund	Machtgewinn gegenüber Kunden	**Monopoltheorie**
		Synergiegewinne	**Effizienztheorie**
		Ressourcensicherung	**Ressource-Dependence-Theorie**
		Marktsicherung	**Markt- und Risikotheorie**
		Transaktionskosten	**Transaktionskostentheorie**
		Steuer- und Bilanzvorteile	**Steuer- und Bilanztheorie**
		Stabilisierung von Einkommensströmen	**Bewertungstheorie**
		M&A-Treiber: Informationsvorsprünge	**Coinsurance-Effekt**
M&A-Transaktion als **emotionale** Entscheidung	M&A-Transaktion dient den **Führungskräften, Eigeninteresse** steht im Vordergrund	Potentialüberschätzung	**Hybris-Hypothese**
		Gewinnthesaurierung vs. -ausschüttung	**Free-Cashflow-Theorie**
		Streben nach Macht, Einkommen etc.	**Empire-Building-Theorie**
		Management-Konkurrenz	**Corporate-Control-Hypothese**
		Herdenverhalten zur Absicherung	**Nachahmer-Effekt**
		Wohlfahrtstransfer zw. M&A-Akteuren	**Raider-Theorie**
		Undurchsichtige Entscheidungsprozesse	**Prozesstheorie**

Tabelle 6 macht deutlich, dass eine analytische Trennung der einzelnen Motive in rationale und emotionale Treiber zur Systematisierung zunächst sinnvoll ist. Zudem ist erkennbar, dass subjektiv-rationale und emotionale Treiber Überschneidungen aufweisen. Im Folgenden werden zunächst Theorien zu strategisch-rationalen und emotional induzierten Treibern abgegrenzt. Auf eine Systematisierung subjektiv-rationaler M&A-Treiber wird verzichtet. Stattdessen wird zur Vervollständigung der Treiberanalyse im dritten Systematisierungsansatz rational-emotionale und emotional-rationale M&A-Motive (interdependent verknüpfte Treiber) vorgestellt. Dieses Vorgehen ist aufgrund der auf dem subjektiven und kognitiven Element von Emotion und Ratio beruhenden Überschneidungen ratsam und möglich. Auch wenn die einzelnen Treiber in dieser Arbeit systematisch dargestellt werden, darf für die Praxis nicht vernachlässigt werden, dass für die Durchführung einer M&A-Transaktion in der

Regel nicht nur ein Motiv ausschlaggebend ist, sondern mehrere Treiber zusammen das Handeln der Entscheidungsträger bestimmen. Die Treiber-Systematisierung ist demnach als idealtypische Konstruktion zu betrachten. Die mit einem Unternehmenszusammenschluss verbundenen Ziele sind zudem nicht statischer Natur, sondern unterliegen einem steten Wandel. Keiner der im Folgenden skizzierten Treiber-Erklärungsansätze kann daher für sich alleine überzeugen.

4.2 *Systematisierung strategisch-rationaler M&A-Treiber*

Strategisch-rationale Treiber lassen sich operativ und finanziell ökonomisch motiviert differenzieren. Beiden Treibern gemeinsam ist die rationale Komponente, die Unternehmensentscheidungen beinhaltet, deren Ziel die Steigerung des Unternehmenswertes ist. Während bei den operativ-ökonomischen Motiven langfristige Marktpositionierungs- und Wertschöpfungsüberlegungen im Vordergrund stehen, zielen die finanziell-ökonomisch motivierten Treiber auf die Steigerung der Unternehmensrentabilität. Abbildung 23 gibt die in dieser Arbeit zu untersuchenden Treiber wieder und zeigt die Unterscheidung strategisch-rationaler Treiber in operativ-ökonomische sowie finanziell-ökonomische Motive.

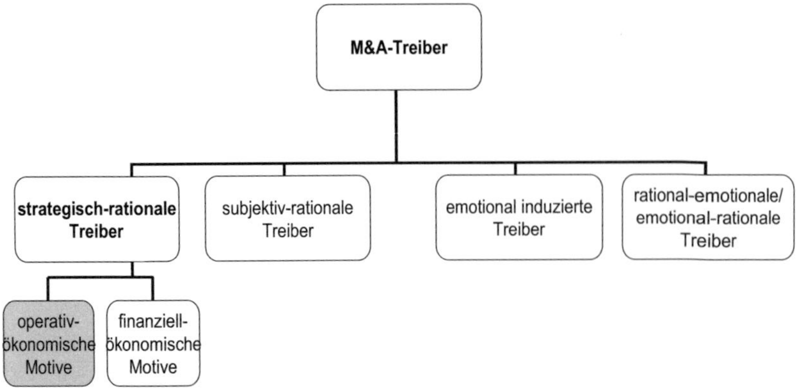

Abb. 23: Strategisch-rationale Treiber – operativ-ökonomische Motive.

Quelle: eigene Darstellung

4.2.1 Operativ-ökonomische Motive

Die unter dem Begriff der operativ-ökonomischen Motive zusammengefassten Einzelmotive haben gemeinsam, dass sie durch eine betriebswirtschaftlich rationale Entscheidung der Unternehmensleitung gekennzeichnet sind, die im Einklang mit den Interessen der Eigentümer steht.[165]

4.2.1.1 Monopolhypothese und Erhöhung des Marktanteils

Die Monopoltheorie ist der älteste M&A-Erklärungsansatz und zielt auf das Erreichen einer dominanten Marktstellung.[166] Das Erlangen einer Monopolstellung durch ein

[165] Vgl. GAUGHAN (1999), S. 144.
[166] Vgl. KOOTZ (1996), S. 13.

einzelnes Unternehmen kann heute aufgrund von Kartellrechtgesetzgebungen kaum noch als realistisch eingeschätzt werden, trotzdem hat das Motiv in abgeschwächter Form als Erhöhung des Marktanteils eine hohe aktuelle Relevanz. Eine marktbeherrschende Stellung erlaubt die Realisierung von Erfahrungskurveneffekten und den Aufbau von Markteintrittsbarrieren für neue Wettbewerber durch niedrigere Produktionskosten.

Gewünschter Effekt ist die Möglichkeit einer monopolistischen Preissetzung infolge des größeren Marktanteils und somit eine Erhöhung der Profitabilität. Im Monopolfall gilt: Grenzkosten (MC) gleich Grenzerlös (MR).[167] Als Referenz dient das Modell der vollkommenen Konkurrenz mit der Bedingung: Grenzkosten (MC) gleich Marktpreis (p). Im Gegensatz zum Konkurrenzmodell operiert der Monopolist aufgrund seiner Marktmacht mit einem Preis, der die Grenzkosten übersteigt, und einem Outputniveau, das im Vergleich zum Konkurrenzmodell niedriger ist.

Die empirische Evidenz der Monopolhypothese wird in der wissenschaftlichen Literatur bezweifelt. Auch wenn die PIMS-Studie[168] eine positive Korrelation zwischen Marktanteil und Profitabilität eines Unternehmens nachgewiesen hat, kommt der größte Teil empirischer Analysen zu dem Ergebnis, dass kein eindeutiger Zusammenhang zwischen Monopolhypothese und Unternehmenswertsteigerung existiert.

4.2.1.2 **Effizienztheorie**

Grundlage der Effizienztheorie ist das erwerbswirtschaftliche Prinzip, nach dem ein gegebenes Ziel mit geringstem Ressourceneinsatz oder ein maximaler Output bei gegebenem Mitteleinsatz erreicht werden soll. Effizienztheoretische Treiber zielen darauf ab, vorhandene Unternehmensressourcen mit einer höheren Effektivität in Outputfaktoren zu transformieren. Im Zusammenhang mit M&A-Transaktionen basieren Effizienztheorien auf der Überlegung, dass durch Unternehmenszusammenschlüsse eine effizientere Ressourcentransformation erreicht werden kann. Dabei wird unterstellt, dass eine integrierte Unternehmung profitabler wirtschaften kann als zwei getrennt operierende Firmen. Der zusätzliche Gewinn, der aus dem Unternehmensverbund resultiert, begründet das Synergiepotential.

---

[167] Vgl. VARIAN (1991), S. 380 ff.

[168] Vgl. HOMBURG/KROHMER (2003), S. 355. PIMS-Studie: Profit Impact of Market Strategies (Gewinnauswirkung von Marktstrategien). Die PIMS-Studie beschreibt, welche Schlüsselfaktoren eines Unternehmens mit dem Unternehmenserfolg positiv korrelieren.

4.2.1.2.1 *Synergien bei Unternehmenszusammenschlüssen*

Synergie ist einer der am häufigsten verwendeten Begriffe für die Begründung von M&A-Transaktionen. Der Synergiebegriff ist etymologisch aus dem Griechischen abgeleitet und bedeutet „Zusammenwirken". ANSOFF hat den Begriff als Verbundwirkung durch das Zusammenwirken einzelner Geschäftsbereiche eingeführt.[169] Je nach Definition werden unter Synergien meistens ausschließlich positive Effekte subsumiert. Es existieren aber auch negative Effekte, eine umfassende Systematisierung fehlt jedoch noch.

In Anlehnung an ANSOFF lassen sich Synergieformen anhand der Funktionsbereiche innerhalb eines Unternehmens systematisieren.[170] Es wird zwischen Verkaufs-, Produktions-, Investitions- und Managementsynergien unterschieden.

Auch PERIN folgt dem funktionalen Ansatz und differenziert zwischen Marktsynergien (Absatz und Beschaffung), Leistungssynergien (Absatz, Beschaffung, Personal, Informationsbeschaffung, Forschung und Entwicklung) und Finanzsynergien.[171] Im Vergleich zu ANSOFF beinhaltet PERINS Betrachtung auch Effekte, die sich aus einer veränderten Finanzierungsstruktur des Unternehmens ergeben. Finanzsynergien entstehen, wenn die Zahlungsströme der sich zusammenschließenden Unternehmen nicht vollständig miteinander korrelieren und sich im Zuge der Transaktion die Verschuldungsfähigkeit erhöht oder sich in einem internen Kapitalmarkt Transaktionskosten einsparen lassen. SANDLER definiert zusätzlich noch Machtsynergien, die jedoch nicht trennscharf einer funktionalen Ebene zugeordnet werden können, da sie auf mehrere funktionale Bereiche Auswirkungen haben.[172]

Tabelle 7 verdeutlicht die Ursache-Wirkungs-Zusammenhänge innerhalb einzelner Synergieformen.

---

[169] Vgl. ANSOFF (1965), S. 79.
[170] Vgl. ANSOFF (1965), S. 79–80.
[171] Vgl. PERIN (1996), S. 34–36.
[172] Vgl. SANDLER (1991), S. 12–13.

Tab. 7: Synergieformen.

Quelle: eigene Darstellung, in Anlehnung an GROTE (1990), S. 71, SANDLER (1991), S. 15

Ursache	Synergieformen	Wirkung
Gemeinsame Vertriebskanäle Gemeinsame Verkaufskanäle Gemeinsame Lagerhaltung	**Verkaufssynergien**	Höhere Erträge Geringere Produktionskosten Niedrigere Investitionsaufwendungen
Bessere Nutzung aller Produktionsmittel Vorteile aus höheren Bestell-mengen Gemeinsame Lerneffekte Bessere Personalauslastung Fixkostendegressionseffekte	**Produktionssynergien**	Höhere Erträge Geringere Produktionskosten Niedrigere Investitionsaufwendungen
Gemeinsame Verwendung von Fabrikationsstätten und Einrichtungen Gemeinsame Verwendung von Rohmaterialbeständen Gemeinsame Verwendung von Werkzeugen und Maschinen Übertragung bestehender F&E-Ergebnisse auf andere Produkte	**Investitionssynergien**	Höhere Erträge Geringere Produktionskosten Niedrigere Investitionsaufwendungen
Übertragung von Expertise und/oder freien Management-kapazitäten auf neue Produkte	**Managementsynergien**	Höhere Erträge Geringere Produktionskosten Niedrigere Investitionsaufwendungen
Nicht perfekt positiv korrelierte Zahlungsströme der Partner Verbesserte Möglichkeit zur Aufnahme von Fremdkapital Interner Kapitalmarkt	**Finanzsynergien**	Coinsurance-Effekt (abnehmendes Ausfallrisiko für Gläubiger) Zinsbelastung sinkt Preiswerte Aufnahme von Fremdkapital Gesteigerte Eigenkapitalrentabilität (Leverage-Effekt) Einsparung von Transaktionskosten
Besitz knapper Ressourcen Behinderung von Wettbewerbern Diskriminierung von Kunden und Lieferanten Bindung von Kunden und Lieferanten	**Machtsynergien**	Niedrigere Preiselastizität der Nachfrage auf dem Absatzmarkt Niedrigere Einkaufspreise auf den Beschaffungsmärkten

Im Folgenden werden zunächst die Formen der Finanz-, der Investitions-, der Verkaufs- und der Machtsynergien behandelt. Die explizite Erörterung der industrieökonomischen Ansätze der Economies of Scale, -Scope und Experiences erfolgt im Anschluss.

Finanzwirtschaftliche Synergieeffekte weisen Überschneidungen zur in Kapitel 4.2.1.4 diskutierten Portfolio-Theorie und zum in Kapitel 4.2.2.2 erörterten Coinsurance Effekt auf. Finanzwirtschaftliche Synergieeffekte entstehen unter der Voraussetzung nicht vollkommener Kapitalmärkte aus einer Verringerung der Kapitalkosten des neugebildeten Unternehmens infolge der M&A-Transaktion.[173] Bei einem Zusammenschluss zweier Unternehmen mit nicht vollständig korrelierten Zahlungsströmen sinkt das Risiko einer Insolvenz durch die Reduktion der Volatiliät des Gesamtzahlungsstroms.[174] Damit verbunden sind eine Verringerung der erwarteten Konkurskosten sowie eine erhöhte Bonität des Unternehmens. Diese reduziert wiederum die Renditeforderungen der Eigenkapital- und Fremdkapitalgeber und erhöht das Verschuldungspotenzial des Unternehmens. Die gleiche Argumentation liegt einer Risikoreduzierung durch Diversifizierung zugrunde. Infolge einer M&A-Transaktion weist das gemeinsame Portfolio einen höheren Diversifizierungsgrad auf. Weitere finanzwirtschaftliche Synergien sind bei grenzüberschreitenden Übernahmen aufgrund unterschiedlicher internationaler Besteuerungsgrundlagen möglich.

Bei den Investitions- und Verkaussynergien sind Parallelen zu beobachten. Durch die gemeinsame Verwendung von Fabrikationsstätten, Rohmaterialbeständen und Maschinen sowie die Übertragung von F&E-Kompetenz können höhere Erträge erzielt und Produktionskosten eingespart werden. Hinsichtlich der Verkaufssynergien ist die gemeinsame Nutzung von Vertriebskanälen von Bedeutung. Durch M&A-Transaktionen können parallel betriebene Vertriebswege auf einen beschränkt werden, der von der gemeinsamen Kundenbasis genutzt wird. Sofern das Vertriebsnetz der Transaktionspartner geographische Überschneidungen aufweist, können Überkapazitäten durch Konsolidierungsmaßnahmen abgebaut werden.

Bei den Machtsynergien ist die externe Machtentfaltung zu betrachten, die zwischen dem Unternehmen und seinem Umfeld durch den Zusammenschluss entsteht. Als

---

[173] Vgl. BRÜHL (2000), S. 521–527.
[174] Vgl. SETH (1990), S. 99–100.

Quellen von Marktmacht nennt GAUGHAN drei Faktoren: die Höhe des Marktanteils und der Markteintrittsbarrieren sowie der Grad der Produktdifferenzierung.[175]

Eine genaue Abgrenzung des Machtbegriffs existiert nicht. Erhöhte wirtschaftliche Macht und eingeschränkter Wettbewerb gehen häufig mit positivem Unternehmenswachstum einher, unabhängig davon, ob eine interne oder externe Wachstumsstrategie verfolgt wird. Der Begriff der unternehmerischen Macht steht in enger Verbindung zur Unternehmenskonzentration. Kritisch wird eine hohe Marktmacht dann gesehen, wenn sie dem Unternehmen am Markt Vorteile verschafft, die unter den Bedingungen eines funktionsfähigen, freien Wettbewerbs nicht erreichbar sind oder die andere Unternehmen in ihrer Wettbewerbsfreiheit einschränken. In diesem Fall wird von Marktmissbrauch gesprochen. Ein Missbrauch von Marktmacht kann sich auf drei Interessengruppen auswirken und mit unterschiedlichen Strategien verbunden sein. Abbildung 24 zeigt Formen und Strategien des Marktmissbrauchs.

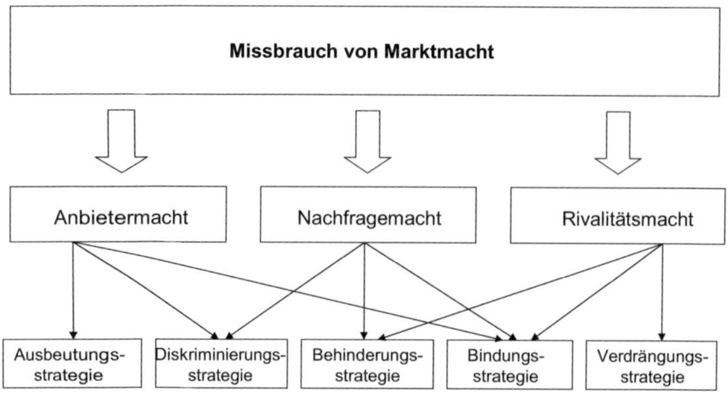

Abb. 24: Formen und Strategien des Marktmachtmissbrauchs.

Quelle: vgl. OLTEN (1989), S. 149.

[175] Vgl. GAUGHAN (1999), S. 145.

Im Rahmen der Ausbeutungsstrategie versuchen Unternehmen Kosten auf Lieferanten abzuwälzen bzw. erhöhte Preise gegenüber Kunden durchzusetzen. Schränkt ein Unternehmen die Beschaffungs- und Absatzmöglichkeiten seiner Wettbewerber ein, verfolgt es eine Behinderungsstrategie. Bei einer differenzierten Konditionenpolitik innerhalb ähnlicher Lieferanten- und Kundengruppen wird von einer Diskriminierungsstrategie gesprochen. Eine Bindungsstrategie liegt vor, wenn aufgrund der geschäftlichen Beziehung der Handlungsspielraum der Konkurrenz, der Kunden oder der Lieferanten eingeschränkt wird, indem die Leistungserstellung an Bedingungen geknüpft wird. Bei der Verdrängungsstrategie versucht ein Unternehmen, direkte Wettbewerber mittels Produktdifferenzierung oder Preisdumping aus dem Markt zu drängen.[176] Für das einzelne Unternehmen kann die Verfolgung einer der beschriebenen Strategien zu Wettbewerbsvorteilen führen, sofern sie nicht durch gesetzliche Rahmenbedingungen als Marktmissbrauch eingestuft werden.

Auf der Beschaffungsseite wirken sich Machtsynergien monetär in einer Senkung der Einkaufspreise aus. Formal führt eine ausgeübte Marktmacht auf der Beschaffungsseite dazu, dass sich die Stückkostenkurve des Unternehmens nach unten verschiebt. Abzugrenzen ist dieser Effekt von Economies of Scale, bei denen eine Reduzierung der Einkaufspreise, und somit der Stückkosten, auf die Bestellmenge zurückzuführen ist. Der Marktmachteffekt ist somit aus theoretischer Sicht von den Economies of Scale zu trennen, da Rabatte aufgrund einer schlichten Erhöhung der Einsatzfaktoren jedem Unternehmen offen stehen und nicht an einen Unternehmenszusammenschluss gebunden sind.

4.2.1.2.2 Economies of Scale

Bei M&A-Transaktionen wird das Erzielen von Größen- und Verbundeffekten als vorrangiges effizienzorientiertes Ziel genannt. Das Economies-of-Scale-Konzept untersucht die Beziehung von Produktionsumfang und Wirtschaftlichkeit. Bei wachsender Unternehmensgröße entstehen Möglichkeiten der Kostendegression in den Bereichen Beschaffung, Fertigung, Absatz, Organisation und F&E.

Economies of Scale bezeichnen Synergien, bei denen durch eine erhöhte Ausbringungsmenge die langfristigen Durchschnittskosten pro Stück sinken, da die Fixkosten auf eine größere Stückzahl verteilt werden. Analog kann eine Fixkostendegressi-

---

[176] Vgl. OLTEN (1998), S. 150–152.

on auch durch Zusammenlegung von Produktionsanlagen unter Beibehaltung der Ausbringungsmenge erzielt werden.

Der produktionstheoretische Zusammenhang steigender Economies of Scale (Produktionsfunktion mit einem Homogenitätsgrad > 1) wird durch eine überproportionale Veränderung der Produktionsmenge zur Veränderung der Faktormenge wie folgt beschrieben:[177]

$\lambda\, y\, (v_1, v_2) < y\, (\lambda v_1, \lambda v_2)$ *mit:*

y = *Output*

v_1 = *Menge Inputfaktor 1*

v_2 = *Menge Inputfaktor 2*

λ = *Faktor, um den die Einsatzmengen erhöht werden*

Der linke Ast der Kostenfunktion in der nachstehenden Abbildung 25 symbolisiert die durchschnittlich abnehmenden Kosten, Technologie und konstante Faktorpreise vorausgesetzt, bei steigender Ausbringungsmenge.[178]

[177] Vgl. SCHUMANN (1992), S. 148–149, GROTE/WELLMANN (1999), S. 83.
[178] Vgl. GAUGHAN (1999), S. 122.

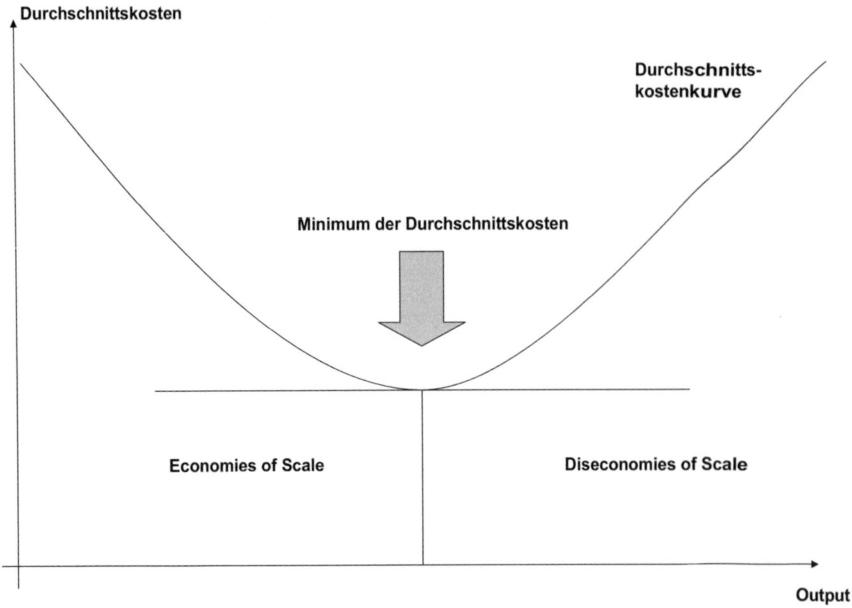

Abb. 25: Economies and Diseconomies of Scale.

Quelle: GAUGHAN (1999), S. 122

Unter Economies of Scale wird damit der Teilbereich der Durchschnittskostenkurve definiert, innerhalb dessen eine Ausweitung der Produktionsmenge zu sinkenden Durchschnittskosten führt.[179] Innerhalb dieses Bereichs gilt, dass der Grad der Economies of Scale, als Quotient aus Durchschnittskosten und Grenzkosten, kleiner als 1 ist.[180]

S = AC (y) / C`(y) mit:

S	=	*Grad der Economies of Scale*
AC	=	*durchschnittliche Stückkosten*
C`	=	*Grenzkosten*
Y	=	*Output*

[179] Vgl. FRANTZ (1988), S. 12–16.
[180] Vgl. PANZAR (1989), S. 8, SANDLER (1991), S. 38.

Bei S = 1 können keine weiteren Economies of Scale durch eine Produktionsausweitung erzielt werden. Bei S < 1 führt eine Erhöhung des Outputs zu steigenden Stückkosten (Diseconomies of Scale). Diseconomies of Scale können durch Kapazitätsprobleme im Organisationsbereich entstehen und resultieren aus einem überproportionalen Anstieg der Komplexität der zu bewältigenden Aufgaben. Abbildung 25 zeigt, dass der Verlauf der Stückkostenkurve implizit eine optimale Betriebsgröße festschreibt.

Nach der Unterscheidung zwischen internem und externem Unternehmenswachstum ist das Konzept der Economies of Scale eher ein Argument für internes Wachstum, da es auf Betriebsgrößenvorteile im Produktionsbereich hinweist. Economies of Scale in anderen Unternehmensbereichen rechtfertigen jedoch das Ziel, mittels M&A-Transaktionen effizienzbezogene Vorteile zu generieren, wenn größenbedingte Einsparungseffekte die Kosten des organisationalen Integrationsbedarfs übersteigen.

4.2.1.2.3 Economies of Scope

Das Konzept der Economies of Scope erklärt die Beziehung von Produktvielfalt und Wirtschaftlichkeit. Die Kosten einer gemeinsamen Produktion eines diversifizierten Produktionsprogramms sind nach dem Konzept der Economies of Scope geringer als die Kosten mehrerer getrennter Produktionen. Möglichkeiten zur Ausnutzung von Economies of Scope liegen dementsprechend bei Mehr-Produkt-Unternehmen vor, bei denen gleiche Faktoren in unterschiedlichen Produktionsprozessen genutzt werden können. Beispiele für Maßnahmen zur Realisierung von Economies of Scope sind Produktbündelungen und Familienmarken.

Für den einfachsten Fall, die Produktion von zwei Produkten, liegen Economies of Scope vor, wenn gilt:

$$C(y_1, y_2) < C(y_1, 0) + C(0, y_2) \quad \textit{mit:}$$

C = *Gesamtkosten*

y_1 = *Output Produkt 1*

y_2 = *Output Produkt 2*

Graphisch lassen sich Economies of Scope, für den Zwei-Produkt-Fall, wie folgt darstellen:

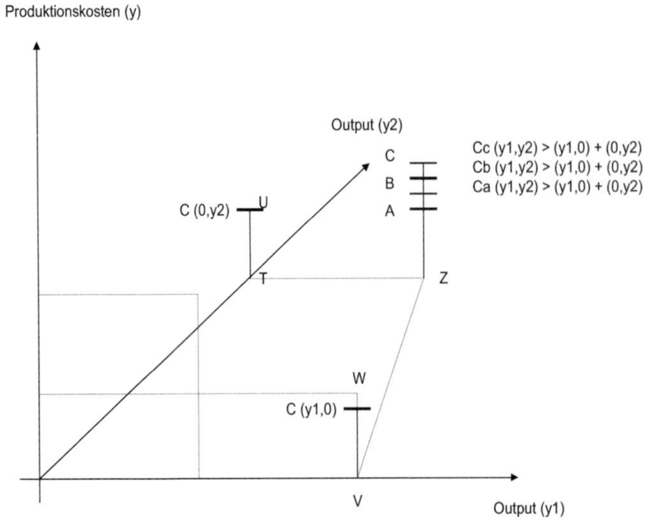

Abb. 26: Economies and Diseconomies of Scope.

Quelle: EHRENSBERGER (1993), S. 32

In Abbildung 26 liegen Economies of Scope vor, wenn die Strecken VW und TU, die die jeweiligen Kosten einer individuellen Produktion repräsentieren, addiert länger sind als die Strecke, die die Kosten einer Verbundproduktion der zwei Güter darstellt. Im Falle ZA liegen somit Economies of Scope vor, während die Strecke ZC exemplarisch Diseconomies of Scope widerspiegelt. Im Falle von ZB kann anhand des Kostenkriteriums keine Entscheidung zugunsten oder gegen eine Verbundproduktion getroffen werden.

M&A-Transaktionen von Unternehmen, die ähnliche Produkte herstellen, zielen demnach auf Verbundvorteile und Stückkostenreduzierung. Es ist offensichtlich, dass Verbundeffekte durch Unternehmenszusammenschlüsse nur dann zu erzielen sind, wenn eine weitgehende Komplementarität zwischen den Transaktionspartnern in Bezug auf die angebotene Produktpalette besteht und infolge der Transaktion das

Angebot erweitert wird. Daher ist zu prüfen, ob bei den Unternehmen Über- oder Unterkapazitäten in den organisatorischen Bereichen existieren und inwieweit das Produktangebot Überschneidungen aufweist.

Zu beachten ist zudem, dass auch Diseconomies of Scope bei mangelnder Komplementärität der Produktionsprozesse entstehen können. Disecomoies of Scope zeigen sich in Kapazitätsüberschüssen und höheren Verwaltungskosten. Höhere Verwaltungskosten lassen sich mit zunehmender Komplexität aufgrund des erweiterten Angebots erklären, die vom Management nicht bewältigt werden kann. Zu berücksichtigen sind auch Kannibalisierungseffekte durch das verbreiterte Angebot. Nachweise für größere Wettbewerbsvorteile aus dem Konzept der Economies of Scope sind bisher daher auch ausgeblieben.

4.2.1.2.4 Economies of Experience

Auch durch Lerneffekte und Know-how-Transfer infolge von M&A-Transaktionen kann die Kostenstruktur eines Unternehmens verbessert werden.[181] Beim Erfahrungskurveneffekt steigt durch vorhandene Expertise der Mitarbeiter der notwendige Arbeitseinsatz unterproportional zur Kapazitätsausdehnung. Als Erfahrungswert gilt, dass bei einer Verdopplung der kumulierten Ausbringungsmenge ein Potential zur Senkung der Stückkosten um bis zu 20 bis 30 Prozent besteht.[182] Die Effizienzsteigerungen lassen sich im Wesentlichen auf die Komponenten des Lernens, folglich einer effizienteren Arbeitsweise infolge einer höheren Schnelligkeit, der Reduktion der Faktoreinsatzmenge, einer verbesserten Qualität und einer technischen Rationalisierung zurückführen.[183] Den Verlauf der Erfahrungskurve zeigt Abbildung 27.

---

[181] Vgl. BESANKO/DRANOVE/SHANLEY (2000), S. 91.
[182] Vgl. BAUER (1986), S. 1.
[183] Vgl. ebd., S. 3–4.

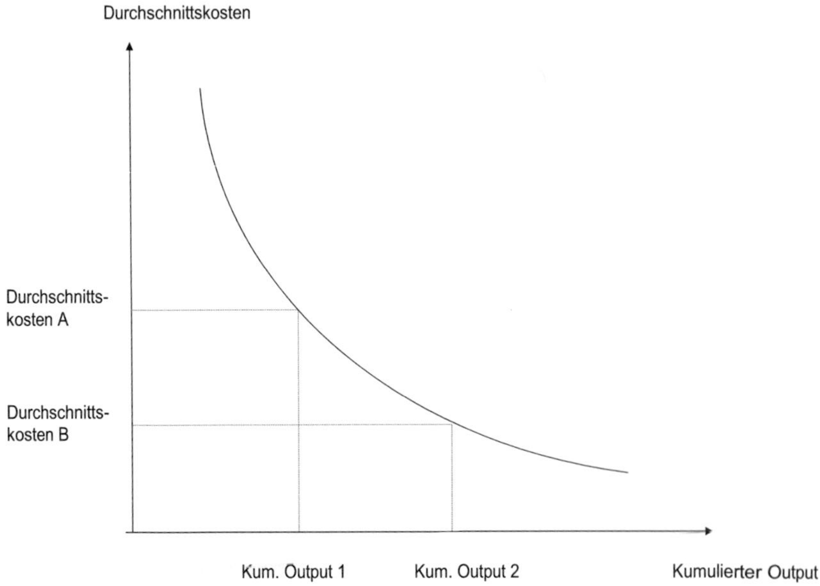

Abb. 27: Economies of Experience.

Quelle: BESANKO/DRANOVE/SHANLEY (2000), S. 92

Im Vergleich zu Economies of Scale, bei denen Kostenvorteile aus einer Erhöhung des Outputs zu einem gegebenen Zeitpunkt resultieren, stellen sich kostenreduzierende Lernkurveneffekte durch Akkumulation von Wissen und Erfahrung über die Zeit hinweg ein. Somit können Economies of Scale und Economies of Experience unabhängig voneinander entstehen. Lernkurveneffekte sind sowohl auf der Ebene des individuellen Arbeiters, Angestellten oder Managers möglich als auch auf der gesamten Unternehmensebene als lernende Organisation.

4.2.1.3 **Resource-Dependence-Theorie**

Ihren Ursprung hat die Resource-Dependence-Theorie in den Arbeiten von SELZNICK (1957) und PENROSE (1959) zum ressourcenorientierten Ansatz. Nach PEN-

ROSE werden Unternehmen nicht als administrative Einheiten betrachtet, sondern als System produktiver Ressourcen konzeptionalisiert.[184]

Ausgangspunkt der Resource-Dependence-Theorie ist eine Inside-out-Perspektive, die den dauerhaften Erfolg eines Unternehmens mit den zur Verfügung stehenden Unternehmensressourcen und deren Kombination erklärt.[185] Damit geht die Resource-Dependence-Theorie davon aus, dass die Ursache von Wettbewerbsvorteilen und damit verbundenem Unternehmenserfolg nicht nur im Wettbewerbsumfeld, sondern auch im Unternehmen und in seinen Ressourcen bzw. Kompetenzen selbst liegt. Die vorrangige Aufgabe des Managements besteht demnach im Aufbau und in der Erhaltung unternehmensspezifischer materieller und immaterieller Ressourcen und dem Streben nach Besonderheit. Im Rahmen der Resource-Dependence-Theorie werden strategische Vorteile von Unternehmen darauf zurückgeführt, dass Unternehmen über wertvollere Ressourcen verfügen und diese im Vergleich zur Konkurrenz besser genutzt werden. Graphisch lässt sich der ressourcenorientierte Ansatz wie folgt darstellen.

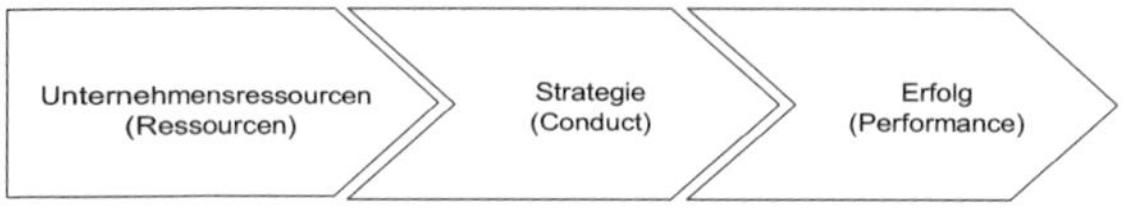

Abb. 28: Ressourcenorientierter Ansatz (Resource-based View).

Quelle: eigene Darstellung

---

[184] Vgl. PENROSE (1959), S. 5 ff.
[185] Vgl. ebd.

Grundlage der Resource-Dependence-Theorie ist die mehr oder weniger stark ausgeprägte Abhängigkeit der Unternehmen vom Zugang zu den für die Leistungserstellung notwendigen Ressourcen. Offensichtlich ist, dass der Ressourcenzugang durch bestehende Abhängigkeiten mit Unsicherheit verbunden ist. Mittels Fusionen und Akquisitionen wird versucht, den Ressourcenzugang zu sichern und die Abhängigkeit von bestimmten Ressourcenlieferanten zu reduzieren. Dieses Vorgehen der Unternehmensführung bei M&A-Entscheidungen kann als „Hedgen" (Absichern) von Ressourcen und Absatzmärkten gegenüber der Konkurrenz bezeichnet werden.

„Hedge" kommt aus dem Englischen und bedeutet „Hecke". Der Duden definiert: „Warentermingeschäft, das zur Absicherung gegen Preisschwankungen mit einem anderen auf den gleichen Zeitpunkt terminierten Geschäft gekoppelt wird." In der Finanzwelt versteht man unter dem Begriff „Hedgen" das Absichern einer Investition gegen Risiken wie Kurseinbrüche oder Wechselkursschwankungen. Übertragen auf den M&A-Bereich beschreibt „Hedgen" die Sicherung von Ressourcen und Know-how durch Rückwärtsintegration sowie die Reduzierung der Abhängigkeit auf den Absatzmärkten. Auf Basis dieses Ansatzes können Fusionen und Akquisitionen als Reaktion auf veränderte Umweltbedingungen und zur Sicherung von notwendigem fachlichem Know-how im Sinne von Humankapital verstanden werden. Durch Diversifikation in neue Geschäftsfelder können Unternehmen ihre Abhängigkeit vom Kerngeschäft reduzieren und damit das Unternehmen absichern. Die im zweiten Kapitel dieser Arbeit zitierte M&A-Definition von MÜLLER-STEWENS, SPICKERS und DEISS als unternehmerische Handlungsoption zur optimalen Positionierung im Wettbewerbsumfeld bei Umfeldveränderungen beinhaltet den „Hedging"-Ansatz.[186] Auch bei GOMEZ und WEBER, die Mergers & Acquisitions als organisationales Wachstumsphänomen mit dem Ziel, in expandierenden Märkten die Wettbewerbsstellung des Unternehmens auf globaler Basis zu sichern, beschreiben, steht der Sicherungsaspekt im Vordergrund.[187]

4.2.1.4 **Markt- und Risikotheorie**

Eng verbunden mit der Ressource-Dependence-Theorie und dem impliziten „Hedging"-Gedanken ist der Markt- und Risikoansatz. Grundgedanke beider Ansätze ist

---

[186] Vgl. MÜLLER-STEWENS/SPICKERS/DEISS (1999), S. 9.
[187] Vgl. GOMEZ/WEBER (1989), S. 15.

die Portfoliotheorie von MARKOWITZ aus dem Jahr 1952.[188] Nach MARKOWITZ ist die Anlagenstreuung auf mehrere Investitionen vorteilhaft, weil sie zur Risikoreduzierung des gesamten Portfolios beiträgt.[189] Übertragen auf Unternehmenszusammenschlüsse wird versucht, das eigene Unternehmen durch M&A-Transaktionen mit Unternehmen, die unverwandte und möglichst negativ korrelierte Geschäftsbereiche aufweisen, strukturell, saisonal und konjunkturell abzusichern.

Im Zuge von Internationalisierung und Globalisierung stehen Unternehmen völlig neuen Dimensionen des Wettbewerbs gegenüber. Konkurrenten aus anderen Branchen und Nationen treten zunehmend mit etablierten Unternehmen in den Wettbewerb, was zu einer Gefährdung der Marktposition führen kann. Nach der Markttheorie tragen M&A-Transaktionen zur Absicherung und zum Ausbau von Marktmacht, zur Markterweiterung und zur Beschränkung der Konkurrenz bei.[190] Die Markttheorie unterscheidet zwischen Absicherungsstrategien auf dem Beschaffungs- und dem Absatzmarkt.

Die Motive auf dem Beschaffungsmarkt weisen Überschneidungen zur Ressource-Dependence-Theorie auf und bestehen hauptsächlich in der Vermeidung von Ressourcenengpässen sowie der Gewährleistung einer ausreichend hohen Ressourcenqualität. Aber auch die Stärkung der Verhandlungsmacht durch Beschaffung höherer Volumina wird häufig als Ziel von M&A-Transaktionen genannt. Mittels M&A-Aktivitäten lassen sich bessere Einkaufskonditionen durchsetzen und die Lagerhaltung verbessern. Auch auf dem Absatzmarkt lassen sich durch Unternehmenszusammenschlüsse Wettbewerbsvorteile erzielen. Durch vertikale M&A-Transaktionen und damit einhergehende Vervollständigung von Produktlinien können Kunden auf verschiedenen Stufen der Wertkette an ein Unternehmen gebunden werden.

Nach der Risikotheorie wird durch M&A-Transaktionen versucht, Unternehmensrisiken zu reduzieren. Je nach zeitlicher Wirkung wird zwischen kurz- und langfristigen Risiken unterschieden. Kurzfristige Risiken sind durch die Abhängigkeit eines Unternehmens von einem Produkt oder von der Entwicklung einer bestimmten Branche gekennzeichnet. Sie können durch Erweiterung der Produktpalette oder durch Eintritt in divergente Branchen reduziert werden. M&A-Transaktionen mit dem Ziel der Risikostreuung können unterschiedliche wirtschaftliche Entwicklungen einzelner Wirt-

---

[188] Vgl. MARKOWITZ (1952), S. 77–91.
[189] Vgl. ebd.
[190] Vgl. OTT (1990), S. 30.

schaftszweige oder Produkte ausgleichen, so dass eine kontinuierliche und stabile Ertragsentwicklung möglich ist. Dabei werden insbesondere solche Unternehmen zum Kauf oder zur Übernahme in Betracht gezogen, deren Einkommensstrom negativ mit dem des Käuferunternehmens korreliert.[191] Im Bereich der langfristigen Risiken zielt der Risikoansatz auf das Vordringen in neue Wachstumsmärkte, um die Abhängigkeit von stagnierenden oder wettbewerbsintensiven Märkten zu verringern.

4.2.1.5 **Transaktionskostentheorie**

Ein weiterer aus ökonomischer Sicht häufig angeführter Erklärungsansatz zur Begründung der Vorteilhaftigkeit von M&A-Transaktionen ist die Transaktionskostentheorie, die auf die grundlegenden Beiträge von COMMONS (1931) und COASE (1937) zurückgeht und von WILLIAMSON (1975, 1996) erweitert wurde.[192]

Die Transaktionskostentheorie thematisiert alternative Koordinationsformen im Spannungsfeld von Markt und betrieblicher Hierarchie anhand von Transaktionskosten. Ziel des Transaktionskostenansatzes ist die Erklärung, warum Transaktionen in bestimmten institutionellen Arrangements mehr oder weniger effizient abgewickelt und organisiert werden können. COASE erkannte die generelle Möglichkeit einer Transaktionskostenersparnis durch Institutionalisierung und Unternehmenszusammenschlüsse.[193] Den Maßstab für die Vorteilhaftigkeit bestimmter Arrangements bilden somit die Kosten, die den Vertragsparteien für ausgetauschte Güter und Leistungen sowie für die Organisation und Abwicklung der Transaktion entstehen.

Mit den Grundannahmen des Transaktionskostenansatzes kann die Frage beantwortet werden, inwieweit Transaktionskosten durch Unternehmenszusammenschlüsse eingespart werden können. Die optimale Unternehmensgröße ist erreicht, wenn die intern anfallenden Koordinationskosten zur Abwicklung einer weiteren Transaktion den Abwicklungskosten der identischen Transaktion über den Markt entsprechen. Der Transaktionskostenansatz gibt damit im Zusammenhang mit M&A-Transaktionen Hinweise zur optimalen Leistungstiefe und zur vertikalen Integration durch Unternehmenszusammenschlüsse.

---

[191] Vgl. GAUGHAN (1999), S. 136.
[192] Vgl. COMMONS (1931), S. 648–657, COASE (1937), S. 386–405, WILLIAMSON (1975), S. 19 ff.
[193] Vgl. COASE (1937), S. 386–405.

Transaktionskostenvorteile durch vertikale Integration entstehen durch verbesserte Informationsbeschaffung, effizientere Risikoverteilung, koordinierte Entscheidungsprozesse und höhere Markteintrittsbarrieren für Konkurrenzunternehmen. Da jedoch gleichzeitig sowohl die Fixkosten als auch die Kapitalkosten steigen können, muss die Vorteilhaftigkeit einer vertikalen Integration abgewogen werden. PICOT schlägt bei hoher Spezifität einer Leistung eine integrierte interne Koordination vor. Bei zunehmendem Grad der Standardisierung einer Leistung sieht er eine marktorientierte Produktionsvariante als überlegen an.[194]

4.2.1.6 **Steuer- und Bilanztheorie**

Die Steuer- und Bilanztheorie rechtfertigt Mergers & Acquisitions mit der Möglichkeit, Steuer- und Bilanzvorteile zu erzielen. M&A-Transaktionen wirken sich sowohl handelsrechtlich in den Einzelbilanzen und der Konzernbilanz der beteiligten Unternehmen als auch steuerrechtlich auf den Unternehmenserfolg aus.

Bilanzpolitisch ergibt sich, je nachdem ob die erworbenen Vermögensgegenstände übernommen und auf bestehende Bilanzpositionen verteilt werden (Asset Deal) oder ob ein Anteilskauf im Wege des Share Deal unter der Beteiligungsposition verbucht wird, ein vollkommen unterschiedliches Bilanzbild. Diese Intransparenz führt zu individuellen bilanzpolitischen Gestaltungsspielräumen, durch deren gezielte Ausnutzung sich eine M&A-Transaktion handelsrechtlich vorteilhaft darstellen lässt. Eine bewusste Beeinflussung horizontaler und vertikaler Bilanzrelationen und Kennzahlen zur Ertragsbeurteilung kann zur Senkung der Kapitalkosten beitragen.[195] Eng damit verbunden ist die Stärkung der Kreditwürdigkeit. Auch bei der Transaktionsfinanzierung gibt es Ansatzpunkte zur Optimierung von Bilanzrelationen. So können zu hohe Bar- oder Wertpapierbestände zur Akquisition oder Übernahme verwendet werden. Solche Maßnahmen bieten sich vor allem für liquide Unternehmen an, um feindlichen Übernahmeversuchen vorzubeugen. In bilanzieller Hinsicht führen diese Handlungen zu Umschichtungen im Finanz- und gegebenenfalls auch im Anlagevermögen.

Steuerrechtlich können mit M&A-Transaktionen Steuervorteile durch Saldierung von Gewinnen und Verlusten einzelner Unternehmen unter Wahrung der fiskalischen Nutzbarmachung sowie der Nutzung nicht ausgeschöpfter Verlustvorträge des Ziel-

[194] Vgl. PICOT (1991), S. 353–357.
[195] Vgl. ZWAHLEN (1994), S. 69.

unternehmens generiert werden. Weitere Steuervorteile ergeben sich aus der Erhöhung der Abschreibungsbasis, der Erhöhung des steuerlich abzugsfähigen Zinsaufwands, sofern der Verschuldungsgrad im Anschluss an die Transaktion steigt, der Vermeidung der Besteuerung von Dividendenzahlungen durch Unternehmenskauf und der Bildung stiller Reserven.[196]

Die Meinungen in der Literatur über die Relevanz der Steuertheorie gehen auseinander. MUELLER ist der Ansicht, dass insbesondere zum Ende der 70er Jahre während der dritten M&A-Welle mögliche Steuervorteile ein wesentliches Motiv für Zusammenschlussaktivitäten darstellten.[197] Andererseits kam KAPLAN zu dem Ergebnis, dass Steuervorteile nur einen geringen Anteil des gezahlten Aufpreises auf den Marktwert des Kaufobjektes erklären können.[198] HUEMER konnte anhand empirischer Analysen belegen, dass lediglich 20 Prozent aller M&A-Transaktionen aufgrund der Steuerhypothese durchgeführt werden.[199]

4.2.2 Finanziell-ökonomische Motive

Neben den bisher dargestellten operativ-ökonomischen Motiven können auch rein finanzielle Beweggründe den Anstoß für M&A-Transaktionen geben. Im Gegensatz zu den operativ-ökonomischen Motiven erfolgen finanziell begründete Unternehmenszusammenschlüsse weitgehend unabhängig von langfristigen Wertschöpfungs- und Marktpositionierungsüberlegungen. Das übergeordnete Motiv besteht in der Steigerung der Rentabilität durch die Erzielung kurz- bis mittelfristiger Gewinne. Untergeordnete Beweggründe sind die Kapitalressourcensicherung und eine verbesserte Kapitalmarktbewertung („Hedgen"). Durch eine M&A-Transaktion verbessern sich die Kapitalbeschaffungsmöglichkeiten des Unternehmens. Gleichzeitig resultiert aus der Überschreitung einer aus der Finanzierungsperspektive kritischen Größe eine erweiterte Kredit- und Kapitalbasis.

---

[196] Vgl. BAMBERGER (1994), S. 64.
[197] Vgl. MUELLER (1979), S. 6.
[198] Vgl. TRAUTWEIN (1990), S. 284.
[199] Vgl. HUEMER (1991), S. 100 ff.

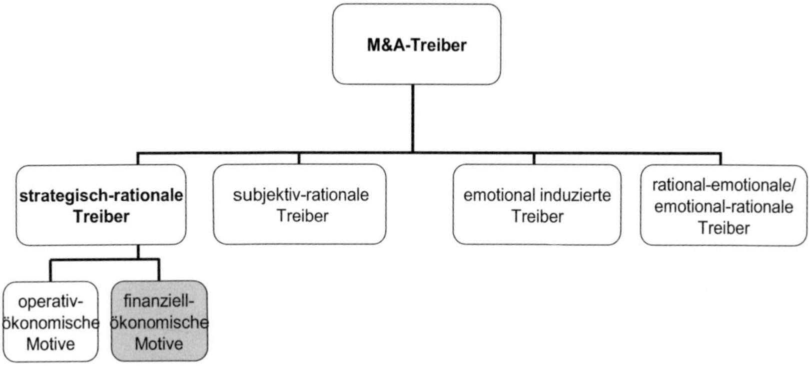

Abb. 29: Strategisch-rationale Treiber – finanziell-ökonomische Motive.

Quelle: eigene Darstellung

4.2.2.1 Bewertungstheorie – Informationstheorie und Economic-Disturbance-Theorie

Die Bewertungstheorie begründet M&A-Transaktionen mit Unterschieden in der Unternehmensbewertung. Bewertungsunterschiede werden auf Informationsasymmetrien zwischen Käufer und Verkäufer und die Economic-Disturbance-Theorie von GORT zurückgeführt.[200]

Die Bewertungstheorie widerspricht der klassischen Kapitalmarkttheorie und der Hypothese vollkommen effizienter Kapitalmärkte. Die Generierung von Wertzuwächsen wird nach der Bewertungstheorie mit Informationsasymmetrien und der Unvollkommenheit der Kapitalmärkte erklärt. Bei der Bewertungstheorie wird davon ausge-

[200] Vgl. GORT (1969), S. 624–642.

gangen, dass der aktuelle Marktpreis einer Unternehmung nicht dem fundamental gerechtfertigten Wert (true and fair value) entspricht. Asymmetrische Erwartungen hinsichtlich der zukünftigen Unternehmensentwicklung und des Wachstumspotentials resultieren in abweichenden Hypothesen über den Unternehmenswert. Die Bewertungstheorie nimmt somit eine Fehlbewertung der Assets eines Unternehmens im aktuellen Unternehmensverbund an. Diese Fehlbewertung kann unter anderem auf ein schlechtes Management oder die Einpreisung von „Conglomerate Discounts“[201] durch die Kapitalmärkte zurückgeführt werden. Da der Käufer davon ausgeht, das ökonomische Potential des Akquisitionsziels besser als der Markt einschätzen zu können, bemisst er den Unternehmenswert höher als der Kapitalmarkt. Ein höherer Wert stammt dabei aus zusätzlichen Synergiegewinnen, die die Unternehmensführung infolge eines effizienteren Managements auf Holdingebene hofft generieren zu können. Im Falle von Unterbewertungen von Unternehmen lassen sich jedoch auch Gewinne aus dem Aufkaufen und einer späteren Aufteilung der Corporate Assets im Rahmen einer Portfolioarrondierung bzw. eines Asset Stripping realisieren. Beim Asset Stripping wird ein Unternehmen erworben, um die Unterbewertung einzelner Assets auszunutzen, das Unternehmen zu spalten und einen höheren Zerschlagungswert zu erzielen. In der Realisierung dieser zusätzlichen Wertpotentiale liegt das strategisch-finanzielle Hauptmotiv von M&A-Transaktionen nach der Bewertungstheorie.

In der Literatur finden sich zahlreiche Hinweise dafür, dass der Bewertungstheorie bei Unternehmenszusammenschlüssen eine entscheidende Bedeutung zukommt. RAVENSCRAFT und SCHERER nannten eine Reihe von Interviews, aus denen ersichtlich wurde, dass potentielle Käufer aktiv nach ihrer Meinung unterbewertete Unternehmen suchten.[202] TRAUTWEIN ist der Ansicht, dass die Bewertungstheorie einen hohen Plausibilitätsgrad zur Erklärung von M&A-Transaktionen aufweist.[203] Auch die Einführung internationaler Rechnungslegungsgrundsätze (IAS, US-GAAP) hat zusätzliche Anreize für M&A-Aktivitäten durch Um- und Unterbewertung von Unternehmen geschaffen.[204]

Die Informationstheorie führt M&A-Aktivitäten auf Differenzen in den subjektiven Unternehmensbewertungen der Transaktionspartner zurück. Für die Volatilität der Be-

---

[201] Abschläge für Konglomerate infolge erhöhter Komplexität und eingeschränkter Kontrollmöglichkeiten.
[202] Vgl. RAVENSCRAFT/SCHERER (1987a), S. 9.
[203] Vgl. TRAUTWEIN (1990), S. 293.
[204] Vgl. SCHMUSCH (2002), S. 1.

wertungsansätze sind Informations- und Erwartungsasymmetrien zwischen Käufer und Verkäufer verantwortlich. Ausgangspunkt für eine vermeintliche oder tatsächliche Unterbewertung ist die emotional-subjektive Einschätzung eines Investors hinsichtlich einer Wertdifferenz zwischen Marktpreis und dem tatsächlichen Wert des Zielunternehmens. Dabei wird unterstellt, dass der Käufer über private Informationen verfügt, z. B. über eine bessere Einschätzung der Marktentwicklung, oder der Verkäufer einem Informationsdefizit unterliegt. Eine Fehleinschätzung kann jedoch auch aus subjektiv-irrationalen Überzeugungen herrühren. Somit reflektiert der zu zahlende Kaufpreis für das Zielunternehmen nicht den tatsächlichen Wert.[205] Eine M&A-Transaktion erfolgt dabei immer mit dem Ziel, das übernommene Unternehmen kurzfristig wieder gewinnbringend zu veräußern, um auf diese Weise von der Unterbewertung zu profitieren.

Auch dieser Erklärungsansatz steht im Widerspruch zur Annahme vollständig effizienter Kapitalmärkte, bei denen zu jedem Zeitpunkt alle relevanten Informationen in die Bewertung von Unternehmen einfließen.[206] Zur Erklärung des Wirkungszusammenhangs für M&A-Transaktionen wird von einer mittelstarken oder schwachen Markteffizienz ausgegangen.[207] Empirisch kann die Informationstheorie kaum gestützt werden. Sie impliziert, dass bei Abgabe eines Übernahmeangebotes private Informationen publik gemacht werden. Somit könnte am Kapitalmarkt bei Abgabe des Übernahmeangebotes mit einer Erhöhung des Aktienkurses gerechnet werden, die auch dann bestehen bleiben müsste, wenn die Übernahme entgegen der Ankündigung nicht umgesetzt wird. BRADLEY, DESAI und KIM kommen jedoch zu dem Ergebnis, dass eine höhere Bewertung nur dann nachhaltig ist, wenn die Unternehmen tatsächlich kombiniert werden.[208]

Eine ähnliche Position hinsichtlich der Ineffizienz der Kapitalmärkte vertritt die Economic-Disturbance-Theorie von GORT (1969), die von asymmetrisch verteilten Informationen zwischen Anteilseignern und Nichtanteilseignern ausgeht. Unterschiedliche Erwartungen über die zukünftige Entwicklung eines Unternehmenstitels werden nach GORT durch externe Schocks, wie die Entwicklung neuer Technologien oder die Veränderung der Leitzinsen, hervorgerufen. Diese ökonomischen Störungen be-

---

[205] Vgl. KOOTZ (1996), S. 20–21.
[206] Vgl. FAMA (1991), S. 1575–1617.
[207] Vgl. BAMBERGER (1994), S. 65.
[208] Vgl. BRADLEY/DESAI/KIM (1988), S. 205, KOOTZ (1996), S. 21, BAMBERGER (1994), S. 71.

wirken, dass die Erwartungen bezüglich zukünftiger Erträge und Marktrisiken revidiert werden müssen und sich im Zuge dessen die Varianz der für Unternehmensbewertungen zugrunde gelegten Finanzprojektionen erhöht. Das hat wiederum große Differenzen zwischen den subjektiven Bewertungen von Käufern und Verkäufern zur Folge und führt zu M&A-Transaktionen.[209]

4.2.2.2 **Coinsurance-Effekt**

Eine rein finanzielle Begründung für Zusammenschlüsse zwischen Unternehmen, deren Einkommensströme nicht vollständig korrelieren, liefern LEWELLEN (1971) sowie HIGGINS und SCHALL (1975) in der so genannten „Coinsurance Hypothesis".[210] Wenn die Einkommensströme zwei sich zusammenschließender Unternehmen nicht vollständig korrelieren, z. B. wegen unterschiedlicher Abhängigkeit vom Konjunkturzyklus, kann das für das Gesamtunternehmen zu einer Stabilisierung der Einkommensströme und zu einer Reduktion der zeitlichen Gewinnschwankungen führen.[211] Ein wesentlicher Gesichtspunkt dabei ist die Möglichkeit der internen Subventionierung. Gewinne, die von einem Unternehmen erzielt werden, können zur Tilgung von Verlusten in einem anderen Unternehmen verwendet werden.[212] Dementsprechend wird das Risiko der Zahlungsunfähigkeit verringert. WESTON und CHUNG (1983) sprechen in diesem Zusammenhang von einer verminderten Konkurswahrscheinlichkeit und einem daraus resultierenden niedrigeren Gegenwartswert der Konkurskosten. Infolgedessen kann es zu einer Reduktion der Kapitalkosten kommen.[213] Abbildung 30 verdeutlicht den Coinsurance-Effekt graphisch.

---

[209] Vgl. zum gesamten Absatz GORT (1969), S. 624–642.
[210] Vgl. LEWELLEN (1971), S. 275–281, HIGGINS/SCHALL (1975), S. 93–113.
[211] Vgl. BÜHNER (1990), S. 14.
[212] Vgl. BÜHNER/SPINDLER (1986), S. 603.
[213] Vgl. WESTON/CHUNG (1983), S. 4.

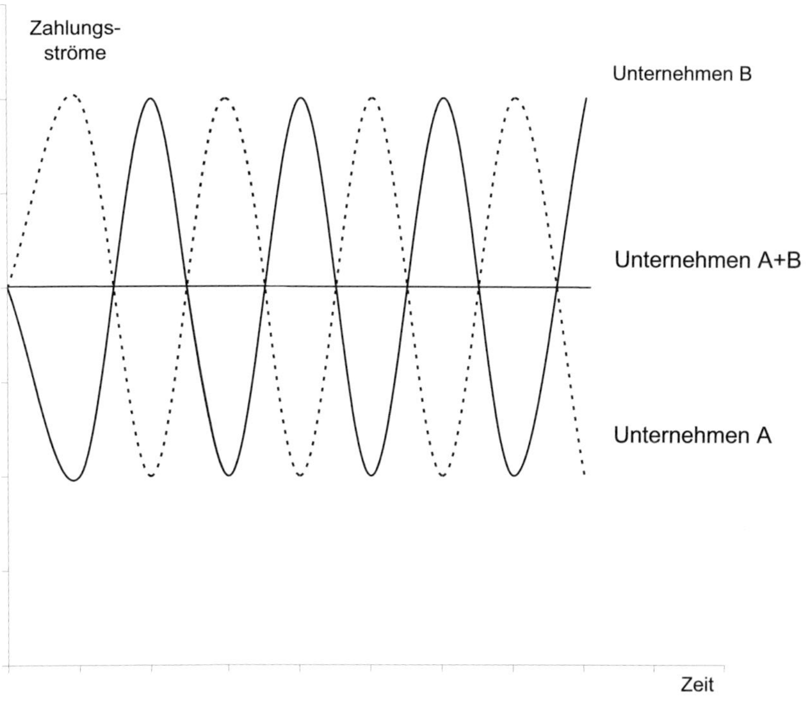

Abb. 30: Coinsurance-Effekt.

Quelle: eigene Darstellung

Der Coinsurance-Effekt weist Überschneidungen mit der Portfoliotheorie auf. Während die Coinsurance-Hypothese finanzielle Risikodiversifikation bzw. finanzstrategisches „Hedgen" anstrebt, zielt der Portfolioansatz auf marktlichen Risikoausgleich. In der Literatur finden sich zahlreiche empirische Untersuchungen, die auf die Existenz des Coinsurance-Effekts – zumindest bei konglomeraten Zusammenschlüssen – hinweisen.[214] AMIT und LIVNAT (1988) hingegen kommen in ihrer Untersuchung zu dem Ergebnis, dass eine „pure financial diversification" zwar mit stabileren Cashflows, aber auch mit niedrigeren Rentabilitäten verbunden ist.[215]

---

[214] Vgl. SETH (1990), S. 431.
[215] Vgl. AMIT/LIVNAT (1988), S. 99.

4.3 *Systematisierung emotional induzierter M&A-Treiber*

Sowohl in der Neoklassik als auch in der Merger-Literatur wurde in der Vergangenheit die Rationalität von Entscheidungen stark überschätzt, obwohl sich gerade in Situationen mit besonderen Herausforderungen schwer vorhersagbare Emotionen entwickeln können. Erst in den letzten Jahren hat emotionales Verhalten infolge seines praktischen Bedeutungszuwachses und den theoretischen Bemühungen der Neuen Institutionenökonomie eine kulturelle Aufwertung erfahren. Zunehmend werden Emotionalität und die damit verbundenen Auswirkungen auf Organisationen und Management thematisiert. Trotzdem wurde die Bedeutung von Emotionen in M&A-Entscheidungssituationen bisher nicht berücksichtigt. Die Annahme strategisch-rationalen Entscheidungsverhaltens ist umstritten. MÜLLER-STEWENS und LECHNER verweisen auf die Erkenntnis, dass eine vorherrschende ökonomische Rationalität empirisch nicht festgestellt wurde.[216] Theorien der Soziologie, Verhaltenswissenschaften und Psychologie betonen, dass Unternehmen offene, soziale Systeme sind, die von ihren Entscheidungsträgern und deren individuellen Interessen beeinflusst und strukturiert werden. Auch DIMAGGIO und POWELL argumentieren, dass Unternehmensentscheidungen häufig nicht durch strategisch-rationale Kräfte wie Effizienzerfordernisse infolge des Wettbewerbs induziert werden, sondern durch persönliche Motive des Managements.[217] SCOTT sieht Führungskräfte daher als partielle Gefangene ihrer eigenen Emotionalität, die zustimmungs- und anerkennungssuchend nach Selbstschutz und eigenen Vorteilen streben.[218] Emotionale M&A-Motive der Unternehmensführung können nicht geleugnet werden. PORTER geht davon aus, dass „die wenigsten Manager, die von Synergie reden, eine klare Vorstellung haben, was sie damit meinen. Damit ist Synergie nichts weiter als ein gedankenloses Lippenbekenntnis oder die nachträgliche Rechtfertigung einer Diversifikation, die aus ganz anderen Gründen vorgenommen wurde.“[219] Der ehemalige Bundeskanzler Helmut Schmidt drückte sich wenig vorsichtig wie folgt aus: „Die wahren Motive für Mega-Fusionen sind häufig nicht ökonomische Notwendigkeiten, sondern Großmannssucht und Habgier der Manager.“[220]

---

[216] Vgl. MÜLLER-STEWENS/LECHNER (2001), S. 16.
[217] Vgl. DIMAGGIO/POWELL (1991), S. 63.
[218] Vgl. SCOTT (1994), S. 203–221.
[219] Vgl. PORTER (1987), S. 38–41.
[220] Vgl. PICOT (2000), S. 8.

Die bisher vorgestellten Treiber weisen einen strategisch-rationalen und damit effizienzorientierten Charakter auf und zielen langfristig auf die Steigerung des Unternehmenswertes. In diesem Abschnitt erfolgt eine Systematisierung emotionaler M&A-Treiber. Da Führungskräfte zunehmend die Projektionsfläche für Erfolg und Misserfolg von Unternehmensentscheidungen darstellen und starkem Legitimationsdruck gegenüber unterschiedlichen Interessengruppen ausgesetzt sind, werden zukünftig emotionale Treiber eine bedeutende Rolle spielen. Die wissenschaftliche M&A-Literatur hat sich bisher nicht mit dem Einfluss von Emotionen bei M&A-Entscheidungen befasst. Bis heute existiert kein interdisziplinärer integrativer M&A-Treiberansatz mit strategisch-rationalen, subjektiv-rationalen, emotionalen und interdependent verknüpften Motiven. Diese wissenschaftliche Lücke muss geschlossen werden, da M&A-Transaktionen Entscheidungen von Führungskräften darstellen, die sowohl rational als auch emotional beeinflusst sind.

Emotionale Treiber werden in Managermotive und sonstige Motive unterteilt.

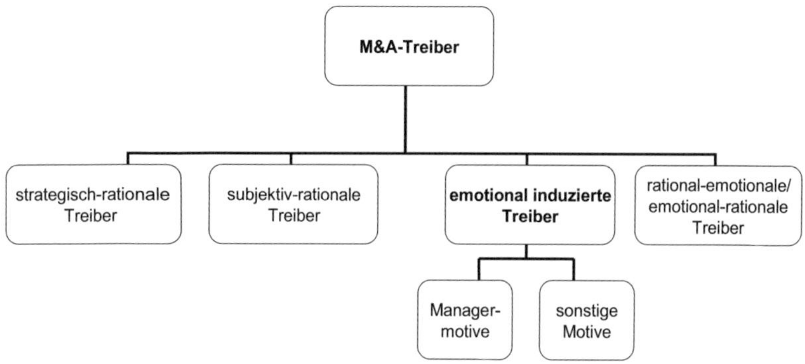

Abb. 31: Emotional induzierte Treiber.

Quelle: eigene Darstellung

4.3.1 Managermotive

Alle im Folgenden dargestellten Managermotive können mit der bereits vorgestellten Prinzipal-Agenten-Theorie erklärt werden und gründen auf dem Verfolgen von Eigeninteressen der M&A-Entscheidungsträger. Im Wesentlichen geht es dabei um die Maximierung von Gehältern, Einfluss und Reputation sowie um die Reduzierung des persönlichen Risikos (Arbeitsplatzverlust, Karrierestagnation) und damit um individuelles Sicherheitsstreben („Hedgen“, Humankapital-Diversifikation). In Anlehnung an die Prinzipal-Agenten-Theorie darf unterstellt werden, dass Führungsverantwortliche auf Basis subjektiver Präferenzen erfolgs- und folgenorientiert entscheiden und handeln.

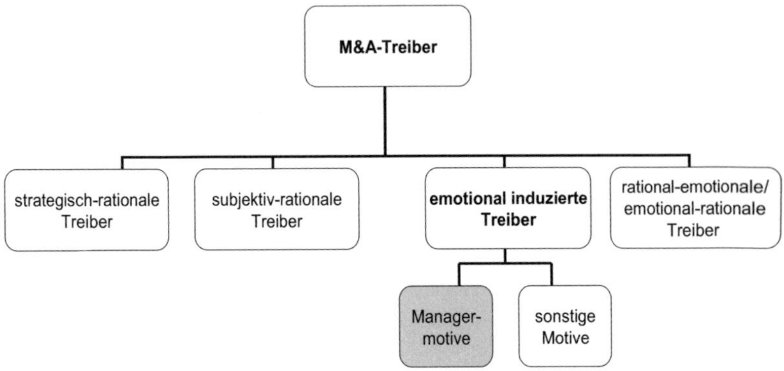

Abb. 32: Emotional induzierte Treiber – Managermotive.

Quelle: eigene Darstellung

4.3.1.1 Selbstüberschätzung der Unternehmensführung (Hybris-Hypothese)

Ausgangspunkt des theoretischen Erklärungsansatzes, M&A-Transaktionen auf eine Selbstüberschätzung (Hybris) des Managements zurückzuführen, ist die Beobachtung, dass auf dem M&A-Markt in der Regel hohe Prämien für übernommene Unternehmen gezahlt werden, d. h. Kaufpreise, die einen Aufschlag gegenüber der Marktbewertung aufweisen. Daran schließt sich die Frage an, weshalb das Management des übernehmenden Unternehmens bereit sein sollte, Prämien zu zahlen.

Nach ROLL ist das Management dann bereit, überhöhte Preise zu zahlen, wenn eine Selbstüberschätzung der eigenen Managementexpertise in Bezug auf die Fähigkeit zur Integration und Führung des Zielunternehmens nach der Akquisition bei gleichzeitiger Unterschätzung der Möglichkeiten eigener Fehler vorliegt. Zur Potentialüberschätzung zählen zudem überdurchschnittliche Führungs- und Problemlösungsfähigkeiten sowie Synergieerzielungskompetenzen. Die Selbstüberschätzung äußert sich dadurch, dass die Unternehmensleitung des Kaufunternehmens das Zielunternehmen höher bewertet als der Markt und deshalb bereit ist, einen ökonomisch ungerechtfertigt hohen Preis für das Akquisitionsobjekt zu zahlen.[221] Unterschiedliche subjektiv-rationale, emotionale bzw. interdependent verflochtene Faktoren können eine Selbstüberschätzung der eigenen Fähigkeiten determinieren. Abbildung 33 zeigt diese Faktoren und gibt den rationalen bzw. emotionalen Bezug wieder.

---

[221] Vgl. zum gesamten Absatz ROLL (1986), S. 200.

Abb. 33: Hybris-Hypothese.

Quelle: GAUGHAN (1999), S. 160

Zur Erklärung gezahlter Prämien auf dem Markt für Unternehmenskontrolle betrachtet ROLL einen Übernahmeprozess, innerhalb dessen im ersten Schritt ein an Akquisitionen interessiertes Unternehmen den Markt analysiert und ein potentielles Übernahmeziel identifiziert. Im zweiten Schritt wird das Zielunternehmen auf Basis der für den Käufer verfügbaren Informationen bewertet, was gegebenenfalls auch die Nutzung privater Informationen einschließt. Schließlich vergleicht die Unternehmensleitung das Ergebnis ihrer individuellen Bewertung des Zielunternehmens mit der bestehenden Marktbewertung. Liegt das Ergebnis über der Marktbewertung, wird ein Kaufangebot abgegeben. Liegt dagegen die eigene Bewertung darunter, erfolgt kein Angebot, da kein Aktionär bereit wäre, seine Anteile unter dem Preis zu verkaufen, der am Markt zu erzielen ist.[222]

[222] Vgl. zum gesamten Absatz ROLL (1986), S. 198.

Unter der Annahme, dass bei Unternehmensübernahmen keine Synergien zu erzielen sind, die Marktbewertung folglich mit dem Wert des Zielunternehmens für das Käuferunternehmen übereinstimmt, kommt ROLL zu dem Resultat, dass M&A-Transaktionen das Ergebnis überzogener individueller Erwartungen hinsichtlich der Fähigkeit zur Integration des Unternehmens infolge der Übernahme sind.[223]

Die Beobachtung, dass auf dem Markt für Unternehmensbeteiligungen teilweise hohe Prämien für übernommene Unternehmen gezahlt werden, kann auch damit erklärt werden, dass Manager eine M&A-Transaktion vor Vorstandskollegen, der Öffentlichkeit und dem Kapitalmarkt zu rechtfertigen haben. Hier besteht die fehlleitende Annahme, dass nur teure Unternehmen erfolgreiche Unternehmen sind. Dabei wird nicht beachtet, dass Restrukturierungsmaßnahmen, die mit der Erzielung von Synergieeffekten und Kosteneinsparungen verbunden sind, in teuren Unternehmen kostenintensiver sind.

Die Lern- und Wissensforschung stellt sich im Bezug auf Akquisitionsserien die Frage, ob Transaktionserfahrung einen höheren Akquisitionserfolg mit sich bringt. Zunächst wurde angenommen, dass wiederholtes Akquirieren infolge der dabei ablaufenden Lernprozesse zu mehr Akquisitionserfahrung und damit zu weniger Misserfolgen führen müsse.[224] Diese Annahme entspricht dem klassischen Lernkurveneffekt, dass bereits vorhandene Erfahrung in einer Ergebnisverbesserung resultiert. Empirische Studien zur M&A-Erfahrung zeigen jedoch widersprüchliche Ergebnisse. FOWLER und SCHMIDT, BRUTON, OVIATT und WHITE sowie PENNINGS, BARKEMA und DOUMA fanden einen positiven, HAYWARD keinen signifikanten und KUSEWITT einen negativen Effekt.[225] HALEBLIAN und FINKELSTEIN konnten in einer empirischen Studie über 449 Transaktionen einen konkaven Effekt nachweisen. Die besten Ergebnisse wurden nach dieser Studie entweder von überdurchschnittlich transaktionserfahrenen oder von unerfahrenen Akquisitionsmanagern erzielt. Die Mehrheit der Transaktionen, die von Managern mit einer durchschnittlichen, auf wenige Fälle basierenden Akquisitionserfahrung durchgeführt wurden, war nicht erfolgreich. Eine positive Korrelation von Transaktionserfahrung und -erfolg, die intui-

---

[223] Vgl. zum gesamten Absatz ROLL (1986), S. 212.
[224] Vgl. LUBATKIN (1983), S. 218–225.
[225] Vgl. KUSEWITT (1985), S. 151–169, FOWLER/SCHMIDT (1989), S. 339–350, BRUTON/OVIATT/WHITE (1994), S. 972–989, PENNINGS/BARKEMA/DOUMA (1994), S. 608–640, HAYWARD (2002), S. 21–39.

tiv angenommen wird, hat sich nicht bestätigt.[226] Abbildung 34 zeigt den von HALEBLIAN und FINKELSTEIN ermittelten konkaven Zusammenhang von Transaktionserfahrung und -erfolg.

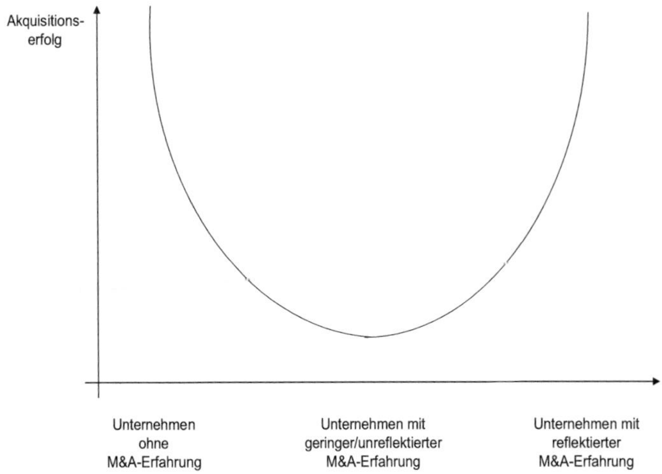

Abb. 34: Konkaver Zusammenhang Akquisitionserfahrung und -erfolg.

Quelle: HALEBLIAN/FINKELSTEIN (1999), S. 21–56

HALEBLIAN und FINKELSTEIN schließen aus ihrer empirischen Studie, dass Akquisitionserfolge des Managements keine Erfolgsgarantie für nachfolgende Unternehmenszusammenschlüsse implizieren und Unternehmen auch falsche Rückschlüsse aus früheren Erfahrungen ziehen.[227] Erfahrungskurveneffekte, wie sie in der Fertigung beobachtet werden können, kommen nach Meinung zahlreicher Wissenschaftler bei Transaktionen wegen der Heterogenität, Unregelmäßigkeit und Unterschiedlichkeit von Akquisitionen und Akquisitionserfolgen sowie der daraus resultierenden eingeschränkten Möglichkeit der Übertragung von Rückschlüssen aus früheren Mer-

[226] Vgl. HALEBLIAN/FINKELSTEIN (1999), S. 29–56.
[227] Vgl. ebd.

gers & Acquisitions nicht vor.[228] Zudem ist der kausale Zusammenhang von Zusammenschlussentscheidung/-gestaltung und Wertentwicklung des Unternehmens häufig unklar.[229]

Die jüngste Studie von ZOLLO kommt zu dem Ergebnis, dass eine explizite Kodifizierung von Wissen in der Entscheidungsphase das Akquisitionsergebnis positiv beeinflusst, während das für die rein implizite Erfahrungssammlung nicht der Fall ist.[230] Ein Verlassen auf reine Lernkurveneffekte kann zu unzureichenden Lerneffekten für das Management von M&A-Transaktionen führen und zu einer unreflektierten Übertragung von Erfahrungen aus vorherigen Projekten. ZOLLO fordert daher Unternehmen auf, Akquisitionserfahrungen deutlich zu machen und zu kodifizieren.[231]

4.3.1.2 **Free-Cashflow-Hypothese**

Nach der Free-Cashflow-Hypothese ist die Unternehmensführung bestrebt, freie Einzahlungsüberschüsse für Unternehmenswachstum durch M&A-Transaktionen zu verwenden. Die Free-Cashflow-Theorie von JENSEN (1986) sieht Interessenkonflikte zwischen der Unternehmensleitung und den Eigentümern eines Unternehmens hinsichtlich der Verwendung von Einzahlungsüberschüssen (freie Cashflows). Die Free-Cashflow-Hypothese basiert auf der Annahme, dass sich durch Nichtausschüttung der Einzahlungsüberschüsse die Macht der Entscheidungsträger erhöht und sich damit gleichzeitig auch neue Beförderungspotentiale für das Management ergeben.[232]

Der Free-Cashflow verdeutlicht, wieviel Kapital für Dividendenausschüttungen an die Anteilseigner, zum Rückkauf eigener Aktien oder für die Rückführung von Fremdkapital zur Verfügung steht. Der Free-Cashflow ergibt sich aus dem operativen Cashflow[233] minus dem Cashflow aus Investitionstätigkeit. Abbildung 35 definiert freie Cashflows wie folgt:

---

[228] Vgl. LEVINTHAL/MARCH (1993), S. 95–112, AHUJA/KAHLA (2001), S. 197–220, HAYWARD (2002), S. 21–39, ZOLLO/WINTER (2002), S. 339–351.
[229] Vgl. ebd.
[230] Vgl. ZOLLO/SINGH (2004), S. 1233–1256.
[231] Vgl. ebd.
[232] Vgl. zum gesamten Absatz JENSEN (1986), S. 323 und JENSEN (1988), S. 28–29.
[233] Cashflow: Überschuss der regelmäßigen betrieblichen Einnahmen über die regelmäßigen betrieblichen Ausgaben. Der Cashflow gibt das aus der Betriebstätigkeit nachhaltig zu erwirtschaftende Zahlungsmittelreservoir zur Deckung besonderer betrieblicher Ausgaben an. Als Kennzahl gibt der Cashflow an, wie sich Unternehmen von innen finanzieren können.

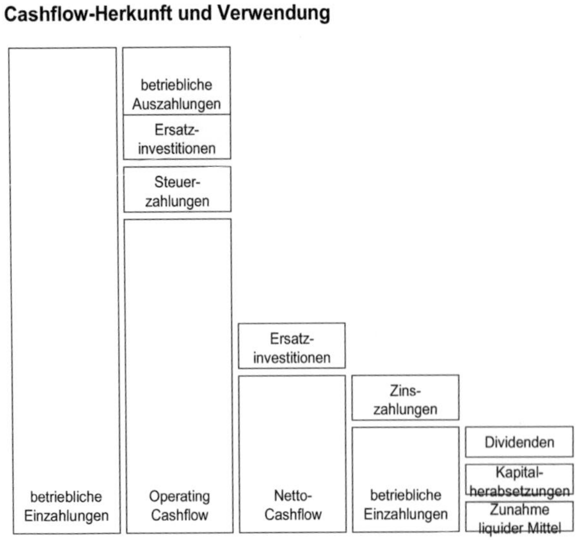

Abb. 35: Cashflow – Herkunft und Verwendung.

Quelle: BÜHNER (1992), S. 15

Bei der Verwendung der Einzahlungsüberschüsse steht im Interesse der Eigentümer ihre Verwendung zur Maximierung der jeweiligen Anteilswerte. Ziel der Eigentümer ist somit die effiziente Reallokation der überschüssigen Mittel. Unter der Annahme, dass die Allokationseffizienz des Kapitalmarktes höher ist als die der Führungskräfte, folgt, dass die Anteilseigner eine Mittelausschüttung (Dividendenzahlung) und anschließende eigenständige Diversifikation des freien Kapitals am Kapitalmarkt bevorzugen. Im Gegensatz dazu ist das Management an der Einbehaltung und Reinvestition der freien Einzahlungsüberschüsse zur Förderung des Unternehmenswachstums interessiert, auch wenn dafür Investitionen mit einem negativen Barwert durchgeführt werden müssen. Mit diesem Verhalten, das JENSEN als Thesaurierungstendenz bezeichnet, entzieht sich das Management der Kontrolle durch den Kapitalmarkt. Je weniger Kapital der Unternehmensführung laufend zur Verfügung steht, desto stärker ist das Unternehmen darauf angewiesen, zur Durchführung neuer Investitionen auf dem Kapitalmarkt Fremd- oder Eigenkapital aufzunehmen, was mit einer Evaluation jedes einzelnen Projektes durch die Kapitalgeber in Bezug auf Risiko und Ertragserwartung verbunden ist. Die durch Nichtausschüttung gewonnenen Freiheitsgrade infolge fehlender Kapitalmarktkontrolle ermöglichen dem Management das Verfolgen eigener Interessen. Das Management tätigt dann Investitionen, die unterhalb der Kapitalkosten rentieren, aber die eigene Einkommens- und Machtsituation verbessern.[234]

Unter Verwendung von Ergebnissen aus Untersuchungen zu Aktienmarktreaktionen hinsichtlich der Zahlungsmodalitäten bei M&A-Transaktionen im Zeitraum zwischen 1978 und 1986 sieht JENSEN seine Hypothese empirisch unterstützt.[235] Die Free-Cashflow-Hypothese konnte auch JANSEN belegen. In seiner Studie konnte er nachweisen, dass managergeführte Unternehmen häufiger akquirieren als eigentümergeführte Unternehmen.[236] In der Untersuchung von BAMBERGER, bei der 87 Akquisitionsfälle deutscher Unternehmen im Zeitraum von 1980 bis 1991 analysiert worden sind, wurde das Akquisitionsmotiv Investition überschüssiger Mittel als „weniger wichtig" eingestuft.[237] Auch BÜHNER kommt für Unternehmenszusammenschlüsse in Deutschland zwischen den Jahren 1973 und 1985 zu dem Ergebnis, dass freie Einzahlungsüberschüsse von Managern „nicht für erfolglose Zusammenschlüsse" eingesetzt werden.[238]

4.3.1.3 **Empire-Building-Theorie, Managerialismus-Ansatz und Managerial-Diversifikations-Hypothese**

Eng verwandt mit den Aussagen der Free-Cashflow-Theorie ist der Empire-Building-Ansatz. Beide Theorien verweisen auf den Umstand, dass das Management aus opportunistischen Beweggründen mehr Interesse an Wachstum und Größe eines Unternehmens entwickelt als an dessen Profitabilität. Die Größe des Unternehmens wird anstelle der Marktwertsteigerung zum eigenständigen Ziel. Ausgangspunkt der Empire-Building-Theorie ist die Annahme, dass die Nutzenfunktion des Managements sich an Größen wie einem höheren Einkommen, dem Erlangen von Macht, Prestige und Ansehen oder der Reduktion des Risikos eines Arbeitsplatzverlustes

[234] Vgl. zum gesamten Absatz JENSEN (1986), S. 323.
[235] Vgl. JENSEN (1986), S. 51 ff.
[236] Vgl. JANSEN (2004), S. 100–101.
[237] Vgl. BAMBERGER (1994), S. 79.
[238] Vgl. BÜHNER (1990), S. 207.

orientiert.[239] M&A-Transaktionen sind demnach ein strategisches Instrument zur Steigerung der Unternehmensgröße und im Zuge dessen zur Maximierung des eigenen Nutzens. Dabei wird unterstellt, dass die Größen aus der Nutzenfunktion positiv mit der Unternehmensgröße korrelieren.

RAVENSCRAFT und SCHERER weisen in ihren Studien Empire-Building-Motive nach.[240] TRAUTWEIN sieht in der Empire-Building-Theorie einen vielversprechenden Ansatz zur Analyse von M&A-Aktivitäten.[241] YOU et al. konnten zeigen, dass die Verluste der Eigentümer des erwerbenden Unternehmens am größten sind, wenn Manager ein Motiv sowie die Möglichkeit hatten, den eigenen Nutzen zu mehren. Diese Bedingungen sind bspw. gegeben, wenn Manager nur einen geringen Anteil der Aktien des übernehmenden Unternehmens halten.[242]

Entscheidend für die Relevanz des Erklärungsansatzes ist die Frage, ob die Unternehmensgröße tatsächlich einen Einfluss auf die Höhe des Einkommens oder die Reputation der Unternehmensführung hat. Zur Erklärung des positiven Zusammenhangs zwischen Unternehmensgröße und Vergütung der Unternehmensführung gibt es verschiedene Ansätze. Zum einen erfordert eine größere Unternehmung wegen zunehmender Komplexität eine höhere Managementkompetenz, zum anderen wirkt eine hohe Vorstandsvergütung als Karriereanreiz für das in großen Unternehmen stark ausgeprägte mittlere Management. Zudem reduziert die Zahlung hoher Gehälter das Problem der adversen Selektion bei der Einstellung führender Mitarbeiter. Die Aussicht auf ein zu geringes Gehalt kann dazu führen, dass sich nur ungenügend qualifizierte Bewerber finden lassen.[243]

Gegen die Annahme, dass die Unternehmensführung durch Akquisitionen lediglich ihr Einkommen mehren will, spricht, dass es bei Existenz eines schwachen Aufsichtsrates einfacher wäre, eine Anhebung der Vergütung oder andere nichtmonetäre Zuwendungen zu fordern, anstatt den Umweg über eine komplexe M&A-Transaktion zu wählen. Eigentümer können opportunistisches Verhalten des Managements verhindern, indem sie das Einkommen von der Größe des Unternehmens loskoppeln und vermehrt an der Steigerung des Aktienkurses ausrichten. Im Extrem-

---

[239] Vgl. ALBRECHT (1994), S. 23.
[240] Vgl. RAVENSCRAFT/SCHERER (1987a), S. 214.
[241] Vgl. TRAUTWEIN (1990), S. 293.
[242] Vgl. YOU et al. (1986), S. 217.
[243] Vgl. BLISS/ROSEN (2001), S. 112.

fall könnten Fusionen und Akquisitionen völlig untersagt werden.[244] BÜHNER kommt in zwei empirischen Analysen zu der Erkenntnis, dass einerseits ein direkter Zusammenhang zwischen dem Größenstreben des Managements und der Akquisitionstätigkeit besteht. Andererseits konnte er jedoch auch nachweisen, dass die Verwirklichung der Größenmaximierungsstrategie durch das Management negativ mit der Gewinnmaximierung korreliert.[245] Die Unternehmensberatung KIENBAUM hat zwischen der Unternehmensgröße und der Vergütung von Führungskräften eindeutige Zusammenhänge festgestellt. Nach Untersuchungen von KIENBAUM ist die Unternehmensgröße der wichtigste Bestimmungsfaktor der Vergütungshöhe.[246]

Einen ähnlichen Gedanken wie die Empire-Building-Theorie verfolgt der Managerialismus-Ansatz. Danach können M&A-Transaktionen das Ergebnis ineffizienter Anreiz- und Entlohnungssysteme sein. Nach MUELLER sind Manager im Falle ineffizienter Entlohnungssysteme bestrebt, das Wachstum der Unternehmung zu Lasten der Unternehmensprofitabilität und zu Gunsten des eigenen Einkommens voranzutreiben.[247] Auch die Managerialismus-Theorie geht somit davon aus, dass das Management zum Schaden der Eigentümer eigene Ziele stärker verfolgt als die Unternehmensgewinnmaximierung. Empirisch kann die Managerialismus-Theorie nur unzureichend gestützt werden. Nach JENSEN hängt die Managemententlohnung von der Unternehmensprofitabilität und nicht von Größenindikatoren ab.[248]

Neben dem Streben nach persönlichen Vorteilen wie Einkommens- und Machterweiterung liegt es im Interesse des Managements, das individuelle Anstellungsrisiko zu mindern. Die managerialistische Diversifikations-Hypothese behandelt das Thema Risikoreduzierung aus der Managerperspektive und gleicht dem Streben nach (Arbeitsplatz-)Sicherheit bzw. persönlichem „Hedgen". Grundgedanke der emotional induzierten Diversifikations-Theorie sind eingeschränkte Diversifikationsmöglichkeiten der Entscheidungsträger bezüglich des eigenen Humankapitals. Während Anteilseigner ihr persönliches Aktienportfolio aus verschiedenen Werten bilden können, sind Manager mit ihrem Humankapital an ein einzelnes Unternehmen gebunden. Damit ist ihr Einkommensstrom von der Performance ihres Arbeitgebers abhängig. Im Interesse des Managements liegt es daher auch, mittels M&A-Aktivitäten einen

[244] Vgl. FLANNERY (1999), S. 217.
[245] Vgl. BÜHNER (1990), S. 20.
[246] Vgl. ENGESER/AUGTER (2004), S. 56–61.
[247] Vgl. MUELLER (1979), S. 644.
[248] Vgl. JENSEN (1986), S. 323 f.

möglichst hohen Diversifikationsgrad auf Unternehmensebene zu erreichen. Durch Diversifikationsmaßnahmen wird das persönliche Risiko des Arbeitsplatzverlustes gesenkt und gleichzeitig das Einkommen der Entscheidungsträger aus Humankapital geglättet.

Zu den persönlichen „Hedging"-Motiven bei M&A-Transaktionen zählen zudem Unternehmenszusammenschlüsse, auch wenn die Due Diligence[249] eine Transaktion nicht rechtfertigt. Eine M&A-Transaktion wird dann trotz eines absehbaren Wertverlustes vollzogen, da der Gesichtsverlust der beteiligten Manager bei einem Abbruch als zu hoch für den weiteren beruflichen Werdegang angesehen wird.

4.3.1.4 Die Corporate-Control-Hypothese

Grundlage der Corporate-Control-Hypothese sind die Prinzipal-Agenten-Theorie und der Markt für Unternehmenskontrolle. Nach JENSEN und RUBACK konkurrieren auf dem Markt für Unternehmenskontrolle verschiedene Managementteams um das Recht, Unternehmen zu leiten und über deren Ressourcen zu verfügen. Nach der Corporate-Control-Hypothese wird eine Unternehmensführung dann durch ein konkurrierendes Managementteam ersetzt, wenn dieses durch eine Reallokation der Unternehmensressourcen, das Verfolgen einer neuen strategischen Ausrichtung oder das Ausnutzen von Verbund- oder Skaleneffekten den Eigentümern einen höheren Shareholder-Value ermöglicht. Initiiert wird die Ablösung einer ineffizienten Unternehmensführung damit nicht durch die Eigentümer, sondern durch ein konkurrierendes Managementteam. Die Rolle der Aktionäre ist passiv, sie wählen lediglich ohne persönliche Präferenzen die Unternehmensführung aus, die ihnen das größte Wertsteigerungspotential hinsichtlich ihrer Unternehmensanteile verspricht. Die Existenz des Marktes für Unternehmenskontrolle wirkt als Motivation für das Management, den Unternehmenswert zu mehren, da sonst eine Übernahme und damit ein möglicher Arbeitsplatzverlust drohen. Nach der Corporate-Control-Hypothese erfolgt durch M&A-Transaktionen ein Kapitaltransfer ineffizient genutzter und unterbewerteter Ressourcen.[250]

---

[249] Due Diligence: Gebotene Sorgfalt, mit der beim Kauf oder Verkauf von Unternehmensbeteiligungen das Vertragsobjekt im Vorfeld der Akquisition geprüft wird. Due-Diligence-Prüfungen beinhalten insbesondere eine systematische Stärken-Schwächen-Analyse des Kaufobjekts, eine Analyse der mit dem Kauf verbundenen Risiken sowie eine fundierte Bewertung des Objekts.

[250] Vgl. zum gesamten Absatz JENSEN/RUBACK (1983), S. 6.

Der Ansatz von JENSEN und RUBACK häufig kritisiert worden, da die Existenz informationseffizienter Kapitalmärkte bezweifelt werden darf. Bei Vorliegen von Informationsasymmetrien kann auch ein gut geführtes Unternehmen vom Markt unterbewertet werden.[251]

Eng mit dem Modell des Marktes für Unternehmenskontrolle verbunden ist das Konzept des überlegenen Managements. Im Zuge von M&A-Transaktionen überträgt das Kaufunternehmen überlegene Managementqualitäten auf das Zielunternehmen. Dabei ist es nicht notwendig, dass der alten Unternehmensleitung die vollständige Kontrolle über die Unternehmensressourcen entzogen wird. Vielmehr können Ineffizienzen auch durch einen Wechsel der Managementtechniken, organisatorische Umgestaltungen oder die explizite Orientierung an neuen Zielen beseitigt werden.[252] Fraglich ist jedoch, ob nicht diese Veränderungen gegenüber dem schlichten Austausch der Unternehmensleitung zu aufwändig sind und zu hohe Kosten verursachen.[253]

4.3.2 Sonstige Motive

Die bisher vorgestellten emotional induzierten Treibertheorien haben gemeinsam, dass sie sich auf das aktive Streben der Unternehmensleitung nach Einkommen, Prestige, Macht, Beförderung und Reduzierung des Entlassungsrisikos beziehen. Auch die im folgenden Abschnitt vorgestellten Theorien zielen letztendlich auf die Maximierung des Nutzens der Entscheidungsträger, sind aber stärker psychologisch motiviert.

[251] Vgl. DAVIES/LAM (2001), S. 55.
[252] Vgl. ALBRECHT (1994), S. 10.
[253] Vgl. KOOTZ (1996), S. 16–17.

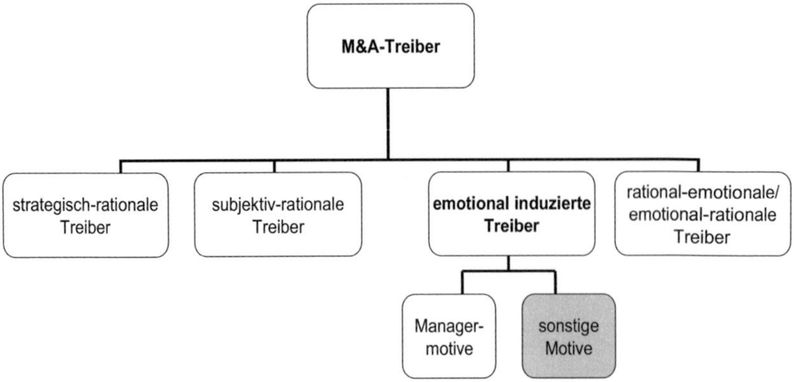

Abb. 36: Emotional induzierte Treiber – sonstige Motive.

Quelle: eigene Darstellung

4.3.2.1 **Nachahmer-Effekt (Herdenverhalten)**

Das Wissen um den menschlichen Herdentrieb ist wenig ausgeprägt. Die ökonomische Relevanz des Herdenverhaltens ist bis heute nur partiell untersucht. Auch die Bedeutung des Herdenverhaltens für Unternehmensentscheidungen spielt bis heute in der wissenschaftlichen Literatur eine untergeordnete Rolle, obwohl in der Praxis häufig Entscheidungen getroffen werden, die das Verhalten anderer Wettbewerber imitieren. Losgelöst von rationalen Nutzenentscheidungen, wird dem Vorbild anderer Entscheidungsträger (blind) gefolgt.

PARETO (1848–1929) war der erste Vertreter der Massenpsychologie, der sich mit dem Phänomen des Herdentriebs beschäftigt hat. Nach PARETO führt der Herdentrieb zu Nachahmung und Assimilation.[254] Auch LEBON (1841–1936) hat sich in seinem Werk „Psychologie der Massen" von 1885 mit dem Herdenverhalten befasst. Für LEBON geben Individuen beim Herdenverhalten ihr bewusstes, rationales Handeln zugunsten eines gemeinsamen, unbewussten und triebhaften Verhaltens auf.[255] Neben PARETO und LEBON gehört TARDE zu den bekanntesten Vertretern der Soziologie, die sich mit imitierendem Verhalten und den dahinterliegenden Gründen auseinandergesetzt haben. In „Gesetze der Nachahmung" erklärt TARDE gesellschaftliche Veränderungen mit dem Begriff der Imitation. TARDE versteht darunter unbewusste und unwillkürlich-naturhafte Wiederholungen einzelner Individuen. Für TARDE zählt zu den Gesetzen der Nachahmung, dass diese aus der Kombination existierender Imitationen entstehen und durch den sozialen Kontext beeinflusst werden.[256]

Unter Herdenverhalten versteht man Situationen, in denen Individuen unter Außerachtlassung eigener privater Informationen entscheiden und dabei andere imitieren.[257] Das Bild einer Schafherde illustriert diesen Sachverhalt. Im Zusammenhang mit M&A-Transaktionen resultiert das imitierende Verhalten aus einem Vorsichtskalkül. Auch hier eignet sich der Begriff „Hedgen". Mittels Imitation erfolgreicher Unternehmensstrategien versucht das Management, sich im Marktumfeld abzusichern. Es kann somit unterstellt werden, dass M&A-Entscheidungsträger dazu tendieren, das Verhalten anderer Manager zu imitieren, um die Folgen einer Fehlentscheidung (Macht-, Einkommens-, Prestige- und Arbeitsplatzverlust) nicht alleine tragen zu müssen. Ein gemeinsames Versagen hat gemäß der Theorie des „Reputational Herding" weniger negative Folgen. Durch gleichgerichtetes Verhalten wird die Gefahr einer Außenseiterrolle und eines schlechten Ansehens im Unternehmensumfeld verringert.

Herdenverhalten von M&A-Entscheidungsträgern zeigt sich anschaulich in der zyklischen Natur der M&A-Märkte. In Boomphasen nimmt die Anzahl der Transaktionen zu und die Übernahmepreise steigen. Aus Angst, eine M&A-Modewelle zu verpassen, weisen Entscheidungsträger eine gleichgerichtete, strategisch unüberlegte Transaktionsneigung auf. Da in vielen Branchen die Anzahl der Kandidaten für Un-

[254] Vgl. PARETO/EISERMANN (1962), S. 81–93.
[255] Vgl. LEBON (1895/1912), S. 19 ff.
[256] Vgl. TARDE (1890), S. 2 ff.
[257] Vgl. BANERJEE (1992), S. 797–817.

ternehmenstransaktionen zudem begrenzt ist, treten wertorientierte rational induzierte Entscheidungen zunehmend in den Hintergrund.

Zur Verdeutlichung von Herdenverhalten im Zusammenhang mit M&A-Aktivitäten dient das folgende modifizierte Beispiel von BANARJEE.[258] Zehn Manager, die alle annahmegemäß im vorherigen Jahr ein M&A-Seminar besucht haben, stehen vor der Entscheidung, eine Fusion oder Akquisition zu tätigen. Es besteht eine A-priori-Wahrscheinlichkeit von 51 Prozent für die Entscheidung, die Transaktion durchzuführen. Die Manager haben jeweils im Vorfeld der Vorstandssitzungen zur relevanten Frage weitere Informationen und Empfehlungen von Unternehmensberatern eingeholt. Neun von zehn Managern erhielten von ihren Unternehmensberatern aufgrund empirischer Untersuchungen die Empfehlung, nicht zu fusionieren bzw. ein Unternehmen zu akquirieren, weil sich der überwiegende Teil der M&A-Aktivitäten als Misserfolg erweist. Die Gesamtheit der erhaltenen Informationen spricht somit gegen eine M&A-Transaktion. Zufällig liegt jedoch die Vorstandssitzung von Manager A, dem geraten wurde, trotzdem zu fusionieren oder zu akquirieren, zeitlich vor den Sitzungen seiner Managerkollegen. Manager B, der vor seiner Sitzung eine Entscheidung treffen möchte, liest die Entscheidung von Manager A, eine Übernahme bzw. Fusion zu tätigen, in der Zeitung. Sofern beide Informationen, das Abraten seiner Berater und die Entscheidung für eine Akquisition oder Fusion seines Managerkollegen A, für B die gleiche Qualität haben, heben sie sich gegenseitig auf. Da sich B jedoch an sein M&A-Seminar erinnert, gibt die A-priori-Wahrscheinlichkeit den Ausschlag dafür, eine Akquisition zu tätigen. Manager C hat als nächster bei seiner Vorstandssitzung zu entscheiden. Auch C entscheidet sich nach A und B aus der gleichen Überlegung für eine Fusion oder Übernahme. Dieser Prozess wird sich so lange fortsetzen, bis alle zehn Manager sich für eine M&A-Aktivität entschlossen haben.

Entscheidend für das Ignorieren der Informationen der Unternehmensberater und das Imitieren des Verhaltens der Managerkollegen (Herde) ist die Entscheidung von Manager B. Hätte er sich gegen eine Akquisition bzw. Fusion entschieden und wäre dies für Manager C bspw. durch eine Presseveröffentlichung sichtbar gewesen, hätte sich für C die Information seines Unternehmensberaters durch das Verhalten von B bestätigt und er hätte seinerseits die M&A-Transaktion nicht durchgeführt.

---

[258] Vgl. zum gesamten Beispiel BANARJEE (1992), S. 799.

Das Beispiel von BANARJEE zeigt, dass Wirtschaftssubjekte bei unsicherer Informationslage, Angebotsknappheit oder aus Angst, eine M&A-Modewelle zu verpassen, dem Verhalten der Herde folgen und eine gleichgerichtete, strategisch unüberlegte Transaktionsneigung in dem Glauben aufweisen, die Masse besäße bessere Informationen über den relevanten Sachverhalt. Herdenverhalten kann als Erklärungsansatz dienen, weshalb trotz hoher Misserfolgsquoten Manager M&A-Transaktionen durchführen bzw. weshalb es zu Merger-Wellen und dem Nachahmen von Managementmoden kommen kann.

Den Nachahmer-Effekt und das damit verbundene Streben nach Sicherheit vor falschen Entscheidungen konnte SCHENK, der das Entstehen von M&A-Wellen untersucht hat, in seinen Studien bestätigen. Nach SCHENK sind Perioden, in denen es zu einer zeitlichen Konzentration von M&A-Aktivitäten kommt, die Folge defensiver Unternehmensstrategien („Hedging-Strategien"). Bei Unsicherheit im Unternehmensumfeld und unvollkommenen Informationen beinhaltet eine Aktion der Konkurrenz eine Information, die für die eigene Entscheidung genutzt werden kann. Steht ein Unternehmen vor einer Alternative mit zwei gleich wahrscheinlichen Ergebnissen, kann die Entscheidung eines anderen Unternehmens, das vor einer ähnlichen Ausgangssituation steht, ausschlaggebend für die eigene Entscheidung sein. Die Imitation von als erfolgreich wahrgenommenen Entscheidungen reduziert die Unsicherheit im Unternehmensumfeld und sichert Legitimität.[259]

4.3.2.2 **Raider-Theorie**

Wie dem bereits erörterten Bewertungsansatz liegt der Raider-Theorie die Ausnutzung von Informationsasymmetrien zugrunde. Die Raider-Theorie geht sogar von einer gezielten Manipulation des Kapitalmarktes durch die Verbreitung falscher Informationen aus. Mittels Falschinformationen werden Bewertungsunterschiede angestrebt, um „windfall profits"[260] durch M&A-Transaktionen zu generieren. Auch wenn die gezielte Manipulation des Kapitalmarktes mit falschen Informationen gesetzlich verboten ist (Insidergeschäfte, Securities Act (1931), Securities Exchange Act (1934), ist das damit verbundene Spekulationsmotiv bis heute ein Treiber hinter zahlreichen Transaktionen. Bedingt durch die Problematik der Bedeutung der Raider-

---

[259] Vgl. zum gesamten Absatz SCHENK (1996), S. 255–278, KLEINERT/KLODT (2000), S. 42.

[260] Unerhoffter Vermögenszuwachs; Gewinn, der nicht aus der eigentlichen wirtschaftlichen Tätigkeit resultiert.

Theorie und der Abgabe sozial erwünschter Antworten konnte die Raider-Theorie nicht empirisch bestätigt werden.

4.3.2.3 **Prozesstheorie**

Die Prozesstheorie beschreibt M&A-Transaktionen als Folge wenig transparenter Entscheidungsprozesse auf Managementebene. Maßgebend für den Prozessansatz ist die Annahme, dass Entscheidungsträger nicht strategisch-rational handeln. Vielmehr sind strategische Entscheidungen der Unternehmensführung das Ergebnis interner Verhandlungslösungen, die durch unterschiedliche subjektiv-rationale bzw. emotional Motive geprägt werden. Zu diesen zählen unter anderem die Akquisitionstätigkeit der Konkurrenz, persönliche M&A-Erfahrungen, eigene Ziele und Interessen und der Zusammenschlussprozess an sich, der vom Management als besonders attraktiv und herausfordernd eingeschätzt wird und damit zur Verbesserung der persönlichen Aufstiegsmöglichkeiten beitragen kann.

4.4 ***Interdependent verknüpfte M&A-Treiber - rational-emotionale und emotional-rationale M&A-Treiber***

Die Ausführungen zu Rationalität, Emotionalität und interdependenter Verknüpfung haben gezeigt, dass eine eindeutige Trennung in subjektiv-rationale und emotional induzierte Treiber nicht möglich ist. Vielmehr existieren Überschneidungen. Der Dualismus von Emotionalität und Rationalität, der von der Neoklassik angenommen wird, kann nicht aufrechterhalten werden. Die Praxis bestätigt die Erkenntnisse der Neuen Institutionenökonomie sowie der psychologischen und neurowissenschaftlichen Emotionsforschung, dass rationales Verhalten ohne Emotionalität nicht möglich ist und kognitive Botschaften ohne emotionales Element unbeachtet bleiben. Dem Treiber-Systematisierungsansatz dieser Arbeit folgend zeigt Abbildung 37 die in diesem Abschnitt zu untersuchenden rational-emotionalen und emotional-rationalen Motive von M&A-Transaktionen. Die verknüpfenden Elemente sind Subjektivität und Kognition.

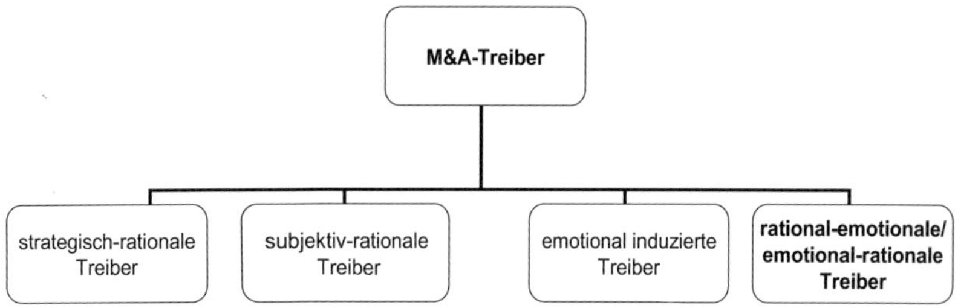

Abb. 37: Rational-emotionale/emotional-rationale Treiber.

Quelle: eigene Darstellung

Die Effizienztheorie, die zu den strategisch-rationalen Treibern zählt, kann bewusst oder unbewusst subjektiv-rational bzw. emotional bestimmt sein. Wenn mit M&A-Transaktionen im Rahmen der Effizienztheorie versucht wird, eine effektivere Ressourcentransformation zu erreichen, kann dieses Verhalten der emotional beeinflussten „Hedging"-Strategie zugeordnet werden. Offensichtlich ist auch, dass die Ressource-Dependence-Theorie als Ressourcenabsicherungsstrategie, die Markt- und Risikotheorie als marktliche Portfoliostreuung und der Coinsurance-Effekt als finanzielle Diversifikationsmöglichkeit emotional bestimmt sind. Ebenso sind der Bewertungsansatz und die auf diesem aufbauende Informations- und Economic-Disturbance-Theorie eindeutig durch die Elemente Selbstüberschätzung und subjektive Erwartung sowohl subjektiv-rational als auch emotional geprägt. Die diesen Ansätzen zugrunde liegenden Fehleinschätzungen bei der Unternehmensbewertung resultieren aus subjektiv-rationalem Verhalten. Strategisch-rationale Treiber können folglich eine immanent bisher nicht berücksichtigte Subjektivität bzw. Emotionalität aufweisen. Emotionales Verhalten beinhaltet damit nicht zwangsläufig irrationale Entscheidungen. Vielmehr kann Emotionalität, bewusst verstanden und eingesetzt, Visionen und strategische Wettbewerbsvorteile schaffen.

Die Systematisierung der emotional induzierten M&A-Treiber hat bereits verdeutlicht, dass emotionales Verhalten subjektiv-rational sein kann. Alle Theorien der emotional beeinflussten Managementmotive, bei denen opportunistisches Streben der Führungskräfte und das Absichern persönlicher Risiken im Vordergrund stehen, sind emotional und aus Sicht des Entscheidungsträgers subjektiv-rational. Auch das Verbergen opportunistischer Motive im Zusammenhang mit M&A-Transaktionen ist subjektiv-rational und dient dem emotional induzierten Selbstschutz. Bezogen auf die den emotionalen Treibern zugrunde liegende Prinzipal-Agenten-Theorie ist das Verhalten der Manager (Agenten) somit zunächst emotional, kann aber zugleich als subjektiv-rational, als Streben nach Maximierung des eigenen Nutzens durch sukzessives, logisches und lineares Vorgehen, bezeichnet werden.

Im Einzelnen ist bereits bei der Darstellung der Hybris-Hypothese auf die interdependente Verflechtung subjektiv-rationaler und emotionaler Faktoren hingewiesen worden. In Abhängigkeit der subjektiven Betrachtersituation sind die Faktoren, gegenwärtiger Erfolg, Medienresonanz und Erfahrung subjektiv-rational und bzw. oder emotional induziert. Bei der Free-Cashflow-Hypothese wird das subjektiv-rationale Element des Managements durch die Einbehaltung und Reinvestition freier Einzahlungsüberschüsse zur Förderung des Unternehmenswachstums und damit das Verfolgen individueller Interessen deutlich. Das Streben der Unternehmensleitung nach Größe anstelle der Marktwertsteigerung (Empire-Building-Theorie) ist aufgrund der Annahme positiv mit der Unternehmensgröße korrelierender individueller Nutzenfunktionen vordergründig emotional motiviert, aber gleichzeitig subjektiv-rational. Auch die Managerial-Diversifikations-Hypothese, mit der das Management anstrebt, durch M&A-Transaktionen das eigene Anstellungs- und Vergütungsrisiko zu verringern, ist sowohl emotional beeinflusst als auch, aus Sicht des einzelnen Managers, der das individuelle Positions- und Gehaltsrisiko trägt, subjektiv-rational. Das subjektiv-rationale Element des Nachahmer-Effekts ist offensichtlich. Herdenverhalten der Unternehmensführung auf dem M&A-Markt ist zunächst ein rein emotionaler Treiber, der jedoch, betrachtet man die Motivation für das imitierende Verhalten, auch subjektiv-rational ist. Erfolgreiches Transaktionsverhalten anderer Unternehmen wird kopiert, um die Folgen nicht genutzter Chancen oder Fehlentscheidungen nicht alleine tragen zu müssen. Auch bei der Raider-Theorie, die zunächst als emotionaler M&A-Treiber systematisiert wurde, ist das subjektiv-rationale Element eindeutig, wenn Manager durch die Verbreitung falscher Informationen den Kapitalmarkt für die individuelle Zielerreichung manipulieren.

4.5 *Zusammenfassung und Implikation*

Im vorliegenden Kapitel wurden zunächst rationale und emotional induzierte Theorieansätze auf ihren Erklärungsansatz für M&A-Motive überprüft. Dabei konnte gezeigt werden, dass unterschiedliche M&A-Treiber eine M&A-Transaktion bedingen können und dass die bestehenden, teilweise unverbunden nebeneinander stehenden strategisch-rationalen Theorien nicht alle Treiber von Unternehmensübernahmen angemessen würdigen. Die Berücksichtigung subjektiv-rationaler und emotionaler Aspekte bei M&A-Entscheidungen kann dazu beitragen, die gezeigten Lücken in den strategisch-rationalen Erklärungsansätzen zur Kausalität von M&A-Transaktionen und den dahinterstehenden Treibern zu schließen.

Aufbauend auf den theoretischen Erkenntnissen zu Ratio und Emotion sowie der daraus abgeleiteten Möglichkeit der interdependenten Verknüpfung konnten rational-emotionale und emotional-rationale M&A-Treiber identifiziert werden. Mit den Theorien der Neuen Institutionenökonomie ist es möglich, den von der Neoklassik vertretenen Dualismus von Ratio und Emotion aufzuheben. Das Modell beschränkt rationalen Verhaltens von SIMON mit seinem subjektiven Bezug und das kognitive Element von Emotionen erlauben Rationalität und Emotion als interdependent verknüpft zu beschreiben. Damit ist eine rationale Erfassung von Emotionalität möglich. Sie führt zwangsläufig zu einer Handlungsempfehlung durch die, aus der gleichzeitigen und interdependenten Verknüpfung von Emotionalität und Rationalität, bei M&A-Transaktionen Wettbewerbsvorteile generiert werden können.

Gegenstand des folgenden Kapitels ist die Ableitung der interdisziplinären integrativen M&A-Entscheidung und ihrer Teilbereiche. Konsequent eingesetzt, rational hinterfragt und bewusst emotional gesteuert, kann diese dazu beitragen kann, die Erfolgswahrscheinlichkeit von Unternehmensübernahmen zu verbessern.

5 Die interdisziplinäre integrative M&A-Entscheidung

5.1 *Zweckmäßigkeit einer interdisziplinären integrativen M&A-Entscheidung*

Nach HALL herrscht im Rahmen der Forschung zur Rationalität von Entscheidungen ein „Krieg der Paradigmen“.[261] Bereits der italienische Ökonom GRANDIORI hat erkannt, dass „(...) each paradigma and theory has its appropriate domain of application.“[262] Ausbleibende ökonomische Erfolgsbeiträge von M&A-Transaktionen, die mit strategisch-rationalen Gründen initiiert wurden, machen eine kritische Überprüfung der dahinterstehenden Treiber notwendig. Bis heute gehen die Neoklassik und die Merger-Theorie vom Primat der Rationalität bei unternehmerischen (M&A-) Entscheidungen aus. Klassische strategische Erklärungsansätze können zwar die internen Erfolgsquellen einer Unternehmung bestimmen, bieten jedoch nicht für jede organisationale Entscheidung eine hinreichende Begründung. Auch wenn emotionales Verhalten durchaus subjektiv-rational determiniert sein kann, ist es nicht möglich, emotional motivierte Entscheidungssituationen vollständig mit strategisch-rationalen Theorien zu erklären. Die Relevanz subjektiv-rationalen bzw. emotionalen Verhaltens in Entscheidungen wird von den klassischen effizienzorientierten Ansätzen nicht angemessen gewürdigt.

Bisher existiert keine Forschung über den Einfluss subjektiv-rationaler bzw. emotionaler Motive bei M&A-Entscheidungen. Erst die Berücksichtigung von Erkenntnissen aus Neuer Institutionenökonomie, Psychologie, Verhaltenswissenschaften und Neurologie erlaubt, weitere Kriterien zur Erklärung der Triebkräfte hinter dem M&A-Phänomen abzuleiten. Die Kenntnis subjektiv-rationaler sowie emotionaler M&A-Treiber, ihre verknüpfenden Elemente und die daraus resultierende rationale Erfassung von Emotionalität kann dazu beitragen, visionäre und weitsichtige Unternehmensentscheidungen zu fördern und die Nachteile subjektiv-rationaler bzw. emotionaler Einflüsse auf die Strategiewahl eines Unternehmens zu reduzieren.

Der Neoklassik ist eine hohe Plan- und Kontrollierbarkeit ein besonderes Anliegen. Subjektiv-rationale bzw. emotionale Vorgänge sind jedoch komplex und damit nur

[261] Vgl. HALL (2002), S. 278.
[262] Vgl. SCOTT (1987), S. 102 ff.

eingeschränkt planbar. Da Emotionen im Leben von Menschen und Organisationen allgegenwärtig sind und ihre Bedeutung in Zeiten des Wandels mit Veränderungen, Problemdruck und im Hinblick auf die menschliche Unfähigkeit, Gewohnheiten und Einstellungen zu ändern, tendenziell weiter steigen wird, müssen subjektive Rationalität und Emotionalität systematisch berücksichtigt werden. Diese Arbeit versucht einen interdisziplinären integrativen M&A-Entscheidungsansatz zu definieren, der scheinbar widersprüchliche Perspektiven der rationalen und emotionalen Theorie zusammenführt und dadurch einen theoretischen und praktischen Erkenntnisbeitrag leistet. Die interdisziplinäre integrative M&A-Entscheidung und ihre Teilbereiche, die in diesem Kapitel ausführlich erörtert werden, gibt Abbildung 38 wieder.

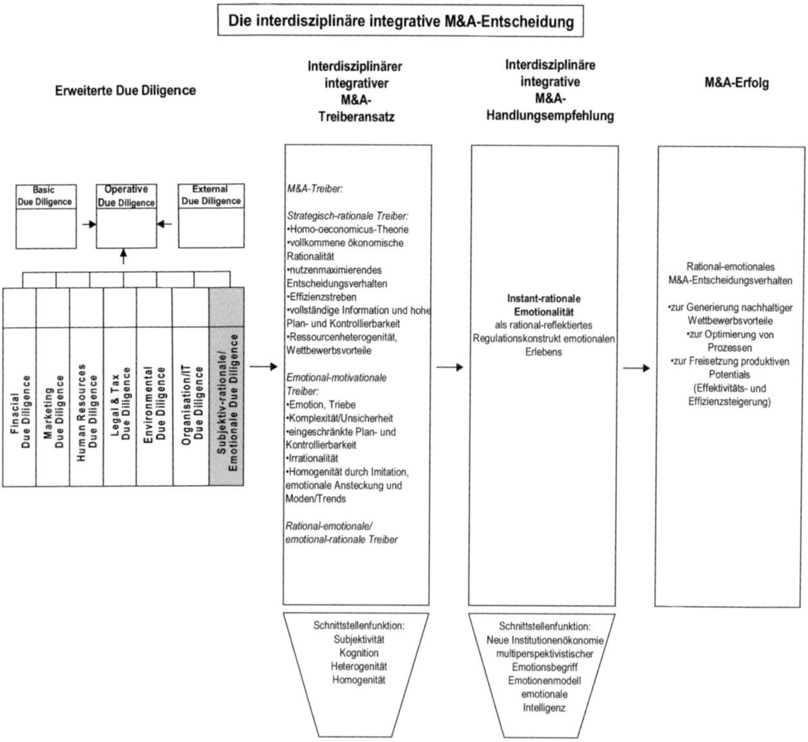

Abb. 38: Die interdisziplinäre integrative M&A-Entscheidung – Zusammenhang erweiterte Due Diligence – M&A-Treiberansatz – M&A-Handlungsempfehlung – M&A-Erfolg.

Quelle: eigene Darstellung

5.2 *Bausteine der interdisziplinären integrativen M&A-Entscheidung*

5.2.1 Notwendigkeit einer subjektiv-rationalen/emotionalen Due Diligence

Im Vorfeld von Unternehmenszusammenschlüssen dient die Due Diligence der systematischen Untersuchung der mit dem Unternehmenserwerb verbundenen Chancen und Risiken und besteht aus den in Abbildung 39 dargestellten Teilbereichen.

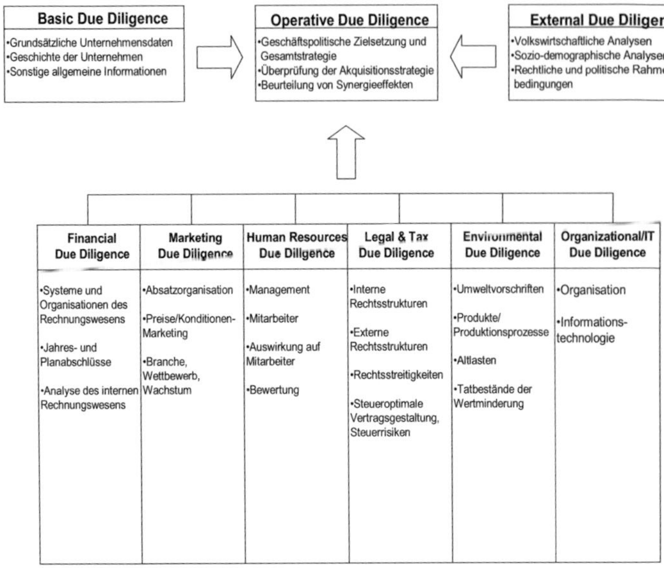

Abb. 39: Teilbereiche und Strukturen einer Due Diligence.

Quelle: eigene Darstellung, in Anlehnung an PICOT (2005), S. 295

Abbildung 39 zeigt eine Systematisierung der einzelnen Due Diligence Teilbereiche, wobei nicht in jedem Akquisitionsfall alle Teilgebiete betrachtet werden müssen. Daneben ist zu berücksichtigen, dass die einzelnen Bereiche Interdependenzen aufweisen, die in den Einzeluntersuchungen zu beachten sind.

Sowohl bei der Basic- als auch bei der External Due Diligence werden funktionsübergreifende Daten und Informationen über das zu akquirierende Unternehmen gesammelt, die bereits vor der Due Diligence ohne Mitwirkung des Verkäufers bzw. Fusionspartners erhoben werden können. Zu den Grunddaten der Basic Due Diligence zählen grundsätzliche Unternehmensdaten (Rechtsform, Sitz, Adresse, Ansprechpartner und Zusammensetzung des Vorstandes), die Unternehmensgeschichte (Datum und Ort der Gründung) und allgemeine Informationen (Beschreibung der Geschäftstätigkeit). Die im Rahmen der Basic Due Diligence erhobenen Daten werden in unternehmensinterne und öffentlich verfügbare Informationen unterschieden.

Die External Due Diligence beschäftigt sich mit der Analyse der Faktoren, die ausserhalb des Einflussbereichs der Transaktionspartner liegen. Nicht einbezogen werden dabei Analysen über den Markt bzw. die Branche, da diese Bestandteile der Marketing Due Diligence sind. Die wesentlichen Inhalte der External Due Diligence liegen in der Entwicklung gesamtwirtschaftlicher Rahmendaten. Darunter fallen Analysen der volkswirtschaftlichen Lage der Länder, in denen das Unternehmen tätig ist bzw. beabsichtigt, tätig zu werden (Bruttosozialprodukt, Kaufkraft, Zahlungsbilanzentwicklung, Staatsausgaben, Steuern, Subventionen, Kapitalmarktentwicklung), Untersuchungen zur demographischen Struktur und zum Ausbildungsniveau, Analysen der Infrastruktur, der gesellschaft-, steuer- und arbeitsrechtlichen Rahmenbedingungen sowie die Identifikation von Entwicklungstendenzen bei Rechtsverordnungen oder zu erwartenden protektionistischen Maßnahmen.

Die Financial Due Diligence dient der Beschaffung von Informationen zur wirtschaftlichen bzw. finanziellen Situation des Transaktionspartners. Dabei stützt sich die Financial Due Diligence auf Daten des externen Rechnungswesens, wie der Bilanz und der Gewinn- und Verlustrechnung. Falls vorhanden werden zudem Produktergebnisse, Deckungsbeitragsrechnungen, Kosten-Budgets und ähnliche Daten aus dem internen Rechnungswesens in die Financial Due Diligence einbezogen. Am Anfang der Financial Due Diligence steht eine Beschreibung der Buchhaltungs-, Bilanzierungs- und Berichtsysteme.

Die Marketing Due Diligence schliesst sich nahtlos an die Financial Due Diligence an. Ihre Aufgabe ist, eine Verbindung zwischen der vergangenheitsorientierten Financial Due Diligence und der auf die zukünftigen Erfolgspotentiale ausgerichteten Strategie zu bilden. Eine der konkreten Zielsetzungen der Marketing Due Diligence ist herauszufinden, ob die Prämissen, die für die Unternehmensplanung zugrunde gelegt sind, glaubwürdig und stichhaltig sind. Damit leistet die Marketing Due Diligence einen Beitrag zur Absicherung des Kaufpreises, da die Unternehmensbewertung massgeblich von den Zukunftserträgen beeinflusst wird. Die generelle Zielsetzung der Marketing Due Diligence beinhaltet damit das Aufdecken unternehmens- und marktbezogener Chancen und Risiken, die die zukünftige Entwicklung des Unternehmens bestimmen und damit den Erfolg der Transaktion absichern. Während die Financial Due Diligence innenorientiert ist und sich ausschliesslich mit internen Unternehmensdaten beschäftigt, schliesst die Marketing Due Diligence die Analyse der Umwelt mit ein. Auf diese Weise verbindet die Marketing Due Diligence die Kunden-, Markt- sowie Unternehmensperspektive und analysiert dabei die Wettbewerbssituation des Transaktionspartners, die Zukunftsträchtigkeit der Branche bzw. des Marktes und das Synergiepotential.

Die Human Resources Due Diligence weist Überschneidungen zu der in dieser Arbeit geforderten subjektiv-rationalen/emotionalen Due Diligence auf. Die Bedeutung von Human-Resources-Analysen hat sich in der Praxis noch nicht durchgesetzt. Zu den Bestimmungsfaktoren der Human Resources Due Dilgence zählen die Analyse der Führungsqualifikation des Managements und der Qualifikation der Mitarbeiter, die Ermittlung der Loyalität und der damit einhergehenden Fluktuationsgefährdung der Führungskräfte, insbesondere deren Auseinandersetzung mit der Transaktion bzw. deren persönliche Einstellung zum Transaktionsprozess sowie die Betrachtung der Unternehmenskultur.

Die rechtliche Einordnung des Zielunternehmens, die Überprüfung der gesellschaftsrechtlichen Strukturen sowie die Rechtsbeziehungen zu Dritten kennzeichnen die Aufgabenstellung der Legal Due Diligence. Damit werden im Rahmen der Legal Due Diligence gesellschaftsrechtliche, vermögensrechtliche und vertragsrechtliche Belange, wie Verträge mit Kunden, Lieferanten, Wettbewerbern, Gewährleistungs-, Garantie-, Mietvereinbarungen, prozessuale Risiken, behördliche Genehmigungen, Wettbewerbsvereinbarungen und Risiken aus Haftungsübernahmen untersucht.

Bei der Tax Due Diligence geht es einerseits um die steuerlich optimale Gestaltung der Transaktion und andererseits um den Schutz des Käuferunternehmens vor steuerlich begründeten finanziellen Risiken aus der Vergangenheit. An der steuerlich optimalen Gestaltung des Unternehmenskaufs hat im Wesentlichen der Verkäufer ein hohes Interesse. Aber auch beim Käufer können Gestaltungsüberlegungen Vorteile bringen. Hierzu gehören die bereits im Rahmen der Steuer- und Bilanztheorie-Hypothese erörterte Nutzung von Verlustvorträgen, die steuerneutrale Aufdeckung stiller Reserven, die steuermindernde Behandlung von Finanzierungskosten sowie ergebnisverbessernde und ergebnisbelastende Fördermaßnahmen (Zulagen, Zuschüsse, Sonderabschreibungen). Der aus Käufersicht wichtigere Teil der Tax Due Diligence bezieht sich jedoch auf die Vermeidung von Risiken, die durch nicht steuerkonforme Behandlung von Sachverhalten entstanden sind und die zu Steuernachzahlungen führen können. Grundlage der Untersuchungen der Tax Due Diligence bilden die Steuererklärungen der vergangenen Jahre und die letzte Betriebsprüfung.

Aufgabe der Environmental Due Diligence ist die Identifikation und Bewertung von Umweltrisiken. Ziel der Umwelt Due Diligence ist es, den Transaktionspartnern einen Überblick über die Umweltsituation und die Umweltrisiken der Unternehmen zu verschaffen sowie Wertminderungstatbestände und erforderliche Anpassungen von Umweltschutzeinrichtungen kostenmäßig zu bewerten. Bei der Analyse der Umweltsituation wird versucht, physische Risikopotenziale des Unternehmens und seines Standortes zu identifizieren. Ein weiterer Schwerpunkt der Environmental Due Diligence ist die „Legal Compliance“. Hierbei wird überprüft, ob und inwieweit Umweltvorschriften eingehalten werden. Bei der einzelfallorientierten Prüfung geht es darum, konkrete Risikopotentiale zu identifizieren und zu bewerten. Neben den Kosten für die Sanierung von Altlasten sind Kosten für Ersatzinvestitionen sowie Kosten für Abriss und Entsorgung zu ermitteln.

Bei der Organizational und IT Due Diligence steht die Frage im Vordergrund, ob die Organisation der Transaktionspartner zweckmäßig und wirtschaftlich ist bzw. inwieweit die Informationstechnologie angemessen ist. Im Rahmen der Analyse der Organisation werden die Strukturen der Unternehmen sowohl in aufbau- wie auch in ablauftechnischer Hinsicht untersucht. Bei der Aufbauorganisation interesssiert, ob die Größe der Organisation dem Umfang des operativen Geschäftes entspricht. Gegenstand der Ablauforganisation ist die zeitliche, räumliche und sachliche Zuordnung der Arbeitsprozesse sowie die Koordination der Teilaufgaben zu Arbeitsabläufen. Ziel ist es, die Ausgewogenheit der Organisation auf der einen und klare Zuständigkeiten bei der Aufgabenerfüllung auf der anderen Seite zu hinterfragen.

Eng verbunden mit der Organizational Due Diligence ist die IT Due Diligence. Die Analyse der Informationstechnologie beinhaltet die Ermittlung von Vertragslaufzeiten und Kosten bestehender Verträge mit Anbietern von Hard- und Software, die Beurteilung der Qualität der Informationstechnologie in den einzelnen Funktionsbereichen sowie die Einschätzung der Gesamtsituation der Informationstechnologie, insbesondere der Kompatibilität und Vernetzung der einzelnen Funktionalbereiche, die Identifikation wesentlicher Altlasten im Hard- und Softwarebereich, die eine Integration der Transaktionsunternehmen erschweren, die Prüfung der Qualität bestehender Management-Informationssysteme, die Abschätzung der Integrationskosten, die Identifikation wesentlicher Verbesserungspotentiale und die Kalkulation des gesamten Investitionsbedarfs in Informationstechnologie in den nächsten drei Jahren.

Empirische Erhebungen zu M&A-Transaktionen zeigen Misserfolgsquoten zwischen 30 und 70 Prozent, wobei Misserfolg nicht unbedingt ein formales Scheitern voraussetzt, sondern auch beinhaltet, dass die erwarteten Ziele nicht bzw. nicht vollständig erreicht werden. Für die hohen Misserfolgsquoten können unterschiedliche rationale und emotionale Treiber verantwortlich gemacht werden: ein nicht ausreichendes Wissen um das Transaktionsobjekt in Bezug auf die geplante Strategie (rational), eine Überbewertung von Synergiepotentialen und als Folge daraus ein überhöhter Kaufpreis (rational), eine mangelhafte Integration des übernommenen Unternehmens (rational) sowie eine fehlende Berücksichtigung subjektiv-rationaler bzw. emotionaler Treiber im Rahmen der M&A-Entscheidung und ihr Einfluss auf den Transaktionserfolg (subjektiv-rational/emotional). Diese Arbeit vertritt die Meinung, dass sich die aufgezeigten Gründe für das Scheitern zahlreicher Unternehmenszusammenschlüsse durch eine gezielte systematische Analyse der Transaktion im Vorfeld minimieren lassen. Im Zusammenhang mit emotionalen M&A-Treibern muss die in der Literatur bekannte Due Diligence um einen subjektiv-rationalen/emotionalen Due-Diligence-Teilbereich ergänzt werden. Das lässt sich wie folgt darstellen.

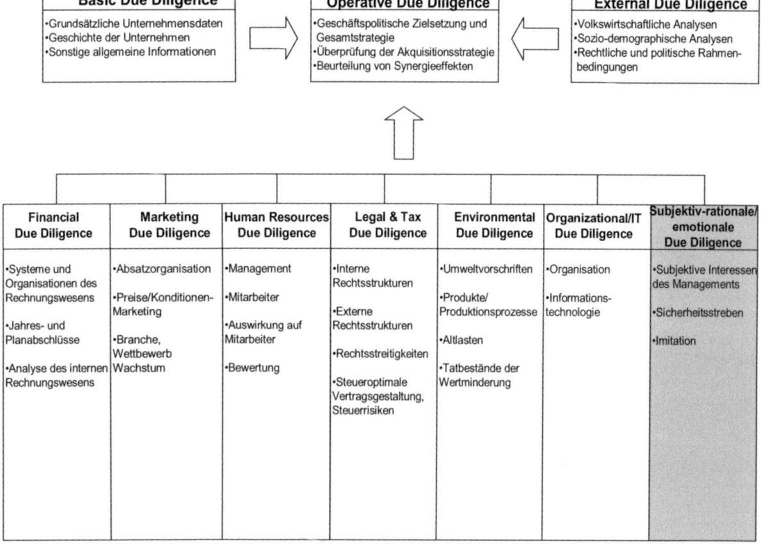

Abb. 40: Teilbereiche und Strukturen einer Due Diligence inklusive subjektiv-rationaler/emotionaler Due Diligence.

Quelle: eigene Darstellung, in Anlehnung an PICOT (2005), S. 295

Die subjektiv-rationale/emotionale Due Diligence erweitert die bekannte Due Diligence mit ihren erörterten Teilbereichen um die bei M&A-Transaktionen wichtigen Faktoren subjektive Rationalität und Emotionalität. Aufgabe der subjektiv-rationalen/emotionalen Due Diligence ist, Synergie- und Risikopotentiale zu identifizieren, die sich aus der dem menschlichen Verhalten immanenten Subjektivität und Emotionalität ergeben. Darunter zählen die Analyse der Einstellung des Managements und anderer Know-how-Träger zur Transaktion, die Abschätzung subjektiver Interessen der Führung sowie Anzeichen der Selbstüberschätzung, die Beurteilung der Notwendigkeit von Personalanpassungsmaßnahmen durch Doppelbesetzungen von Funktionen und damit verbundenes Sicherheitsstreben der Entscheidungsträger.

Wie bereits erörtert begründet die Resource-Dependence-Theorie nachhaltige Wettbewerbsvorteile mit der Qualität der Ressourcenausstattung eines Unternehmens.

Den Human Resources und ihren subjektiv-rationalen bzw. emotionalen Faktoren kommt damit eine zunehmende Bedeutung zu. Die emotionale Ausstattung eines Unternehmens kann zum entscheidenden Strategiefaktor werden. Das erfordert, dass dem Emotionalitätsaspekt bereits in der Frühphase der Transaktion eine gesteigerte Aufmerksamkeit zukommt. Die Aufgabenstellung der subjektiv-rationalen/emotionalen Due Diligence beinhaltet folglich die Kenntnis der Bedeutung subjektiv-rationaler und emotionaler Motive auf den Transaktionserfolg sowie die Analyse und Beurteilung der identifizierten Treiber. Die Berücksichtigung subjektiv-rationaler sowie emotionaler Treiber und ihre Offenlegung sind von höchster Wichtigkeit, weil hieraus personalwirtschaftliche Folgen wie Leistungs- bzw. Produktivitätsveränderungen, Veränderungen der Fehlzeiten, Erhöhung der Fluktuationsrate, Abnahme der Arbeitszufriedenheit bzw. der Loyalität, subjektive Motive sowie Selbstüberschätzungstendenzen und in der Folge die Wahrscheinlichkeit einer erfolgreichen M&A-Transaktion abgeleitet werden können.

5.2.2 Der interdisziplinäre integrative M&A-Treiberansatz – divergierende theoretische Annahmen und Grundlagen der Integration

Es ist bereits in Kapitel drei erörtert worden, dass der klassische rationale Ansatz und die Theorien der Neuen Institutionenökonomie unterschiedliche Annahmen über das Entscheidungsverhalten von Unternehmen und Individuen treffen.

Die folgende Tabelle 8 zeigt einen abgrenzenden Überblick der relevanten Kategorien strategisch-rationaler, subjektiv-rationaler und emotionaler M&A-Treiber und ihrer zugrunde liegenden Theorien. Diese kategoriegebundene Gegenüberstellung des Kontextes und der Handlungsmotive dient nicht nur einer Abgrenzung der Annahmeunterschiede. Aufbauend auf diesen Divergenzen lassen sich auch Ansatzpunkte für eine Integration identifizieren. In Tabelle 8 sind neben den bereits diskutierten Begriffen Kognition und Subjektivität die für eine Integration notwendigen Kontextfaktoren Heterogenität und Homogenität hervorgehoben.

Tab. 8: Abgrenzung strategisch-rationale, subjektiv-rationale und emotional-motivationale Treiber.

Quelle: eigene Darstellung

Treiber Kategorien	Strategisch-rational	Subjektiv-rational	Emotional
Handlungskontext	strategisch-rational, utilitaristische Nutzenmaximierung	subjektiv-rational, individuelle Nutzenmaximierung	emotional-irrational, individuelle Nutzenmaximierung
Verhalten	aktiv, intentional	aktiv, eigennützig, unreflektiert	spontan, eigennützig, unreflektiert
Logik	ökonomisch-rational Unternehmen und Profit im Zielfokus	individuell, subjektiv, motivabhängig	irrational, ich-bezogen
Strukturen	**Heterogenität**, Einzigartigkeit	**Heterogenität** **Homogenität**, Einzigartigkeit Individualität	**Homogenität**, Individualität
Koordinationsmechanismen	Wettbewerb, Markt Strategische Wahlfreiheit	Subjektive Erwartungen	Emotionen, Prinzipal-Agenten-Konflikte
Ziele	Effizienz/Effektivität, Shareholder-Value/Wertsteigerung	Verfolgen von Eigeninteressen, individuelle Nutzenmaximierung	Verfolgen von Eigeninteressen, individuelle Nutzenmaximierung
Strategiewahl	Differenzierungsstrategie, Erzielung von Wettbewerbsvorteilen	individuelle Nutzenmaximierung auf Kosten der Eigentümer	individuelle Nutzenmaximierung auf Kosten der Eigentümer
Theoretische Grundlage	Neoklassische Theorie, Homo-oeconomicus-Ansatz	Neue Institutionenökonomie Prinzipal-Agenten-Theorie SIMON: Beschränkte Rationalität	psychologisch-verhaltenswissenschaftlicher Ansatz
M&A-Kontext	Synergiegewinne, Kosteneinsparungen, Aufbau/Ausbau von Kernkompetenzen	Macht-, Einfluss-, Positionssicherung, Diversifikation des individuellen Risikos (persönliches „Hedging“), Imitation als Vorsichtskalkül Reduktion von Unsicherheit	Macht-,Einfluss-, Positionssicherung, Diversifikation des individuellen Risikos (persönliches „Hedging“), Imitation als Vorsichtskalkül Reduktion von Unsicherheit

Gemäß der strategisch-rationalen Theorie sind Individuen bestrebt, vorhandene Wahlmöglichkeiten in ökonomischer Hinsicht zu optimieren, wobei Effizienzbestrebungen im Vordergrund stehen. Im Gegensatz dazu sind Individuen nach dem institutionenökonomischen Ansatz und der psychologisch- sowie verhaltensorientierten Theorie daran interessiert, mit bestehenden Wahlmöglichkeiten Unsicherheit zu reduzieren und den eigenen Nutzen zu maximieren.

Während der klassische Ansatz davon ausgeht, dass Entscheidungsträger in Unternehmen vollständig- bzw. objektiv-rationale Entscheidungen treffen, beinhalten die Neue Institutionenökonomie und die emotional beeinflusste Theorie, dass Entscheidungsträger nur beschränkt bzw. subjektiv-rational handeln. Neue Institutionenökonomie, Verhaltenswissenschaften und Psychologie bestreiten nicht, dass emotionales Verhalten irrational sein kann, heben jedoch die positiven Auswirkungen von Emotionalität und deren motivationalen Charakter im Sinne von Visionen, Leitbildern und werthaltigem wirtschaftlichen Fortschritt hervor.

Der strategisch-rationale Ansatz geht von vollständiger Information über alle Entscheidungen aus. Faktormarkt- und Ressourcenheterogenität begründen nach der klassischen Theorie nachhaltige Wettbewerbsvorteile, Markteintrittsbarrieren aber auch Unsicherheit. Diese Unsicherheit wird durch emotionale Faktoren und das Verfolgen von Eigeninteressen der Entscheidungsträger verstärkt. Gleichzeitig versuchen Entscheidungsträger durch gleichgerichtetes Verhalten die implizite Unsicherheit abzubauen. Nach der emotionalen Theorie resultiert dieses nachahmende Verhalten in zunehmend homogenen Unternehmensstrukturen und -prozessen.

Heterogenität wird somit mit Homogenität begegnet. Dieses Verhalten impliziert, dass sich die Begriffe nicht widersprechen, sondern gegenseitig bedingen. Gemäß dem erörterten Rationalitätsverständnis der Neuen Institutionenökonomie, dem multiperspektivischen Emotionsbegriff dieser Arbeit und den Ausführungen zu den Verknüpfungen der strategisch-rationalen, subjektiv-rationalen und emotional induzierten Treiber besteht in Analogie damit auch kein Gegensatz zwischen Emotion und Ratio, sondern ein Wechselwirkungsverhältnis. Die verbindenden Elemente und die M&A-Treiber des interdisziplinären integrativen Ansatzes zeigt Abbildung 41. Auf die erneute Erörterung der einzelnen strategisch-rationalen, subjektiv-rationalen, emotionalen und rational-emotionalen bzw. emotional-rationalen (interdependent verknüpften) Treiber wird verzichtet, da diese im vorherigen Kapitel ausführlich thematisiert worden sind.

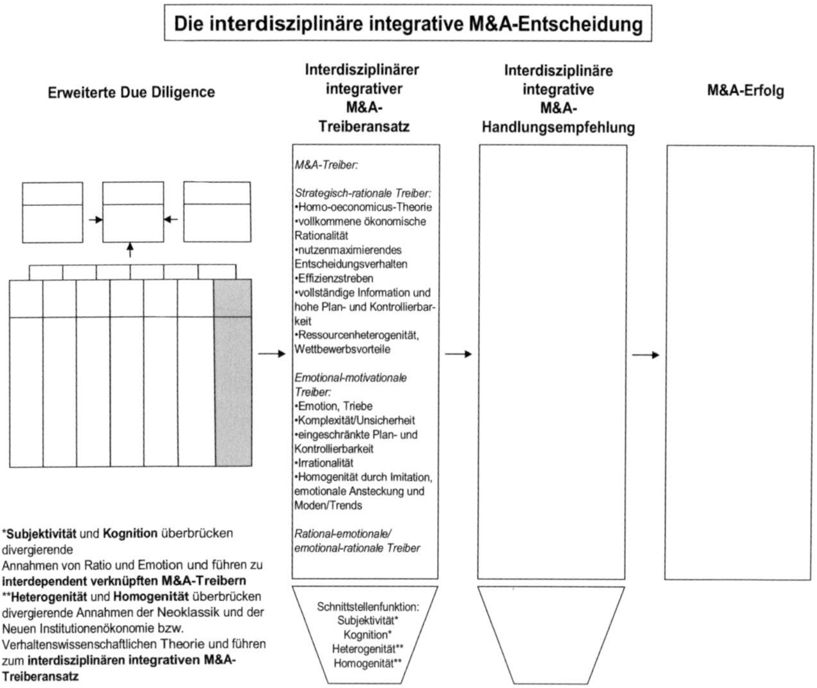

Abb. 41: Die interdisziplinäre integrative M&A-Entscheidung – der interdisziplinäre integrative M&A-Treiberansatz.

Quelle: eigene Darstellung

Der interdisziplinäre integrative M&A-Treiberansatz bildet die Grundlage für die zu erarbeitende Handlungsempfehlung, die subjektiv-rationalem und emotionalem Verhalten rationales Handeln entgegengesetzt. Der motivationale Charakter von Emotionalität wird bewusst rational eingesetzt. Subjektiv-rational bzw. emotional beeinflusste Entscheidungen werden nicht als unbeherrschbares Fehlverhalten, sondern als berechenbarer und gewollt positiv aufgefasster Faktor verstanden, der die Strategiewahl und Qualität von Entscheidungen zu verbessern helfen kann.

Emotionalität darf von Entscheidungsträgern nicht als irrational diskreditiert werden. Vielmehr muss es die Aufgabe des Managements sein, subjektiv-rationales Verhalten zu erkennen und die Funktion von Emotionen im strukturellen Organisationskontext zu verstehen. Mit der Fähigkeit, Emotionen wahrzunehmen und zu bewerten, kommen Führungskräfte zu einer rational reflektierten Regulation emotionalen Erlebens. Der interdisziplinäre integrative M&A-Treiberansatz in Verbindung mit der zu erarbeitenden M&A-Gestaltungsempfehlung trägt dazu bei, Entscheidungsträgern aufzuzeigen, wie mit dem eigenen subjektiv-rationalen Verhalten und der eigenen Emotionalität sowie mit der subjektiven Rationalität bzw. Emotionalität anderer rational umgegangen werden kann. Maßstab für die Steuerung der eigenen Emotionen ist dabei die Einschätzung, wie nützlich emotionales Verhalten für die Bewältigung bestimmter Situationen ist.

5.2.3 Die interdisziplinäre integrative M&A-Handlungsempfehlung und der M&A-Erfolg

Aufbauend auf der aus strategisch-rationalen sowie subjektiv-rationalen/emotionalen Teilbereichen bestehenden Due Diligence und dem interdisziplinären integrativen M&A-Treiberansatz lässt sich eine interdisziplinäre integrative M&A-Handlungsempfehlung entwickeln.

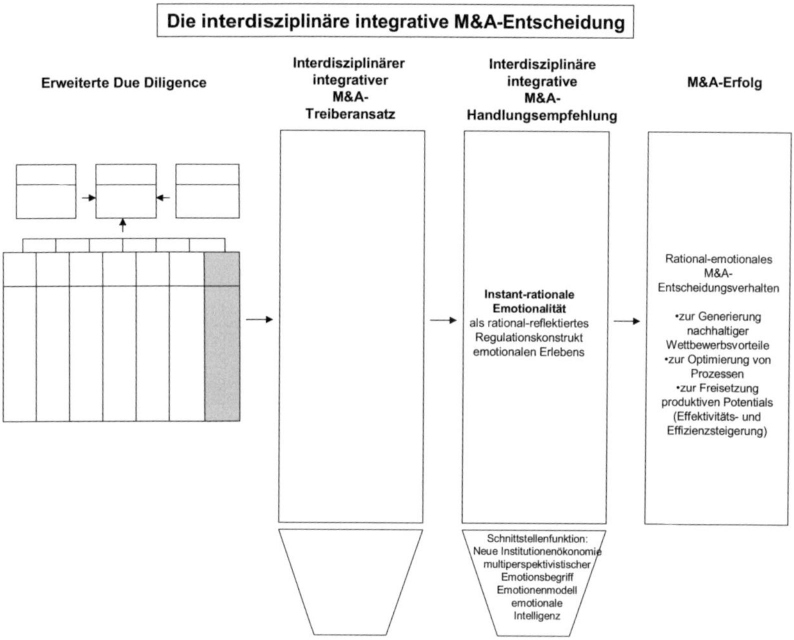

Abb. 42: Die interdisziplinäre integrative M&A-Entscheidung – die interdisziplinäre integrative M&A-Handlungsempfehlung und der M&A-Erfolg.

Quelle: eigene Darstellung

Die in dieser Arbeit entwickelte interdisziplinäre integrative M&A-Handlungsempfehlung muss als Reflexions- und Regulationshilfe verstanden werden, die für M&A-Entscheidungssituationen ein vertieftes und handlungsleitendes Verständnis des eigenen subjektiv-rationalen oder emotionalen Verhaltens, im Sinne einer rationalen Emotionalität, bereitstellt. Auf dieser Grundlage können Entscheidungsträger der eigenen Subjektivität und den eigenen Emotionen angesichts von Gefühls- und Interessenkonflikten in konstruktiver und moderater Form Ausdruck verleihen. HEINEMANNS Definition von Emotionsarbeit folgend kann unter der M&A-Handlungsempfehlung die Anwendung rationaler Strategien verstanden werden, die positive Emotionen sichern und das Auftreten negativer Emotionen vermeiden.[263] Grundgedanke der M&A-Gestaltungsempfehlung ist die von den Neurowissenschaf-

[263] Vgl. HEINEMANN (2007), S.111.

ten und der Psychologie vertretene These, dass Emotionen die Qualität logisch-analytischer Entscheidungen verbessern und in komplexen Entscheidungssituationen richtungsweisend sein können. Ziel der M&A-Gestaltungsempfehlung ist, aufbauend auf der Prinzipal-Agenten-Theorie ein Anreizsystem für das Management zu schaffen, aus Eigennutzüberlegungen so zu handeln, dass der Nutzen der Aktionäre ohne deren Zutun maximiert wird. Die M&A-Handlungsempfehlung kann auch zur Disziplinierung des Managements beitragen. Bei Managern besteht die Angst, dass der eigene Nutzen durch subjektiv-rationales oder emotionales Verhalten anderer Manager eingeschränkt wird (Prinzipal-Agenten-Problematik im Management). Verstanden als Kontrollfunktion von Managerkollegen bei Interessenkonflikten werden Führungskräfte bereit sein, die M&A-Gestaltungsempfehlung in der Praxis einzusetzen.

Eine interdisziplinäre integrative M&A-Handlungsempfehlung muss an der sozialen Wirklichkeit orientiert sein und pragmatisches Vorgehen beinhalten. Die Ausrichtung der M&A-Gestaltungsempfehlung an der Realität erfolgt mit Hilfe des bereits vorgestellten Emotionen-Modells von RAFAELI und SUTTON, mit dem der soziale Kontext, in der das subjektiv-rationale und das emotionale Verhalten eingebettet sind, identifiziert werden kann.[264] Die konsequente Berücksichtigung der M&A-Handlungsempfehlung bei M&A-Entscheidungen kann produktives Potential freisetzten, Optimierungsprozesse anstoßen und M&A-Transaktionen erfolgreich gestalten. Führungskräfte mit sozial- und verhaltenswissenschaftlichen Kenntnissen können emotionales Verhalten kanalisieren, rational einsetzen und im Sinne einer emotionalen Empathie nutzen.

Das die M&A-Gestaltungsempfehlung beschreibende Konstrukt instantan-rationaler Emotionalität kann aus den Forschungsergebnissen von GOLEMAN abgeleitet werden. GOLEMAN sieht keinen Widerspruch in emotionalem und rationalem Verhalten. Sein Hauptaugenmerk liegt auf der Harmonisierung von Emotion und Ratio, die er als gegenseitige Befruchtung beschreibt, wenn strategische Entscheidungen getroffen werden. Emotionale Intelligenz ist nach GOLEMAN die Fähigkeit, gleichzeitig bzw. instantan im Entscheidungsprozess Emotionalität und Rationalität zu nutzen. Um Spitzenleistungen, bei M&A-Transaktionen eine optimierte Entscheidung, zu erbringen, sind emotionale Kompetenzen notwendig, rein rationale Fähigkeiten sind

---

[264] Vgl. RAFAELI/SUTTON (1989), S. 5.

nicht ausreichend für den M&A-Erfolg. Im Sinne GOLEMANS kann instantane-rationale Emotionalität als Konstrukt verstanden werden, das die von ihm identifizierten Kompetenzen beinhaltet: rational-emotionales Bewusstsein und Selbstvertrauen sowie rational-emotionale Selbstwahrnehmung, Selbstkontrolle, Anpassungsfähigkeit, Innovationsfähigkeit, Empathie, Politik und Führung. Instantane-rationale Emotionalität kann damit gleichgesetzt werden mit der Fähigkeit, eigene Gefühle und die Gefühle anderer zu erkennen, anzuerkennen und zu kanalisieren, den Zusammenhang zwischen Emotionen, Gedanken und Reaktionen zu verstehen, Verantwortung für das eigene Gefühlsleben zu übernehmen, rational mit der eigenen Emotionalität umzugehen, sich selbst und andere zu motivieren, Emotionen als innovative Inspiration aufzufassen und emotionale Strömungen oder Machtbeziehungen zu verstehen.[265]

Auch wenn das Konstrukt instantaner-rationaler Emotionalität erlernbar ist, darf nicht vernachlässigt werden, dass die Entwicklung instantaner-rationaler Emotionalität Zeit und vor allem der Fähigkeit zur Selbstkritik bedarf. M&A-Handlungsempfehlungen müssen Umwelt- und Umfeldveränderungen frühzeitig antizipieren und sind situationsspezifisch anzupassen. Entscheidend für den Wettbewerbsvorteil ist, an der M&A-Handlungsempfehlung nur dann festzuhalten, wenn diese mit den Erfordernissen der Zeit übereinstimmen.

5.3 *Zusammenfassung und Implikation*

Neoklassische Theorie, Neue Institutionenökonomie sowie die emotional motivierten Ansätze der Verhaltens- und Neurowissenschaften und der Psychologie üben, jeweils für sich betrachtet, wesentlichen Einfluss auf M&A-Entscheidungen aus. Obwohl die erörterten Treibertheorien wichtige Erklärungsbeiträge liefern, waren sie bisher auf unterschiedliche Handlungsebenen beschränkt. Die klassischen strategisch-rationalen Ansätze beinhalten, dass das Verhalten aller beteiligten Marktakteure vollständig rational ist. Die effiziente und rationale Steuerung und Koordination aller Prozesse einer Unternehmung ist dabei die erste Zielgröße. In der Praxis ist jedoch nicht immer eindeutig, dass Rationalität und Effizienz die dominierenden Handlungsmaßstäbe für das Entscheidungsverhalten in Unternehmen darstellen. Strategiewahl und Unternehmensentscheidungen werden zunehmend auch von subjektiv-rationalen und emotionalen Interessen getrieben. Auch eine M&A-Strategie

[265] Vgl. zum gesamten Absatz GOLEMAN (1999), S. 387.

kann als Ergebnis des strukturellen Einflusses subjektiv-rationaler oder emotionaler Treiber konzeptionalisiert werden.

Eine Erfolg versprechende M&A-Entscheidung setzt sich aus den dargestellten Teilbereichen einer erweiterten Due Diligence, dem interdisziplinären integrativen M&A-Treiberansatz und der M&A-Handlungsempfehlung zusammen. Dabei kommt der erweiterten Due Diligence die Aufgabe der systematischen Analyse und Identifikation aller die M&A-Transaktion beeinflussenden strategisch-rationalen, subjektiv-rationalen, emotionalen und interdependent verknüpften Motive zu. Mit Hilfe der Erkenntnisse der Neuen Institutionenökonomie und dem eingeführten multiperspektivischen Emotionsbegriff, der von einem gegenseitigen Wechselwirkungsverhältnis von Emotion und Ratio ausgeht, kann der interdisziplinär integrative M&A-Treiberansatz entwickelt werden. Grundlage dessen ist die Erkenntnis, dass emotionales Verhalten rational beeinflusst und strategisch-rationales Handeln durch den bewusst positiven Einsatz von Emotionalität erfolgreich gestaltet werden kann. Auch die aus dem interdisziplinären integrativen M&A-Treiberansatz abgeleitete Handlungsempfehlung beruht damit auf der Verknüpfung von Emotion und Ratio. Die Antwort auf emotionales Verhalten kann damit nur Ratio sein im Sinne eines realistischen Regulations- und Reflexionskonstruktes. Mit der Gestaltungsempfehlung und dem Konzept der rationalen Emotionalität wird ein Rahmen gesteckt, der den Bereich des Emotionalen analytisch zugänglich macht und gleichzeitig den praktischen Bedarf nach einer Integration dieses vernachlässigten Elements widerspiegelt. Die M&A-Handlungsempfehlung fasst Emotionalität nicht als unbeherrschbares Fehlverhalten, sondern als berechenbaren und gewollt positiv eingesetzten Faktor auf, der, instantan strategisch-rational angewandt, dazu beitragen kann, Optimierungsprozesse freizusetzen, nachhaltige Wettbewerbsvorteile zu generieren und den Transaktionserfolg zu sichern. Im Sinne der Wissens- und Lernforschung und der Ergebnisse von ZOLLO sollten Unternehmen die während der M&A-Entscheidungsphase gewonnenen Erfahrungen explizit machen und für die zukünftige erfolgreiche Gestaltung von Unternehmensübernahmen kodifizieren.[266]

Im Hinblick auf die signifikante Fehlerquote bei M&A-Aktivitäten müssen subjektive Rationalität und Emotionalität in der Unternehmens- und Entscheidungspraxis zukünftig stärker berücksichtigt werden. Rationales Management subjektiv-rationaler

---

[266] Vgl. ZOLLO/SINGH. (2004), S. 1233–1256.

und emotionaler Verhaltensweisen wird eine für Unternehmen wettbewerbsentscheidende Herausforderung der Zukunft darstellen. Für Unternehmen und M&A-Entscheidungsträger erschließt die Tatsache, dass die M&A-Handlungsempfehlung und das Konstrukt der rationalen Emotionalität eingeschätzt, bewertet und erlernt werden können, ein Feld, auf dem Wettbewerbsfähigkeit und Entscheidungsqualität nachhaltig verbessert werden können. Dennoch darf nicht vernachlässigt werden, dass emotionales Verhalten auch die Gefahr der Selbstüberschätzung und die Verdrängung rationalen Verhaltens beinhalten kann, was zu suboptimalen Entscheidungen führen kann. Nur eine instantane Kombination aus emotionalem und logisch-analytischem Entscheidungsverhalten generiert Wettbewerbsvorteile.

Die interdisziplinäre integrative M&A-Entscheidung setzt die positive Bewertung von Emotion als Vision und das Verständnis der Entscheidungsträger in Bezug auf ihre eigene Subjektivität und Emotionalität voraus. Inwieweit sich eine rational sowie emotional kanalisierte und kontrollierte M&A-Entscheidung in der Praxis realisieren lässt, darf bezweifelt werden. Die ernüchternde Erkenntnis ist, dass die Bedeutung der interdisziplinären integrativen M&A-Entscheidung, verstanden als rationales Regulationskonstrukt emotionalen Erlebens, Führungskräften schwer zu vermitteln ist. Nach anthropologischer Erfahrung wird subjektiv-rationales bzw. emotionales Verhalten nur eingeschränkt rational hinterfragt, wenn es um eigene Interessen geht.

Teil B

6 Methodik des empirischen Teils

6.1 *Motiv- und Treibermessung von Mergers & Acquisitions*

Im Zusammenhang dieser Arbeit ist bereits angeklungen, dass nicht nur die Erfolgsbeurteilung der Übernahme von REEBOK durch ADIDAS von Interesse ist, sondern auch die Analyse der hinter der Transaktion stehenden Treiber sowie deren Einfluss auf den Transaktionserfolg. Diese Arbeit betrachtet sowohl die Frage nach der Wirkung (Erfolg/Misserfolg) als auch nach der Ursache (Treiber/Motiv) der ADIDAS-REEBOK-Transaktion, wobei der Fokus der Arbeit auf die Treiberanalyse gelegt wird. Im Rahmen der Motivmessung wird die Bedeutung der in Kapitel vier vorgestellten strategisch-rationalen, subjektiv-rationalen, emotional-induzierten und interdependent verknüpften M&A-Treiber anhand unterschiedlicher Methoden erörtert. Die Schwierigkeit besteht in der Messung subjektiv-rationaler, emotional beeinflusster und interdependent verknüpfter M&A-Motive aufgrund der diesen Treibern zugrunde liegenden Subjektivität.

6.1.1 Verfahren zur Messung von M&A-Treibern

Die Komplexität in der Darstellung und Konzeptualisierung von M&A-Treibern stellt eine besondere Herausforderung an die empirische Forschung. Strategisch-rationale M&A-Motive können anhand von Dokumentenanalyse und Expertenbeurteilungen gemessen werden. Die Erfassung von Subjektivität und Emotionalität bei Managern in Entscheidungssituationen ist wegen der Problematik sozial erwünschter Antworten schwierig. Trotzdem existieren in der sozialwissenschaftlichen Forschung Quantifizierungsmethoden zur Beurteilung der Bedeutung subjektiv-rationaler, emotional induzierter und interdependent verknüpfter M&A-Treiber. Im Folgenden wird zunächst auf die wichtigsten quantitativen und qualitativen Methoden und deren Unzulänglichkeiten eingegangen.

6.1.1.1 Quantitative und qualitative Methoden zur Treibermessung

Eine der bekanntesten Methoden zur Erfassung und Untersuchung von M&A-Treibern sind strukturierte Selbsteinschätzungsfragebögen. Trotz guter Quantifizierbarkeit ist die Authentizität dieser Ergebnisse kritisch zu bewerten, da die Beantwortung der Fragen nicht überprüft werden kann und vor allem der soziale Kontext von subjektiv-rationalem und emotionalem Verhalten zu kurz kommt.

Ähnliche Probleme ergeben sich bei der Befragung in Form von Vignetten, bei denen Probanden auf bestimmte vorgegebene, meist typisierte Materialien reagieren bzw. Einschätzungen abgeben. Auch wenn die Probanden gut beobachtbar sind, leidet die Forschungsanlage oft unter der ausgeprägten Laboratmosphäre.

Das qualitative Interview gehört zu den am häufigsten angewandten Erhebungsmethoden. Beim qualitativen Interview werden subjektiv-rationale bzw. emotionale Verhaltensweisen nicht direkt angesprochen, sondern erst bei der Analyse in den Vordergrund gestellt. Dabei werden verschiedene Techniken eingesetzt wie die Analyse von Geschichten oder Schlüsselwörtern. Nachteile dieser Methode sind die Beschränkung auf das gesprochene Wort sowie der allgemein hohe Auswertungsaufwand. Das Tiefeninterview, als Sonderform des qualitativen Interviews, ist im Zusammenhang mit der Erforschung von subjektiver Rationalität und Emotionalität von besonderem Interesse. Hier werden, teilweise auch in Gruppen, verschiedene subjektiv-rationale bzw. emotionale Aspekte offen angesprochen und diskutiert. Obwohl mit dem Tiefeninterview eindrückliche Ergebnisse erzielt werden können, kommen, zusätzlich zu den bereits angesprochenen Nachteilen, hohe Anforderungen an den Interviewer und die oft schwierige Gewinnung der Teilnahmebereitschaft des Probanden hinzu.

Mittels strukturierter Beobachtungen wird nach aussen sichtbares subjektiv-rationales oder emotionales Verhalten untersucht. Da meist mit strengen Klassifikationen gearbeitet wird, muss von einer eingeschränkten Flexibilität hinsichtlich beobachtbarer Phänomene ausgegangen werden. Darüber hinaus besteht das Problem der Mehrdeutigkeit bestimmter Beobachtungen im sozialen Kontext.

Mit der unstrukturierten Beobachtung wird versucht, ungeordnet Datenmaterial im Forschungsfeld zu sammeln, z. B. bzgl. subjektiven Erwartungen und Emotionen in Interaktionen, nonverbalem Verhalten, auffälligen Gegenständen etc. Diese vor allem aus der Ethnographie und Ethnologie bekannte Methode erfordert großes Können seitens des Forschers und einen hohen Auswertungsaufwand. Dieser wird noch verstärkt, wenn eine Vielzahl von technischen Hilfsmitteln verwendet wird, die teilweise die Authentizität der Beobachtungssituation beeinträchtigen kann.

Im dramaturgischen Ansatz wird die Organisation bzw. der soziale Kontext als Theater aufgefasst. Dabei wird mit verschiedenen Probanden über ihre „Rollen", die „Bühne" und das „Stück" diskutiert. Auch bei dieser Erfassungsmethode bestehen die bereits erörterten Zugangs- bzw. Bereitschaftsprobleme auf Probandenseite und ein hoher Datenerhebungs- sowie Auswertungsaufwand für den Forscher.

Beim literarischen Ansatz wird versucht, durch besondere Text- oder Kunstformen Probanden zur Äußerung von subjektiv-rationalem bzw. emotional induziertem Verhalten zu bewegen. Die hohen Anforderungen an die Bereitschaft der Probanden erschweren die Datenerhebung. Kritiker hinterfragen bei diesem Ansatz zu Recht den Bezug zum sozialen Kontext.

Drei zentrale Punkte, die für die empirische Forschung der in dieser Arbeit zu untersuchenden M&A-Treiber wichtig sind, können festgehalten werden. Für das Verständnis von subjektiver Rationalität bzw. Emotionalität ist der Bezug zum sozialen Kontext des Probanden von entscheidender Bedeutung, was für eine breite Forschungsperspektive und gegen laborartige Untersuchungsanlagen spricht. Der Sprache als Kommunikationsmedium kommt dabei eine zentrale Rolle zu. Dies rückt wiederum Techniken der Sprach- und Gesprächsanalyse in den Blickpunkt. Für die Analyse und das Verständnis subjektiv-rationaler Verhaltensweisen und inneren Emotionen sind qualitative Methoden vorzuziehen. Dabei kann je nach Untersuchungsgegenstand und -ziel aus der vielfältigen qualitativen Methodenpalette ein spezifisches Instrumentarium erstellt werden.

Alle vorgestellten empirischen Methoden zeigen Schwachstellen. Die Grenzen der beschriebenen Analysemethoden hat SCHMITT zusammengefasst als kognitive und rationale Verkürzung subjektiver, emotionaler und unbewusster Elemente.[267] Da sich kein dominantes Verfahren herausgebildet hat und die bestehenden Methoden zur Erfassung und Strukturierung von M&A-Motiven Schwächen (Problem sozial erwünschten Antwortverhaltens, fehlende Berücksichtigung des sozialen Kontextes,

[267] Vgl. SCHMITT (1995), S. 47.

schwierige Gewinnung der Teilnahmebereitschaft der Probanden, Mehrdeutigkeitsproblem) aufweisen, besteht Raum für alternative Erfassungsmöglichkeiten. Wegen der oben beschriebenen Unzulänglichkeiten und der fehlenden Zusammenarbeit von ADIDAS und REEBOK wird im folgenden Abschnitt die Metapher-Analyse als qualitatives Instrument vorgestellt, das in der Lage scheint, wichtige Informationen und Erkenntnisse bereitzustellen. In Verbindung mit dem bereits eingeführten Emotionen-Modell ist es möglich, ohne Verzerrungen durch die Problematik sozial erwünschten Antwortverhaltens die Bedeutung von subjektiver Rationalität und Emotionalität bei Führungskräften in Entscheidungssituationen zu untersuchen.

6.1.1.2 **Die Metapher-Analyse als alternatives Zugangsinstrument**

Die Metapher-Analyse ist ein interdisziplinäres qualitatives Auswertungsverfahren, das versucht, subjektiv-rationale Verhaltensweisen und (verdeckte) Emotionen in Texten herauszuarbeiten und sichtbar zu machen. Bevor die Überlegungen und Beweggründe, die zu ihrer Entwicklung und Anwendung geführt haben, kurz erläutert werden, muss zunächst der Metapherbegriff vorgestellt werden.

Eine Metapher[268] ist ein durch einen Vergleich zustande kommender bildlicher, meist vom Konkreten zum Abstrakten übertragener Ausdruck.[269] Nach HAVERKAMP handelt es sich bei der Metapher um einen abgekürzten Vergleich bzw. um eine Ersetzung des „eigentlichen" durch einen metaphorisch uneigentlichen Ausdruck nach dem Kriterium der Ähnlichkeit.[270] Neben einem sprachlichen Ausdruck kann eine Metapher auch ein Begriff, ein Bild, ein Schema, ein Affekt oder eine Emotion sein. ARISTOTELES definiert wie folgt: „Metapher ist die Übertragung eines fremden Wortes, und zwar entweder von der Gattung auf die Art oder von der Art auf die Gattung oder von einer Art auf eine andere, oder nach den Regeln der Analogie. [...] Unter einer Analogie verstehe ich eine Beziehung, in der sich die zweite Größe zur ersten verhält wie die vierte zur dritten. Dann verwendet der Dichter statt der zweiten Größe die vierte oder statt der vierten die zweite. [...] Oder: das Alter verhält sich zum Leben, wie der Abend zum Tag; der Dichter nennt also den Abend, Alter des Tages."[271] Der Kern der aristotelischen Definition ist die Übertragung. MANNING spricht von dem Begriff der Metapher als Prinzip zur Konstruktion der Wirklichkeit.[272] LAKOFF

[268] Metaphorein (altgriechisch): von einem Ort zum anderen tragen.
[269] Vgl. LAKOFF/JOHNSON (1998), S. 13.
[270] Vgl. HAVERKAMP (1996), S. 1 ff.
[271] Vgl. FUHRMANN (2001), S. 67 f.
[272] Vgl. MANNING (1979), S. 661.

und JOHNSON betonen die orientierende, strukturierende und ontologisierende Wirkung.[273]

Nach RICOEUR ist die Metapher nicht nur die Übertragung eines Konzepts auf einen neuen Bereich, sondern dient auch der Komplexitätsreduktion. Folgt man RICOEUR, macht eine Metapher eine Emotion bildlich, was einen rationalen Prozess darstellt und damit ein Indiz für das in dieser Arbeit vertretene Wechselwirkungsverhältnis von Emotionalität und Rationalität ist.[274] Die Metapher erlaubt subjektiv-rationale bzw. emotionale Verhaltensweisen zu beleuchten oder zu verbergen und hilft die komplexe Struktur subjektiver Rationalität und Emotionalität zu vereinfachen.[275] Das Verbergen subjektiver Rationalität bzw. Emotionalität durch die Verwendung von Metaphern spielt gerade bei Entscheidungen, die dem Selbstschutz und eigenen Interessen dienen, eine Rolle.

Die eindeutige Stärke von Metaphern ist damit das auf den ersten Blick unverständliche und verwirrende Element. Metaphern besitzen sowohl eine kognitive als auch eine affektive Komponente, entstehen bewusst oder unbewusst und können einfache oder ausgeweitete Formen annehmen. Für gewöhnlich halten sich Metaphern über längere Zeit in einer Organisation. Metaphern sind somit nicht nur Modelle zur Beschreibung und Erklärung organisatorischer Aspekte und Situationen, sondern können als Basismetaphern auch handlungsleitend wirken. Folgende Funktionen, die Metaphern bei organisationalen Interaktionen übernehmen, sind insbesondere zu nennen: Erleichterung und Ausschmückung von Kommunikation, Reduktion von Komplexität und Unsicherheit, Übermittlung von Unaussprechbarem, Unterstützung der eigenen Argumentation, Erzeugung eigener Unangreifbarkeit, Bekämpfung von Gegnern, Vermittlung von Gemeinschaftssinn, Initiierung von Lern- und Wandlungsprozessen, Entschlüsselung von Informationen.

6.1.1.2.1 Beweggründe für die Verwendung von Metapher-Analyse und Emotionen-Modell zur Untersuchung des Einflusses subjektiv-rationaler sowie emotionaler M&A-Treiber

Im organisationalen Kontext wird insbesondere von Führungskräften subjektiv-rationales bzw. emotionales Verhalten sozial reguliert, unterdrückt oder verdrängt.

[273] Vgl. LAKOFF/JOHNSON (1998), S. 13.
[274] Vgl. RICOEUR (1991), S. 27 ff.
[275] Vgl. LAKOFF/JOHNSON (1998), S. 50.

Die Metapher-Analyse hilft latente, implizite und unbewusste Strukturen der Konstruktion von Wirklichkeit bewusst zu machen. Mit Metaphern werden subjektive Rationalität und Emotionen konzeptualisiert. Metaphern stellen Bezüge zum Individuum und zu dessen sozialen Kontext her. Metaphern als Analyseinstrument in Bezug auf subjektiv-rationales sowie emotionales Entscheidungsverhalten von Führungskräften bei Unternehmenstransaktionen einzusetzen, ist berechtigt, da viele Entscheidungsträger starken Gebrauch von Metaphern machen, wobei davon ausgegangen werden darf, dass dies nicht immer bewusst erfolgt.

Bei der Metapher-Analyse stehen Wandlungsprozesse im Mittelpunkt, was die Verwendung dieses Analyseverfahrens im Zusammenhang mit der Erforschung von Rationalität und Emotionalität in M&A-Entscheidungssituationen mit zum Teil weit reichenden Auswirkungen rechtfertigt. Durch die Gegenüberstellung im Text lesbarer und metaphorisch eingebauter Inhalte hebt die Metapher-Analyse den Gegensatz zwischen rationalen und emotionalen Faktoren auf. Wie diese Arbeit widerspricht die Metapher-Analyse dem in der Neoklassik vertretenen Gegensatz von Rationalität und Emotionalität. Die Metapher-Analyse geht von einem Wechselwirkungsverhältnis von Emotion und Ratio aus und ist, als in dieser Arbeit eingesetztes Messinstrument, Indiz für die geforderte Interdisziplinarität.

Es ist offensichtlich und subjektiv-rational, dass Forschungsprobanden der Metapher-Analyse und dem Emotionen-Modell ablehnend gegenüberstehen, wenn opportunistische Eigeninteressen im Vordergrund stehen, die bewusst oder unbewusst mittels Metaphern verschleiert werden. Strategisch eingesetzt, ermöglicht die Metapher-Analyse den rationalen Umgang mit subjektiv und emotional beeinflussten Situationen und erweitert das Spektrum an Untersuchungsmöglichkeiten. Führungskräfte, die dem Konzept rationaler Emotionalität folgen, sind sich der Anwendung von Metaphern bewusst und stehen ihrer Verwendung selbstkritisch gegenüber.

Um den Einfluss subjektiver Rationalität sowie Emotionalität in Entscheidungssituationen möglichst wahrheitsgetreu abzubilden, muss im Anschluss an die Metapher-Analyse das bereits vorgestellte Emotionen-Modell vor dem Hintergrund des Umfeldes und der Entscheidungssituation von Führungskräften interpretiert werden. Die Verknüpfung von Metapher-Analyse und Emotionen-Modell erlaubt, die selektierten Metaphern mit dem sozialen und kulturellen Kontext des Entscheidungsträgers zu verbinden und subjektiv-rationale, emotionale sowie interdependent verknüpfte Erkenntnisse abzuleiten.

Zu erörtern sind die persönlichen Charakteristika von Entscheidungsträgern Ausbildung, Berufs- und Führungserfahrung, Beförderungen, Bonifikationen, Arbeitszufriedenheit, Unternehmenskrisen, öffentliche Kritik und der Umgang mit Wandel. Auch der Normendruck, dem Führungskräfte durch ihre Stellung ausgesetzt sind, und die bei Entscheidungsträgern zu beobachtende Rechtfertigungstendenz sind mittels der selektierten Metaphern zu beurteilen. Der persönliche Spielraum von Entscheidungsträgern beim Ausdruck subjektiv-rationalen Verhaltens sowie eigener Emotionen scheint mit Blick auf ihre Rechte und Kompetenzen groß. In Anbetracht des geschilderten Normendrucks, hoher Erwartungen von Seiten der Öffentlichkeit und des ständig wiederkehrenden Zwangs zur Legitimation des eigenen Verhaltens ist dieses Bild jedoch zu korrigieren und der subjektiv-rationale bzw. emotionale Spielraum muss als eingeschränkt angesehen werden. Entsprechend liegt nahe, dass Manager subjektiv-rationalen und emotionalen Dissonanzen ausgesetzt sind, die zu Entscheidungen führen, die opportunistischen Interessen dienen und für das Unternehmen zum Nachteil sind.

6.1.1.2.2 Methodisches Vorgehen bei der Metapher-Analyse

Das konkrete Vorgehen bei der Metapher-Analyse umfasst verschiedene Techniken und lässt sich in drei Schritte gliedern. Diese sind jedoch nicht starr chronologisch aufzufassen, sondern müssen flexibel eingesetzt werden.

Metaphersuche und -auswahl: Angesichts der großen Zahl von Metaphern, die in praktisch jedem Text zu finden sind, muss sich die Analyse auf einzelne Fälle konzentrieren. Dabei kann es sinnvoll sein, zuerst systematisch sämtliche auffindbaren Metaphern in einem Text zu notieren und darauf folgend eine Selektion vorzunehmen. Wichtige Kriterien der Auswahl sind Auffälligkeit (d. h. Metaphern, die ein besonders eindrückliches Bild erzeugen), Wiederholung (d. h. Metaphern, die mehrmals ähnlich im Text auftauchen und dem gleichen Konzept zugeordnet werden können) und Ausarbeitung (d. h. Metaphern, die vom Sprecher besonders ausgeführt werden). Darüber hinaus hängt die Auswahl auch entscheidend von der Erfahrung des Forschers im Umgang mit qualitativem Datenmaterial ab.

Allgemeine Metapher-Analyse: Da eine Metapher immer auch in einem kommunikativen Prozess (Sender – Empfänger) eingebettet ist, muss der allgemein gebräuchliche Sinn einer Metapher untersucht werden. Dabei können Vergleiche (Welche anderen Metaphern könnten das Gleiche oder etwas Ähnliches ausdrücken?), Kategorisierungen (Welche Funktion übernimmt die Metapher bzw. welche könnte sie übernehmen?) sowie Dimensionierungen und Konzeptualisierungen (Welche Eigenschaften besitzt die Metapher bzw. welche könnte sie annehmen?) hilfreich sein. Um freies Assoziieren über die gewählte Metapher zu erleichtern und alternative Deutungen zu ermöglichen, ist es ratsam und erlaubt, sich bei diesem Analyseschritt ein Stück weit vom Originaltext zu entfernen.

Textimmanente Metapher-Analyse: Die Metapher als Teil einer Äußerung ist kontextbezogen zu analysieren. Der kommunikative Sinn der Metapher ergibt sich aus der Äußerungssituation und der Betrachtung des Metapherngebrauchs. Metaphern dürfen demnach nicht losgelöst von dem zu erforschenden Entscheidungsträger interpretiert werden, da sie sowohl Informationen über die Person zur Verfügung stellen als auch individuell bedingt sind. Vielmehr müssen Bezüge zum persönlichen Hintergrund der Führungskraft gestellt werden, und es muss nach der konkreten Einordnung der Metapher in das individuelle Selbstkonzept der Führungskraft gefragt werden. Dabei ist wichtig, dass der Forscher der Sichtweise des Entscheidungsträgers gegenüber seiner eigenen den Vorrang gibt. Um die Forschungsperspektive zu vergrößern, sollten zudem weitere Informationsquellen hinzugezogen werden. In dieser Arbeit erfolgt eine Ergänzung der textimmanenten Metapher-Analyse durch das Emotionen-Modell, Dokumentenanalyse und Expertenurteile.

Der Anspruch der Metapher-Analyse als alternatives Instrument zur Sichtbarmachung und Vertiefung subjektiv-rationalen, emotionalen und interdependent verknüpften Verhaltens im organisationalen Kontext ist berechtigt. Wie alle qualitativen Forschungsmethoden ist die Metapher-Analyse jedoch kein von Schwächen freies Untersuchungsinstrument. Auch wenn die multiperspektivische und damit dynamisch-offene Sichtweise positiv hervorgehoben werden kann, muss die Gefahr der Überinterpretation einzelner Metaphern und ihr handlungsleitender Charakter berücksichtigt werden. Im Gegensatz zu den bereits vorgestellten Verfahren, bei denen die Probanden direkt nach ihrer subjektiven Rationalität bzw. Emotionalität befragt werden bzw. ihr jeweiliges emotionales Verhalten beobachtet wird, was offensichtlich zu Verzerrungen führen kann, wenn eigene Interessen im Spiel sind, ist es bei der Metapher-Analyse Aufgabe des Forschers, anhand des vorhandenen Datenmaterials das subjektiv-rationale oder emotionale Verhalten des Entscheidungsträgers zu interpretieren. Zuschreibungen des interpretierenden Forschers sind offenzulegen und weitgehend nachvollziehbar zu machen. Der Interpretationsspielraum des metaphernanalysierenden Forschers ist kritisch zu würdigen.

6.2 *Erfolg und Erfolgsmessung von Mergers & Acquisitions*

Es ist bereits angeklungen, dass die Beurteilung des Erfolges einer M&A-Transaktion schwierig ist. In Abhängigkeit von der Betrachtersituation existieren unterschiedliche Methoden der Erfolgsermittlung. Problematisch bei der Erfolgsbeurteilung von M&A-Transaktionen sind die Festlegung relevanter Erfolgskriterien und die Zeitraumbestimmung. Unternehmensübernahmen sind keine Ad-hoc-Entscheidungen mit unmittelbaren Ergebnissen. Die im Rahmen der empirischen M&A-Erfolgsanalyse ermittelte Transaktionsbewertung der Übernahme von REEBOK durch ADIDAS ist keine abschließende Beurteilung, sondern eine vorläufige Deutung des Einflusses unterschiedlicher M&A-Treiber.

6.2.1 Verfahren zur Messung des M&A-Erfolgs

Wachsende wirtschaftliche Probleme von Unternehmen mit M&A-Aktivitäten und hohe Misserfolgsquoten haben eine Diskussion hinsichtlich der Vorteilhaftigkeit von Unternehmenszusammenschlüssen angestoßen. Ansätze und Methoden der M&A-Erfolgsmessung zeigt Abbildung 43.

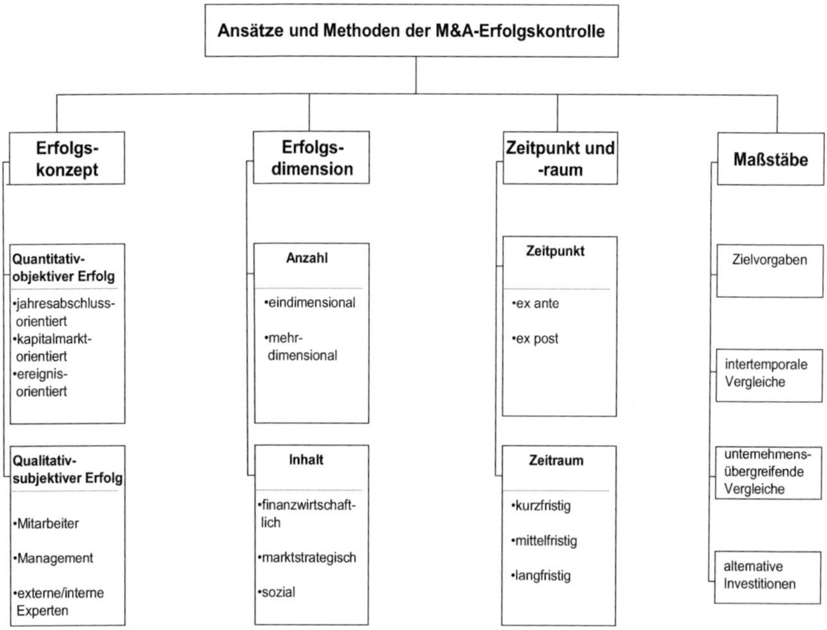

Abb. 43: Ansätze und Methoden der M&A-Erfolgsmessung.

Quelle: GERPOTT (1993), S. 190 ff.

Generell werden finanzielle und strategische Erfolgsmaße unterschieden. Die Erfolgsmaße können in absoluten und relativen Werten, d. h. im Vergleich zu aktuellen oder vergangenen, unternehmensinternen oder -externen Daten, betrachtet werden. Die Erhebung kann dabei auf Basis objektiver Größen oder subjektiver Einschätzungen erfolgen. Um der Kritik an der Operationalisierung einzelner Erfolgsmaßstäbe sowie dem Problem eines Zielmonismus entgegenzuwirken, wird in den meisten Fällen auf mehrere Erfolgsmaße zurückgegriffen. Ausgehend von diesen Erfolgsmaßen kann ein M&A-Projekt dann als erfolgreich bezeichnet werden, wenn bei einer oder mehreren Erfolgsgrößen ein ex ante definiertes Niveau durch das Projekt erreicht wird.

Wie Abbildung 43 darstellt, orientieren sich die Ansätze und Methoden der Erfolgskontrolle an den Kriterien Erfolgskonzept, Erfolgsdimension, Zeitpunkt und Zeitraum sowie an der Frage der Maßstäbe. Offensichtlich ist, dass in der Praxis vielfältige Interdependenzen zwischen den einzelnen Feldern bestehen. Im Folgenden werden die Kriterien kurz erörtert.

Die Erfolgsbestimmung bei M&A-Transaktionen beruht auf der Erfassung von Wertveränderungen. Das Objekt der Messung stellt dabei fast immer das gesamte, von der M&A-Transaktion betroffene Unternehmen dar. Bei der Betrachtung quantitativ-objektiver Kenngrößen wird angenommen, dass sich die durch die Transaktion induzierten Wertveränderungen in monetären Kennzahlen niederschlagen und die Messung anhand der finanztechnischen Analyse intern vorhandener sowie öffentlich zugänglicher Datenquellen (Jahresabschlüsse, Kapitalmarktdaten, Desinvestitionsereignisse) erfolgen kann. Zudem werden qualitative Erfolgsdaten erhoben. Dazu werden unterschiedliche Personenkreise, beispielsweise das Management, Mitarbeiter oder interne sowie externe Experten, befragt.

Die Dimensionalität des Erfolgs betrifft die Anzahl und den Inhalt der in die Erfolgsbestimmung einer M&A-Transaktion einbezogenen Aspekte. Hinsichtlich der Anzahl der Determinanten wird die summarisch globale von der analytischen Erfolgsbestimmung unterschieden. Erstere leitet den Erfolg einer M&A-Transaktion aus der Betrachtung nur eines Kriteriums ab. Die eindimensionale summarische Erfolgsmessung anhand von Kurszeitreihen des Kapitalmarktes kann aus Sicht der Eigentümer zur Beurteilung einer transaktionsinduzierten Wertsteigerung des Unternehmens ausreichend sein. Zur umfassenden Beurteilung des M&A-Erfolgs sind jedoch mehrere Kriterien analytisch zu erfassen. Darunter zählen die finanzwirtschaftliche Erfolgsdimension mit monetären Größen wie dem Marktwert des Eigenkapitals sowie Rentabilitätskennnzahlen, die marktstrategische Erfolgsdimension mit Indikatoren zur nachhaltigen Wettbewerbsfähigkeit wie dem relativen Marktanteil, Produktinnovationsquoten, Marktwachstumsindikatoren und das Marktprofitabilitätsniveau sowie die soziale Erfolgsdimension mit Indikatoren zu individuellen und arbeitsbezogenen Einstellungen und Verhaltensweisen.

Wesentlich für die Bestimmung des M&A-Erfolgs sind der Zeitpunkt der Messung und der von der Messung abgedeckte Zeitraum. Bezüglich des Zeitpunkts können Ex-ante-Untersuchungen und Ex-post-Untersuchungen unterschieden werden. Ex-ante-Untersuchungen antizipieren den erwarteten Erfolg einer M&A-Aktivität ausgehend von der kapitalmarktorientierten Perspektive. Ex-post-Untersuchungen bilden

den realisierten Erfolg zwischen öffentlicher Bekanntgabe und Bestimmungszeitpunkt ab.

Die Messergebnisse sind nur dann aussagekräftig, wenn sie mit Bezugspunkten verglichen werden. Folgende Ansätze stehen zur Verfügung: Zielvorgaben (Ist-Soll-Vergleiche), intertemporale Vergleiche (Vergleichswerte der Erfolgsbestimmung sind die Werte der betrachteten Kriterien zu einem bestimmten Zeitpunkt oder deren Wertentwicklung innerhalb einer bestimmten Zeitspanne), unternehmensübergreifende Vergleiche (Gegenüberstellung von Kriterienergebnissen der Unternehmensbetrachtung mit Kriterienwerten einer Kontrollgruppe, die sich vom untersuchten Unternehmen aufgrund der Nicht-Durchführung der Transaktion unterscheiden) und alternative Investitionsmöglichkeiten (Vergleich mit anderen M&A-Transaktionen).

Es zeigt sich, dass angesichts der Komplexität der M&A-Sachverhalte kein Standardverfahren zur Bestimmung des M&A-Erfolgs existiert. In der Praxis haben sich vier Ansätze durchgesetzt, die anhand von aggregierten Unternehmenszahlen bzw. Kapitalmarktinformationen Aufschluss über den Erfolg von Unternehmenszusammenschlüssen geben. Sie beziehen sich auf Reaktionen der Kapitalmärkte, auf die Auswertung von Jahresabschlüssen aufgrund akquisitionsbedingter Veränderungen relevanter Größen, auf die Betrachtung bestimmter Ereignisse in der Folge der Transaktion und auf die Befragung von Betroffenen. Eine weitgehend abgesicherte Beurteilung kann nur erfolgen, wenn mehrere Verfahren eingesetzt werden und die Ergebnisse der Betrachtung konvergieren.

6.2.1.1 **Jahresabschlussorientierte Messverfahren**

Jahresabschlussorientierte Analysen gehen den Auswirkungen von Zusammenschlüssen auf der Unternehmensebene nach. Den Ausgangspunkt der M&A-Erfolgskontrolle bildet der Jahresabschluss. Er ermöglicht durch seine Doppelfunktion sowohl einen Einblick in die Vermögens- und Finanzlage als auch in die Ertragslage des Unternehmens und damit eine finanzwirtschaftliche sowie erfolgswirtschaftliche Beurteilung einer M&A-Transaktion.[276] Den Gegenstand der finanzwirtschaftlichen Analyse bilden in der Regel Vermögenssituation (Anlageintensität, Umsatzrelationen, Umschlagskoeffizienten, Investitionsquote, Anlageabnutzungsgrad), Kapitalstruktur (Eigenkapitalquote, Verschuldungs-, Selbstfinanzierungsgrad) und Liquidi-

[276] Vgl. ALBRECHT (1994), S. 57.

tätslage (Anlagedeckungsgrad, Liquiditätsgrade).[277] Ein Zeitvergleich finanzwirtschaftlicher Kennzahlen vor Beginn des M&A-Projektes mit den entsprechenden Zahlen nach Abschluss des Projektes gibt Auskunft darüber, ob und wie sich Veränderungen in der finanziellen Stabilität des Unternehmens ergeben haben.

Für die Feststellung des Erfolgs von Mergers & Acquisitions besitzt jedoch die erfolgswirtschaftliche Analyse des Jahresabschlusses eine weitaus größere Relevanz.[278] Als mögliche Erfolgsgrößen kommen das ordentliche Betriebsergebnis, das Vorsteuerergebnis sowie der Jahresüberschuss in Betracht.[279] Daneben findet auch vermehrt der Cashflow als Indikator der Ertragskraft Verwendung. Weitere relevante jahresabschlussorientierte Erfolgsgrößen sind die Eigenkapital- und die Gesamtkapitalrentabilität.

Die Eigenkapitalrentabilität (EKR) ergibt sich als Quotient aus Jahresüberschuss und Eigenkapital[280]. Sie bildet damit vor allem für die Eigentümer des Unternehmens eine wichtige Zielgröße, da die Eigenkapitalrentabilität darüber Aufschluss gibt, wie sich die eingesetzten Eigenmittel verzinst haben und wie rentabel die Geldanlage im Unternehmen ist.[281] Die Gesamtkapitalrentabilität (GKR) setzt den Jahresüberschuss vor Fremdkapitalzinsen in Beziehung zum Gesamtkapital.[282] Hierdurch ergibt sich eine von der Finanzierungsstruktur des Unternehmens unabhängige Erfolgsgröße, die die Verzinsung von Eigen- und Fremdkapital abbildet und somit für alle Kapitalgeber des Unternehmens von Bedeutung ist.[283] Die Umsatzrentabilität (UR) gibt das Verhältnis von erzielbarem Gewinn und der Höhe des Gesamtumsatzes an.[284]

Um mit Hilfe von Rentabilitätskennziffern Aussagen über den Erfolg von M&A-Transaktionen treffen zu können, sind die Rentabilitätskennziffern vor Beginn des Projektes den entsprechenden Kennziffern nach Abschluss der Transaktion gegenüberzustellen. Hierzu müssen die Rentabilitätskennziffern um gesamtwirtschaftliche und branchenbezogene Einflüsse bereinigt werden.

---

[277] Vgl. COENENBERG (2000), S. 907.
[278] Vgl. ALBRECHT (1994), S. 57.
[279] Vgl. BAETGE (1998), S. 350 ff.
[280] EKR = (Gewinn/Eigenkapital)*100.
[281] Vgl. BAETGE (1998), S. 432.
[282] GKR = ((Gewinn+Fremdkapitalzinsen)/Gesamtkapital)*100.
[283] Vgl. WÖHE (2000), S. 1090.
[284] UR = (Gewinn/Umsatz)*100.

Die Beurteilung des M&A-Erfolgs mit Hilfe von jahresabschlussorientierten Kriterien ist mit einigen spezifischen Defiziten und Problemen behaftet. Ein wesentlicher Kritikpunkt knüpft am hohen Aggregationsgrad der verwendeten Kennziffern an, der eine eindeutige kausale Zuordnung von Maßnahmen im Rahmen des M&A-Projektes zu den entsprechenden Erfolgswirkungen schwierig bzw. unmöglich macht.[285] Neben diesem grundsätzlichen Kausalitätsproblem ergeben sich weitere Defizite, die insbesondere im Wesen der Rechnungslegung liegen. Hier muss vor allem die Möglichkeit der Manipulation des Erfolgsausweises durch Ansatz- und Bewertungswahlrechte beachtet werden. Zudem ergibt sich ein generelles Problem bei Erfolgsbeurteilungen aufgrund temporaler Vergleiche. Zunächst ist die Festlegung der Dauer des Betrachtungszeitraumes problematisch. Mit einer Ausdehnung des Betrachtungszeitraumes wächst die Gefahr einer Überlappung der Erfolgswirkungen der M&A-Transaktion durch andere Effekte. Ein zu kurzer Betrachtungszeitraum erfasst nur unzureichend die mit dem Zusammenschluss angestrebten Synergieeffekte, so dass sich auch hieraus keine zuverlässigen Aussagen zum M&A-Erfolg gewinnen lassen. Während die jahresabschlussorientierte Erfolgsmessung früher häufig angewendet wurde, wird heute wegen der aufgezeigten Schwächen und der besseren Verfügbarkeit von Kapitalmarktdaten stärker auf kapitalmarktorientierte Konzepte zur Erfolgsmessung zurückgegriffen.

6.2.1.2 Kapitalmarktorientierte Messverfahren

Kapitalmarktorientierte Ansätze beurteilen den Erfolg eines M&A-Projektes anhand von Aktienkursreaktionen auf den Zusammenschluss. Damit kommt diese Form der Erfolgsmessung nur bei börsennotierten Unternehmen in Betracht. Analysiert werden insbesondere zwei Größen, die Übernahmeprämie und die Überrendite. Die Übernahmeprämie ergibt sich aus der Differenz zwischen dem gebotenen Kaufpreis je Aktie und dem Kurs vor der ersten Ankündigung der Übernahme. In der Übernahmeprämie kommt die Vermutung eines höheren Ertragswertes zum Ausdruck, der eine Zukunftsentwicklung des Unternehmens widerspiegelt, die deutlich positiver als zuvor vom Kapitalmarkt prognostiziert verläuft.

Die kumulierten abnormalen Renditen (KAR) bzw. Überrenditen messen ab dem Ankündigungszeitpunkt einer M&A-Transaktion die Rendite, die ober- oder unterhalb der auf Basis einer durchschnittlichen Marktrendite berechneten „normalen" Rendite

[285] Vgl. MEYER (1994), S. 95.

erzielt wurde. Als AR wird folglich die Differenz zwischen den beiden Renditen bezeichnet, die vereinfachend ausschließlich auf die M&A-Transaktion zurückgeführt wird.

$$AR_{it} = R_{it} - E(R)_{it}$$

AR_{it} = abnormale Rendite der Aktie i im Zeitraum t

R_{it} = Ist-Rendite der Aktie i im Zeitraum t

$E(R)_{it}$ = erwartete Rendite der Aktie i im Zeitraum t

Bei der Betrachtung einer definierten Zeitspanne werden die einzelnen AR zur kumulierten abnormalen Rendite (KAR) über die einzelnen Phasen summiert. Ist die KAR negativ, so hat die betrachtete Transaktion zu einem Wertverlust für die Aktionäre geführt.

Hohe Überrenditen weisen darauf hin, dass der Unternehmenszusammenschluss vom Kapitalmarkt positiv aufgenommen wurde. Der Aktienkurs hat eine bessere Entwicklung genommen, als ursprünglich aufgrund der Datensituation vor der Transaktion erwartet. Das zeigt, dass die Anleger die Erreichung der mit dem Zusammenschluss verfolgten Ziele und Wertsteigerungspotenziale als realistisch einschätzen, d. h., sie trauen dem Unternehmen im Anschluss an die Transaktion eine nachhaltig bessere Entwicklung zu.

Wie bei der jahresabschlussorientierten Erfolgsmessung existieren bei der kapitalmarktorientierten Erfolgskontrolle Probleme hinsichtlich des Analysezeitraumes. Bei einem kurzen Analysezeitraum muss davon ausgegangen werden, dass die angestrebten Wertsteigerungspotenziale noch nicht oder nicht in vollem Umfang realisiert werden konnten. Mit steigender Dauer des Analysezeitraumes kann es wiederum vermehrt zu einer Überlappung der durch die M&A-Transaktion bedingten Erfolge durch andere strategische Entscheidungen und externe Einflüsse kommen. Auch kapitalmarktorientierte Analysen weisen einen hohen Aggregationsgrad auf, der dazu führt, dass sich der Einfluss einzelner Maßnahmen auf den Aktienkurs kaum quantifizieren lässt. Zudem existiert das bereits erörterte Problem intertemporaler Vergleiche.

6.2.1.3 **Ereignisorientierte Erfolgskontrolle**

Die ereignisorientierte Erfolgskontrolle beurteilt den Erfolg einer M&A-Transaktion anhand des Eintretens bestimmter in räumlicher und zeitlicher Hinsicht abgrenzbarer und beobachtbarer Vorkommnisse.[286] Der Erfolg eines Unternehmenszusammenschlusses wird bei der ereignisorientierten Analyse anhand der Desinvestitionsrate und der Fluktuationsrate von Führungskräften des Akquisitionsobjektes beurteilt.

Die Erfolgsbeurteilung anhand des Verbleibs des Akquisitionsobjektes im Unternehmensverbund geht dabei von der Grundannahme aus, dass eine Transaktion als erfolgreich bezeichnet werden kann, wenn das übernommene Unternehmen langfristig im Unternehmensverbund bleibt. Eine Wiederveräußerung bereits nach kurzer Zeit lässt hingegen auf einen Misserfolg der Transaktion schließen.[287] Die grundsätzliche Aussagekraft des Erfolgsindikators Desinvestitionsrate ist zu hinterfragen, da wissenschaftlich keine kausale Beziehung zwischen dem Wiederverkauf eines akquirierten Unternehmens und dem Erfolg der Transaktion unterstellt werden kann. Zudem ist keine Aussage über den Grad des Erfolges bzw. Misserfolges mit Hilfe der Desinvestitionsrate möglich.

Bei der Betrachtung der Fluktuationsrate von Führungskräften des übernommenen Unternehmens wird eine kausale Beziehung zum Akquisitionserfolg unterstellt. Je niedriger die Fluktuationsrate, desto höher wird der Transaktionserfolg bewertet. Die Verwendung der Fluktuationsrate als Erfolgsindikator ist jedoch auch kritisch zu betrachten, da die Fluktuationsrate weniger einen Indikator als vielmehr eine Determinante des Akquisitionserfolges darstellt. Die ereignisorientierte Erfolgskontrolle eignet sich wegen der erläuterten Defizite und ihrer beschränkten Aussagekraft nur zur Ergänzung anderer Erfolgsindikatoren innerhalb eines umfassenden Kennzahlensystems.

6.2.1.4 **Erfolgskontrolle mittels Befragung**

Bei der Erfolgskontrolle mittels Befragung wird der Erfolg von M&A-Projekten über die Wahrnehmung qualifizierter Auskunftspersonen gemessen.[288] Hierzu werden Personen, die aufgrund ihrer Funktion im M&A-Prozess über ein hohes Wissen verfügen und somit in der Lage sind, den M&A-Erfolg angemessen zu beurteilen, schrift-

[286] Vgl. SEWING (1996), S. 86.
[287] Vgl. SCHÄFER (2001), S. 95.
[288] Vgl. SEWING (1996), S. 87.

lich oder mündlich befragt. Die in der Regel skalierten Daten werden statistisch aufbereitet und auf systematische Zusammenhänge mit anderen Größen untersucht.

Befragungen eignen sich vor allem, um Zusammenhänge zwischen Maßnahmen bei M&A-Transaktionen und Aspekten des M&A-Erfolges aufzudecken.[289] Trotzdem ist auch die Erfolgkontrolle mittels Befragung mit Mängeln behaftet. Durch subjektive Erfolgseinschätzungen, persönliche Erwartungen und emotionale Motive kann es zu positiven und negativen Ergebnisverzerrungen kommen. Die befragungsorientierte Erfolgkontrolle ergänzt durch die Berücksichtigung qualitativer Faktoren die oben dargestellten quantitativen und ereignisorientierten Ansätze.

Die Ausführungen zur Erfolgskontrolle von M&A-Transaktionen haben gezeigt, dass alle Methoden Unzulänglichkeiten aufweisen und sich daher auch kein Verfahren zur Messung des M&A-Erfolges hervorgetan hat. Für die Analyse der Übernahme von REEBOK durch ADIDAS bietet sich aus den vier Ansätzen das jahresabschlussorientierte Messverfahren an. Die ereignisorientierte Erfolgskontrolle mit den Erfolgsindikatoren Desinvestions- und Fluktuationsrate ergänzt die Erfolgsmessung. Die Transaktion konnte nicht mittels einer Befragung analysiert werden, da die ADIDAS-Führung nicht zu einer Stellungnahme zur Übernahme von REEBOK und zu den dahinterstehenden M&A-Treibern bereit war. Auf diese Problematik wird im Verlauf der Arbeit noch eingegangen.

6.3 *Methodisches Vorgehen bei der empirischen Untersuchung*

Im empirischen Teil der Arbeit wird die Relevanz der im theoretischen Teil identifizierten M&A-Treiber für die Übernahme von REEBOK durch den ADIDAS-Konzern analysiert. Diese Arbeit verfolgt bei der Überprüfung der relevanten Treiber der Übernahme von REEBOK durch ADIDAS den erarbeiteten theoretischen Systematisierungsansatz und unterscheidet zwischen strategisch-rationalen (operativ ökonomische und finanziell ökonomische Motive), subjektiv-rationalen, emotional induzierten (Managermotive und sonstige Motive) und rational-emotionalen bzw. emotional-rationalen (interdependent verknüpften) Treibern. Wie im vierten Kapitel wird auf eine separate Analyse subjektiv-rationaler Treiber verzichtet. Die Analyse erfolgt im Rah-

[289] Vgl. SCHÄFER (2001), S. 105.

men der Bewertung der interdependent verküpften M&A-Motive. Dieses Vorgehen ist aufgrund der existierenden Überschneidungen möglich.

Abbildung 44 stellt den Systematisierungsansatz dar.

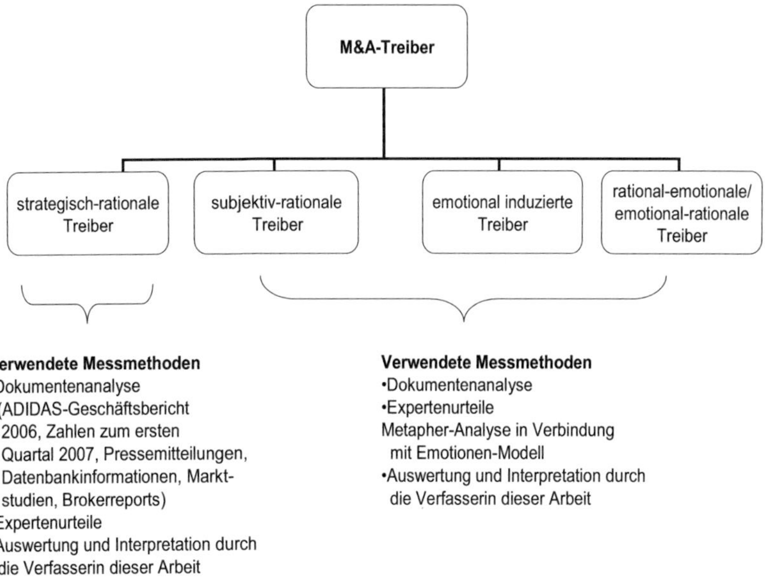

Abb. 44: Systematisierungsansatz und verwendete Messmethoden.

Quelle: eigene Darstellung

Im Rahmen der Untersuchung strategisch-rationaler Treiber kommt die Dokumentenanalyse zum Einsatz. Die Dokumentenanalyse beinhaltet Zahlen des ersten konsolidierten ADIDAS-Geschäftsberichts 2006, Zahlen zum ersten Quartal 2007, Pressemitteilungen, Datenbankinformationen, die Auswertung von Marktsudien sowie Brokerreports. Expertenurteile sind in die Analyse der Aktiekursentwicklung eingeflossen. Die Vorteile der gewählten Analysemethoden sind die rasche Verfügbarkeit der zu erhebenden Daten, die Vergleichbarkeit der Daten und die Möglichkeit der selbständigen Beurteilung ohne auf die Erreichbarkeit bzw. Teilnahme bestimmter zu befragender Personen angewiesen zu sein. Zu den Nachteilen der Dokumentenanalyse zählen ihre möglicherweise eingeschränkte Aktualität, Vollständigkeit und Verfügbarkeit der zu erhebenden Informationen.

Aufgrund der bereits angesprochenen Probleme bei der Messung subjektiv-rationaler, emotional induzierter bzw. interdependent verknüpfter M&A-Treiber und der abweisenden Haltung von ADIDAS gegenüber den Anfragen der Verfasserin dieser Arbeit können die vorgestellten quantitativen und qualitativen Motivmessmethoden nicht eingesetzt werden. Die Beurteilung der M&A-Treiber kann daher nur anhand von Dokumentenanalyse, Expertenurteilen und der Metapher-Analyse in Verbindung mit dem Emotionen-Modell erfolgen. Die Analyse wird durch Interpretationen der Verfasserin ergänzt. Die Verfasserin ist sich bewusst, dass infolge der fehlenden Zusammenarbeit von Seiten der ADIDAS-Führung somit teilweise lediglich Annahmen getroffen werden können und die Auswertung daher auch die Meinung der Verfasserin wiedergibt. Die damit einhergehenden Unzulänglichkeiten hinsichtlich der Aussagekraft sind der Verfasserin bekannt. Die klare Trennung in Dokumentenanalyse, Expertenbeurteilungen und Auswertung durch die Verfasserin rechtfertigen jedoch das Vorgehen.

Die Verfasserin dieser Arbeit hat auch erkannt, dass aus der Untersuchung lediglich einer M&A-Transaktion aus dem Sportbereich keine weitreichenden allgemeingültigen Aussagen getroffen werden können. Inwieweit durch die Analyse mehrerer sportbezogener Übernahmen bessere Implikationen abgeleitet werden könnten, ist aufgrund von Treiberüberschneidungen, unterschiedlicher Bedeutung einzelner Motive in Abhängigkeit des betrachteten Unternehmens und seiner Führungskräfte sowie der schwierigen Messung subjektiv-rationaler und emotionaler M&A-Motive fraglich.

Für die Betrachtung der ADIDAS-REEBOK-Transaktion spricht, dass für die Übernahme noch kein abschliessendes Urteil existiert. Gleichzeitig wurde mit REEBOK jedoch ein Unternehmen übernommen, dessen Potential von der ADIDAS-Führung im Vorfeld der Transaktion falsch eingeschätzt wurde. Es wird sich im weiteren Verlauf der Arbeit zeigen, dass für die Übernahme von REEBOK die identifizierten Treiber eine Rolle spielen. Die bisher fehlende erfolgreiche Umsetzung der Übernahme kann als Indikator für nicht rational berücksichtigte subjektiv-rationale bzw. emotionale Treiber der ADIDAS-Führungsverantwortlichen gedeutet werden. Dass an der Übernahme festgehalten wird ist Emotion. Ein Eingeständnis des Scheiterns könnte dem Vorstandsvorsitzenden von ADIDAS, HERBERT HAINER, den Arbeitsplatz kosten. HAINERS Verhalten kann als emotional beeinflusste Vision bezeichnet werden, die gleichzeitig persönlichen Interessen förderlich war. Die subjektiv-rationale bzw. emotionale Bedeutung der Entscheidung wurde nicht bewusst erkannt oder vernachlässigt und somit nicht instantan rational hinterfragt. Der Verkauf REEBOKS wäre die strategisch-rationale Lösung.

6.4 *Beurteilung der empirischen Untersuchung anhand von Gütekriterien*

Die Ausführungen der Verfasserin der Arbeit zur Methodenauswahl und den Schwierigkeiten im vorliegenden Fall sind deutlich gemacht worden. Es ist offensichtlich, dass die erörterten Unzulänglichkeiten die Qualität der Beurteilung der empirischen Untersuchung anhand der bekannten sozialwissenschaftlichen Gütekriterien einschränken. Den klassischen Zusammenhang der Gütekriterien wissenschaftlicher Datenerhebung und -auswertung stellt folgende Abbildung dar.

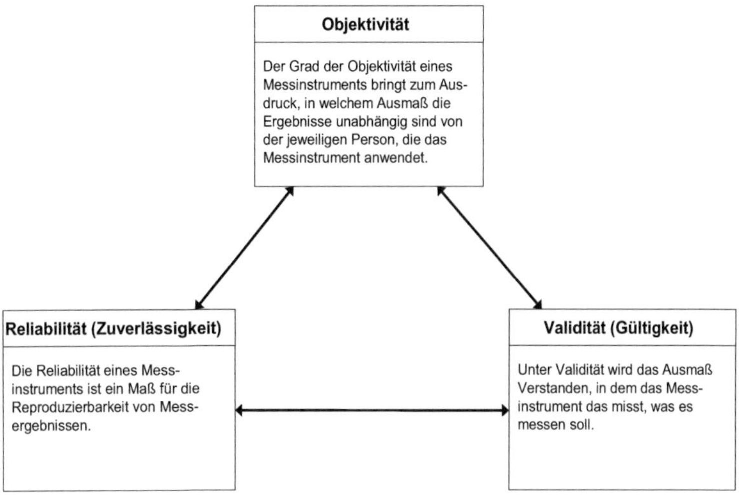

Abb. 45: Zusammenhang klassische Gütekriterien.

Quelle: eigene Darstellung, in Anlehung an DIEKMANN (1999), S. 216-217, HILL/SCHNELL (1999), S. 148.

Den klassischen Gütekriterien kommt vor allem im Zusammenhang mit Befragungen eine wichtige Bedeutung zu. Hinsichtlich der Validität kann es bei Unternehmenstransaktionen und der Frage nach den dahinter stehenden Treibern durch die bereits angesprochene Problematik sozial erwünschten Antwortverhaltens, durch bewusste Fehleinschätzungen oder fehlendes Antwortverhalten zu Verzerrungen kommen. Auch die Reliabilität bei der Erfolgsmessung von Übernahmen ist problematisch. Die Interviewpartner können zu grundsätzlich unterschiedlichen Ergebnissen kommen und in Abhängigkeit des Befragungszeitraums, der -häufigkeit und den damit verbundenen veränderten persönlichen Interessen kann derselbe Proband zu abweichenden Einschätzungen gelangen. Da jedoch aufgrund der ablehnenden Haltung der ADIDAS-Führung eine Befragung nicht möglich war, wird auf die Hinlänglichkeiten der klassischen Gütekriterien nicht näher eingegangen.

Die in dieser Arbeit eingesetzte Dokumentenanalyse und die Auswertung von Expertenbeurteilungen dürfen als objektiv, zuverlässig und valide bezeichnet werden. Für die Metapher-Analyse in Verbindung mit dem Emotionen-Modell sind die Gütekriterien aufgrund des zugrunde liegenden Interpretationsspielraums nicht erfüllt. Das gleiche gilt für die eigenen Interpretationen und Beurteilungen der Verfasserin, die auf Auswertungen der Dokumentenanalyse und der Expertenurteile basieren. Neben den klassischen Gütekriterien zur Messung der Qualität der Forschungsergebnisse sind folgende weitere von MAYRING vorgeschlagenen Gütekriterien von Interesse.[290]

Verfahrensdokumentation: Das Vorgehen wird ausführlich dokumentiert und begründet, um es für Dritte nachvollziehbar zu machen. Das betrifft vor allem die Erklärung des theoretischen Vorverständnisses, die Systematisierung möglicher M&A-Treiber sowie die Durchführung und Auswertung von Dokumentenanalyse, Expertenbeurteilung und Metapher-Analyse in Verbindung mit dem Emotionen-Modell.

Argumentative Interpretationsabsicherung: Die aus der Dokumentenanalyse gewonnenen Informationen und die gefundenen Metaphern erhalten durch ihre Interpretation Sinn. Wie der Forscher zu seinen Interpretationen kommt, wird argumentativ begründet. Die Argumentation und Interpretation der Verfasserin dieser Arbeit wird von Unternehmensquellen und Expertenurteilen klar getrennt.

[290] Vgl. MAYRING (1996), S. 119 ff.

Regelgeleitetheit: Der Grundcharakter des Forschungsvorhabens ist explorativ. Daher muss der Forschungsprozess gegenüber seinem Gegenstand offen und flexibel sein. Diese Offenheit darf jedoch nicht in Beliebigkeit ausarten. Durch ein sequentielles, schrittweise nachvollziehbares Vorgehen wird die Wissenschaftlichkeit gewährleistet.

Nähe zum Gegenstand: Mit den Ausführungen zur interdependenten Verknüpfung von Rationalität und Emotionalität, der Einführung des multiperspektivischen Emotionsverständnisses, der interdisziplinären integrativen M&A-Entscheidung, ihren Teilbereichen und insbesondere durch das Konstrukt instantaner-rationaler Emotionalität als reflektiertes Regulationskonzept emotionalen Erlebens, sowie den im empirischen Teil analysierten Dokumenten wird die Nähe zum Untersuchungsgegenstand sichergestellt.

7 Empirische Fallstudie ADIDAS-REEBOK

Bei der fallstudienbezogenen Analyse werden im Anschluss an die Vorstellung des unternehmenshistorischen und transaktionsspezifischen Hintergrunds der beteiligten Unternehmen die in Teil A dieser Arbeit systematisierten strategisch-rationalen, subjektiv-rationalen, emotionalen und rational-emotionalen bzw. emotional-rationalen M&A-Treiber auf ihren Erklärungsbeitrag zur Kausalität der Übernahme von REEBOK durch ADIDAS untersucht.

7.1 *Grundlagen und Hintergrund der ADIDAS-REEBOK-Transaktion*

Am 5. August 2005 kündigten der Vorstandsvorsitzende von ADIDAS, HERBERT HAINER, und der CHAIRMAN und CEO von REEBOK, PAUL FIREMAN, die Übernahme des nordamerikanischen Herstellers von Sportartikeln und Lifestyle-Produkten durch ADIDAS an. Durch die Übernahme wurde das zweitgrößte Unternehmen der Sportartikelindustrie weltweit geschaffen. In einer gemeinsamen Presseerklärung hob das ADIDAS-Management die „einmalige Chance“ hervor, „zwei der angesehensten und bekanntesten Unternehmen der weltweiten Sportartikelindustrie zusammenzuführen“.[291] Der CHAIRMAN und CEO von REEBOK betonte, „ADIDAS ist der perfekte Partner für REEBOK“.[292]

Nach den Aussagen von HAINER und FIREMAN wird der Zusammenschluss den Shareholder-Value nachhaltig stärken. Bereits im ersten vollen Geschäftsjahr nach Closing sollte die Transaktion nach Angaben des Managements einen Wertzuwachs auf Basis des Ergebnisses je Aktie und des Cashflows generieren. Zudem erhoffte man sich signifikante operative Synergien und jährliche Kosteneinsparungen in Höhe von 150 Mio. US $ ab dem dritten Jahr nach Closing.[293]

Bereits im ersten Geschäftsjahr nach Übernahme von REEBOK durch ADIDAS konnten die angestrebten Wachstums- und Gewinnprognosen nicht eingehalten werden. Im November 2006 musste ADIDAS infolge der enttäuschenden Entwicklung

---

[291] Vgl. http://www.adidas-group.com/de/investor/_downloads/pdf/pressemeldungen/reebok-dt.pdf (03.08.2005, S. 1).
[292] Vgl. ebd.
[293] Vgl. ebd., S. 3.

des Auftragbestandes von REEBOK seine Gewinnprognose von ursprünglich 20 Prozent auf annäherend 15 Prozent senken.[294] ADIDAS begründete die Rücknahme der Gewinnprognose um fünf Prozentpunkte mit zusätzlichen Investitionen in REEBOK in Höhe von 50 Mio. €.[295] An der Börse verlor die ADIDAS-Aktie nach Rücknahme der Gewinnprognose teilweise mehr als zehn Prozent. Nachdem die ADIDAS-Aktie in den vergangenen Jahren die Entwicklung von Dax und MSCI World Textiles, Apparel & Luxury Goods übertreffen konnte, zählte die Aktie von ADIDAS in 2006 mit einem Verlust von sechs Prozent zu den Dax-Verlierern.[296] Diese Entwicklung ist umso dramatischer, wenn man berücksichtigt, dass der Dax in 2006, getrieben von reger M&A-Tätigkeit, 24 Prozent[297] zulegen konnte und die ADIDAS-Aktie gleichzeitig stark von der FIFA Fußball-Weltmeisterschaft 2006 profitiert hat. Die Marktkapitalisierung von ADIDAS verringerte sich zum Ende des Jahres 2006 auf 7,7 Mrd. € gegenüber 2005 mit 8,1 Mrd. €.[298] Seit der Übernahme von REEBOK im Januar 2006 hat sich damit ein Marktbewertungsverlust von 400 Mio. € eingestellt. Fraglich ist, warum trotz der aufgezeigten strategischen Potentiale eine derartige Veränderung in der Wahrnehmung der Vorteilhaftigkeit der Transaktion durch die Kapitalmärkte erfolgte. Für ein besseres Verständnis der Kausalität und Treiber der Übernahme ist eine Einführung zum historischen Hintergrund von ADIDAS und REEBOK sowie zu den individuellen Geschäftsmodellen und -entwicklungen hilfreich.

7.1.1 ADIDAS-Geschäftsmodell vor der Transaktion

Die Ursprünge von ADIDAS liegen in Herzogenaurach und reichen bis in das Jahr 1920. 1920 fertigte ADI DASSLER die ersten Schuhe. Seit 1924 stellten die Brüder DASSLER unter der Firmierung „Gebrüder DASSLER Schuhfabrik OHG“ Sportschuhe für verschiedene Sportarten her. 1928 wurden bei den Olympischen Spielen in Amsterdam erstmals Athleten mit DASSLER-Schuhen ausgestattet. Noch vor Ausbruch des Zweiten Weltkrieges war dem Unternehmen der Aufstieg zum weltweit führenden Sportschuhhersteller gelungen. Infolge eines familieninternen Streits wurde die „Gebrüder DASSLER Schuhfabrik OHG“ 1948 aufgeteilt und beide Brüder grün-

---

[294] Vgl. http://www.adidas-group.com/de/investor/_downloads/pdf/quarterly_reports/Q3_2006_DE.pdf (S. 7)
[295] Vgl. ebd.
[296] Vgl. Geschäftsbericht 2006 ADIDAS Group.
[297] Vgl. ZÜRCHER TREND (2006), S. 1.
[298] Vgl. Geschäftsbericht 2006 ADIDAS Group.

deten eigene Firmen. ADI DASSLER ADIDAS und RUDOLF DASSLER PUMA. 1949 ließ ADI DASSLER die drei Streifen als Markenzeichen eintragen. 1963 kam zur Schuhproduktion die Herstellung von Bällen hinzu. 1967 wurde das Sortiment um Trainings- und Wettkampftextilien erweitert.

Durch aktives Sponsoring erfolgreicher Athleten und Sportmannschaften verbunden mit der Herstellung qualitativ hochwertiger und innovativer Produkte entwickelte sich ADIDAS zu einem der führenden Sportartikelhersteller. 1989 wurde ADIDAS in eine Aktiengesellschaft in Familienbesitz umgewandelt. Nach wirtschaftlichen Schwierigkeiten und infolge zunehmender Konkurrenz wurde die ADIDAS-Aktie 1995 am Markt eingeführt. 1997 folgte für umgerechnet für 942 Mio. DM (ca. 482 Mio. €) der Zusammenschluss mit SALOMON zur ADIDAS-SALOMON AG. Nach acht Jahren Zusammenarbeit wurde das Geschäftssegment SALOMON einschließlich der zugehörigen Marken im Oktober 2005 für 453 Mio. € an das finnische Unternehmen AMER SPORTS CORPORATION veräußert. Gemäß der vorgestellten ereignisorientierten Erfolgskontrolle (Desinvestitionsrate) und in Anbetracht des aus der Kaufsumme und der Verkaufsumme resultierenden Verlusts kann die Übernahme von SALOMON damit als gescheitert bezeichnet werden.[299]

ADIDAS gehört heute zu den weltweit führenden Unternehmen der Sportartikelindustrie und bietet mit Sportschuhen, -bekleidung und -zubehör ein umfassendes Produkt- und Markenportfolio an. Abbildung 46 zeigt das ADIDAS-Markenportfolio vor der REEBOK-Übernahme.

[299] Vgl. zu den beiden letzten Absätzen http://www.adidas-group.com/de/overview/history/History-d.pdf.

Abb. 46: ADIDAS-Markenportfolio vor der REEBOK-Übernahme.

Quelle: eigene Darstellung, in Anlehnung an Geschäftsbericht 2006 ADIDAS Group

In Europa ist ADIDAS der größte Sportschuhhersteller. Mit mehr als 110 eigenen Tochterunternehmen, Joint Ventures und Lizenznehmern weltweit wird die Distribution in den Regionen Europa/Naher Osten, Afrika, Nordamerika, Asien/Pazifik und Lateinamerika sichergestellt. Ziel von ADIDAS ist, zukünftig durch Ausbau und Verbesserung der Produkt- und Markenpolitik die Führungsposition im weltweiten Markt für Sportartikel zu übernehmen. Dabei stehen Konsumentenorientierung, Produktinnovationen und die Profitabilität aller Marken im Vordergrund der strategischen Ausrichtung. Die Konzernstrategie von ADIDAS vor der Übernahme von REEBOK stellt Abbildung 47 dar.

Abb. 47: Konzernstrategie von ADIDAS vor der Übernahme von REEBOK.

Quelle: eigene Darstellung, in Anlehnung an Geschäftsbericht 2005 ADIDAS Group

7.1.2 ADIDAS-Expansionsbestrebungen

Mit der Übernahme von SALOMON in 1997 wurde das organische Wachstum von ADIDAS erstmals durch eine bedeutende Akquisition ergänzt. Die Übernahme von SALOMON erweiterte das Angebotsportfolio von ADIDAS um Wintersportartikel (SALOMON), Golfausrüstung (TAYLOR MADE) und Fahrradkomponenten (MAVIC), Geschäftssegmente, in denen ADIDAS vorher nicht vertreten war.

Von Seiten des Managements wurde die Übernahme SALOMONS mit strategisch-rationalen Gründen gerechtfertigt. Durch sich ergänzende Produktportfolios sollten operative Synergien, eine tiefere Durchdringung der Märkte und eine effektivere Marketingkommunikation erzielt werden. Kostenvorteile erhoffte man sich durch Einsparungen in Vertrieb, Verwaltung, Distribution, Beschaffung und F&E. Der Kaufpreis von SALOMON in Höhe von ca. 942 Mio. DM wurde zu 100 Prozent fremdfinanziert, was sich in der Bilanz mit einer Zunahme der Verbindlichkeiten von 1,059 Mio. DM auf 1,525 Mio. DM und einer Steigerung des Verschuldungsgrads von 38 Prozent 1996 auf 107 Prozent in 1997 niederschlug. Kulturelle Integrationsprobleme wurden angesichts sich gleichender Unternehmenskulturen und ähnlicher Unternehmensstrategien zum Zeitpunkt der Übernahme als nicht wesentlich eingeschätzt. Die Integration sollte innerhalb eines Geschäftsjahres abgeschlossen sein.[300]

Bereits 1998 musste die Führung von ADIDAS mitteilen, dass die Integration von SALOMON sich schwieriger als erwartet erwies. Die finanziellen Aufwendungen aus der Übernahme von SALOMON konnten durch entsprechende Ergebnisbeiträge akquirierter Marken nicht ausgeglichen werden. Zinsen in Höhe von 93 Mio. DM aus der Übernahme von SALOMON belasteten das Finanzergebnis. An der Börse verlor die ADIDAS-Aktie im Jahresverlauf 1998 infolge von Integrationsproblemen und nicht erfüllten Erwartungen bei der Golfsparte TAYLOR MADE 24 Prozent, während der Dax im selben Zeitpunkt um 16 Prozent zulegen konnte. Die Marktkapitalisierung sank um 2,1 Mrd. DM auf 8,3 Mrd. DM.[301]

Bis auf die Golfsportmarke TAYLOR MADE, die 2000 zum führenden Anbieter von Metallhölzern wurde, konnte ADIDAS mit den Umsätzen der SALOMON-Marken nicht zufrieden sein. 2004 erzielte SALOMON einen Umsatz von 653 Mio. €.[302] Das Betriebsergebnis betrug lediglich neun Mio. €, während der Gesamtkonzern einen Umsatz von 6,5 Mrd. € und einen Überschuss von 314 Mio. € ausweisen konnte.[303] Auch wenn ADIDAS in 2004 für SALOMON ein Restrukturierungsprogramm angekündigt hatte, zeigen der Verkauf von SALOMON an das finnische Unternehmen AMER SPORTS CORPORATION in 2005 für 453 Mio. €[304] und die Konzentration von ADIDAS auf die eigenen Kernkompetenzen, die nicht im Wintersportbereich liegen, dass die als optimale Ergänzung gepriesene Übernahme von SALOMON als gescheitert angesehen werden muss. Der Aktienmarkt honorierte die Ankündigung des SALOMON-Verkaufs mit einer Kurssteigerung um 6,4 Prozent.[305]

---

[300] Vgl. zum gesamten Absatz Geschäftsbericht 1997 ADIDAS AG.
[301] Vgl. zum gesamten Absatz Geschäftsbericht 1998 ADIDAS-SALOMON AG.
[302] Vgl. Geschäftsbericht 2005 ADIDAS Group.
[303] Vgl. ebd.
[304] Vgl. Geschäftsbericht 2006 ADIDAS Group.
[305] Vgl. http://www.faz.net/s/RubC8BA5576CDEE4A05AF8DFEC92E288D64/Doc~E6CB2B77BDB8948EC9100FC03DB5E6549~ATpl~Ecommon~Scontent.html.

Der Kauf von REEBOK im Januar 2006 ist die zweite bedeutende M&A-Aktivität des ADIDAS-Konzerns. Mit der Übernahme von REEBOK hat sich das ADIDAS-Produkt- und Markenportfolio vergrößert. Das Markenportfolio von ADIDAS nach der Integration des REEBOK-Segments stellt Abbildung 48 dar.

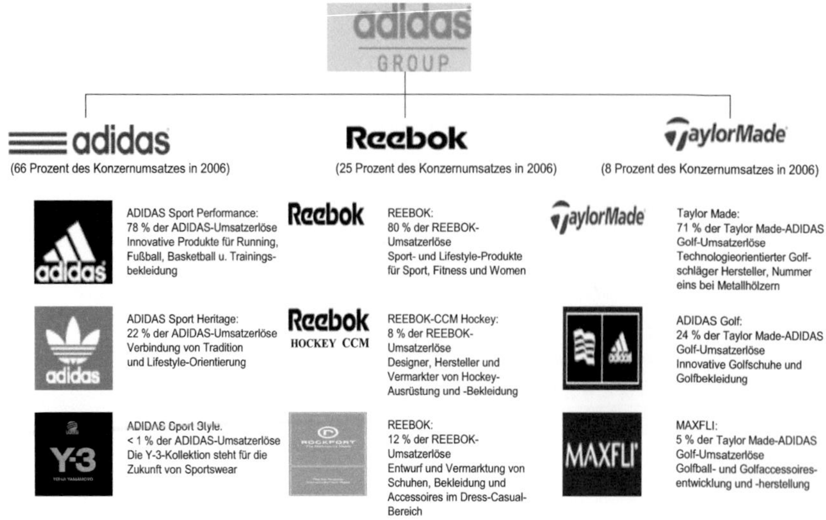

Abb. 48: ADIDAS-Markenportfolio nach der REEBOK-Übernahme.

Quelle: eigene Darstellung

Die gescheiterte Übernahme von SALOMON und erste ernüchternde Zahlen zum Stand der Integration von REEBOK rechtfertigen die in diesem Kapitel in Abschnitt 7.4 zu diskutierende Frage, inwieweit das Management von ADIDAS aus den Fehlern der Transaktion mit SALOMON gelernt oder bewusst ernüchternde empirische Ergebnisse bei der Entscheidung vernachlässigt hat.

7.1.3 ADIDAS-SWOT-Analyse

Die SWOT-Analyse (Strengths, Weaknesses, Opportunities and Threats) ist ein Hilfsmittel des strategischen Managements, das sowohl innerbetriebliche Stärken und Schwächen als auch externe Chancen und Risiken von Unternehmen betrachtet. Aus der Kombination der Stärken-Schwächen-Analyse und der Chancen-Risiken-Analyse kann eine ganzheitliche Strategie für die Ausrichtung von Unternehmensstrukturen und die Entwicklung von Geschäftsprozessen abgeleitet werden.

Zur Überprüfung der Kausalität der Übernahme von REEBOK muss die strategische Ausgangslage von ADIDAS betrachtet werden. Das Wettbewerbsumfeld der Sportartikelindustrie ist hart umkämpft. Die zukünftige Entwicklung lässt einen Konsolidierungstrend erwarten. ADIDAS musste reagieren, um NIKE die Vormachtstellung im Sportausrüstermarkt streitig zu machen. Da ein organisches Wachstum wegen fehlender Perspektiven mit SALOMON nicht möglich war, sollte die Wachstumslücke mit einer weiteren Akquisition geschlossen werden.

Die strategische Ausgangslage von ADIDAS vor der Übernahme von REEBOK lässt sich gemäß Recherchen der Verfasserin dieser Arbeit basierend auf Zahlen aus ADIDAS-Geschäftsberichten in einer SWOT-Matrix wie folgt darstellen:

Stärken:	**Chancen**
Finanziell: •Dax-Outperformer 2001, 2002, 2003, 2004, 2005 •2005: Steigerung der gezahlten Dividende um 30 Prozent auf 1,30 € •10 Prozent Zunahme der Nettoverkaufszahlen zum 30.06.2005 auf 3,189 Mio. € *Strategisch:* •Hohe Markenbekanntheit (3 Streifen)/große Marketing-Kompetenz •Vorreiter auf dem Gebiet technologischer Innovationen •Hoher Marktanteil in Europa •Starke Wettbewerbsposition •Ausgewogenes horizontales Markenportfolio	•Potential zum Marktanteilsausbau im US-Markt •Aufbau weiterer strategischer Partnerschaften •Erweiterung des Sportsponsoring-/Ligalizenzportfolios •Markenerweiterung/Einführung neuer Marken •Verbesserung der Markenpräsenz in Warenhäusern/im Sportfachhandel •Eintritt in neue wachstumsstarke Sportartikelsegmente •Globales Wachstum
Schwächen: •Schwache Marktposition in USA •Eingeschränkte Sportsponsoring-Präsenz in US-Ligen •Niedrige Sport-Lifestyle-Orientierung	**Risiken:** •Steigender Wettbewerbsdruck •Globalisierungsrisiken •Gesamtwirtschaftliche, branchenspezifische, regulatorische, finanzielle, politische und rechtliche Risiken

Abb. 49: SWOT-Matrix der Unternehmenssituation von ADIDAS vor der Übernahme von REEBOK.

Quelle: eigene Darstellung

Die SWOT-Analyse zeigt, warum REEBOK für ADIDAS aus ökonomischer und finanziell-rationaler Perspektive ein zweckmäßiges Akquisitionsziel war:

Die Übernahme von REEBOK ermöglichte ADIDAS den Ausbau des Sportartikelmarktes in Nordamerika und die Verbesserung der geographischen Reichweite in den Wachstumsmärkten Indien und China, auf denen REEBOK eine starke Marktstellung aufweist. Mit REEBOK greift ADIDAS NIKE auf dessen Heimatmarkt an und macht dem Weltmarktführer die Marktvormachtstellung zunehmend streitig. Die Fokussierung von REEBOK als Sport-Lifestyle-Marke ergänzt das ADIDAS-Portfolio, das stärker performance- und technologieorientiert ist, in sinnvoller Weise. Kostensynergien durch gemeinsame Marketing-, Vertriebs-, Beschaffungs- und F&E-

Aktivitäten lassen sich dem Management zufolge realisieren. Weitere strategisch-rationale Gründe sind eine gemeinsame Kundenbasis, starke Marken und aus der horizontalen Integration resultierende operative Synergieeffekte.

7.1.4 REEBOK-Geschäftsmodell vor der Transaktion

Mit der Gründung der Firma J.W. FOSTER and SONS beginnt 1895 in Bolton (Großbritannien) die Unternehmensgeschichte von REEBOK. 1924 wurden erstmals bei den Olympischen Sommerspielen Sportler mit Schuhen von REEBOK ausgestattet. 1958 gründeten Enkel der Firmengründer das Gemeinschaftsunternehmen REEBOK. Der Markenname REEBOK ist Afrikaans für Rehantilope. 1979 entdeckte PAUL FIREMAN während einer internationalen Handelsshow REEBOK-Schuhe und sicherte sich die Vertriebsrechte für den nordamerikanischen Markt. Mit der Einführung von Laufschuhen im selben Jahr begann der Siegeszug der Marke REEBOK. Seit 1982 wurde das REEBOK-Schuhportfolio mit dem Aerobic-Schuh „Freestyle" erweitert, der mit der Fitnesswelle zu einem der meistverkauften Schuhe aller Zeiten wurde. Der Umsatz von Reebok stieg von 1982 bis 1986 von 3,5 Mio. US $ auf 919 Mio. US $, was REEBOK USA zeitweise zur Nummer eins der Sportschuhbranche vor NIKE machte. 1985 übernahm REEBOK USA die britische REEBOK und ging unter dem Namen REEBOK INTERNATIONAL an die Börse. Es folgten zahlreiche Akquisitionen wie die des Freizeitschuhherstellers ROCKPORT und des Sportschuhherstellers AVIA. Berühmt wurde Reebok durch weitere Produktinnovationen wie den aufblasbaren Basketballschuh „Pump".

In den 90er Jahren ließ der Aufschwung im Sportschuhmarkt nach. REEBOK litt zunehmend unter dem sich verändernden Geschmack der Verbraucher und der Konkurrenz kleinerer Hersteller. Der Marktanteil ging von 22 Prozent auf 13 Prozent zurück. In den vergangenen Jahren konnte sich Reebok durch die Einführung sportorientierter Lifestyle-Produkte und dank steigender Popularität von Sportschuhen zunehmend erholen. Seit Ende der 90er Jahre sicherte sich REEBOK attraktive Lizenzrechte für Profisportausrüstungen. REEBOK ist exklusiver Hersteller von Trikots für die nordamerikanische Football-Liga NFL, die Eishockey-Liga NHL und die Baseball-Liga MLB und war bis zur Übertragung der Lizenzvereinbarung an ADIDAS in 2006 offizieller Ausrüster der Basketball-Liga NBA. Mit der vor einigen Jahren erfolgreich eingeführten Freizeitschuhproduktlinie „RBK" wendet sich REEBOK hauptsächlich an die modebewusste und trendsetzende Hip-Hop-Szene. Rap-Musiker wie JAY-Z oder

MARY J. BLIGE haben Werbeverträge mit REEBOK. Im Sportbereich hat REEBOK die Tennisspielerin VENUS WILLIAMS und den Basketballstar ALLEN IVERSON unter Vertrag.[306]

7.1.5 REEBOK-SWOT-Analyse

Wie bereits für ADIDAS muss zur Beurteilung der strategisch-rationalen Vorteilhaftigkeit der ADIDAS-REEBOK-Transaktion eine SWOT-Analyse für REEBOK vorgenommen werden. Vor der Übernahme durch ADIDAS war REEBOK durchaus mit Problemen konfrontiert. Die starke Lifestyle-Ausrichtung ging zu Lasten der Sport-Performance-Orientierung. Hinter den Marktführern NIKE und ADIDAS hat REEBOK Marktanteile verloren. Wettbewerber wie ASICS und PUMA konkurrierten zunehmend mit Produkt- und Technologieinnovationen um REEBOK-Marktanteile. Die Führung von REEBOK stand damit unter Handlungszwang, entweder strategisch zu den erfolgreichen Wettbewerbern aufzuschließen oder die aufstrebende Konkurrenz abzuhängen. Vor der Integration von REEBOK in den ADIDAS-Konzern stellte sich die REEBOK-Ausgangslage gemäß der Analyse der Verfasserin dieser Arbeit und aufbauend auf REEBOK-Geschäftsberichtszahlen wie folgt dar:

[306] Vgl. zu den letzten beiden Absätzen http://www.reebok.com/useng/history/2000.html.

Stärken:	**Chancen**
Finanziell: •9,5 Prozent Zunahme der Nettoverkaufszahlen zum 30.06.2005 auf 1,801 Mio. US $ *Strategisch:* •Sport-Performance- und Lifestyle-Marke •Hoher Marktanteil in USA •Starke Präsenz in GB •Exklusive Lizenzpartnerschaften mit den wichtigsten US-Sportligen (NBA, NHL, NFL, MLB) •Strategische Partnerschaften mit Sport- und Musikstars •Marktführer im Markt für Frauen-Sportartikel	•Potential zum Marktanteilsausbau im europäischen/asiatischen Markt •Markenerweiterung/Einführung neuer Marken •Verbesserung des Markenimages in Richtung „Trendsetter, In-Marke" •Aufbau weiterer strategischer Partnerschaften •Erweiterung des Sportsponsoring-/Ligalizenzportfolios •Eintritt in neue wachstumsstarke Sportartikelsegmente
Schwächen: •Zu starke Lifestyle-Konzentration bei gleichzeitiger Vernachlässigung der Sport-Performance •Schwaches Markenimage •Niedrige Marktanteile in Osteuropa, Asien •Kein Zugang zu wichtigen Wachstumsmärkten	**Risiken:** •Marktanteilsverluste im US-Markt •Verlust strategischer Vertriebshändler •Gesamtwirtschaftliche, branchenspezifische, regulatorische, finanzielle, politische und rechtliche Risiken •Verlust unrentabler Marken/Segmente bei finanziellen Schwierigkeiten

Abb. 50: SWOT-Matrix der Unternehmenssituation von REEBOK vor der Übernahme durch ADIDAS.

Quelle: eigene Darstellung

Eine strategisch-rationale Überprüfung der SWOT-Analyse von REEBOK zeigt bereits die Probleme und Risiken von REEBOK. Diese sind von der ADIDAS-Führung jedoch erst ein Jahr nach der Transaktion bestätigt worden. Es stellt sich die Frage, wie das Management von ADIDAS die mit der REEBOK-Übernahme verbundenen Schwierigkeiten übersehen konnte, wenn im Vorfeld der Transaktion eine Due Diligence erfolgt ist?

7.1.6 Integrative SWOT-Analyse

Aus der Analyse der individuellen strategischen Ausgangslage beider Unternehmen sind Ansatzpunkte für ökonomische Integrationsmöglichkeiten erkennbar. Diese Potentiale müssen in Form von operativen sowie finanziellen Synergien, strategischen

Optionen und Transformationsmaßnahmen wirtschaftlich erschlossen werden. Neben den angeführten Transaktionschancen sind bei einer strategisch-rationalen Entscheidung aber auch daraus resultierende Integrations- und Transformationsrisiken zu beachten.

Integrationsrisiken bestehen in struktureller, technischer, kultureller und emotionaler Hinsicht und können zu Verspätungen, zusätzlichen Mehrkosten, eingeschränkten Synergierealisierungsmöglichkeiten, Mitarbeiterfluktuation und reduzierten ökonomischen Aussichten führen. Vor allem bei grenzüberschreitenden Transaktionen können Kulturkonflikte auf persönlicher sowie unternehmensbezogener Ebene entstehen. Auch wenn die Mentalitätsunterschiede auf den ersten Blick unerheblich scheinen, zeigen prominente gescheiterte Transaktionsbeispiele die mit der Übernahme eines nordamerikanischen Unternehmens verbundene Problematik. Zudem trifft bei der Übernahme von REEBOK durch ADIDAS eine lifestyle- und modeorientierte Ausrichtung auf eine traditionelle, performance- und technologiefokussierte Geschäftskultur. Auch Wettbewerberreaktionen, wie offenes Lobbying gegen die Transaktion bzw. der direkte Angriff auf dem Heimatmarkt bspw. mit Sportsponsoringverträgen, sind bei der strategisch-rationalen M&A-Entscheidung zu berücksichtigen.

Abbildung 51 fasst wieder basierend auf Untersuchungen der Verfasserin dieser Arbeit und Geschäftsberichtszahlen das integrierte Unternehmen in einer SWOT-Analyse zusammen:

Stärken:	**Chancen**
Finanziell: • Jährliche Kostensynergien in Höhe von 150 Mio. US $ ab dem dritten Jahr nach Closing durch Einsparungen in den Bereichen Vertrieb, Marketing, Distribution, Verwaltung und IT *Strategisch:* •Erweitertes Markenportfolio •Vorteile/Kompetenzen in den Bereichen Performance, F&E **und** Mode-/Lifestyle •Dominierende Präsenz in allen wichtigen globalen Sportligen, breites Testimonial-Netzwerk aus Sport-/Musikstars, strategische Partnerschaften mit FIFA und Olympia •Informations- und Erfahrungsaustausch •Operative Synergieeffekte (Umsatzsynergien) •Gemeinsame Nutzung bestehender Vertriebskanäle	*Finanziell:* •Umsatz- und Gewinnwachstum •Cashflow-Steigerung •Reduzierung von Finanzverbindlichkeiten und Optimierung des Verschuldungsgrades •Aktienkurs- und Dividendensteigerung *Strategisch:* •Neue Geschäftschancen •Geographisch ausgewogenes Umsatzprofil •Erweitertes Produkt- und Markenportfolio •Optimierung der Beschaffungskette •Economies of Scale/Economies of Scope •Verbesserung des Bekanntheitsgrades und der Verkaufszahlen von ADIDAS in den USA •Chancen für REEBOK in Asien •Mobilisierung attraktiver Käuferschichten mit strategischen Partnerschaften •Marktanteilsausbau im Frauensportsegment •Potential im Wachstumsmarkt Nordic Walking durch REEBOK und im Running durch ADIDAS •Ausbau der führenden Stellung bei Produktinnovationen
Schwächen: •Integrationsprobleme •Kulturelle und unternehmenskulturelle Differenzen •Schwierigkeiten beim Ausbau des US-Geschäftes wegen Mitkonkurrent NIKE •Zu starke Konzentration von ADIDAS auf Nischen- und Randsportarten bei gleichzeitiger Vernachlässigung der Kommunikationspolitik hinsichtlich großer Käuferschichten	**Risiken:** •Wertverlust durch Integrationsprobleme •Fehlende Kunden-/Konsumentenakzeptanz •Markenimagerisiken •Portfoliorisiken •Management-Hybris •Globale, gesamtwirtschaftliche, branchenspezifische, regulatorische, finanzielle, politische und rechtliche Risiken •Gefahr kultureller und unternehmenskultureller Unterschiede

Abb. 51: SWOT-Analyse ADIDAS nach der Übernahme von REEBOK.

Quelle: eigene Darstellung

7.2 *Analyse der ADIDAS-REEBOK-Transaktion*

7.2.1 Transaktionsgrundlagen

Gemäß den allgemeinen Grundlagen und der M&A-Definition kann die ADIDAS-REEBOK-Transaktion als klassische Akquisition bezeichnet werden, bei der ein Transfer von Eigentumsrechten und die Übertragung von Leitungs-, Weisungs- und Kontrollbefugnissen vollzogen wurde. Mit dem Erwerb von REEBOK durch ADIDAS behielt REEBOK die rechtliche Selbständigkeit unter neuer Eigentümerstruktur bei. Die Übernahme erfolgte nach § 433 I Satz 1 BGB (Sachkauf) als Asset Deal mit Übertragung aller Wirtschaftsgüter. Hinsichtlich der erörterten Ordnungskriterien für Unternehmenszusammenschlüsse ist der REEBOK-Erwerb als langfristig ausgelegte horizontale Unternehmensverbindung ohne Produktausweitung zu betrachten. Die Finanzierung der REEBOK-Übernahme ist als Außenfinanzierung in Form von

Fremdkapital und Eigenkapitaleinlagen erfolgt. Dabei wurden im Geschäftsjahr 2006 Privatplatzierungen in den USA, Europa und Asien mit einem Gesamtbetrag von 1,3 Mrd. € begeben.[307] Der Kaufpreis in Höhe von 3,1 Mrd. €, der bar bezahlt wurde, bedeutet eine Prämie von 34,2 Prozent verglichen mit dem Schlusskurs der REEBOK-Aktie vom 2. August 2005.[308] Den REEBOK-Aktionären wurde 59,00 US $ pro Aktie gezahlt.[309]

7.2.2 Transaktionsziele

Unternehmenszusammenschlüsse werden aus dem Bestreben heraus getätigt, bestimmte strategische und finanzielle Vorteile zu realisieren. Zu den strategischen Zielen der Akquisition von REEBOK zählen die Erweiterung der geographischen Reichweite, die Erhöhung der langfristigen Wachstumschancen und ein ausgewogenes Umsatzprofil. REEBOK soll das internationale ADIDAS-Profil und die Präsenz von ADIDAS auf dem nordamerikanischen Markt ergänzen und verbessern. Durch die Übernahme von REEBOK verfügt ADIDAS über ein umfangreicheres Markenportfolio, das mit der Marke ADIDAS den Sport-Performance-Bereich abdeckt und mit REEBOK den globalen Sport- und Lifestyle-Kunden bedienen kann. Auch im Bezug auf Sportkategorien kann ADIDAS mit REEBOK über ein erweitertes Produktangebot verfügen, das die wesentlichen Sportarten wie Fußball, Basketball, Running, American Football, Hockey, Tennis, Training, Outdoor und Golf beinhaltet. Mit dem Erwerb von REEBOK steigt die Markenpräsenz im Sponsoring von Sportteams, einzelnen Athleten, Sportveranstaltungen und Sportligen. Damit wird die Sichtbarkeit der Marke deutlich zunehmen. Durch die Transaktion verfügt die ADIDAS-Gruppe über ein erweitertes F&E-Wissen und zusätzliche Spitzentechnologien. Durch die Zusammenführung der Kompetenzen von ADIDAS und REEBOK kann die Einführung neuer Produkte und der Ausbau der Technologieführerschaft beschleunigt werden.

Aus finanzieller Sicht rechtfertigt das ADIDAS-Management die Übernahme von REEBOK mit einem Wertzuwachs für das ADIDAS-Ergebnis je Aktie im ersten vollen Geschäftsjahr nach Closing. Ab dem dritten Jahr nach Abschluss der Transaktion soll eine die Kapitalkosten übersteigende Rendite erwirtschaftet werden. Die Unternehmensführung erwartet aus der kombinierten Finanzkraft zudem hohe operative

---

[307] Vgl. Geschäftsbericht 2006 ADIDAS Group.
[308] Vgl. http://www.adidas-group.com/de/investor/_downloads/pdf/pressemeldungen/reebok-d.pdf (03.08.2005, S. 1).
[309] Vgl. ebd.

Cashflows, die eine Reduzierung der Finanzverbindlichkeiten bei gleichzeitiger Realisierung der angestrebten Wachstumsziele ermöglichen. Hinsichtlich zu generierender Synergiepotentiale geht die ADIDAS-Unternehmensführung von operativen Synergien für 2007 in Höhe von 100 Mio. €, für 2008 in Höhe von 250 Mio. € und für 2009 in Höhe von 500 Mio. € aus. Den Umsatzsynergien sollen durchschnittliche jährliche Einzelaufwendungen zwischen 15 Mio. € und 25 Mio. € in den Jahren 2007 bis 2009 entgegenstehen. Kosteneinsparungen von ca. 125 Mio. € erhofft sich ADIDAS durch Verbundeffekte. Die zur Erzielung der erwarteten jährlichen Kostensynergien und operativen Einsparungen ausgewählten Initiativen zeigt Abbildung 52.[310]

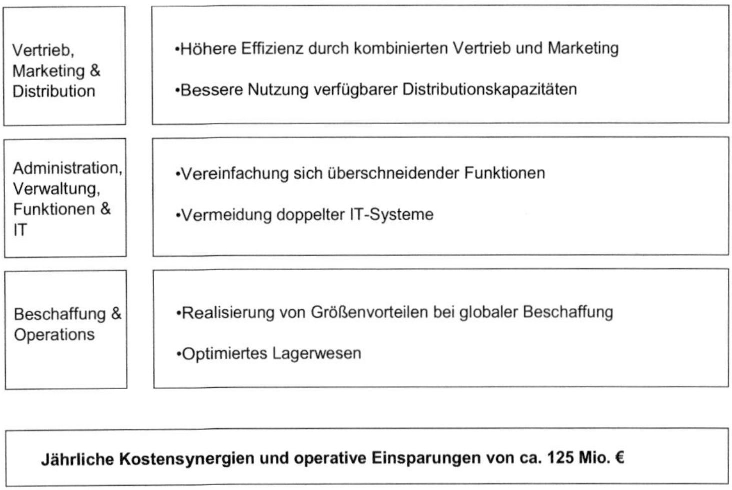

Abb. 52: Operative Effizienzsteigerungspotentiale.

Quelle: eigene Darstellung, in Anlehnung an Geschäftsbericht 2006 ADIDAS Group

[310] Vgl. zum gesamten Absatz http://www.adidas-group.com/de/investor/_downloads/pdf/pressemeldungen/reebok-d.pdf (03.08.2005, S. 4).

7.2.3 Erfolgsmessung der ADIDAS-REEBOK-Transaktion

7.2.3.1 Kennzahlenanalyse

7.2.3.1.1 Gewinn-und-Verlust-Rechnung[311]

Die Übernahme von REEBOK spiegelt sich deutlich im Ergebnis 2006 und in den Ergebnissen für das erste Quartal 2007. Die Akquisition, die auf die Erweiterung des Produktangebots und die Erhöhung der langfristigen Wachstumschancen zielt, zeigt sich am deutlichsten im Anstieg des Konzernumsatzes. Währungsbereinigt stieg der Konzernumsatz in 2006 um 53 Prozent, der Umsatz des Konzerns ohne REEBOK legte währungsbereinigt um 14 Prozent zu. Mit 10,084 Mrd. € übertraf der Konzernumsatz zum ersten Mal in der Konzerngeschichte die 10-Milliarden-Euro-Marke. Auch im ersten Quartal 2007 stieg der Konzernumsatz währungsbereinigt um 9 Prozent. Dieser Anstieg ist hauptsächlich auf die Einbeziehung eines zusätzlichen Monats im Vergleich zum Vorjahr für das Segment REEBOK zurückzuführen. Auf währungsbereinigter Basis legte der Umsatz in allen Regionen im ersten Quartal 2007 zu, mit Ausnahme von Nordamerika. Die lediglich stabile Entwicklung auf dem wichtigen nordamerikanischen Markt, dem Heimatmarkt von REEBOK, zeigt die dort bestehenden Schwierigkeiten, mit denen sich der ADIDAS-Konzern in Zukunft auseinandersetzen muss. Bei Betrachtung der einzelnen Bereiche fällt auf, dass im ersten Quartal 2007 das Segment ADIDAS mit einem währungsbereinigten Umsatzwachstum von 7 Prozent am stärksten zum Konzernumsatz beigetragen hat. Im Segment REEBOK stieg der Umsatz währungsbereinigt um 22 Prozent. Dieser Vergleich hinkt jedoch, da im Vorjahr lediglich zwei Monate konsolidiert wurden. Auf vergleichbarer Basis, unter Berücksichtigung des Umsatzes für die kompletten drei Monate und ohne die Übertragung des NBA- und des Liverpool-Lizenzgeschäftes auf die Marke ADIDAS, ging der Umsatz von REEBOK währungsbereinigt um 5 Prozent zurück. Bei dieser Entwicklung stellt sich für die Verfasserin dieser Arbeit die Frage, ob ADIDAS das Umsatzplus nicht auch ohne REEBOK durch organisches Wachstum und ohne die mit der Übernahme verbundenen Schwierigkeiten erreicht hätte.

[311] Vgl. zum gesamten Abschnitt Geschäftsbericht 2006 ADIDAS Group, Bericht zum ersten Quartal 2007 ADIDAS Group und Anhang.

Im Zuge des Umsatzwachstums stiegen in 2006 die Umsatzkosten[312] auf 5,589 Mrd. €. In 2006 lagen die Umsatzkosten um 63 Prozent über den Umsatzkosten des Vorjahres. Darin zeigt sich deutlich ein höherer Beschaffungsaufwand infolge der erstmaligen Konsolidierung des REEBOK-Geschäfts. Für den Konzern ohne REEBOK erhöhten sich die Umsatzkosten um 15 Prozent, was dem Umsatzwachstum entspricht. Die hohen Umsatzkosten zeigen, dass es dem Konzern in 2006 nicht gelungen ist, bei der Beschaffung durch Verbundeffekte Kosten einzusparen.

Die Rohertragsmarge[313] des ADIDAS-Konzerns ging in 2006 um 3,6 Prozentpunkte auf 44,6 Prozent der Umsatzerlöse zurück. Der Hauptgrund für den Rückgang war die Übernahme von REEBOK, die die positive Entwicklung der Rohertragsmarge im Segment ADIDAS mehr als ausglich. Die starke Präsenz von REEBOK auf dem nordamerikanischen Markt, auf dem die durchschnittlichen Rohertragsmargen im Vergleich zu anderen Regionen deutlich niedriger sind, belastete die Konzern-Rohertragsmarge. Für den Konzern ohne REEBOK verringerte sich die Rohertragsmarge lediglich um 0,4 Prozentpunkte auf 47,8 Prozent. Im ersten Quartal 2007 stieg die Rohertragsmarge des ADIDAS-Konzerns um 1,8 Prozentpunkt auf 46,8 Prozent. Der Anstieg der Rohertragsmarge kann mit dem Wegfall negativer Effekte aus der Kaufpreisaufteilung in Höhe von 22 Mio. € und auf erste Kostensynergien in der Beschaffung erklärt werden. Das REEBOK-Segment trug jedoch auch im ersten Quartal 2007 nicht zum Anstieg der Rohertragsmarge bei.

Dank des starken Umsatzwachstums des Konzerns stieg das Rohergebnis[314] in 2006 um 41 Prozent auf 4,459 Mrd. € an. Das Rohergebnis für den Konzern ohne REEBOK verbesserte sich um 13 Prozent auf 3,605 Mrd. €. Mit der Verbesserung der Konzern-Rohertragsmarge auf 46,8 Prozent war ein Anstieg des Rohergebnisses im ersten Quartal 2007 um 7 Prozent auf 1,188 Mrd. € verbunden.

Ein deutlicher Anstieg erfolgte im Geschäftsjahr 2006 auch bei den Lizenz- und Provisionserträgen, die auf währungsbereinigter Basis um 94 Prozent zulegen konnten.

---

[312] Umsatzkosten: Kosten für Beschaffung und Herstellung von Produkten, bspw. Rohmaterial-, Herstellungs- und Lieferkosten, sowie Zölle und Kosten für die Auslieferung an Vertriebsgesellschaften.

[313] Rohertragsmarge: Rohergebnis im Verhältnis zum Umsatz. Rohertragsmarge = (Rohergebnis/Umsatz) x 100.

[314] Rohergebnis: Differenz zwischen Umsatz und Umsatzkosten. Rohergebnis = Umsatz – Umsatzkosten.

Für diese positive Entwicklung war die erstmalige Konsolidierung von REEBOK verantwortlich. Der Konzern ohne REEBOK konnte bei den Lizenz- und Provisionserträgen einen währungsbereinigten Anstieg von lediglich 19 Prozent verbuchen. In der Entwicklung der Lizenz- und Provisionserträge zeigt sich die Bedeutung der REEBOK-Lizenzpartnerschaften mit den wichtigsten nordamerikanischen Ligen. Die Übertragung von Lizenzverträgen (NBA/Liverpool) von REEBOK auf ADIDAS im Zuge der Transaktion kann als Indiz für die Machtverhältnisse im Konzern betrachtet werden.

Im Geschäftsjahr 2006 gingen die operativen Aufwendungen[315] im Verhältnis zum Umsatz um 1,5 Prozentpunkte auf 36,7 Prozent zurück. Für diesen Rückgang sind hauptsächlich die unter dem Konzerndurchschnitt liegenden operativen Aufwendungen der Marke REEBOK verantwortlich. Absolut betrachtet stiegen die operativen Aufwendungen in 2006 um 46 Prozent auf 3,704 Mrd. €. Die operativen Aufwendungen für den Konzern ohne REEBOK beliefen sich auf 38 Prozent der Umsatzerlöse und lagen damit um 0,2 Prozentpunkte unter dem Vorjahresniveau.

Das Marketing Working Budget[316] des Konzerns ging in 2006 im Verhältnis zum Umsatz um 1,3 Prozentpunkte auf 12,9 Prozent zurück. Das Marketing Working Budget von REEBOK liegt im Verhältnis zum Umsatz deutlich unter dem Konzerndurchschnitt. Hauptgrund dafür ist der im Vergleich zum ADIDAS-Segment niedrigere Anteil von Performance-Produkten bei REEBOK. Da ADIDAS plant, REEBOK langfristig als Performance-Anbieter zu etablieren, ist neben den bereits erwähnten Kannibalisierungseffekten auch ein höheres Marketing Working Budget zu kalkulieren.

Auch die operativen Gemeinkosten[317] gingen im Verhältnis zum Umsatz in 2006 um 0,2 Prozentpunkte auf 23,8 Prozent zurück. Ohne REEBOK blieben die operativen Gemeinkosten im Verhältnis zum Umsatz mit 24,0 Prozent konstant.

---

[315] Operative Aufwendungen: In Verbindung mit dem Geschäftsbetrieb anfallende Kosten, die nicht direkt auf die verkauften Produkte umzulegen sind, bspw. Aufwendungen für Vertrieb, Marketing, F&E, allgemeine Verwaltung sowie Abschreibungen auf Vermögenswerte, die nicht der Produktion dienen.

[316] Marketing Working Budget: Aufwendungen für Promotion und Kommunikation (Sponsoring-Verträge mit Teams und Einzelsportlern) sowie Werbung, Einzelhandelsunterstützung, Veranstaltungen und andere Kommunikationsaktivitäten.

[317] Operative Gemeinkosten: In Verbindung mit dem Geschäftsbetrieb anfallende Kosten, die nicht direkt auf die verkauften Produkte umzulegen sind, bspw. Kosten für Vertrieb, Marketing, Logistik, F&E sowie allgemeine Verwaltungskosten.

Die operative Marge[318] des ADIDAS-Konzerns verringerte sich im Geschäftsjahr 2006 um 1,9 Prozentpunkte auf 8,7 Prozent der Umsatzerlöse. Da die operative Marge von REEBOK deutlich unter dem Konzerndurchschnitt liegt, kann der Rückgang der operativen Konzernmarge mit der erstmaligen Konsolidierung von REEBOK erklärt werden. Die operative Marge von REEBOK beinhaltet zudem negative Effekte aus der Kaufpreisaufteilung auf Umsatzkosten und operative Aufwendungen in Höhe von 89 Mio. €. Ohne REEBOK ging die operative Marge des Konzerns in 2006 um 0,2 Prozentpunkte auf 10,5 Prozent zurück. In 2006 konnte der Konzern keine Kostensynergien aus dem Erwerb von REEBOK realisieren. Erste Kostensynergien, die wiederum die operative Marge 2007 positiv beeinflussen, werden in 2007 erwartet. Auch im ersten Quartal 2007 verringerte sich die operative Marge des Konzerns um 1,1 Prozentpunkte auf 9,0 Prozent. Dafür verantwortlich waren zeitliche Effekte im Marketing Working Budget im Zusammenhang mit der REEBOK-Revitalisierung und überdurchschnittlich hohe operative Aufwendungen im Verhältnis zum Umsatz.

Das Betriebsergebnis[319] des Konzerns konnte in 2006 dank des starken Umsatzwachstums um 25 Prozent auf 881 Mio. € gesteigert werden. Das Betriebsergebnis des Konzerns ohne REEBOK verbesserte sich um 12 Prozent auf 789 Mio. €. Infolge der hohen Zunahme der operativen Aufwendungen im ersten Quartal 2007, die die Verbesserung des Rohergebnisses mehr als aufhob, ging auch das Betriebsergebnis um 8 Prozent auf 229 Mio. € zurück.

Durch die Übernahme von REEBOK sind die Nettofinanzaufwendungen des Konzerns in 2006 um 203 Prozent auf 158 Mio. € gestiegen. Dieser Anstieg ist auf die Finanzierung der Akquisition zurückzuführen. Der Mittelabfluss erfolgte Ende Januar 2006. Auch die Finanzaufwendungen des Konzerns legten im Berichtszeitraum 2006 um 111 Prozent auf 197 Mio. € zu. Als Konsequenz aus dem Anstieg der Nettofinanzaufwendungen und der Finanzaufwendungen sowie der Reduzierung der Finanzmittel durch die Kaufpreiszahlung verringerten sich die Konzern-Finanzerträge um 5 Prozent auf 39 Mio. €.

Den Gewinn vor Steuern von 723 Mio. € konnte der ADIDAS-Konzern in 2006 um 10 Prozent dank operativer Verbesserungen in den Segmenten ADIDAS und TAYLOR

[318] Operative Marge: Indikator für die Profitabilität eines Unternehmens nach Umsatzkosten und operativen Aufwendungen. Operative Marge = (Betriebsergebnis/Umsatz) x 100.

[319] Betriebsergebnis: Betriebsergebnis = Rohergebnis + Lizenz- und Provisionserträge – Marketing Working Budget – operative Gemeinkosten.

MADE–ADIDAS Golf steigern. In Prozent der Umsatzerlöse verringerte sich der Gewinn vor Steuern infolge des hohen Umsatzwachstums, der niedrigeren operativen Marge und der hohen Nettofinanzaufwendungen aus dem Erwerb von REEBOK jedoch um 2,7 Prozentpunkte auf 7,2 Prozent. Auch der Gewinn aus dem fortgeführten Geschäft[320] stieg im Geschäftsjahr um 14 Prozent auf 496 Mio. € an. Zu diesem Ergebnis hat die hohe Umsatzsteigerung maßgeblich beigetragen. Im Gegensatz zum Gewinn vor Steuern in 2006 ging der Gewinn vor Steuern im ersten Quartal 2007 um 13 Prozent auf 191 Mio. € zurück. Zu dieser Entwicklung trugen der Rückgang des Betriebsergebnisses und um 36 Prozent auf 38 Mio. € gestiegene Nettofinanzaufwendungen bei.

7.2.3.1.2 Bilanz und Kapitalflussrechnung[321]

Die Übernahme von REEBOK hat sich auch auf die Konzern-Bilanzpositionen ausgewirkt. Die Bilanzsumme hat im Vergleich zu 2005 stark zugenommen, da seit dem 31. Januar 2006 auch die Vermögenswerte und Verbindlichkeiten von REEBOK in der ADIDAS-Bilanz konsolidiert werden. Zum Ende des Geschäftsjahres stieg die Bilanzsumme des Konzerns um 46 Prozent auf 8,379 Mrd. € an.

Auch die Vorräte nahmen durch die erstmalige Einbeziehung des REEBOK-Geschäftes um 31 Prozent auf 1,607 Mrd. € zu. Für den Konzern ohne REEBOK gingen die Vorräte um 2 Prozent zurück. Wie die Vorräte konnten auch die Forderungen aus Lieferungen und Leistungen um 47 Prozent auf 1,415 Mrd. € zulegen. Für den Konzern ohne REEBOK verringerten sich die Forderungen aus Lieferungen und Leistungen um 1 Prozent. Zum Ende des ersten Quartals 2007 gingen die Konzernvorräte um 3 Prozent auf 1,536 Mrd. € zurück. Die Forderungen aus Lieferungen und Leistungen verringerten sich um 6 Prozent auf 1,777 Mrd. €. Diese Entwicklung liegt deutlich unter dem Umsatzwachstum.

Die sonstigen kurzfristigen Vermögenswerte des Konzerns gingen in 2006 um 23 Prozent auf 413 Mio. € zurück. Für den Konzern ohne REEBOK sanken die sonstigen kurzfristigen Vermögenswerte um 40 Prozent wegen niedrigerer positiver Marktwerte von Finanzinstrumenten. Auch die erstmalige Einbeziehung sonstiger kurzfris-

[320] Gewinn aus fortgeführtem Geschäft: Unternehmensgewinn ohne Gewinn oder Verlust aus nicht fortgeführtem Geschäft und Ergebnisanteilen anderer Gesellschafter.
[321] Vgl. zum gesamten Abschnitt Geschäftsbericht 2006 ADIDAS Group, Bericht zum ersten Quartal 2007 ADIDAS Group und Anhang.

tiger REEBOK-Vermögenswerte in Höhe von 90 Mio. € konnte den Rückgang nicht ausgleichen.

Das Anlagevermögen des Konzerns stieg zum Ende des Geschäftsjahres 2006 um 274 Prozent auf 3,988 Mrd. €. Dieser Anstieg resultiert hauptsächlich aus der erstmaligen Einbeziehung von REEBOK. Infolge der Kaufpreisaufteilung konnten immaterielle Vermögenswerte in Höhe von 1,674 Mrd. € und 1,165 Mrd. € für Markenrechte und sonstige immaterielle Vermögens- bzw. Firmenwerte aktiviert werden. Sonstige Zugänge im Wert von 301 Mio. € wurden durch Abschreibungen und Abgänge in Höhe von 245 Mio. € nahezu ausgeglichen. Vermögenswerte von 30 Mio. € wurden in zur Veräußerung gehaltene Vermögenswerte transferiert. Währungseffekte wirkten sich mit 265 Mio. € negativ auf das Anlagevermögen aus.

Durch die erstmalige Konsolidierung sonstiger langfristiger REEBOK-Vermögenswerte in Höhe von 6 Mio. € stiegen die sonstigen langfristigen Konzernvermögenswerte um 10 Prozent auf 134 Mio. €. Für den Konzern ohne REEBOK nahmen die sonstigen langfristigen Vermögenswerte um 5 Prozent zu.

Die Verbindlichkeiten des ADIDAS-Konzerns aus Lieferungen und Leistungen stiegen im Geschäftsjahr 2006 um 10 Prozent auf 752 Mio. €. Hauptgrund für diesen Anstieg waren Verbindlichkeiten von REEBOK im Wert von 139 Mio. €. Für den Konzern ohne REEBOK gingen die Verbindlichkeiten aus Lieferungen und Leistungen im Vorjahresvergleich um 10 Prozent zurück. Die sonstigen langfristigen Verbindlichkeiten stiegen zum Ende des Geschäftsjahres 2006 um 87 Prozent auf 43 Mio. €. Dieser Anstieg resultiert hauptsächlich aus einem höheren Anteil von Rechnungsabgrenzungsposten. Für den ADIDAS-Konzern ohne REEBOK nahmen die langfristigen Verbindlichkeiten um 86 Prozent zu.

Das Eigenkapital des ADIDAS-Konzerns stieg in 2006 um 5 Prozent auf 2,828 Mrd. €. Die Eigenkapitalrentabilität[322] als Kennziffer für die Aktionäre darüber, wie sich die eingesetzten Eigenmittel verzinst haben und wie rentabel die Geldanlage im Unternehmen ist, betrug in 2006 17 Prozent, was eine Steigerung im Vergleich zum Vorjahr von 3 Prozentpunkten bedeutet. Die Aufwendungen im Zusammenhang mit außerbilanziellen Positionen wie operative Leasingverträge und Mietausgaben nahmen

[322] Eigenkapitalrentabilität: Quotient aus Jahresüberschuss und Eigenkapital (EKR = (Gewinn/Eigenkapital)*100).

um 63 Prozent auf 278 Mio. € zu. Ohne REEBOK stiegen diese Ausgaben um 33 Prozent.

Die Nettofinanzverbindlichkeiten beliefen sich zum 31.12.2006 auf 2,231 Mrd. €. Verglichen mit einer Nettoliquidität von 551 Mio. € zum Ende des Geschäftsjahres 2005 entspricht das einem Anstieg um 2,782 Mrd. €. Verantwortlich für diese Zunahme war vor allem die Kaufpreiszahlung von rund 3,1 Mrd. € für REEBOK. Im Vergleich zum Ende 2005 angekündigten Ziel einer Nettofinanzverbindlichkeit von 2,5 Mrd. € hat sich dieser Posten in 2006 besser als erwartet entwickelt. Die Verschuldung des ADIDAS-Konzerns im Verhältnis zum Eigenkapital betrug zum Ende des Geschäftsjahres 78,9 Prozent. Auch zum ersten Quartal 2007 konnte der ADIDAS-Konzern die Nettofinanzverbindlichkeiten im Vergleich zum ersten Quartal 2006 um 15 Prozent auf 2,519 Mrd. € reduzieren.

Durch die Übernahme von REEBOK hat der Finanzierungsbedarf des Konzerns stark zugenommen. Infolgedessen hat der Konzern aus Sicherheitsbestrebungen die bestehenden Finanzierungsmöglichkeiten mittels Währungsoptionen, Währungs- und Zins-Swaps sowie Devisentermingeschäften „gehedged". Günstige Finanzierungsinstrumente wurden erhöht. Die Finanzierungsstruktur des Konzerns konnte durch Privatplatzierungen in den USA, Europa und Asien mit einem Gesamtbetrag von ca. 1,3 Mrd. € weiter diversifiziert werden. Dadurch reduzierte sich die Abhängigkeit von einzelnen Kreditinstituten und länderspezifischen Rahmenbedingungen. Die langfristige Flexibilität des Konzerns ist durch eine ungenutzte Konsortialkreditlinie in Höhe von 2,0 Mrd. € und weitere nicht genutzte bilaterale Kreditlinien bei verschiedenen Banken im Wert von 2,4 Mrd. € sichergestellt. Um das Währungsrisiko zu „hedgen", wurden Finanzierungen in US$ durch den Erwerb von auf US$ basierenden Vermögenswerten im Zusammenhang mit der Übernahme von REEBOK erhöht. Die Finanzierung der REEBOK-Akquisition hat infolge des gestiegenen Finanzierungsbedarfs und des dadurch entsprechend höheren gewichteten durchschnittlichen Finanzierungszinssatzes in der Konzern-Finanzierungsstruktur zu höheren Zinsrisiken geführt. Zur Reduzierung von Zinsrisiken wurden zinsvariable Vereinbarungen durch Absicherungsmaßnahmen wie festverzinsliche Zins-Swaps vor dem Anstieg der kurzfristigen Zinssätze geschützt. Da das Management in Zukunft steigende Zinsen erwartet, wurden zur mittelfristigen Senkung des Konzern-Verschuldungsgrades auf unter 50 Prozent bestehende niedrige Zinssätze festgeschrieben und der Anteil festverzinslicher Finanzierungen erhöht („Hedging").

Die REEBOK-Übernahme hat zu einem Anstieg der Mitarbeiterzahl geführt. Im Vergleich zu 2005 mit 15.935 Mitarbeitern waren bei ADIDAS in 2006 26.376 Mitarbeiter beschäftigt. Davon arbeiteten 42 Prozent des Personals in Europa (2005: 50 Prozent ohne REEBOK), 35 Prozent in den USA (2005: 22 Prozent ohne REEBOK), 19 Prozent in Asien (2005: 24 Prozent ohne REEBOK) und 4 Prozent in Lateinamerika (2005: 5 Prozent ohne REEBOK). Die Personalaufwendungen stiegen in 2006 um 54 Prozent auf 1,087 Mrd. €. Für den Konzern ohne REEBOK stiegen die Personalaufwendungen um 13 Prozent auf 800 Mio. €.

Als wichtiger Gradmesser zur Beurteilung der Vorteilhaftigkeit der Übernahme von REEBOK dient die Entwicklung der Auftragsbestände. Die Zahlen zu den Auftragsbeständen von REEBOK waren im gesamten Jahr 2006 rückläufig und lagen Ende 2006 währungsbereinigt 12 Prozent unter dem Vorjahreswert. Höhere Aufträge in Asien konnten die Rückgänge in Europa und in den USA nicht ausgleichen. Der Auftragsbestand der Marke ADIDAS legte in 2006 währungsbereinigt um 1 Prozent zu. Zum Ende des ersten Quartals 2007 stieg der Auftragsbestand des ADIDAS-Segments im Vergleich zum Vorjahresquartal währungsbereinigt um 7 Prozent. Diese Entwicklung ist auf Zuwächse in Europa und Nordamerika zurückzuführen. Erstmals seit Einbeziehung der Marke REEBOK in den ADIDAS-Konzern entwickelte sich auch der REEBOK-Auftragsbestand im ersten Quartal 2007 währungsbereinigt positiv.

7.2.3.2 **Aktienkursentwicklung**

Die ADIDAS-Aktienkursentwicklung in 2006 konnte den im Rahmen der Ankündigung versprochenen Wertzuwachs auf Basis des Ergebnisses je Aktie im ersten vollen Geschäftsjahr nach Closing nicht generieren.[323] Bedenken der Kapitalmärkte bezüglich der kurzfristigen Geschäftsaussichten von REEBOK und der Lage auf dem nordamerikanischen Sportartikelmarkt belasteten den Kurs der ADIDAS-Aktie.

Seit dem Börsengang im November 1995 legte die ADIDAS-Aktie absolut um 334 Prozent zu.[324] Im Vergleich zum Dax entwickelte sich die ADIDAS-Aktie um 200 Prozent besser.[325] In 2006 blieb die Aktie von ADIDAS mit einem Verlust von 6 Prozent hinter der Entwicklung von Dax (+ 22 Prozent) und MSCI World Textiles, Apparel &

[323] Vgl. http://www.adidas-group.com/de/investor/_downloads/pdf/pressemeldungen/reebok-d.pdf (03.08.2005, S. 3) und Geschäftsbericht 2006 ADIDAS Group.
[324] Vgl. Geschäftsbericht 2006 ADIDAS Group.
[325] Vgl. ebd.

Luxury Goods Index (+ 24 Prozent), in dem die Hauptwettbewerber von ADIDAS vertreten sind, zurück.[326] Von den 30 im Dax notierten Unternehmen wiesen lediglich zwei eine negative Performance in 2006 auf (ADIDAS und TUI).[327] Abbildung 53 zeigt die Entwicklung der ADIDAS-Aktie und wichtiger Indizes zum 31. Dezember 2006.

Entwicklung ADIDAS-Aktie und wichtiger Indizes in Prozent

	1 Jahr	3 Jahre	5 Jahre	Seit Börsengang
ADIDAS AG	-6	67	79	334
DAX	22	66	28	200
MSCI World Textiles, Apparel & Luxury Goods	24	74	130	148

Abb. 53: Die Entwicklung der ADIDAS-Aktie und wichtiger Indizes zum 31. Dezember 2006 in Prozent.

Quelle: Geschäftsbericht 2006 ADIDAS Group

[326] Vgl. Geschäftsbericht 2006 ADIDAS Group.
[327] Vgl. ZÜRCHER TREND (2006), S. 1.

Abb. 54: Vergleich Aktienkursentwicklung ADIDAS, NIKE, PUMA, Dax und MSCI World Textiles, Apparel & Luxury Goods 2002–2007.

Quelle: Bloomberg (2007)

Auch die folgenden Abbildungen 55 bis 57 verdeutlichen die schwache Performance-Entwicklung der ADIDAS-Aktie.

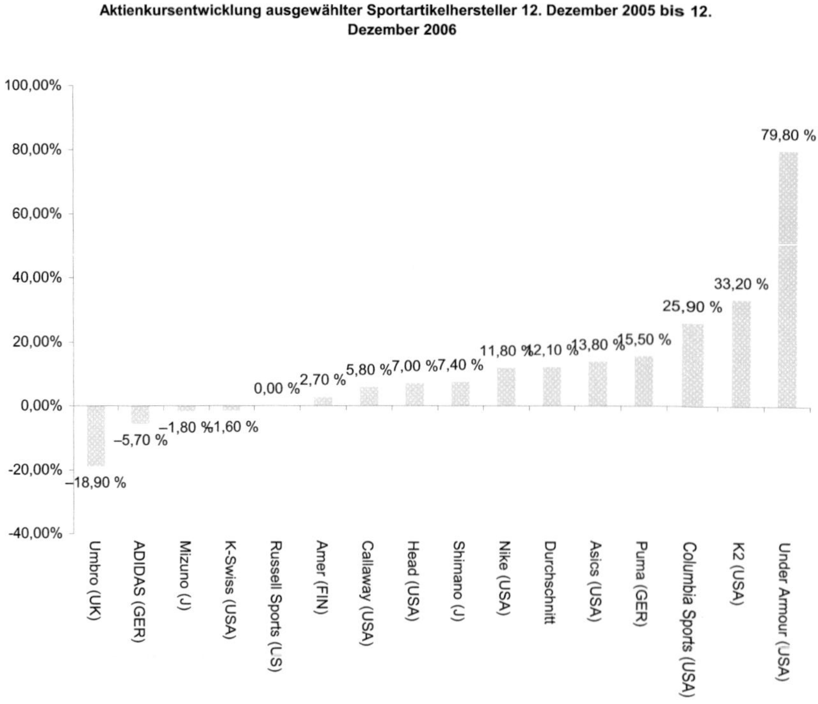

Abb. 55: Vergleich Aktienkursentwicklung ADIDAS-Aktie und andere Sportartikelausrüster.

Quelle: eigene Darstellung, in Anlehnung an Crédit Agricole Cheuvreux

Bezugsgruppenvergleich zum 12. Dezember 2006										
	Aktienkurs	Marktkapitalisierung	2007 estimated							
Unternehmen	(in lokaler Währung)	(in Mio. €)	KGV	KCF	Marktkapitalisierung/ Umsatz	EV/Umsatz	EV/EBITA	EBITA margin	EBITA CAGR 04-07e
Nike	97,1	19.718,9	15,2	12,6	1,50	1,48	9,8	15,0 %	11,3 %
K-Swiss	31,9	852,1	14,3	14,0	2,25	1,74	7,0	24,9 %	21,4 %
Under Armour	50,9	1.921,5	53,6	42,4	6,13	4,64	31,6	14,7 %	46,2 %
Amer Group	16,2	1.107,0	12,5	8,8	0,62	0,86	10,0	8,6 %	12,1 %
Mizuno	796,0	682,5	18,1	13,9	0,66	0,73	15,7	4,6 %	10,9 %
Puma	284,1	4.570,5	14,2	12,7	1,91	1,50	8,9	16,8 %	7,4 %
Callaway Golf	14,6	808,9	17,0	9,9	1,08	1,04	12,7	8,2 %	17,1 %
Durchschnitt			**15,2**	**11,9**	**1,30**	**1,20**	**10,7**	**13,0 %**	**13,4 %**
ADIDAS	37,8	8.273,8	14,6	12,0	0,82	1,00	10,7	9,4 %	16,1 %
ADIDAS Aufschlag (+) / Abschlag (–) für Nike			–4 %	–5 %	–45 %	–33 %	8 %	–38 %	42 %
ADIDAS Aufschlag (+) / Abschlag (–) für Bezugsgruppe			–4 %	1 %	–38 %	–18 %	0 %	–28 %	20 %

Abb. 56: Sportartikelausrüster-Bezugsgruppenvergleich.

Quelle: eigene Darstellung, in Anlehnung an Crédit Agricole Cheuvreux

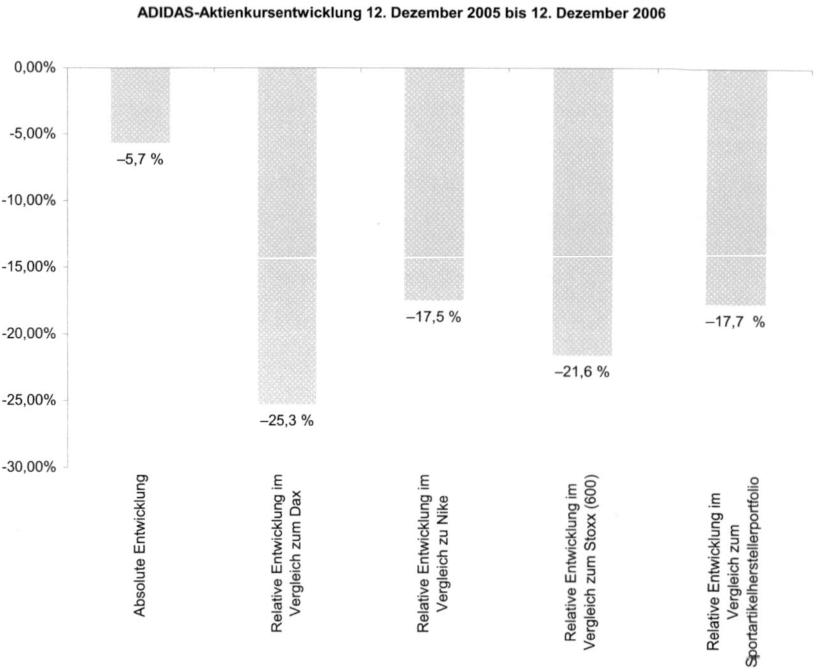

Abb. 57: Vergleich Aktienkursentwicklung ADIDAS-Aktie.

Quelle: eigene Darstellung, in Anlehnung an Crédit Agricole Cheuvreux

Abbildung 58 zeigt die KGV-Abschläge von ADIDAS im Vergleich zum Hauptkonkurrenten NIKE.

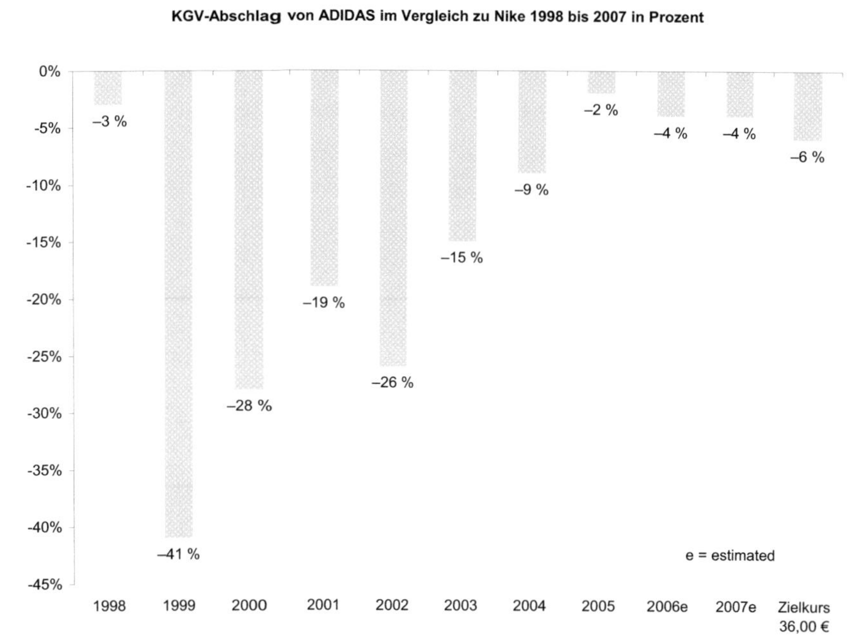

Abb. 58: KGV-Abschlag ADIDAS-Aktie im Vergleich zur NIKE-Aktie.

Quelle: eigene Darstellung, in Anlehnung an Crédit Agricole Cheuvreux

Im Gegensatz zur Aktienkursentwicklung liegt nach Berechnungen der UBS das Kurs-Gewinn-Verhältnis (KGV) von ADIDAS auf Basis des für 2007 erwarteten Ergebnisses bei 16,4 und damit deutlich niedriger als das des Marktführers NIKE mit 17,1 oder das von PUMA mit 19,1. Auch für 2008 schneidet das KGV von ADIDAS mit 13,7 besser ab als die KGVs von NIKE mit 15,0 und PUMA mit 17,2.[328]

Interessant zur Beurteilung der ADIDAS-Aktie ist auch der Vergleich von Analystenempfehlungen zu unterschiedlichen Zeitpunkten. Die folgenden Tabellen 15 und 16 stellen eine Auswahl von Analystenempfehlungen dar. Tabelle 15 ist aus ADIDAS-Geschäftsberichten entnommen, die Empfehlungen in Tabelle 16 wurden bei den Analystenhäusern abgefragt.

---

[328] Vgl. UBS Investment Research (2007).

Tab. 9: Analystenempfehlungen ADIDAS-Aktie.

Quelle: Geschäftsberichte ADIDAS-SALOMON AG und ADIDAS Group 2001–2006

Analystenempfehlungen aggregiert gemäß ADIDAS-Geschäftsbericht

	Verkaufen	Halten	Kaufen
Zum Jahresende 2006	6 %	56 %	38 %
Zum Jahresende 2005	0 %	25 %	75 %
Zum Jahresende 2004	3 %	36 %	61 %
Zum Jahresende 2003	6 %	36 %	58 %
Zum Jahresende 2002	8 %	40 %	52 %

Tab. 10: Empfehlungshistorie ADIDAS-Aktie.

Quelle: eigene Darstellung und West LB, DZ Bank, Sal. Oppenheim, Berenberg Bank, Crédit Agricole Cheuvreux, Dresdner Kleinwort und M. M. Warburg & Co. Investment Research

Empfehlungshistorie ADIDAS-Aktie unabhängige Analysten								
West LB	25.07.05	25.01.06	04.03.06	12.04.06	14.08.06	22.09.06	10.11.06	21.02.07
	kaufen	kaufen	kaufen	kaufen	halten	kaufen	halten	halten
DZ Bank	25.10.05	07.11.05	21.02.06	13.03.06	09.08.06	17.08.06	10.11.06	
		kaufen	kaufen	kaufen	kaufen	kaufen	kaufen	
Sal. Oppenheim				06.04.06				
				verkaufen				
Berenberg Bank	03.05.05	04.08.05	03.11.05	27.01.06	13.04.06	10.05.06	22.06.06	08.08.06
	kaufen	halten	kaufen	kaufen	kaufen	halten	kaufen	kaufen
Credit Agricole Cheuvreux	28.06.05	04.08.05	06.01.06	12.04.06	07.06.06		10.11.06	
	kaufen	kaufen	kaufen	kaufen	kaufen		verkaufen	
Dresdner Kleinwort	26.01.04	06.05.04	01.08.05	03.08.05	08.02.06	07.06.06		
	halten	kaufen	halten	kaufen	kaufen	keine Empfehlung		
M. M. Warburg & Co.	09.05.05	03.08.05	09.08.05	16.08.05	18.08.05	09.11.05	02.03.06	26.01.04
	kaufen	verkaufen	verkaufen	halten	halten	halten	kaufen	halten

Auch wenn die Mehrheit der Analysten hinsichtlich des mittel- und langfristigen Potentials der ADIDAS-Aktie optimistisch eingestellt ist, zeigen die Empfehlungen zum Jahresende 2006 Zurückstufungen infolge aktueller Bedenken bezüglich der Auftragsbestände von REEBOK und der Reduzierung der Gewinnprognose. Die Börse beurteilt und bewertet die REEBOK-Übernahme und die damit verbundenen Schwierigkeiten negativ. Auch die Presseurteile fallen skeptisch aus, wie folgende Tabelle verdeutlich.

Tab: 11: Die Übernahme im Pressespiegel – Zur Aktienkursentwicklung.

Quelle: eigene Darstellung

Datum	Zeitung/Zeitschrift	Kommentar
10.11.2006	FAZ	**„Schreckgespenst SALOMON"** [...] *Die Senkung der Gewinnprognose für das kommende Jahr kostet HAINER an der Börse viel Vertrauenskapital, wie der Kurseinbruch der ADIDAS-Aktie [...] zeigt.* Das Image des Erfolgsmanagers hat eine tiefe Schramme bekommen. Die Lage ist brenzlig. *Schon seit vielen Monaten entwickelt sich die ADIDAS-Aktie schwächer als der Gesamtmarkt. Mit dem Rückschlag droht die Stimmung endgültig zu kippen.* [...]
10.11.2006	FAZ	**„ADIDAS sorgt für eine böse Überraschung"** Gewinnprognose für 2007 wegen REEBOK gesenkt/Neuausrichtung verzögert sich und wird teurer/*Aktienkurs bricht ein.* [...]
23.01.2007	manager magazin	**„Neuer NIKE-Jäger"** [...] Der Umsatz von REEBOK ging seit Februar 2006 um 7 Prozent zurück. *Wegen der schleppenden REEBOK-Integration sank der ADIDAS-Aktienkurs im Verlauf der vergangenen zehn Wochen um mehr als 5 Prozent auf knapp 38 Euro.* [...]
07.03.2007	Business Week	**"ADIDAS: Stumbling over REEBOK?"** [...] *ADIDAS may have upped the ante with its purchase of REEBOK, but with shares down 10% since the merger was announced and NIKE not standing still, the sportswear maker still has to show that the deal has legs.*
08.03.2007	FAZ	**„ADIDAS trifft nicht"** Zum zweiten Mal binnen vier Monaten muss ADIDAS-Chef HERBERT HAINER einräumen, dass der Sportartikelhersteller seine ursprünglichen Vorgaben für REEBOK nicht halten kann. Das vor anderthalb Jahren hoffnungsfroh und teuer gekaufte Unternehmen hat, anders als von HAINER stets betont, 2006 eben doch keinen positiven Nettobeitrag zum Konzernergebnis geleistet. [...] *Dass das ADIDAS-Management abermals seine Zusagen für REEBOK nicht einlöst, stärkt in dieser Situation das Vertrauen der Anleger nicht. Wie groß die Zweifel sind, zeigt die schwache Entwicklung des Aktienkurses von ADIDAS, der in einem guten Börsenumfeld in den vergangenen zwölf Monaten stagnierte.* [...]

7.2.3.3 Gewinn-und-Verlust-Rechnung, Bilanz und Kapitalflussrechnung und Aktienkursentwicklung – Interpretation durch die Verfasserin der Arbeit

Die Analyse der Kennzahlen zur Gewinn-und-Verlust-Rechnung des ADIDAS-Konzerns berechtigt zur Frage nach der Vorteilhaftigkeit der Transaktion. Auch wenn in 2006 ein Umsatzrekord durch die Übernahme von REEBOK erzielt werden konnte, blieb das Ergebnis vor Zinsen und Steuern mit 881 Mrd. € infolge schwacher Margen von REEBOK unter den Analystenerwartungen. In diesem Zusammenhang darf auch kritisch hinterfragt werden, wie das Ergebnis vor Zinsen und Steuern ausgefallen wäre, wenn ADIDAS in 2006 nicht vom Großereignis FIFA Fußball-Weltmeisterschaft überdurchschnittlich profitiert hätte.

Die untersuchten Gewinn-und-Verlust-Posten rechtfertigen alle die Frage, inwieweit ADIDAS sich durch organisches Wachstum erfolgreicher im Wettbewerb hätte positionieren können. Während der Konzernumsatz in 2006 um 53 Prozent zulegen konnte, stieg der Umsatz des Konzerns währungsbereinigt ohne REEBOK um 14 Prozent. Ein Vergleich mit den konsolidierten Umsatzkosten zeigt, dass diese im Verhältnis zum Umsatz um 10 Prozent stärker zugenommen haben, während das Verhältnis von Umsatzkosten und Umsatz für den Konzern ohne REEBOK ausgeglichen war. Die niedrige Rohertragsmarge von REEBOK hat die positive Entwicklung der Rohertragsmarge im ADIDAS-Segment mehr als ausgeglichen. Diese Entwicklung verdeutlicht die Probleme von REEBOK auf dem nordamerikanischen Heimatmarkt und führt, laut Verfasserin dieser Arbeit, zwangsläufig zu der Frage, inwieweit die ADIDAS-Führung im Vorfeld der Übernahme mittels der Due Diligence die Schwierigkeiten von REEBOK auf dem nordamerikanischen Markt überhaupt analysiert oder unterschätzt hat. Auch der Gewinn vor Steuern, der um 10 Prozent gesteigert werden konnte, ist nicht auf operative Verbesserung im REEBOK-Segment zurückzuführen, sondern auf die positive Entwicklung in den Segmenten ADIDAS und TAYLOR MADE–ADIDAS Golf.

Die Auftragsbestände von REEBOK lagen zum Ende des ersten Quartals 2007 währungsbereinigt 3 Prozent über dem Vorjahreswert. Auch wenn die Börse und das Management von ADIDAS diese Entwicklung positiv einschätzen und als Turnaround bei REEBOK ansehen, entspricht die Auftragsbestandsentwicklung von REEBOK in Euro einem Rückgang um 3 Prozent. Es ist offensichtlich, dass sich bei der Darstellung von Kennzahlen der Unternehmensführung Gestaltungsspielräume bieten.

Bei der Analyse der Bilanz und der Kapitalflussrechnung ist deutlich geworden, dass der weiteren Entwicklung der Auftragsbestände von REEBOK höchste Bedeutung beigemessen werden muss. Die rückläufigen Auftragsbestände von REEBOK auf dem nordamerikanischen Markt sind vor dem Hintergrund der stagnierenden US-Wirtschaft und zurückhaltenden Kaufverhaltens besonders kritisch.

Die Aktienkursentwicklung von ADIDAS in 2006 ist ein Indiz für den fehlenden Integrationserfolg von REEBOK nach der Übernahme. Vor dem Hintergrund der für ADIDAS gewinnbringenden FIFA Fußball-Weltmeisterschaft in Deutschland ist der Aktienkursrückgang kritisch zu bewerten. Es stellt sich die Frage, wie negativ sich die ADIDAS-Aktie ohne die positive Entwicklung des deutschen Aktienindexes und der

FIFA Fußball-Weltmeisterschaft entwickelt hätte. Das ADIDAS-Management begründet im Geschäftsbericht 2006 den Anstieg des Dax mit hohen Unternehmensgewinnen, lebhaften Fusions- und Akquisitionsaktivitäten und einem verbesserten gesamtwirtschaftlichen Umfeld.[329] Wenn, wie der Geschäftsbericht 2006 bestätigt, der Dax auch dank zunehmender M&A-Aktivitäten zulegen konnte, ist fraglich, warum die Übernahme von REEBOK den Kurs der ADIDAS-Aktie nicht beflügelte. Die Performance zeigt eindeutig, dass die Kapitalmärkte die Übernahme von REEBOK keineswegs als Erfolg beurteilen. Möglicherweise ist dem Kapitalmarkt durchaus bewusst, dass nach strategisch-rationalen Gründen die Übernahme von REEBOK durch ADIDAS größere Schwierigkeiten als erwartet mit sich bringt.

Inwieweit die Börse und die Analysten dem ADIDAS-Management den Turnaround bei REEBOK zutrauen, ist fraglich. Die Entwicklung der ADIDAS-Aktie in 2007 mit + 13 Prozent bis April 2007 und die kurzfristige Wertsteigerung der Aktie im April 2007, verursacht durch Gerüchte um den Positionsausbau des amerikanischen Großinvestors APAX mit einem Anteil von 25 Prozent und einem Angebotspreis pro Aktie in Höhe von 50 €, können als fehlendes Zutrauen der Anleger in die Eingliederungs- und Turnaroundfähigkeiten der ADIDAS-Führung interpretiert werden. Angetrieben von den Übernahmespekulationen um PUMA durch PPR erhofft sich die Börse mit einem neuen Investor eine erfolgreichere Integration von REEBOK. Auf der Hauptversammlung von ADIDAS in Fürth am 10. Mai 2007 wertete der Vorstandsvorsitzende HAINER den möglichen Einstieg von Finanzinvestoren als Zeichen des Unternehmenserfolges und damit als Kompliment für die erfolgreiche Arbeit des Managements. HAINER sagte: „ [...] bei diesen ausgezeichneten Ergebnissen ist es kein Wunder, dass ADIDAS [...] in den vergangenen Monaten Gegenstand von Spekulationen über den Einstieg von Finanzinvestoren war. Sie werden verstehen, dass wir zu diesen Gerüchten keine Stellung genommen haben. Aber es ist offensichtlich, dass ein Unternehmen wie ADIDAS aufgrund seines Erfolges und seiner Marktstellung Interesse potentieller Investoren weckt. Letztlich ist es ein Kompliment für unseren erfolgreichen Kurs, wenn Investoren unsere Wachstumsaussichten positiv einschätzen."[330] Diese Interpretation von Seiten der ADIDAS-Führung ist gewagt und muss vor dem Hintergrund der Hybris-Hypothese kritisch gesehen werden. Auch die Kurssteigerung der ADIDAS-Aktie nach Ankündigung der Ergebnisse des ersten

[329] Vgl. Geschäftsbericht 2006 ADIDAS Group.
[330] Vgl. http://www.adidas-group.com/de/investor/_downloads/HAUPTVERSAMMLUNG/Speech_2007.pdf (S. 3).

Quartals 2007 mit einem Plus von 7,3 Prozent darf hinterfragt werden.[331] Es ist berechtigt anzunehmen, dass der Vorstand durch die positive Darstellung bestimmter Kennzahlen Kritik von Seiten der Aktionäre mittels kurzfristiger Kursverbesserung vor der Hauptversammlung einzudämmen versuchte.

7.2.4 Treibermessung der ADIDAS-REEBOK-Transaktion

7.2.4.1 Strategisch-rationale Treiber der ADIDAS-REEBOK-Transaktion

Im theoretischen Teil dieser Arbeit ist bereits angeklungen, was unter M&A-Treibern zu verstehen ist und dass Unternehmensübernahmen von unterschiedlichen rationalen und emotionalen Motiven beeinflusst sind. M&A-Treiber sind alle Faktoren, die das Handeln der Entscheidungsträger auf das Akquisitionsziel ausrichten. Eine klare Trennung einzelner Motive ist schwierig. In der Praxis ist für die Durchführung einer Transaktion in der Regel nicht nur ein Motiv ausschlaggebend, sondern es existieren Treiberüberschneidungen.

7.2.4.1.1 Operativ-ökonomische Motive der ADIDAS-REEBOK-Transaktion

7.2.4.1.1.1 Monopolhypothese und Erhöhung des Marktanteils – Dokumentenanalyse

Die Monopoltheorie zielt auf das Erreichen einer dominanten Marktstellung. Da auf dem Sportausrüstermarkt wegen großer Konkurrenz die Realisierung einer Monopolstellung nicht möglich ist und zudem von den Kartellrechtsbehörden untersagt würde, streben Unternehmen mit M&A-Transaktionen nach Marktanteilsausweitung.

Auch wenn die Monopolhypothese durch die Übernahme von REEBOK nicht bestätigt wurde, da ADIDAS mit REEBOK den Abstand zum Weltmarktführer NIKE in puncto Marktanteile lediglich verringern konnte, ist das Ziel des ADIDAS-Konzerns, NIKE die Vormachtstellung im Sportausrüstermarkt streitig zu machen, eindeutig als strategisch-rationaler M&A-Treiber der Transaktion anzusehen. Nach Angaben des Marktforschungsunternehmens SPORTING GOODS INTELLIGENCE baute NIKE seinen Marktanteil in 2006 auf 39 Prozent aus, während ADIDAS mit REEBOK 17 Prozent Marktanteil hält.[332] Branchenkenner von UBS und JP MORGAN erwarten aufgrund des enttäuschenden Auftragseingangs bei REEBOK und der erfolgreichen Einführung neuer Produkte bei NIKE, dass NIKE in Zukunft weitere Marktanteile hin-

---

[331] Vgl. FAZ vom 09.05.2007, Nr. 107, S. 22.
[332] Vgl. SPORTING GOODS INTELLIGENCE (2007), Glen Mills, PA, USA.

zugewinnen wird.[333] Tabellen 9 und 10 zeigen die Marktanteilsverteilungen weltweit und auf dem nordamerikanischen Markt für Sportbekleidung und Sportschuhe von 2001 bis 2005.

Tab. 12: Marktanteilsverteilung Sportbekleidung.

Quelle: Sporting Goods Intelligence (2006)

Der weltweite Sportbekleidungsmarkt										
	2005		**2004**		**2003**		**2002**		**2001**	
Unternehmen	US-Marktanteil in %	Welt-Marktanteil in %	US-Marktanteil in %	Welt-Marktanteil in %	US-Marktanteil in %	Welt-Marktanteil in %	US-Marktanteil in %	Welt-Marktanteil in %	US-Marktanteil in %	Welt-Marktanteil in %
ADIDAS-Reebok	5,3 %	9,1 %	5,1 %	9,0 %	5,3 %	7,8 %	5,0 %	7,0 %	5,0 %	7,0 %
ADIDAS	2,4 %	6,2 %	2,3 %	6,1 %	2,3 %	5,1 %	2,5 %	4,7 %	2,7 %	4,8 %
Reebok	2,9 %	2,9 %	2,9 %	2,9 %	3,0 %	2,7 %	2,6 %	2,3 %	2,3 %	2,2 %
Nike	7,4 %	8,5 %	7,4 %	7,9 %	7,5 %	7,0 %	6,5 %	6,7 %	7,2 %	6,5 %
Quicksilver	3,4 %	3,2 %	2,8 %	2,7 %	2,3 %	2,1 %	2,1 %	1,7 %	2,2 %	1,6 %
VF Knitwear	4,2 %	2,8 %	3,9 %	2,4 %	3,9 %	1,9 %	3,7 %	1,8 %	3,7 %	1,7 %
HanesBrands	6,3 %	2,7 %	6,3 %	2,8 %						
Russell	5,3 %	2,6 %	5,9 %	2,7 %	5,8 %	2,5 %	6,0 %	2,6 %	6,2 %	2,7 %
Puma	0,5 %	2,0 %	0,4 %	1,7 %	0,4 %	1,4 %	0,3 %	1,0 %	0,2 %	0,8 %
Columbia	2,5 %	1,8 %	2,8 %	2,0 %	2,7 %	1,7 %	2,7 %	1,6 %	2,6 %	1,5 %
Billabong	1,6 %	1,4 %	1,4 %	1,1 %	0,9 %	0,9 %	1,0 %	0,8 %	0,7 %	0,6 %
Gildan Activewear	2,8 %	1,3 %	2,3 %	1,1 %	2,0 %	1,0 %	1,8 %	0,9 %	1,6 %	0,8 %
Descente	0,1 %	1,1 %	0,1 %	1,1 %	0,1 %	1,2 %	0,1 %	1,2 %	0,1 %	1,0 %
Mizuno	0,1 %	1,0 %	0,1 %	1,0 %	0,0 %	0,5 %	0,0 %	0,5 %	0,0 %	0,6 %
Umbro	0,1 %	0,9 %	0,1 %	0,9 %	0,0 %	0,8 %	0,0 %	0,9 %	0,0 %	1,1 %
Goldwin	0,0 %	0,8 %	0,0 %	0,9 %	0,0 %	0,8 %	0,0 %	0,8 %	0,0 %	1,0 %
Warnaco	1,8 %	0,8 %	1,8 %	0,8 %	1,8 %	0,8 %	1,6 %	0,7 %	0,6 %	0,3 %
Speedo	0,0 %	0,8 %	0,0 %	0,7 %	0,0 %	0,6 %	1,2 %	1,0 %	1,4 %	1,2 %
Asics	0,1 %	0,8 %	0,1 %	1,0 %	0,1 %	0,8 %	0,1 %	0,8 %	0,1 %	0,7 %
Timberland	0,8 %	0,7 %	0,6 %	0,7 %	0,6 %	0,7 %	0,8 %	0,6 %	0,7 %	0,6 %
Fila	0,3 %	0,7 %	0,5 %	0,8 %	0,5 %	0,8 %	0,9 %	1,1 %	0,8 %	1,1 %
Under Armour	1,3 %	0,6 %	1,0 %	0,4 %						
Top 20	43,8 %	43,5 %	42,6 %	41,6 %	39,2 %	41,0 %	39,4 %	38,8 %	38,2 %	37,6 %
Gesamt	100,0 %	100,0 %	100,0 %	100,0 %	100,0 %	100,0 %	100,0 %	100,0 %	100,0 %	100,0 %

[333] Vgl. UBS Research (2007), JP Morgan Research (2007).

Tab. 13: Marktanteilsverteilung Sportschuhmarkt.

Quelle: Sporting Goods Intelligence (2006)

Der weltweite Sportschuhmarkt

	2005		2004		2003		2002		2001	
Unternehmen	US-Marktanteil in %	Welt-Marktanteil in %	US-Marktanteil in %	Welt-Marktanteil in %	US-Marktanteil in %	Welt-Marktanteil in %	US-Marktanteil in %	Welt-Marktanteil in %	US-Marktanteil in %	Welt-Marktanteil in %
Nike Gesamt	37,6 %	36,6 %	35,8 %	34,9 %						
Nike						33,29 %		34,33 %		35,21 %
Converse						4,35 %		3,43 %		2,56 %
ADIDAS-Reebok	17,0 %	22,2 %	18,1 %	23,0 %						
ADIDAS						15,98 %		16,58 %		15,38 %
Reebok						9,80 %		9,71 %		10,54 %
Puma	3,3 %	6,9 %	2,1 %	6,3 %		5,95 %		4,54 %		4,19 %
New Balance	9,6 %	5,8 %	10,3 %	6,2 %		6,56 %		7,55 %		7,24 %
ASICS	2,6 %	4,2 %	2,0 %	3,9 %		3,69 %		3,88 %		3,58 %
Skechers	7,8 %	4,2 %	7,6 %	4,2 %						
K-Swiss	3,6 %	2,1 %	4,0 %	2,2 %		2,29 %		1,67 %		1,50 %
VF-Corp.	3,1 %	2,0 %	2,8 %	1,8 %		1,67 %		1,92 %		2,24 %
ASG	2,8 %	2,0 %	3,0 %	2,2 %		1,59 %		1,70 %		1,54 %
Stride Rite	2,7 %	1,5 %	3,4 %	1,8 %						
Fila	1,1 %	1,3 %	1,2 %	1,4 %		1,79 %		2,83 %		2,74 %
Mizuno	0,5 %	1,1 %	0,6 %	1,3 %		1,31 %		1,47 %		2,38 %
Quicksilve	1,2 %	0,8 %	1,0 %	0,8 %						
Hi-Tec	0,6 %	0,8 %	0,6 %	0,9 %		0,91 %		0,93 %		1,03 %
Foot-Joy	1,2 %	0,8 %	1,3 %	0,8 %		0,88 %		0,92 %		1,00 %
Sole Technology	1,1 %	0,7 %	1,0 %	0,6 %		0,45 %				
Umbro	0,2 %	0,6 %	1,1 %	0,6 %						
Diadora	0,1 %	0,6 %	0,1 %	0,8 %						
Brooks	0,6 %	0,6 %	0,5 %	0,6 %		0,67 %		0,63 %		0,65 %
Lotto	0,1 %	0,6 %	0,1 %	0,6 %		0,88 %		0,88 %		0,52 %

VF Corp = Vans, The North Face, Reef
ASG = American Sporting Goods

Auch unterschiedliche Pressedokumente verdeutlichen das strategisch-rationale Element der Monopolhypothese sowie den im Gegensatz zur eigentlichen Zielsetzung weiterhin bestehenden Marktanteilsrückstand von ADIDAS und REEBOK im Vergleich zu NIKE.

Tab. 14: Die Übernahme im Pressespiegel – Zur Monopolhypothese.

Quelle: eigene Darstellung

Datum	Zei-tung/Zeitschrift	Kommentar
03.08.2005	manager magazin	**„REEBOK Übernahme ist kein Risiko“** „Durch die Übernahme wird sich unser US-Umsatz auf 3,1 Mrd. € mehr als verdoppeln“, sagte Vorstandschef HERBERT HAINER am Mittwoch. *Der Kauf sei ein wichtiger strategischer Meilenstein. „REEBOK zu übernehmen ist eine im Leben einmalige Chance“,* sagte HAINER. […] *„Wir werden eine Präsenz haben, die bisher nicht da gewesen ist am Markt“,* ergänzte HAINER […].
03.08.2005	Business Week	**“The ADIDAS-REEBOK-Merger”** On paper, the acquisition of REEBOK by ADIDAS looks great, and totally logical. But we know that mergers don't get executed on paper. They get executed in real life where people can blow executions. MERCEDES-BENZ and CHRYSLER? QUAKER and SNAPPLE? HP and COMPAQ? *In terms of closing the gap between ADIDAS and Nike, this deal helps.* […]
04.08.2005	Business Week	**“REEBOK and ADIDAS a good fit?”** *Their merger could put the combined outfit on the fast track. Then again, NIKE may still prove too agile to catch!* It makes too much sense not to happen. A combination of REEBOK International and ADIDAS-SALOMON AG, […], is one of those mergers with which it's difficult to find fault. *The objective of the tieup is clear. The two companies, which jockey for No. 2 and No. 3 slots behind NIKE, view their prospects for competing against NIKE, as better together than apart.* *In Europe especially, the shadow of NIKE grew larger in the last year as the U.S. company surpassed Adidas in the soccer shoe segment for the first time. In the U.S., NIKE reigns supreme. In 2004, it had about 36% market share in the athletic-footwear market, according to the SPORTING GOODS MANUFACTURERS ASSOCIATION INTERNATIONAL, while ADIDAS has 8.9% of the U.S. market and REEBOK 12.2%. […]. “North America is the market where you have to be,” says ADIDAS Chief Executive HERBERT HAINER. […] HAINER has said that ADIDAS wants to be the clear No. 2 in the sporting goods market worldwide, and it has achieved that position pretty much everywhere except in the U.S.*
07.08.2005	FAZ	**„Wir werden die Größten sein“** […] *Ihr großes und unerreichtes Ziel ist es, NIKE zu überrunden- was machen die besser als Sie?* *In Europa und Asien kämpfen wir auf gleicher Augenhöhe. Der einzige Unterschied ist in Amerika. NIKE versteht die Konsumenten dort besser. Das ist übrigens einer der Hauptgründe, warum wir REEBOK übernehmen.* *Um dann NIKE zu überholen?* *Das ist nicht unser primäres Ziel. Größe allein ist nicht ausschlaggebend, wie Sie an DAIMLER sehen.* *Trotzdem wollen Sie die Nummer eins werden. Natürlich wollen wir den Wettbewerb gewinnen, schon aus sportlichen Gründen. Und mit dem Zusammenschluß werden wir schneller wachsen als NIKE.*
08.08.2005	Der Spiegel	**„Bereit zum Endspurt“** […] *Während Nike bis auf die jüngste Übernahme des kleinen*

		Skaterlabels CONVERSE in der Vergangenheit stets organisch gewachsen ist, musste sich ADIDAS den Satz nach vorn erkaufen. Nach Vollendung der Übernahme will ADIDAS jährlich 125 Mio. € einsparen. Wie dies konkret aussehen soll, lässt HAINER allerdings offen.
23.01.2007	manager magazin	**„Neuer NIKE-Jäger"** *Trotz der Übernahme von REEBOK ist es ADIDAS bisher nicht gelungen, zum schärfsten Konkurrenten NIKE aufzuschließen. Nordamerika ist der größte Sportartikelmarkt der Welt. Dort rangiert ADIDAS deutlich hinter dem Weltmarktführer NIKE, versucht jedoch, mit der Übernahme von REEBOK Marktanteile hinzuzugewinnen. Bisher lässt der Erfolg allerdings auf sich warten.* [...]
07.03.2007	Business Week	**"ADIDAS: Stumbling over REEBOK?"** [...] ADIDAS may have upped the ante with its purchase of REEBOK, but with shares down 10% since the merger was announced and *NIKE not standing still, the sportswear maker still has to show that the deal has legs.*
13.05.2007	FAZ	**„ADIDAS sagt NIKE den Kampf an"** ADIDAS geht in die Offensive. *Der Sportartikelhersteller will weltweit Nummer eins werden. Das ist eine Kampfansage an NIKE* [...].

7.2.4.1.1.2 Effizienztheorie – Economies of Scale, Economies of Scope und Economies of Experience – Dokumentenanalyse

Effizienztheoretische Treiber gründen auf dem erwerbswirtschaftlichen Prinzip und haben zum Ziel, vorhandene Unternehmensressourcen mit höherer Effizienz in Outputfaktoren zu transformieren. Auch bei der Übernahme von REEBOK durch ADIDAS spielen Größen- und Verbundeffekte (Economies of Scale) eine Rolle. Operative Effizienzsteigerungspotentiale erhofft sich die ADIDAS-Führung in Vertrieb, Marketing, Distribution, Verwaltung und Beschaffung zu realisieren. Durch Kombination von Vertrieb und Marketing, optimierte Nutzung von Distributionskapazitäten, Vermeidung überschneidender Funktionen und Nutzung von Größenvorteilen bei globaler Beschaffung soll eine Fixkostendegression erfolgen. Vor allem bei der Beschaffung und im Einkauf von Vorprodukten werden Kostenvorteile angestrebt. Durch verbesserte Einkaufsmacht im Verbund und konsolidierte Verträge mit externen Logistikdienstleistern sollen zusätzliche Kostenvorteile generiert werden. Auch in Forschung und Entwicklung, die weiterhin dezentral gesteuert wird und damit jede Marke eigene Forschungs-, Design- und Entwicklungsaktivitäten betreibt, lassen sich Kosten durch Zusammenarbeit und Austausch von Markenteams reduzieren. Mit dem Erwerb von REEBOK hofft ADIDAS, von den strategisch wichtigen Lizenzpartnerschaften, die REEBOK mit den nordamerikanischen Profiligen NFL, NHL und MLB abgeschlossen hat, zu profitieren. Mit der Marke REEBOK können Umsatzchancen in der Kategorie Lizenzbekleidung realisiert werden. Die starke Positionierung von REEBOK im Licensing-Bereich soll dazu genutzt werden, eine rung von REEBOK im Licensing-Bereich soll dazu genutzt werden, eine weltweite Plattform im Segment Sports Licensing aufzubauen.

Mit der Übernahme von REEBOK versucht der ADIDAS-Konzern auch die Generierung von Economies of Scope zu verbinden. Das Konzept der Economies of Scope erklärt den Zusammenhang von Produktvielfalt und Wirtschaftlichkeit. Die Kosten einer gemeinsamen Produktion eines diversifizierten Produktionsprogramms sind gemäß der Economies-of-Scope-Theorie geringer als die Kosten mehrerer getrennter Produktionen. Da ADIDAS und REEBOK nahezu identische Produktarten herstellen, können Kostenvorteile durch den Einsatz gleicher Vorprodukte in unterschiedlichen Produktionsprozessen realisiert werden. Auch wenn empirische Nachweise für größere Wettbewerbsvorteile durch die Stückkostenreduzierung bei gleichzeitig zunehmender Komplexität ausgeblieben sind, ist das Motiv für die Übernahme von REEBOK nachvollziehbar.

Auch der Treiber Kostenreduzierung durch Economies of Experience ist hinsichtlich der Übernahme von REEBOK sinnvoll. Eine Verbesserung der Kostenstruktur durch Lerneffekte und Know-how-Transfer ist auf Ebene der einzelnen Mitarbeiter, auf Managementebene und Unternehmensebene als lernende Organisation möglich.

Tab 15: Die Übernahme im Pressespiegel – Zur Effizientheorie.

Quelle: eigene Darstellung

Datum	Zeitung/Zeitschrift	Kommentar
03.08.2005	manager magazin	**„REEBOK Übernahme ist kein Risiko“** [...] *ADIDAS erwartet durch die Übernahme des amerikanischen Konkurrenten keine hohen Restrukturierungskosten. Die Synergieeffekte würden schnell die Kosten übertreffen,* sagte Finanzchef ROBIN STALKER [...]. Konzernchef HAINER ergänzte, die milliardenschwere Übernahme sei „kein Risiko“ für ADIDAS.
08.08.2005	Der Spiegel	**„Bereit zum Endspurt“** [...] *Nach Vollendung der Übernahme will ADIDAS jährlich 125 Mio. € einsparen.* Wie dies konkret aussehen soll, lässt HAINER allerdings offen.
23.01.2007	manager magazin	**„Neuer NIKE-Jäger“** [...] *ADIDAS will ab 2009 durch die REEBOK-Integration jährlich 175 Mio. € an Kosten einsparen.* [...]

7.2.4.1.1.3 Effizienztheorie – Interpretation durch die Verfasserin der Arbeit

Die vom ADIDAS-Management angestrebten Kostenvorteile und Effizienzsteigerungen sind ambitioniert und viel versprechend. Bei strategisch-rationaler Betrachtung ist zu beachten, dass die Realisierung von Kostenvorteilen und Effizienzsteigerungen mit nicht eingeplanten Aufwendungen verbunden sein kann. Die Reduzierung der Einkaufsprozesse bei REEBOK und die Auflösung von Verträgen mit Handelsmaklern kann Kosten verursachen. Fraglich ist zudem, inwieweit eine dezentrale Forschung und Entwicklung, bei der jedoch der gemeinsame Erfahrungsaustausch angestrebt wird, Koordinationskosten verursacht, die höher sind als die erwarteten Einsparungen aus der Verbundwirkung.

7.2.4.1.1.4 Resource-Dependence-Theorie – Dokumentenanalyse

Die Resource-Dependence-Theorie erklärt den Erfolg eines Unternehmens mit den zur Verfügung stehenden Ressourcen und deren Kombination. Im Zusammenhang mit M&A-Transaktionen ist die vorrangige Aufgabe des Managements der Aufbau und die Erhaltung unternehmensspezifischer materieller und immaterieller Ressourcen durch effiziente Integration des akquirierten Unternehmens. Mittels Fusionen und Akquisitionen wird bei der Vorwärts- und Rückwärtsintegration „gehedged" und damit versucht, Ressourcenzugänge zu sichern sowie Abhängigkeiten von bestimmten Zulieferern zu reduzieren.

Bei ADIDAS ist ein internationales Beschaffungsteam (Global Operations) dafür zuständig, die Entwicklung, Herstellung, Ausgangslogistik und Kommerzialisierung für alle Produkte zu koordinieren. Global Operations versucht, bei Sicherung der Produktqualität, die Beschaffungskette zu optimieren und die Kosteneffizienz zu verbessern. Die Integration von REEBOK in die ADIDAS-Beschaffungskette soll dazu beitragen, die Einkaufsmacht des aggregierten Konzerns auf dem Beschaffungsmarkt zu maximieren. Gleichzeitig wird angestrebt, Kostenvorteile infolge von Größenvorteilen zu realisieren.

Für den ADIDAS-Konzern produzieren hauptsächlich unabhängige Vertragshersteller nach detaillierten Spezifikationen und Vorgaben. 66 Prozent der ADIDAS-Zulieferer sind in Asien ansässig, 19 Prozent in Europa und 15 Prozent in Nord- und Lateinamerika.[334] Auch wenn durch den Erwerb von REEBOK die Konzentration von Zulieferpartnern stark zugenommen hat, ist ADIDAS darauf bedacht, dass das Beschaffungsvolumen einzelner Zulieferer 10 Prozent nicht übersteigt.[335]

[334] Vgl. Geschäftsbericht 2006 ADIDAS Group.
[335] Vgl. ebd.

Während bei ADIDAS die direkte Beschaffung im Vordergrund steht, wurde der größte Teil des Einkaufs bei REEBOK in der Vergangenheit über Handelsmakler abgewickelt. Mit dem Erwerb von REEBOK ist das ADIDAS Global Operations Team für die Beschaffung zuständig. Aufgabe des internationalen ADIDAS-Beschaffungsteams ist, bei REEBOK zunächst Beschaffungskompetenzen aufzubauen und die Zahl der im Einkauf zwischengeschalteten Handelsstufen zu reduzieren.

7.2.4.1.1.5 Resource-Dependence-Theorie – Interpretation durch die Verfasserin der Arbeit

Das Vorgehen des ADIDAS-Konzerns hinsichtlich der Beschaffung kann im Sinne des „Hedging“-Gedankens als Sicherung von Wachstumschancen interpretiert werden.

Die Aussagen des ADIDAS-Konzerns zur Beschaffungspolitik sind jedoch nicht stringent. Einerseits werden Abhängigkeiten durch Zuliefererdiversifikation vermieden, andererseits wird mit der Akquisition von REEBOK die Optimierung und Konsolidierung des Zulieferernetzes angestrebt. Um Kosteneinsparungen zu realisieren, wird das Beschaffungssystem effizienter gestaltet. Durch die Verringerung der Lieferantenanzahl sollen Größenvorteile erzielt und eine hohe Produktqualität gewährleistet werden. Dass Größenvorteile jedoch mit zunehmender Abhängigkeit von einzelnen Lieferanten verbunden sind, scheint das ADIDAS-Management ignoriert zu haben.

Der Aufbau der Eigenverantwortlichkeit bei REEBOK ist kostenintensiv, bietet jedoch auch Potential für zukünftiges Umsatzwachstum, höhere Lieferzuverlässigkeit, konstantere Qualität und Skalenvorteile. Die Übertragung von Beschaffungskompetenz von ADIDAS auf REEBOK und die damit verbundene Übernahme der Beschaffungspraxis zeigt eindeutig die Machtverhältnisse im Konzern.

7.2.4.1.1.6 Markt- und Risikotheorie – Dokumentenanalyse

Die Markttheorie unterscheidet zwischen Absicherungsstrategien auf dem Beschaffungs- und dem Absatzmarkt und weist Überschneidungen zur Ressource-Dependence-Theorie auf. Durch M&A-Transaktionen wird versucht, Ressourcenengpässe zu vermeiden, eine ausreichend hohe Ressourcenqualität zu gewährleisten und bessere Einkaufskonditionen durchzusetzen. Auch auf dem Absatzmarkt lassen sich durch Unternehmenszusammenschlüsse Wettbewerbsvorteile erzielen. Nach der Risikotheorie wird durch M&A-Transaktionen versucht, Unternehmensrisiken zu verringern. M&A-Transaktionen mit dem Ziel der Risikostreuung können unterschiedliche wirtschaftliche Entwicklungen einzelner Wirtschaftszweige oder Produkte ausgleichen, so dass eine kontinuierliche und stabile Ertragsentwicklung möglich ist.

ADIDAS setzt mit der Übernahme von REEBOK auf Erfolg durch ein vielfältiges und umfangreiches Markenportfolio.

Tab. 16: Die Übernahme im Pressespiegel – Zur Markt- und Risikotheorie.

Quelle: eigene Darstellung

Datum	Zeitung/Zeitschrift	Kommentar
03.08.2005	Business Week	**"The ADIDAS-REEBOK-Merger"** [...] *What looks like a good plan is if the deal allows ADIDAS to really focus on premium product full of design and innovation. [...] Let REEBOK fill the middle market and take care of the traditional ladies' aerobics and jazzercise categories.* [...] *And REEBOK has to keep up the successful hip hop strategy.* [...]
10.11.2006	FAZ	**„ADIDAS sorgt für eine böse Überraschung"** [...] Vorstandschef HAINER verteidigte trotz des Rückschlags den Kauf von REEBOK [...] abermals. *Zusammen könnten sich die beiden Marken ADIDAS und REEBOK profitabler entwickeln als allein.* „Die mittelfristigen Aussichten für Umsatz und Gewinn sind weiterhin stark", betonte HAINER. [...]
07.03.2007	Business Week	**"ADIDAS: Stumbling over REEBOK?"** [...] While many may still question the cultural fit of the American-German corporate tie-up, the ADIDAS-REEBOK combo offers benefits the SALOMON merger never could. *For example, REEBOK'S products complement ADIDAS' traditional strength in sports such as soccer and give the German company some big-name basketball endorsements from the likes of Allen Iverson. REEBOK is also strong in women's and lifestyle fashions and has a strong nationwide distribution network.* [...]

7.2.4.1.1.7 Markt- und Risikotheorie – Interpretation durch die Verfasserin der Arbeit

Die von ADIDAS für das REEBOK-Segment verfolgte Strategie kann im Bezug auf die Risikotheorie als „Hedging" bezeichnet werden. Fraglich ist jedoch, ob ein umfangreiches Produkt- und Markenportfolio vorteilhaft ist oder ob damit nicht auch Probleme verbunden sein können. Möglicherweise wäre die Konzentration auf Kernkompetenzen sinnvoller. Es ist unbestritten, dass die Kernkompetenzen von ADIDAS in der Performance-Entwicklung, der technischen Innovation und im Design zu finden sind. Mit der Übernahme von REEBOK soll die Marke, die für Lifestyle, Mode, Sport und Individualität steht, zu einer performanceorientierten Marke umgebaut werden. Dieses Vorhaben ist mit Risiken verbunden. Es ist schwierig und bedarf viel Zeit und Aufwand, einer etablierten Marke mit einem bestimmten Wiedererkennungswert ein neues Image zu verpassen. Zudem können sich Kannibalisierungseffekte einstellen, wenn zwei performanceorientierte Marken um den gleichen Kundenkreis kämpfen. Eine Verwässerung des Markenimages durch Überangebot sollte vermieden werden. Mit dem Erwerb von REEBOK gestaltet sich vor allem die Bearbeitung des weltgrößten Sportartikelmarktes kompliziert. Die Kaufkraft des nordamerikanischen Marktes muss von ADIDAS durch eine Abgrenzung der Marken ADIDAS und REEBOK ausgeschöpft werden, ohne dabei durch extreme Änderungen die bestehenden Kunden zu verlieren.

Auf der Hauptversammlung des ADIDAS-Konzerns am 10. Mai 2007 in Fürth kündigte die Führung von ADIDAS erste Änderungen in der zukünftigen Ausrichtung von REEBOK an.[336] Es ist anzunehmen, dass das Management von ADIDAS in 2006 die angesprochenen Probleme bei der Neuausrichtung von REEBOK als performanceorientierte Marke antizipiert hat. REEBOK soll nun als globale Marke, die für Individualität, Breitensport und Freude an der Bewegung steht, etabliert werden.[337] Die Neuausrichtung des REEBOK-Segments bereits ein Jahr nach der Übernahme und der mit der Transaktion verfolgte Markenaufbau ist kritisch zu betrachten und gibt, laut der Verfasserin dieser Arbeit, Hinweise auf fehlende strategische Planungs- und Koordinationsaktivitäten bei der Markenanalyse und -gestaltung im Vorfeld der Transaktion hinsichtlich der Due Diligence und bei der Integration von REEBOK.

Die im Zuge der Transaktion erfolgte Übertragung von NBA-Lizenzverträgen von REEBOK auf ADIDAS hat bereits einen Imageverlust bei REEBOK bewirkt. Es ist zudem fraglich, inwieweit die urbane Szenekundschaft, für die die Marke REEBOK ein Lifestyle-Produkt ist, den Produktaustausch gegen die vergleichsweise uninteressante Marke mit den drei Streifen mittragen wird.

Auch die Fokussierung von REEBOK auf die Segmente Running, Basketball, Fußball und Women Sports darf kritisch beurteilt werden. Auch wenn die Übertragung von ADIDAS-Kernkompetenzen auf REEBOK in diesen Bereichen Sinn macht, ist fraglich, inwieweit die realisierten Synergievorteile durch Konkurrenznachteile ausgeglichen bzw. überkompensiert werden.

---

[336] Vgl. http://www.adidas-group.com/de/investor/_downloads/HAUPTVERSAMMLUNG/Speech_2007.pdf (S. 5).
[337] Vgl. http://www.adidas-group.com/de/investor/_downloads/HAUPTVERSAMMLUNG/Speech_2007.pdf (S. 5).

Die von ADIDAS verfolgte Mehrmarkenstrategie ist im Sinne der Risikotheorie sinnvoll. Zu beachten sind jedoch die bereits erwähnten Kannibalisierungseffekte bei gleicher Zielgruppenansprache und eine zunehmende Komplexität. Gleichzeitig Nischen- und Massenanbieter zu sein, wie es der ADIDAS-Konzern anstrebt, ist riskant und kaum erfolgreich zu bewerkstelligen. Der Konzern läuft Gefahr, sich zu verzetteln, wenn die einzelnen Marken bei den Konsumenten nicht mehr für eine bestimmte Produkt- und Stilrichtung stehen. ADIDAS strebt mit den Marken ADIDAS und REEBOK die Marktführerschaft an. Voraussetzung dafür sind jedoch klar differenzierte Marken, die durch ihre Produktausrichtung unterschiedliche Kundengruppen ansprechen.

Die Ausführungen von ADIDAS zur Integration von REEBOK sind für die Verfasserin dieser Arbeit widersprüchlich. Es ist nach wie vor unklar, für was REEBOK zukünftig stehen soll. Einerseits strebt ADIDAS an, REEBOK stärker performancebezogen auszurichten, andererseits muss mit REEBOK die sportlich-lifestyleorientierte Kundschaft angesprochen werden, da die Marke ADIDAS in diesem Bereich große Defizite aufweist. Die Positionierung von REEBOK als Performance-Marke neben ADIDAS darf hinterfragt werden. Eine mögliche Lösung könnte sein, REEBOK in Zukunft als performanceorientierten Sport-Lifestyle-Anbieter zu etablieren, der von den technologischen Innovationskenntnissen von ADIDAS profitiert und gleichzeitig das etablierte Markenimage von REEBOK fortführt. Grundsätzlich muss das bestehende Markenimage von REEBOK verbessert werden. Inwieweit die von ADIDAS angestrebte Verbesserung des REEBOK-Produktangebotes im mittleren und gehobenen Preissegment mit höheren durchschnittlichen Verkaufspreisen zur Markenimageverbesserung beitragen wird, ist fraglich. Höhere Verkaufspreise werden das Umsatzwachstum zunächst verlangsamen. Zudem wird REEBOK durch die Preisanhebung auf den mittleren und gehobenen Bereich mit ADIDAS konkurrieren, was mit weiteren Kannibalisierungseffekten verbunden sein kann.

Die Sichtweise der Verfasserin der Arbeit unterstützen die folgenden Pressekommentare.

Tab. 17: Die Übernahme im Pressespiegel – Zur Problematik der von ADIDAS verfolgten Markt- und Risikotheorie.

Quelle: eigene Darstellung

Datum	Zeitung/Zeitschrift	Kommentar
25.01.2006	FAZ	**„Langweiler im Schuhregal"** [...] *„Das Design von REEBOK kommt im Moment einfach nicht an"*, sagt JOHN SHANLEY vom New Yorker Analysedienst SUSQUEHANNA FINANCIAL. [...] *Klar ist allerdings, dass eine Runderneuerung für das amerikanische REEBOK-Programm kurzfristig kaum möglich ist. In der Sportartikelbranche sind Vorlaufzeiten von anderthalb Jahren für neue Kollektionen üblich.* Der Handlungsdruck ist groß. [...] Analysten bezweifeln, dass sich das Geschäft im Schlußquartal aufgehellt hat.
03.03.2006	FAZ	**„Reebok wird für Adidas zum Krisenherd"** [...] *Branchenexperten attestieren den Amerikanern langweilige Produkte. „Das Produktsortiment von REEBOK muss aufgewertet und verbessert werden", kündigte HAINER an. Es gebe aber für die Probleme „keine schnelle Lösung", weil die Entwicklung neuer Produkte im Sportartikelgeschäft rund anderthalb Jahre dauere. ADIDAS wolle außerdem den Vertrieb von REEBOK zielgerichteter steuern.*
09.03.2006	FAZ	**„Uns war klar, dass REEBOK nicht die angesagteste Marke ist"** [...] *Aber uns war bei der Übernahme klar, dass REEBOK zurzeit nicht gerade die angesagteste Marke ist und Probleme bei Positionierung und Distribution hat. Wir müssen das Produktsortiment überarbeiten.* Deshalb erwarten wir für REEBOK 2006 einen Umsatzrückgang zwischen drei und sieben Prozent. [...]
12.04.2006	FAZ	**„Aderlass für REEBOK"** [...] ADIDAS strotzt vor Optimismus, den angeschlagenen Neuerwerb REEBOK mittelfristig wieder flottmachen zu können. Und HAINER untermauerte diese Zuversicht, indem er sich für 2007 auf ein kräftiges Gewinnplus verpflichtete. Doch die ersten Schritte von ADIDAS nach der REEBOK-Übernahme erscheinen wenig schlüssig: *Wie will ADIDAS seinen amerikanischen Patienten REEBOK hochpäppeln, wenn die Franken diesem als erstes den Ausrüstervertrag mit der amerikanischen Basketball-Liga NBA abnehmen? Dieser Aderlaß durchkreuzt HAINERS eigenen Therapieplan für REEBOK. Der sieht nämlich vor, die Marke wieder stärker als Ausrüster für aktive Sportler statt als Modelabel ins Bewusstsein der Kunden zu rücken. Dafür könnte die Liga eine wichtige Plattform sein. HAINERS Begründung, REEBOK werde im Marketing stärker auf einzelne Spitzensportler setzen, ist ebenfalls widersprüchlich, soll REEBOK doch Ausrüster etwa der Football-Liga bleiben. Eigentlich hat ADIDAS angekündigt, die Marke REEBOK ausserhalb der Vereinigten Staaten besser zu vermarkten. Doch wenn HAINER REEBOK letztlich ausschlachtet, um die Marke ADIDAS zu stärken, wird dies kaum gelingen.*
26.04.2006	manager magazin	**„Bislang keine konsequente Markenführung"** Probleme beim übernommenen Sportartikelhersteller REEBOK gesteht ADIDAS-Vorstandschef HERBERT HAINER in einem Interview mit dem manager magazin ein. Die sinkenden Auftragszahlen bei REEBOK seien zwar „nicht schön", aber es sei nicht so dramatisch wie es scheine. *Das Problem bei REEBOK sei, „dass bislang keine konsequente*

		globale Markenführung betrieben wurde", sagt HAINER [...]. *Hier werde ADIDAS mit seinem Know-how bei der Markenführung von REEBOK helfen.* *Inzwischen sei auch eine klare Abgrenzung der beiden Marken ADIDAS und REEBOK getroffen worden. ADIDAS stehe vor allem für Mannschaftssport und europäischen Sport, REEBOK hingegen für Individualität, Lifestyle und American Sports.* *Deutlich sprach HAINER sich gegen eine Positionierung von REEBOK als Billigmarke aus: „Das ist genau das, was wir nicht wollen." Er räumte ein, dass es bei manchen Preislagen zu Überschneidungen beider Marken kommen werde. HAINER: „Da werden wir wohl miteinander konkurrieren."* [...]
02.02.2007	FAZ	**„ADIDAS will REEBOK auffrischen"** [...] *ADIDAS will das Ruder in diesem Jahr vor allem mit verstärkten Marketingaufwendungen herumreißen, auf der Produktseite werde man erst von der Frühjahrskollektion 2008 an mit einer überarbeiteten Palette für größere Impulse sorgen können. ADIDAS hat bereits im November angekündigt, seine Investitionen in Marketing und Produktentwicklung bei REEBOK um 50 Mio. € aufzustocken.* [...]

7.2.4.1.1.8 Transaktionskostentheorie – Interpretation durch die Verfasserin der Arbeit

Die Transaktionskostentheorie thematisiert alternative Koordinationsformen im Spannungsfeld von Markt und betrieblicher Hierarchie anhand von Transaktionskosten. Ziel des Transaktionskostenansatzes ist die Erklärung, warum Transaktionen in bestimmten institutionellen Arrangements mehr oder weniger effizient abgewickelt und organisiert werden können. COASE erkannte die generelle Möglichkeit einer Transaktionskostenersparnis durch Institutionalisierung und Unternehmenszusammenschlüsse.[338] Der Transaktionskostenansatz gibt im Zusammenhang mit M&A-Transaktionen Hinweise zur optimalen Leistungstiefe und zur vertikalen Integration durch Unternehmenszusammenschlüsse. Transaktionskostenvorteile entstehen durch verbesserte Informationsbeschaffung, effizientere Risikoverteilung, koordinierte Entscheidungen und höhere Markteintrittsbarrieren für Konkurrenzunternehmen.

Die mit dem Transaktionskostenansatz verfolgten Ziele von M&A-Transaktionen gelten auch für die Übernahme von REEBOK durch ADIDAS, wie die bisherigen Ausführungen und die vorgestellten Pressekommentare zeigen. Es ist bereits angeklungen, dass bei M&A-Transaktionen Treiberüberschneidungen vorliegen. Für die Verfasserin dieser Arbeit stellt die Transaktionskostentheorie einen möglichen Treiber der Übernahme von REEBOK dar, jedoch nicht das Hauptmotiv.

[338] Vgl. COASE (1937), S. 386–405.

7.2.4.1.1.9 Steuer- und Bilanztheorie – Dokumentenanalyse

Die Steuer- und Bilanztheorie rechtfertigt Mergers & Acquisitions mit der Möglichkeit, Steuer- und Bilanzvorteile zu erzielen. Mit der Übernahme von REEBOK konnte ADIDAS in 2006 Steuervorteile infolge einer günstigeren Gewinnverteilung und der Nutzung von Verlustvorträgen bei REEBOK realisieren. Der kumulierte steuerliche Konzernverlustvortag betrug in 2006 156 Mio. €.[339] Der Anstieg von 109 Mio. € im Vergleich zum Vorjahr ist auf den Erwerb von REEBOK zurückzuführen und betrifft die durch die Übernahme hervorgerufene steuerliche Situation von REEBOK in den USA.[340] Mit der Übernahme von REEBOK konnte der ADIDAS-Konzern auch bilanztheoretische Gestaltungsspielräume nutzen. So wurde die Kaufpreisaufteilung auf Umsatzkosten und operative Aufwendungen mit 89 Mio. € dem REEBOK-Segment zugeschlagen.[341] Zudem wurden durch die Kaufpreisaufteilung immaterielle Vermögenswerte in Höhe von 1,674 Mrd. € und 1,165 Mrd. € für Markenrechte und sonstige immaterielle Vermögens- bzw. Firmenwerte aktiviert.[342]

7.2.4.1.2 Finanziell-ökonomische Motive der ADIDAS-REEBOK-Transaktion

7.2.4.1.2.1 Bewertungstheorie – Informationstheorie und Economic-Disturbance-Theorie – Interpretation durch die Verfasserin der Arbeit

Bewertungstheorie, Informationstheorie und Economic-Disturbance-Theorie erklären M&A-Transaktionen mit Unterschieden in der Unternehmensbewertung. Bewertungsunterschiede werden mit Informationsasymmetrien zwischen Käufer und Verkäufer begründet. Asymmetrische Erwartungen hinsichtlich der zukünftigen Unternehmensentwicklung und des Wachstumspotentials resultieren in abweichenden Hypothesen über den Unternehmenswert (aktueller Marktpreis ≠ True and Fair Value).

Hinsichtlich der Relevanz der Bewertungstheorie im Rahmen der ADIDAS-REEBOK-Transaktion können nur Annahmen getroffen werden. Es ist jedoch vorstellbar, dass die ADIDAS-Führung beim Erwerb von REEBOK davon ausgegangen ist, das ökonomische Potential des Akquisitionsziels besser als der Markt einschätzen zu kön-

---
[339] Vgl. Geschäftsbericht 2006 ADIDAS Group.
[340] Vgl. ebd.
[341] Vgl. ebd.
[342] Vgl. Geschäftsbericht 2006 ADIDAS Group.

nen und daher der Unternehmenswert von REEBOK höher bemessen wurde als vom Kapitalmarkt. Der Kaufpreis in Höhe von 3,1 Mrd. € für REEBOK und der damit verbundene Aufschlag von 34,2 Prozent gegenüber dem Schlusskurs der REEBOK-Aktie vom 2. August 2005 können, laut Verfasserin dieser Arbeit, als Indiz dafür gewertet werden, dass den ADIDAS-Führungsverantwortlichen Informationen über das Synergiepotential vorgelegen haben, die dem Markt nicht zur Verfügung standen. Fest steht jedoch, dass die vom ADIDAS-Management angestrebten und kommunizierten Synergieeffekte bisher noch nicht realisiert wurden.

7.2.4.1.2.2 Coinsurance-Effekt – Interpretation durch die Verfasserin der Arbeit

Im Rahmen des Coinsurance-Effekts werden M&A-Transaktionen mit nicht korrelierenden Einkommensströmen gerechtfertigt. Wenn die Einkommensströme zwei sich zusammenschließender Unternehmen nicht vollständig korrelieren, z. B. wegen unterschiedlicher Abhängigkeit vom Konjunkturzyklus, kann das für das Gesamtunternehmen zu einer Stabilisierung der Einkommensströme, zu einer Reduktion der zeitlichen Gewinnschwankungen und zu einer Verringerung der Zahlungsunfähigkeit führen. Es ist bereits angeklungen, dass Coinsurance-Ansatz und Portfoliotheorie Überschneidungen aufweisen. Während die Coinsurance-Hypothese finanzielle Risikodiversifikation bzw. finanzstrategisches „Hedgen“ anstrebt, zielt der Portfolioansatz auf marktlichen Risikoausgleich.

Es ist durchaus denkbar, dass das ADIDAS-Management zum finanzstrategischen Risikoausgleich beim Erwerb von REEBOK die Effekte der Coinsurance-Theorie in das strategische Transaktionskalkül einbezogen hat. Inwieweit ADIDAS jedoch vor der Übernahme die Schwierigkeiten bei REEBOK gekannt hat und diese zur finanziellen Risikodiversifikation bewusst in Kauf genommen hat, ist fraglich. Auf Grundlage der erfolgten Untersuchungen ist für die Verfasserin dieser Arbeit offensichtlich, dass der Coinsurance-Effekt für den Erwerb von REEBOK kein strategisch-rationaler Haupttreiber war.

7.2.4.2 Emotional induzierte Treiber der ADIDAS-REEBOK-Transaktion

Die Ausführungen des theoretischen Teils haben gezeigt, dass M&A-Transaktionen nicht auf einen kausalen Treiber zurückzuführen sind. Neben strategisch-rationalen Motiven spielen subjektiv-rationale, emotional induzierte und interdependent verknüpfte Treiber eine Rolle. Die Bedeutung von Emotionen bei Entscheidungen wird verkannt. Auch die ADIDAS-Führung rechtfertigt die Übernahme von REEBOK mit der hinter der Transaktion stehenden strategisch-rationalen Logik. Der Einfluss motivationaler Beweggründe und Interessen von Entscheidungsträgern bei der ADIDAS-REEBOK-Transaktion sollte diskutiert und überprüft werden.

Emotionale Treiber werden in Managermotive und sonstige Motive eingeteilt. Die vorgestellten und für den Erwerb von REEBOK zu untersuchenden Managermotive gründen auf dem Verfolgen von individuellen Interessen der M&A-Entscheidungsverantwortlichen. Im Wesentlichen geht es dabei um die Maximierung von Gehältern, Einfluss und Reputation sowie um die Reduzierung des persönlichen Risikos (Arbeitsplatzverlust, Karrierestagnation) und damit um individuelles Sicherheitsstreben („Hedging"). M&A-Aktivitäten sind im Rahmen der vorgestellten Prinzipal-Agenten-Theorie das Ergebnis genutzter Handlungsspielräume als Folge fehlender Kontrollmöglichkeiten durch die Prinzipale und Anreize der Agenten, eigene Interessen durchzusetzen.[343] Während Managermotive sich auf das aktive Streben der Unternehmensleitung nach Einkommen, Beförderung, Prestige, Macht und Reduzierung des Entlassungsrisikos beziehen, sind die unter sonstige Motive zusammengefassten Treiber bei der Maximierung des Nutzens der Entscheidungsträger stärker psychologisch motiviert.

7.2.4.2.1 Managermotive

7.2.4.2.1.1 Selbstüberschätzung der Unternehmensführung (Hybris-Hypothese) – Dokumentenanalyse

Nach ROLL lassen sich M&A-Transaktionen auf eine Selbstüberschätzung (Hybris) des Managements zurückzuführen. Grundlage der Hybris-Hypothese ist die Beobachtung, dass auf dem M&A-Markt teilweise Kaufpreise für übernommene Unternehmen gezahlt werden, die einen Aufschlag gegenüber der Marktbewertung enthalten, wenn die Unternehmensführung die eigene Managementexpertise in Bezug auf die Fähigkeit zur Integration und Führung des Zielunternehmens nach der Akquisition überschätzt.[344]

Folgende Pressekommentare zeigen eine mögliche Hybris des ADIDAS-Managements.

---

[343] Vgl. PICOT (1991), S. 150.

[344] Vgl. zum gesamten Absatz ROLL (1986), S. 200.

Tab. 18: Die Übernahme im Pressespiegel – Zur Hybris-Hypothese.

Quelle: eigene Darstellung

Datum	Zeitung/Zeitschrift	Kommentar
03.08.2005	manager magazin	**„REEBOK Übernahme ist kein Risiko“** [...] *Konzernchef HAINER ergänzte, die milliardenschwere Übernahme sei „kein Risiko“ für ADIDAS.* *„Wir werden eine Präsenz haben, die bisher nicht da gewesen ist am Markt“,* ergänzte HAINER. [...].
07.08.2005	FAZ	**„Wir werden die Größten sein“** Herr HAINER, haben Sie das Schicksal von JÜRGEN SCHREMPP verfolgt? Nicht so eingehend. Dem Daimler-Chef wurde letztlich die Übernahme von CHRYSLER zum Verhängnis. Jetzt kaufen Sie REEBOK. Fürchten Sie Parallelen? Die beiden Fälle sind nicht zu vergleichen. *Ich bin überzeugt davon, dass unsere Fusion erfolgreich wird. Wir ergänzen uns bestens.* [...] Manche Analysten fürchten, die REEBOK-Übernahme könnte sich wie SALOMON als Flop herausstellen. Ihre Gewinnmarge schrumpft durch die Übernahme. Das stimmt für die prozentuale Größe. Aber nicht für den Gewinn absolut. Der steigt. *Schließlich ist REEBOK hochprofitabel.* Sie kaufen REEBOK für drei Mrd. €, ist dieser Preis nicht zu hoch? [...] *Aus meiner Sicht ist das ein sehr vernünftiger Deal, fast schon günstig.* Wir haben sofort einen höheren Gewinn pro Aktie, wenn man die beiden Unternehmen zusammennimmt. *Fehlt nur noch, dass Sie von einer „Hochzeit im Himmel“ reden, wie einst JÜRGEN SCHREMPP.* *Ich denke, es ist ein absolut perfekter Fit.* [...] *Wir wollen der führende Hersteller weltweit sein. Führend in Design, Technologie und im Verhältnis zu den Athleten. Und dann werden wir irgendwann auch die Größten sein.*
03.03.2006	FAZ	**„Wachsende Zweifel“** [...] Die Börse hat ADIDAS-Vorstandschef HERBERT HAINER seit dem vergangenen Sommer dafür gefeiert, dass er für rund drei Mrd. € den amerikanischen Konkurrenten REEBOK gekauft hat. *Doch mittlerweile wachsen die Zweifel, ob die „einmalige Chance“, die HAINER noch heute beschwört, ein Segen für ADIDAS ist. Tatsächlich hat HAINER das Ausmaß der Krise, in der REEBOK steckt, unterschätzt. [...] Die Aufgaben, die jetzt bei REEBOK auf HAINER und seine Mannschaft warten, sind [...] groß. Ein Unternehmen, das ungefähr gleich groß ist wie ADIDAS selbst, ohne größere Reibungsverluste zu integrieren, ist bereits eine Herkulesaufgabe. REEBOK zugleich wieder flottzumachen ist doppelt schwer. HAINER steht unter Zugzwang. Er hat für REEBOK einen hohen Preis bezahlt.* Jetzt stellt sich die Frage, ob das Unternehmen dabei nicht von den Amerikanern über den Tisch gezogen wurde. HAINER muss die Versprechungen zur Profitabilität, die er bei der REEBOK-Übernahme gemacht hat, rasch einlösen. Sonst wird es eng für den Adidas-Chef. [...]

02.02.2007	FAZ	**„ADIDAS will REEBOK auffrischen"** Der fränkische Sportartikelkonzern ADIDAS verspricht für seine Krisensparte REEBOK im laufenden Jahr einen Aufschwung. Nach einem schwierigen Jahr nimmt sich REEBOK für 2007 ein Umsatzwachstum im niedrigen einstelligen Prozentbereich vor. *ADIDAS-Vorstandsvorsitzender HERBERT HAINER verteidigte den Zukauf der Amerikaner. HAINER sagte, er traue REEBOK innerhalb von drei bis fünf Jahren einen Umsatz von 5 Mrd. US $ zu. Derzeit liegt das jährliche Umsatzvolumen bei 3 Mrd. US $.* [...]
03.02.2007	FAZ	**„Der DFB hat mich verblüfft"** [...] Würden Sie REEBOK noch mal kaufen? Ich würde REEBOK absolut wieder haben wollen. *Ich bin fest davon überzeugt, dass die Marke Potential hat.* [...] Beim Preis ist es müßig zurückzublicken. Die Gelegenheit hat sich nun einmal zu diesem Zeitpunkt und zu diesem Preis geboten. [...] Wann werden Sie zum ersten Mal stolz von Ihrem Neuerwerb REEBOK sprechen können? *Ich denke, im Jahr 2008 werden viele Leute sagen, sie hätten nicht gedacht, dass REEBOK so schnell so gut dasteht.* REEBOK droht also nicht das gleiche Schicksal wie dem Wintersportausrüster SALOMON, den Sie ein paar Jahre nach der Übernahme wieder verkauft haben? Auf keinen Fall. [...] REEBOK ist ein völlig anderer Fall als SALOMON. Der Wintersport war nicht unser Metier, und ich persönlich hatte nie einen großen Glauben daran. *REEBOK dagegen ist genau das Geschäft, das wir bei ADIDAS seit Jahrzehnten machen. Hier kennen wir uns aus.* [...]
08.03.2007	FAZ	**„ADIDAS löst REEBOK-Versprechen nicht ein"** [...] *ADIDAS-Chef HERBERT HAINER hat dagegen seit der mehr als drei Mrd. € teuren REEBOK-Übernahme stets versichert, REEBOK werde „vom ersten Tag an einen positiven Ergebnisbeitrag leisten".* [...] Vorstandschef HAINER verteidigte abermals den Kauf von REEBOK, der die Nettoverschuldung von ADIDAS bis Ende 2006 auf 2,2 Mrd. € steigen ließ. „Sie können nicht bereits nach 18 Monaten sagen, ob der Kaufpreis gerechtfertigt war oder nicht", sagte HAINER. [...]
06.03.2008	FAZ	**„REEBOK belastet ADIDAS"** Die Lage von ADIDAS ist unverändert. Die Kernmarke mit den drei Streifen floriert, die vor drei Jahren zugekaufte ramponierte amerikanische Tochtergesellschaft REEBOK darbt. [...] *Eine Erfolgsgeschichte ist REEBOK nicht wieder geworden.* [...] *Die Schwäche von REEBOK hat das Management bis heute nicht in den Griff bekommen. ADIDAS hat die Aufgabe, REEBOK wieder zum Strahlen zu bringen, unterschätzt.* Es ist richtig, dass die Franken den Posten des REEBOK-Chefs nun mit einem eigenen Mann besetzen und damit das Heft stärker selbst in die Hand nehmen. Man wundert sich allerdings, dass dieser personelle Neuanfang nicht früher gekommen ist. [...]

7.2.4.2.1.2 Selbstüberschätzung der Unternehmensführung (Hybris-Hypothese) – Interpretation durch die Verfasserin der Arbeit

Die Aussagen der ADIDAS-Führungsverantwortlichen vor der Akquisition von REEBOK waren ambitioniert. Die Ankündigungen des Vorstandsvorsitzenden HAINER können durchaus als selbstbewusst bezeichnet werden. HAINER, der die Übernahme von REEBOK als „großen strategischen Meilenstein“[345] und „einmalige Chance“[346] für ADIDAS bezeichnete, kannte entweder die mit dem REEBOK-Erwerb verbundenen Schwierigkeiten nicht oder hat die Managementkompetenz und Problemslösungsfähigkeit der ADIDAS-Führung überschätzt. In einem im Geschäftsbericht 2005 veröffentlichten Interview bestätigt HAINER die Hybris-Hypothese. HAINER wörtlich: „Wir haben in den letzten acht Jahren viel darüber gelernt, was es bei der Akquisition eines anderen Unternehmens zu beachten gilt. Ein Bereich, in dem wir vielleicht ein wenig nachlässig waren – und auf den wir uns bei der Akquisition von Reebok daher sehr stark konzentrieren werden – ist eine proaktivere Mitwirkung der obersten Managementebene, sowohl bei der Schaffung der richtigen Grundlage für den finanziellen Erfolg als auch bei der Problemlösung, wo immer nötig.“[347] Im Interview zum Geschäftsbericht 2006 unterstreicht der Vorstandsvorsitzende ebenfalls, trotz offensichtlicher Integrationsprobleme, die Kompetenz der ADIDAS-Führung, durch diszipliniertes Management den Turnaround bei REEBOK zu bewältigen.[348] Auch die bereits erörterte Einstellung der ADIDAS-Führungsverantwortlichen zu einem möglichen Einstieg von Finanzinvestoren kann als Hybris-Verhalten des Managements interpretiert werden.

Die Beobachtung, dass auf dem Markt für Unternehmensbeteiligungen teilweise hohe Prämien für Unternehmen gezahlt werden, wenn Manager dadurch eine M&A-Transaktion vor anderen Vorstandskollegen, der Öffentlichkeit und dem Kapitalmarkt zu rechtfertigen suchen, kann durchaus auch für das ADIDAS-Management zutreffend gewesen sein. Den REEBOK-Aktionären wurde im Zuge der Übernahme eine Prämie auf den REEBOK-Kurs von 34,2 Prozent bezahlt.[349] Bei den Führungsverantwortlichen von ADIDAS könnte die fehlleitende Annahme bestanden haben, dass nur teure Unternehmen erfolgreiche Unternehmen sind. Möglicherweise wurde nicht berücksichtigt, dass Restrukturierungsmaßnahmen, die mit der Erzielung von Synergieeffekten und Kosteneinsparungen verbunden sind, in teuren Unternehmen kostenintensiver sein können. Wenn ADIDAS im Geschäftsbericht 2006 von der Revitalisie-

---

345 Vgl. http://www.adidas-group.com/de/investor/_downloads/pdf/pressemeldungen/reebok-d.pdf (03.08.2005, S. 1).
346 Vgl. ebd.
347 Vgl. http://www.adidas-group.com/de/investor/_downloads/pdf/pressemeldungen/reebok-d.pdf (03.08.2005, S. 1).
348 Vgl. Geschäftsbericht 2006 ADIDAS Group.
349 Vgl. http://www.adidas-group.com/de/investor/_downloads/pdf/pressemeldungen/reebok-d.pdf (03.08.2005, S. 1).

rung[350] von REEBOK spricht, macht das nachdenklich und rechtfertigt die Frage, inwieweit 2005 eine Fehleinschätzung von REEBOK vorlag oder die ADIDAS-Führung den Integrationsaufwand bei REEBOK unterschätzt hat. In diesem Zusammenhang darf auch kritisch hinterfragt werden, warum die Integration eines Unternehmens, das, laut ADIDAS-Führung, hervorragend zum Konzern passt und bestens aufgestellt ist[351], derartige Schwierigkeiten verursacht und daher im Bezug auf Vertrieb, Produktpolitik und Konsumentenausrichtung vollkommen umgestaltet werden muss. Die Frage nach einer Selbstüberschätzung der Managementkompetenz bzw. einer Fehleinschätzung der Ausgangssituation von REEBOK vor der Übernahme ist nicht unberechtigt.

Die Ankündigung gezielter Maßnahmen zur Revitalisierung der Marke REEBOK ist ebenfalls Indiz für die Hybris-Hypothese. Es ist fraglich, warum die Erkenntnis, dass bei REEBOK noch viel Arbeit zu leisten ist, erst nach einem währungsbereinigten Umsatzrückgang im REEBOK-Segment von 6 Prozent erfolgt.[352] Die Führung von ADIDAS scheint bei der Due Diligence übersehen zu haben, dass REEBOK in den vergangenen Jahren seine Marke nicht konsequent gepflegt hat, sondern zu oft und zu kurzfristig auf wechselnde Trends aufgesprungen ist. Warum wurde nicht kritisch beurteilt, dass REEBOK-Produkte breit an den Massenmarkt vertrieben werden? Es stellt sich die Frage, inwieweit ein Kaufpreis in Höhe von 3,1 Mrd. Euro für ein Unternehmen gerechtfertigt ist, dessen Fokus auf dem schwierigen nordamerikanischen Markt liegt, während gleichzeitig wichtige Wachstumsmärkte in Osteuropa und Asien unberücksichtigt blieben. Marktbeobachtern waren die Schwierigkeiten bei REEBOK durchaus bekannt.

Unterschiedliche Verhaltensweisen der ADIDAS-Führung können als Indiz für eine Hybris des Managements gewertet werden. Gegenüber dem Kapitalmarkt ist im Vorfeld der Transaktion zu viel versprochen worden, während gleichzeitig Schwierigkeiten bei REEBOK unberücksichtigt blieben und die eigene Problemslösungs- und Integrationskompetenz überschätzt wurde.

---

[350] Vgl. Geschäftsbericht 2006 ADIDAS Group.
[351] Vgl. http://www.adidas-group.com/de/investor/_downloads/pdf/pressemeldungen/reebok-d.pdf (03.08.2005, S.2).
[352] Vgl. Geschäftsbericht 2006 ADIDAS Group.

7.2.4.2.1.3 Free-Cashflow-Hypothese – Dokumentenanalyse und Interpretation durch die Verfasserin der Arbeit

Nach der Free-Cashflow-Hypothese ist das Management bestrebt, freie Einzahlungsüberschüsse nicht an die Anteilseigner auszuschütten, sondern für Unternehmenswachstum durch M&A-Transaktionen zu verwenden. Die Free-Cashflow-Hypothese basiert auf der Annahme, dass sich durch Nichtausschüttung von Einzahlungsüberschüssen die Macht der Führungsverantwortlichen erhöht und sich damit gleichzeitig auch neue Beförderungspotentiale für das Management ergeben. Mittels dieser Thesaurierungstendenz entzieht sich die Führung der Kontrolle durch den Kapitalmarkt. Die durch Nichtausschüttung gewonnene Freiheit ermöglicht dem Management das Verfolgen subjektiver Interessen.

Laut ADIDAS-Geschäftsbericht 2006 ist das zentrale Planungs- und Steuerungssystem des Unternehmens für die Wertsteigerung des Konzerns und der einzelnen Marken verantwortlich. Im Mittelpunkt stehen nach ADIDAS-Aussagen die Maximierung des Shareholder-Value und die Generierung eines hohen Free Cashflows. Durch Steigerung des Konzernumsatzes sowie der Rohertrags- und der operativen Marge wird versucht, den Free Cashflow aus dem operativen Geschäft zu maximieren. Um mit der verfolgten Mehrmarkenstrategie diese Ziele zu realisieren, hat das Management jeder einzelnen Marke unmittelbare Verantwortung für die Betriebsergebnisverbesserung, die Optimierung des operativen kurzfristigen Betriebskapitals und der Investitionen. Nichtbetriebliche Faktoren, wie Finanzaufwendungen und Steuern, werden zentral von der Treasury- und Steuerungsabteilung des Konzerns bearbeitet. Damit sich das jeweilige Markenmanagement vollständig auf das Erreichen seiner Ziele konzentrieren kann, erfolgt die Vergütung der zuständigen Entscheidungsträger variabel und ist an die Entwicklung des Betriebsergebnisses und des operativen kurzfristigen Betriebskapitals gekoppelt. Die Vergütungspraxis bei ADIDAS mit variablen Bestandteilen, die von der Entwicklung des Betriebsergebnisses und des operativen kurzfristigen Betriebskapitals abhängig ist, spricht für die Free-Cashflow-Hypothese und die Tendenz des Managements, durch Nichtausschüttung von Einzahlungsüberschüssen und Verwendung für M&A-Transaktionen eigene Interessen zu verfolgen. In diesem Zusammenhang ist es sinnvoll, die Konzern-Ausschüttungsquoten der vergangenen Jahre zu betrachten.

Tab. 19: Vergleich Ausschüttungsquote ADIDAS-Konzern.

Quelle: Geschäftsberichte ADIDAS-SALOMON AG und ADIDAS Group 2001–2006

Ausschüttungsquote im Vergleich

	2006	2005	2004	2003	2002	2001
Ausschüttungsquote	18 %	17 %	19 %	17 %	20 %	20 %

Laut Aktiengesetz sollen 50 Prozent des Gewinns ausgeschüttet werden.[353] Das Deutsche Aktieninstitut empfiehlt 30 bis 50 Prozent des Gewinns auszuschütten und hat festgestellt, dass die Ausschüttungsquote der Dax-Unternehmen steigt, je internationaler die Aktionärsstruktur ist.[354] Mit einer Ausschüttungsquote von 17 bis maximal 20 Prozent in den Jahren 2001 bis 2006 befindet sich der ADIDAS-Konzern am unteren bis mittleren Rand des selbst gesetzten Ausschüttungskorridors von 15 bis 25 Prozent. Im Vergleich zu den anderen im Dax notierten Unternehmen, die durchschnittlich in 2006 41 Prozent ausgeschüttet haben, ist die Ausschüttungsquote von ADIDAS mit 18 Prozent niedrig.[355] Die Ausschüttungspraxis von ADIDAS stützt die oben aufgestellte Free-Cashflow-Hypothese und ein mögliches Interesse der Unter-

[353] Vgl. Aktiengesetz (AktG).
[354] Vgl. Deutsches Aktieninstitut e. V.
[355] Vgl. Zürcher Trend (2006), S. 1 und Geschäftsberichte ADIDAS-SALOMON AG und ADIDAS Group 2001–2006.

nehmensführung, freie Einzahlungsüberschüsse für Unternehmenswachstum durch M&A-Transaktionen zu verwenden, um sich damit der externen Kontrolle des Kapitalmarktes zu entziehen und gleichzeitig den eigenen Handlungsspielraum zu erweitern.

Auch die Betrachtung der Bilanz und der Kapitalflussrechnung gibt Hinweise für die Free-Cashflow-Hypothese und das Thesaurierungsinteresse des Managements. In 2006 betrug der ADIDAS-Mittelzufluss aus operativer Geschäftstätigkeit 762 Mio. € und wurde hauptsächlich dafür verwendet, den Bedarf an kurzfristigem Betriebskapital entsprechend dem saisonalen Verlauf des Geschäfts zu finanzieren.[356] Der Mittelabfluss für Investitionen belief sich im Geschäftsjahr 2006 mit 2,988 Mrd. € hauptsächlich auf die REEBOK-Akquisition einschließlich des Rückkaufs wichtiger REEBOK-Immobilien.[357] Der Mittelzufluss aus der Finanzierungstätigkeit betrug insgesamt 1,035 Mrd. €.[358] Darin zeigen sich vor allem die Zunahme der langfristigen Finanzverbindlichkeiten zur Finanzierung der REEBOK-Transaktion und Ausgaben für Sachanlagen sowie Investitionen in Einzelhandelsaktivitäten. Die vornehmliche Verwendung des Free Cashflows zur Reduzierung von Finanzverbindlichkeiten in Verbindung mit der niedrigen ADIDAS-Ausschüttungsquote kann als Indiz für die Hypothesen des Free-Cashflow-Ansatzes gewertet werden und zeigt den daraus resultierenden erweiterten Handlungsspielraum der Unternehmensführung.

7.2.4.2.1.4 Empire-Building-Theorie, Managerialismus-Ansatz und Managerial-Diversifikations-Hypothese – Dokumentenanalyse und Interpretation durch die Verfasserin der Arbeit

Gemäß der Empire-Building-Theorie entwickelt das Management aus opportunistischen Beweggründen mehr Interesse an Wachstum und Größe des Unternehmens als an dessen Profitabilität. Anstelle der Marktwertsteigerung wird die Unternehmensgröße zum eigenständigen Ziel. M&A-Transaktionen dienen zur Steigerung der Unternehmensgröße und im Zuge dessen zur Maximierung des eigenen Nutzens. Grundlage der Empire-Building-Theorie ist die Annahme, dass die Nutzenfunktion des Ma-nagements sich an Größen wie einem höheren Einkommen, dem Erlangen von Macht, Prestige und Reputation oder der Reduktion des Risikos eines Arbeitsplatzverlustes orientiert.[359]

---

[356] Vgl. Geschäftsbericht 2006 ADIDAS Group.
[357] Vgl. ebd.
[358] Vgl. ebd.
[359] Vgl. ALBRECHT (1994), S. 23.

Im theoretischen Teil dieser Arbeit ist bereits erörtert worden, dass Wissenschaft und Praxis sich nicht einig sind, inwieweit die Unternehmensgröße einen Einfluss auf die Höhe des Einkommens oder die Reputation der Unternehmensführung hat. Gegen die Annahme, dass die Unternehmensführung durch M&A-Transaktionen nach Einkommens- und Machterweiterung strebt, spricht, dass es bei Existenz eines schwachen Aufsichtsrates einfacher wäre, eine Anhebung der Vergütung oder andere nicht-monetäre Zuwendungen zu fordern, anstatt den Umweg über komplexe Übernahmen und Fusionen zu wählen. Die Zusammenarbeit von Aufsichtsrat und Vorstand bei ADIDAS wird als eng und vertrauensvoll bezeichnet.[360] Ein kontinuierlicher, zeitnaher und umfassender Informationsaustausch ist gewährleistet.[361] Von einem schwachen Aufsichtsrat kann nicht ausgegangen werden.

Im Geschäftsjahr 2006 betrug die Gesamtvergütung der Vorstandsmitglieder 9,416 Mio. €. Die Struktur der Vergütung orientiert sich an Größe und globaler Ausrichtung des Konzerns sowie an der wirtschaftlichen und finanziellen Unternehmenssituation. Die Vorstandsvergütung ist an den Beitrag zum Unternehmenserfolg, die individuelle Leistung und die Arbeit des Gesamtvorstandes gekoppelt. Die jeweilige Vorstandsvergütung setzt sich aus einer erfolgsunabhängigen, einer erfolgsbezogenen und einer aktienbasierten Komponente zusammen. Zur erfolgsunabhängigen Komponente zählen das Jahresfestgehalt und Nebenleistungen, wie Dienstwagennutzung, die Übernahme von Versicherungsprämien und in Ausnahmefällen Steuerausgleiche aufgrund unterschiedlicher Besteuerungsregeln in Deutschland und den USA. Der erfolgsabhängige Vergütungsbestandteil, der den größten Anteil an der Gesamtvergütung des Vorstands ausmacht, setzt sich aus einem Performance-Bonus und einer aufgrund des Long-Term Incentive Plans (LTIP) gewährten Prämie zusammen. Die erfolgsbezogene Vergütung orientiert sich an der individuellen Leistungsfähigkeit und ist abhängig vom Erreichen bestimmter kumulierter Ergebnissteigerungen auf Basis des Gewinns vor Steuern in einem Zeitraum von drei Jahren (2006–2008). Die aktienbasierte Komponente besteht aus der aus dem Aktienprogramm (Management Share Option Plan – MSOP) resultierenden Vergütung, die sich aus einem Performance-Abschlag errechnet, der sich aus der absoluten und relativen Performance-

[360] Vgl. Geschäftsbericht 2006 ADIDAS Group.
[361] Vgl. ebd.

Komponente zusammensetzt. Die letzte MSOP-Tranche wurde im August 2002 an die Vorstandsmitglieder ausgegeben.[362]

Die Vergütungshistorie der Jahre 2004 bis 2006 stellt Tabelle 20 dar.

Tab. 20: ADIDAS-Vorstandsvergütung 2004 bis 2006.

Quelle: Geschäftsbericht ADIDAS-SALOMON AG und ADIDAS Group 2004–2006

Vergütung des Vorstands in Tsd. € (2004–2006)

	2006	2005	2004
Erfolgsunabhängige Komponente	2.976 (32 %)	2.998 (26 %)	3.380 (23 %)
Erfolgsbezogene Komponente	5.837 (62 %)	5.780 (51 %)	7.996 (53 %)
Aktienbasierte Komponente	603 (6 %)	2.652 (23 %)	3.606 (24 %)
Gesamt	9.416 (100 %)	11.430 (100 %)	14.982 (100 %)

Ein opportunistisches Verhalten bei der Übernahme von REEBOK durch den ADIDAS-Vorstand kann nicht vollständig verneint werden, wenn man den Anteil der aktienbasierten Komponente der Vorstandsvergütung betrachtet. Vor allem in 2006 fällt eine deutliche Reduzierung des aktienbasierten Vergütungsanteils auf. Möglicherweise hat das ADIDAS-Management diesen bewusst gesenkt, nachdem die Führungsverantwortlichen erkannt hatten, dass sich die Integration von REEBOK schwieriger als erwartet darstellen wird. Die Reduzierung des aktienbezogenen Teils der Vorstandsvergütung käme damit einem Scheitern gleich und kann Indiz sein für

[362] Vgl. zum gesamten Absatz Geschäftsbericht 2006 ADIDAS Group.

die mögliche Tendenz des Managements, das eigene Einkommen durch Entkopplung vom Aktienkurs abzusichern (subjektiv-rationales „Hedging"). Berücksichtigt man zudem, dass Eigentümer das Verfolgen von Eigeninteressen des Managements lediglich durch eine Loskopplung des Einkommens von der Größe des Unternehmens und einer Ausrichtung an der Steigerung des Aktienkurses erreichen können, gibt die Vergütungspraxis von ADIDAS weitere mögliche Hinweise auf das Verfolgen persönlicher Ziele mit dem Erwerb von REEBOK. Die von BÜHNER in Untersuchungen ermittelte negative Korrelation von Gewinnmaximierungsstrategie und ihrer tatsächlichen Realisierung zeigt sich auch bei der Übernahme von REEBOK mit einer Gewinnreduzierung in 2006/2007 auf 15 Prozent von ursprünglich erwarteten 20 Prozent.[363]

Gegen das Verfolgen persönlicher Interessen anlässlich des Erwerbs von REEBOK spricht jedoch die im Vergleich zum erfolgsunabhängigen Vergütungsanteil fast doppelt so hohe erfolgsorientierte Komponente der Vergütung. Mit der erfolgsorientierten Vergütung partizipiert der Vorstand am Erfolg oder Misserfolg der Transaktion und sollte daher an einer erfolgreichen Integration von REEBOK in den ADIDAS-Konzern interessiert sein.

Wie die Empire-Building-Theorie geht der Managerialismus-Ansatz davon aus, dass M&A-Transaktionen das Ergebnis ineffizienter Anreiz- und Entlohnungssysteme sind. Bei ineffizienter Entlohnung können Entscheidungsträger bestrebt sein, das Wachstum der Unternehmung zu Lasten der Unternehmensprofitabilität und zugunsten des eigenen Einkommens voranzutreiben. Sowohl die Managerialismus-Theorie als auch der Empire-Building-Ansatz sind wegen der Problematik sozial erwünschter Antworten empirisch nur unzureichend nachweisbar. Da die Führung des ADIDAS-Konzerns zu einer Stellungnahme hinsichtlich subjektiv-rationaler und emotionaler Treiber der ADIDAS-REEBOK-Transaktion nicht bereit war, können zu diesen Motiven der Übernahme lediglich Vermutungen anhand der Theorie und der zur Verfügung stehenden Dokumente aufgestellt werden. Auch wenn der Vorstand von ADIDAS Gesprächsbereitschaft gezeigt hätte, ist fraglich, inwieweit das Management das Verfolgen von eigenen Interessen und Zielen im Zusammenhang mit der Transaktion bestätigen würde. Die Tatsache, dass die ADIDAS-Führung jedoch eine Zusammenarbeit abgelehnt hat und nicht bereit war, Stellung zur Übernahme und zu den dahinterstehen-

[363] Vgl. BÜHNER (1990), S. 20.

den Motiven zu nehmen, spricht dafür, dass nicht nur strategisch-rationale Treiber hinter dem Erwerb standen.

Gemäß der managerialistischen Diversifikations-Hypothese liegt es im Interesse des Managements, das individuelle Anstellungsrisiko im Sinne des subjektiv-rationalen „Hedgens“ zu mindern. Es ist unbestritten, dass die Diversifikationsmöglichkeiten der ADIDAS-Führung bezüglich des eigenen Humankapitals eingeschränkt sind. Als Arbeitnehmer sind die Vorstandsmitglieder von ADIDAS an den Konzern gebunden und damit auch hinsichtlich ihres Einkommensstroms von der Performance von ADIDAS abhängig. Die durchschnittliche Verweildauer eines Vorstandes in einem DAX-30-Unternehmen beträgt rund vier Jahre.[364] Das Interesse des Managements mittels M&A-Aktivitäten einen möglichst hohen Diversifikationsgrad auf Unternehmensebene zu erreichen, ist ein subjektiv-rationaler bzw. emotional beeinflusster Treiber. Die im Rahmen der Revitalisierung von REEBOK von der ADIDAS-Führung angekündigten Investitionen können auch aus persönlichen „Hedging“-Motiven erfolgt sein. Das Management nimmt dann hohe Kosten zur Sanierung von REEBOK auf sich, um den Gesichts- und Arbeitsplatzverlust bei einer Trennung von REEBOK für den Vorstand zu verhindern.

7.2.4.2.1.5 Corporate-Control-Hypothese – Interpretation durch die Verfasserin der Arbeit

Nach der Corporate-Control-Hypothese wird eine Unternehmensführung dann durch ein konkurrierendes Managementteam ersetzt, wenn dieses durch eine Reallokation der Unternehmensressourcen, das Verfolgen einer neuen strategischen Ausrichtung oder das Ausnutzen von Verbund- oder Skaleneffekten den Eigentümern einen höheren Shareholder-Value ermöglicht. Durch M&A-Transaktionen erfolgt demnach der Kapitaltransfer ineffizient genutzter und unterbewerteter Ressourcen. Die Corporate-Control-Hypothese gründet auf der Prinzipal-Agenten-Theorie und dem Markt für Unternehmenskontrolle.

Grundsätzlich kann für die Übernahme von REEBOK durch ADIDAS davon ausgegangen werden, dass das ADIDAS-Management vor der Transaktion davon überzeugt war, die Reallokation der REEBOK-Unternehmensressourcen effizienter und erfolgreicher zu gestalten. Die Zahlung einer Prämie an die REEBOK-Aktionäre unterstreicht die Corporate-Control-Hypothese als M&A-Treiber. Auch die Tatsache,

---

[364] Vgl. FAZ vom 24.12.2007, Nr. 299, S. 16.

dass nach der Übernahme, entgegen ersten Ankündigungen, der Vorstandsvorsitzende von REEBOK PAUL FIREMAN zurückgetreten ist und die gesamte REEBOK-Führung mit ADIDAS-Mitarbeitern besetzt wurde, zeigt einerseits die Machtverhältnisse im Konzern im Sinne von Käufer- und Verkäuferunternehmen und andererseits die Einschätzung des ADIDAS-Vorstands hinsichtlich der eigenen Transaktions- und Integrationskompetenz. Trotzdem stellt die Corporate-Control-Hypothese als M&A-Treiber lediglich eine Vermutung dar, da die Existenz informationseffizienter Kapitalmärkte fraglich ist.

7.2.4.2.2 Sonstige Motive

7.2.4.2.2.1 Nachahmer-Effekt – Interpretation durch die Verfasserin der Arbeit

Im theoretischen Teil der Arbeit ist bereits darauf hingewiesen worden, dass auch im Zusammenhang mit M&A-Transaktionen der menschliche Herdentrieb, verstanden als imitierendes Verhalten, eine Rolle spielen kann. Losgelöst von rationalen Nutzenentscheidungen, wird dem Vorbild anderer Entscheidungsträger (blind) gefolgt. Bei M&A-Transaktionen resultiert nachahmendes Verhalten aus einem Vorsichtskalkül. Mittels Imitation erfolgreicher Unternehmensstrategien versucht das Management, sich im Marktumfeld abzusichern, zu „hedgen", um die Folgen einer möglichen Fehlentscheidung (Macht-, Einkommens-, Prestige- und Arbeitsplatzverlust) nicht alleine tragen zu müssen. Die Imitation von als erfolgreich wahrgenommenen Entscheidungen reduziert die Unsicherheit im Unternehmensumfeld und sichert Legitimität.

Auch die REEBOK-Übernahme kann als Herdenverhalten der ADIDAS-Führung betrachtet werden und der Erwerb von REEBOK als Reaktion auf Konsolidierungstendenzen im Sportartikelmarkt. In dem Glauben, die Konkurrenz besitze bessere Informationen, imitiert der Vorstand das Verhalten von Wettbewerbern bzw. versucht, deren Verhalten vorwegzunehmen. Es ist jedoch auch denkbar, dass die REEBOK-Transaktion aus Furcht, die Konkurrenz könnte REEBOK aufkaufen, bzw. wegen der Begrenztheit der Anzahl möglicher Übernahmekandidaten erfolgte. In der Presse kursierten im Jahr 2005 Gerüchte, dass der Hauptkonkurrent von ADIDAS, NIKE, die Übernahme von PUMA plane.

7.2.4.2.2.2 Raider-Theorie – Interpretation durch die Verfasserin der Arbeit

Die Raider-Theorie, der die Ausnutzung von Informationsasymmetrien zugrunde liegt, geht von einer gezielten Manipulation des Kapitalmarktes durch die Verbreitung falscher Informationen aus. Mittels Falschinformationen werden Bewertungsunterschiede angestrebt, um Gewinne durch M&A-Transaktionen zu generieren. Da die gezielte Manipulation des Kapitalmarktes mit falschen Informationen gesetzlich verboten ist (Insidergeschäfte, Securities Act (1931), Securities Exchange Act (1934)) und die Übernahme von REEBOK sowohl von der amerikanischen wie auch der europäischen Kartellgesetzgebung ohne Auflagen und Einschränkungen genehmigt wurde, kann das Raider-Motiv als Treiber der REEBOK-Transaktion ausgeschlossen werden.

7.2.4.2.2.3 Prozesstheorie – Interpretation durch die Verfasserin der Arbeit

Die Prozesstheorie stellt eine Aggregation bereits erörterter Treiber dar und beschreibt M&A-Transaktionen als Folge wenig transparenter Entscheidungen auf Managementebene. Maßgebend für den Prozessansatz ist die Annahme, dass Entscheidungsträger nicht strategisch-rational handeln. Mit M&A-Transaktionen wird versucht, eigene Ziele und subjektive Interessen durchzusetzen, persönliche Aufstiegschancen durch erfolgreiche Integrationsgestaltung zu verbessern, der Konkurrenz zuvorzukommen oder bestimmten Modewellen zu folgen. Die Relevanz der Prozess-Theorie bei der ADIDAS-REEBOK-Transaktion ist eingeschränkt. Bestimmte bereits erörterte M&A-Treiber können auch der Prozesstheorie zugeordnet werden. Die Prozesstheorie zählt damit nicht zu den Haupttreibern der Übernahme.

7.2.4.3 Emotional induzierte Treiber der ADIDAS-REEBOK-Transaktion – Metapher-Analyse und Emotionen-Modell[365]

Strategisch-rationale Treiber können die hohe Misserfolgsquote von M&A-Transaktionen im Allgemeinen und die aufgezeigten Probleme der Übernahme von REEBOK durch ADIDAS im Speziellen nicht erklären. Es ist bereits angeklungen, dass dem menschlichen Faktor bei M&A-Entscheidungen mehr Beachtung zukom-

[365] Vgl. zu allen in diesem Abschnitt aufgeführten Metaphern Geschäftsbericht 2006 ADIDAS Group, Bericht zum ersten Quartal 2007 ADIDAS Group und http://www.adidas-group.com/de/investor/_downloads/HAUPTVERSAMMLUNG/Speech_2007.pdf.

men muss. M&A-Entscheidungsträger betrachten im Vorfeld von Transaktionen ausschließlich strategisch-rationale M&A-Treiber, subjektiv-rationale, emotionale und interdependent verknüpfte Motive werden hingegen vernachlässigt bzw. bewusst ausgeblendet. Die Missachtung empirischer Misserfolgszahlen lässt auf opportunistisches Verhalten und das Verfolgen von Eigeninteressen der Führungskräfte schließen. Es ist zu prüfen, inwieweit das Management von ADIDAS bei der M&A-Entscheidung der eigenen Emotionalität unterlegen war.

Die Analyse subjektiv-rationaler und emotionaler M&A-Treiber anhand der Dokumentenanalyse ist nicht hinreichend möglich, da Subjektivität und Emotionen nur eingeschränkt messbar sind. Emotionen sind biographisch sowie kulturell beeinflusst und werden im organisationalen Kontext sozial reguliert und unterdrückt. Zudem existiert bei der Erfassung von Subjektivität und Emotionalität das Problem sozial erwünschter Antworten. Die Metapher-Analyse hilft latente, implizite und unbewusste Strukturen der Konstruktion von Wirklichkeit bewusst zu machen. Dabei stehen Wandlungsprozesse im Mittelpunkt, was die Anwendung dieses Analyseverfahrens im Zusammenhang mit der Erforschung von subjektiver Rationalität und Emotionalität in M&A-Entscheidungssituationen mit zum Teil weit reichenden Veränderungen rechtfertigt.

Metapher-Analyse und Emotionen-Modell erlauben durch Dokumentenanalyse selektierte Metaphern mit dem sozialen und kulturellen Hintergrund von Führungsverantwortlichen zu verbinden und zu interpretieren. Die Metapher-Analyse in Verbindung mit dem Emotionen-Modell trägt dazu bei, zusätzliche Erkenntnisse über subjektiv-rationales und emotionales Entscheidungsverhalten bei der Übernahme von REEBOK durch ADIDAS abzuleiten. Es ist offensichtlich und wurde bereits erörtert, dass die ermittelten subjektiv-rationalen bzw. emotionalen Treiber der ADIDAS-REEBOK-Transaktion einem gewissen Interpretationsspielraum ausgesetzt sind, da die ADIDAS-Entscheidungsträger nicht bereit waren, zur Bedeutung subjektiv-rationaler und emotionaler Treiber beim Erwerb von REEBOK Stellung zu nehmen. Vor dem Hintergrund der Problematik sozial erwünschten Antwortverhaltens ist jedoch fraglich, inwieweit bei direkter Befragung des ADIDAS-Managements eine realistischere Analyse möglich gewesen wäre. Bei der Motivmessung mittels Befragung kommt es durch subjektive Erfolgseinschätzungen, persönliche Erwartungen und emotionale Treiber zu positiven und negativen Ergebnisverzerrungen.

Die Metapher erlaubt Emotionen zu beleuchten oder zu verbergen und hilft die komplexe Struktur von Emotionen zu vereinfachen.[366] Das Verbergen von Emotionen durch die Verwendung von Metaphern kann bei Entscheidungen, die dem Selbstschutz und eigenen Interessen dienen, beobachtet werden. Im Folgenden werden die mittels Dokumentenanalyse gefundenen Metpahern offengelegt und durch die Verfasserin der Arbeit interpretiert.

In Interviews, im ADIDAS-Geschäftsbericht 2006, im Bericht des Konzerns zum ersten Quartal 2007 und in seiner Rede auf der Hauptversammlung am 10. Mai 2007 spricht HAINER immer wieder von der „Revitalisierung" der REEBOK-Marke. Auch in Pressekommentaren ist von „Revitalisierung" die Rede.

Tab. 21: Die Übernahme im Pressespiegel – Zur Metapher „Revitalisierung".

Quelle: eigene Darstellung

Datum	Zeitung/Zeitschrift	Kommentar
02.03.2006	FAZ	**„ADIDAS mit ersten Kratzern"** ADIDAS darf ohne Zweifel als Erfolgsstory gelten. Umsatz und Gewinn steigen seit Jahren, [...]. Doch die neuen Geschäftszahlen sorgen für erste Kratzer: Die Kosten für die Übernahme des Konkurrenten REEBOK haben den weltweit zweitgrößten Sportartikelhersteller im vierten Quartal 2005 überraschend in die Verlustzone gedrückt. Bei REEBOK dagegen findet sich das ein oder andere unerfreuliche Detail. [...] *„Unser Fokus richtet sich jetzt auf einen Turnaround der Marke REEBOK", kündigte HAINER an. Als der ADIDAS-Chef die 3,1 Mrd. € teure Übernahme im August angekündigt hatte, sprach er von REEBOK noch nicht als „Turnaround"-Wert.*
03.03.2006	FAZ	**„Reebok wird für Adidas zum Krisenherd"** *Der milliardenschwere Kauf des amerikanischen Konkurrenten REEBOK entpuppt sich für den fränkischen Sportartikelhersteller ADIDAS als Restrukturierungsfall. [...] „Die Marke ist nicht annähernd da, wo sie stehen sollte"*, räumte ADIDAS-Vorstandschef HERBERT HAINER auf der Bilanzpressekonferenz in Herzogenaurach ein. *„Wir müssen REEBOK wieder flottmachen"*, sagte HAINER. Der Zukauf wird erst ab Februar 2006 in den ADIDAS-Zahlen konsolidiert, doch belastete REEBOK das Finanzergebnis von ADIDAS bereits im vergangenen Jahr. Das angestammte Geschäft der Marke ADIDAS florierte dagegen weiterhin. Die Schwächen von REEBOK sind bereits seit Monaten bekannt. Branchenexperten attestieren den Amerikanern langweilige Produkte. „Das Produktsortiment von REEBOK muss aufgewertet und verbessert werden", kündigte HAINER an. Es gebe aber für die Probleme „keine schnelle Lösung", weil die Entwicklung neuer Produkte im Sportartikelgeschäft rund anderthalb Jahre dauere. ADIDAS wolle außerdem den Vertrieb von REEBOK zielgerichteter steuern. [...]

[366] Vgl. LAKOFF/JOHNSON (1998), S. 50.

07.12.2007	FAZ	**„ADIDAS sieht REEBOK auf gutem Weg“** Nach Anlaufschwierigkeiten sieht ADIDAS die zugekaufte amerikanische Tochtergesellschaft REEBOK jetzt auf gutem Weg. „Es war etwas schwieriger, als auch ich mir das vorgestellt habe", sagte ADIDAS-Chef HERBERT HAINER [...] Bei den geplanten Kostensynergien liege man aber im Plan. *„Jetzt müssen wir die Marke revitalisieren.“*
31.01.2008	FAZ	**„ADIDAS kauft eigene Aktien statt andere Unternehmen [...], REEBOK muss in Amerika weiter kämpfen“** [...] Vorstandschef HAINER räumt ein, es sei bisher noch nicht gelungen, das Geschäft von REEBOK in seinem wichtigen amerikanischen Heimatmarkt zu stabilisieren: *„Wir haben bei REEBOK in diesem Jahr noch Aufräumarbeiten vor uns“* sagte er im Gespräch mit Journalisten in New York. Erst im Jahr 2009 werde REEBOK in den Vereinigten Staaten wieder Umsatzwachstum erreichen. [...]

Die Revitalisierungs-Metapher ist auffällig. Das Wort Wiederbelebung beinhaltet versteckt, dass die Marke REEBOK kollabiert ist und daher neu belebt werden muss. In diesem Zusammenhang stellt sich die bereits erörterte Frage, warum die ADIDAS-Führung trotz Due Diligence im Vorfeld der Transaktion ein Unternehmen gekauft hat, dessen Markenpotential revitalisiert werden muss. Die Überzeugung, mit der der Vorstandsvorsitzende HAINER die Wiederbelebung von REEBOK verkündet, spricht für die Hybris-Hypothese und die Überschätzung der eigenen Integrationsfähigkeiten bei gleichzeitiger Unterschätzung möglicher Integrationsschwierigkeiten. Die Metapher „Manchmal muss man erst die toten Äste raushauen, damit der Wald wächst“ kann auch im Sinne der Revitalisierungsmetapher interpretiert und als Indiz gewertet werden für die Probleme der angeschlagenen Marke REEBOK sowie die Einschätzung der Integrationskompetenz der ADIDAS-Führung durch HAINER. HAINERS Aussagen zur Entwicklung von REEBOK sind nicht schlüssig. Es ist widersprüchlich, wenn HAINER REEBOK „auf gutem Weg“ sieht und gleichzeitig von der Revitalisierung der Marke als oberstem Ziel für 2008 spricht.

Mit der Aussage, „Licht am Ende des Tunnels bei REEBOK“ zu sehen, gehen HAINER und die Führung von ADIDAS von Anzeichen für eine Besserung der schwierigen Situation im REEBOK-Segment aus. Diese Metapher ist nicht nur deshalb interessant, weil der Vorstandsvorsitzende optimistisch in die REEBOK-Zukunft blickt, sondern auch die Schwierigkeiten mit der Integration von REEBOK eingesteht. Die Metapher des Tunnels kann als düsterer, enger Zustand interpretiert werden, in dem sich der ADIDAS-Konzern durch die Übernahme von REEBOK befindet. Übertragen auf das REEBOK-Segment symbolisiert der Tunnel damit rückläufige REEBOK-Auftragsbestände, das schwierige Geschäft auf dem nordamerikanischen Markt, fehlende Kosteneinsparungen und ausbleibende Synergieeffekte. Pressekommentare sprechen in diesem Zusammenhang vom „Aderlass für REEBOK“, von der „unter chronischen Absatzrückgängen leidenden Sparte REEBOK“, von der „schwächelnden Tochtergesellschaft“, von einem „Therapieplan für REEBOK“ und vom „angeschlagenen Patienten REEBOK“, der „nicht auf die Beine kommt“.

Tab. 22: Die Übernahme im Pressespiegel – Zu den Metaphern „Aderlass“, „Patient, „Therapieplan“ und „Tunnel“.

Quelle: eigene Darstellung

Datum	Zeitung/Zeitschrift	Kommentar
12.04.2006	FAZ	**„Aderlass für REEBOK“** ADIDAS strotzt vor Optimismus, den *angeschlagenen* Neuerwerb REEBOK mittelfristig wieder flottmachen zu können. Und HAINER untermauerte diese Zuversicht, indem er sich für 2007 auf ein kräftiges Gewinnplus verpflichtete. Doch die ersten Schritte von ADIDAS nach der REEBOK-Übernahme erscheinen wenig schlüssig: Wie will ADIDAS seinen amerikanischen *Patienten* REEBOK hochpäppeln, wenn die Franken diesem als erstes den Ausrüstervertrag mit der amerikanischen Basketball-Liga NBA abnehmen? Dieser *Aderlaß* durchkreuzt HAINERS eigenen *Therapieplan* für REEBOK. Der sieht nämlich vor, die Marke wieder stärker als Ausrüster für aktive Sportler statt als Modelabel ins Bewusstsein der Kunden zu rücken. [...]
10.11.2006	FAZ	**„ADIDAS sorgt für eine böse Überraschung“** Gewinnprognose für 2007 wegen REEBOK gesenkt/Neuausrichtung verzögert sich und wird teurer/Aktienkurs bricht ein Der fränkische Sportartikelkonzern ADIDAS hat das Ausmaß der Probleme bei seiner neuerworbenen *Krisensparte REEBOK* unterschätzt. ADIDAS brauche „länger als ursprünglich angenommen“, *um die unter chronischen Absatzrückgängen leidende Sparte REEBOK wieder auf Kurs zu bringen*, gestand Vorstandschef HERBERT HAINER [...] ein. [...]. Vorstandschef HAINER verteidigte trotz des Rückschlags den Kauf von REEBOK [...] abermals. Zusammen könnten sich die beiden Marken ADIDAS und REEBOK profitabler entwickeln als allein. „Die Wende zu schaffen hat 2007 die höchste Priorität, und ich stehe weiter persönlich dafür ein“, sicherte HAINER zu.
02.02.2007	FAZ	**„ADIDAS will REEBOK auffrischen“** Der fränkische Sportartikelkonzern ADIDAS verspricht für seine Krisensparte REEBOK im laufenden Jahr einen Aufschwung. Nach einem schwierigen Jahr nimmt sich REEBOK für 2007 ein Umsatzwachstum im niedrigen einstelligen Prozentbereich vor. Die Lage bei dem vor zwei Jahren für 3,1 Mrd. € übernommenen amerikanischen *Patienten* REEBOK ist brisant. [...]
03.02.2007	FAZ	**„Der DFB hat mich verblüfft“** [...] Sorgen bereitet ADIDAS auch die amerikanische Tochtergesellschaft REEBOK. [...] Die Geschäfte bei REEBOK laufen aber schlecht, vor allem in Amerika. Und seit der Übernahme hat sich die Lage zugespitzt. *Ihr Neuerwerb REEBOK kommt nicht auf die Beine.* Haben Sie die Schwierigkeiten hier unterschätzt? Wir haben von vornherein gewusst, dass REEBOK in manchen Ländern wie Amerika nicht die beste Reputation hat. Dann kam aber die Schwäche in einigen Bereichen hinzu, die für REEBOK besonders wichtig sind: Basketball- und Freizeitschuhe zum Beispiel. Das war nicht vorherzusehen, und das kann sich auch wieder drehen. [...]

06.03.2008	FAZ	**„ADIDAS will den Markt in China erobern"** [...] Chef der amerikanischen Krisensparte REEBOK wird durch ADIDAS-Manager ersetzt. [...] HAINER bekräftigte zudem, dass die vor drei Jahren für mehr als drei Mrd. € gekaufte *schwächelnde* amerikanische Tochtergesellschaft REEBOK dieses Jahr wieder steigende Umsätze verbuche: „REEBOK wird 2008 definitiv wachsen", kündigte der ADIDAS-Chef an. 2007 schrumpfte der REEBOK-Umsatz auf vergleichbarer Basis um fünf Prozent. [...]

Der Optimismus, den der Vorstand für die zukünftige Entwicklung von REEBOK verbreitet, kann auch als Flucht nach vorne aus persönlichen Gründen betrachtet werden. Obwohl die Ergebnisse 2006 gegen die Vorteilhaftigkeit der Transaktion sprechen, ist die ADIDAS-Führung zur Rechtfertigung der Übernahme und um das eigene Gesicht zu wahren optimistisch eingestellt. Auch der Hinweis HAINERS auf der Hauptversammlung am 10. Mai 2007, dass „der Zusammenschluss mit REEBOK anfängt, sich bezahlt zu machen, und bereits die ersten Umsatz- und Kostensynergien realisiert wurden", zeigt, dass der Vorstand den Aufwand im Zusammenhang mit der REEBOK-Integration vor den Aktionären mit der Präsentation positiv dargestellter Kennzahlen zum ersten Quartal 2007 rechtfertigt.

Die Aussagen HAINERS, dass man „nach 18 Monaten noch nicht sagen kann, ob unter dem Strich der Kaufpreis für REEBOK gerechtfertigt war" und dass „alle Marken unter dem ADIDAS-Dach verpflichtet sind, Großes zu leisten, bisher jedoch lediglich das Segment ADIDAS diese Aufgabe erfüllt hat und REEBOK noch an die hohen Erwartungen herangeführt werden muss", sind ein eindeutiges Indiz für die im Rahmen des theoretischen Teils der Arbeit aufgestellten möglichen subjektiv-rationalen bzw. emotionalen Treiber von M&A-Transaktionen. In diesem Zusammenhang ist die Haltung der ADIDAS-Führung, sich „nicht am Ergebnis einer einzelnen Marke messen zu lassen, sondern an der Gesamtleistung des Konzerns", emotional beeinflusst und gleichzeitig subjektiv-rational, denn die Verluste bei REEBOK werden von den guten Ergebnissen der Marke ADIDAS mehr als ausgeglichen.

Auffällig bei der Analyse der Aussagen von ADIDAS-Führungskräften ist die Verwendung von sport- und leistungsbezogenen Metaphern. Im Zusammenhang mit den Bilanzen des Unternehmens der letzten sechs Jahre spricht HAINER von „Meilensteinen". Ob die Bilanz 2006 als positiver Meilenstein des Konzerns zu betrachten ist, darf jedoch bezweifelt werden. Der Vorstandsvorsitzende bezeichnet das Jahr 2006 als ein Jahr des „harten Trainings, um Kraft und Ausdauer für die nächsten Herausforderungen zu schöpfen". In 2007 soll „weiter voll angegriffen und gleichzeitig die gewohnt starke Profitabilität verbessert werden". Die Jahre 2006, 2007 und 2008 sieht HAINER in einem Zusammenhang und als Jahre, die für „Angriff und Aufbruch sowie für Marktführerschaft und Marktdurchdringung stehen". Den Herausforderungen bei REEBOK soll in 2007 „diszipliniert und konzentriert begegnet werden, um in diesem Segment nachhaltiges und langfristig profitables Wachstum zu erzielen".

Auch hinsichtlich der Beurteilung der Vorteilhaftigkeit der Transaktion greift HAINER zu einem sportbezogenen Vergleich, um seine Aussage zu verdeutlichen. Laut HAINER mache es keinen Sinn, „den Erfolg der Übernahme am Ergebnis von einem oder zwei Quartalen zu messen. Der ADIDAS-Konzern ist kein Sprinter, dem nach 100 Metern die Luft ausgeht, sondern ein Marathonläufer, der konzentriert und konsequent seinen Rhythmus hält, um am Ende als Sieger durchs Ziel zu gehen. Lange Läufe und große Herausforderungen erfordern Zeit, harte Arbeit und Geduld." Den Worten HAINERS kann durchaus zugestimmt werden, denn es ist unmöglich, eine M&A-Transaktion kurzfristig zu beurteilen. Unternehmensübernahmen sind keine Adhoc-Entscheidungen mit unmittelbaren Ergebnissen. Ein zu kurzer Betrachtungszeitraum erfasst nur unzureichend die mit dem Zusammenschluss angestrebten Synergievorteile. Wenn jedoch die Erfolgsbeurteilung nicht an ein oder zwei Quartalen erfolgen soll, muss die Frage an den Vorstandsvorsitzenden erlaubt sein, warum die Zahlen des ersten Quartals 2007 dann vom Management als Turnaround bei REEBOK dargestellt werden. Die vom Management vor der Hauptversammlung vorgestellten positiven Kennzahlen zum ersten Quartal 2007 können als Flucht nach vorne interpretiert werden, um die zu erwartende Kritik der Aktionäre durch kurzfristige Kurssteigerung abzufedern.

Metaphern dürfen nicht losgelöst von dem zu erforschenden Entscheidungsträger interpretiert werden, da sie sowohl Informationen über die Person zur Verfügung stellen als auch individuell bedingt sind. Mit Hilfe des Emotionen-Modells lassen sich die in der Metapher-Analyse gewonnenen Erkenntnisse durch Bezüge zum persönlichen Hintergrund der Führungskraft zusammenfassen. Nach achtjähriger Tätigkeit bei PROCTER & GAMBLE wechselte HAINER 1987 zu ADIDAS.[367] Seit 1997 ist HAINER Mitglied des Vorstandes, seit 2001 Vorstandsvorsitzender.[368] An der Übernahme von SALOMON war HAINER folglich bereits als Vorstandsmitglied beteiligt, was die Frage rechtfertigt, warum das Management des ADIDAS-Konzerns nicht aus den

[367] Vgl. http://www.adidas-group.com/de/bizmedia/biographies/HerbertHainer_dt.pdf.
[368] Vgl. ebd.

Fehlern der gescheiterten SALOMON-Integration Lehren gezogen bzw. von den Erfahrungen im Zusammenhang mit der erfolgreich integrierten SALOMON-Golfsparte TAYLOR MADE profitiert hat.

Bei der Analyse der von HAINER verwendeten Metaphern wird der wiederholte Sportbezug deutlich. Die Verwendung der Metaphern Disziplin, Konzentration, hartes Training, Kraft und Ausdauer im Zusammenhang mit der Integration des REEBOK-Segments in den ADIDAS-Konzern durch HAINER zeigt die im Emotionen-Modell identifizierten Teilbereiche gesellschaftliche, organisatorische und berufsgruppenbezogene Normen, persönliche Charaktereigenschaften und emotionaler Spielraum. Zu den wichtigsten persönlichen Charakteristika HAINERS zählen Zielstrebigkeit und Durchsetzungsvermögen, die der Vorstandsvorsitzende mit ambitioniert formulierten Transaktionszielen und der oben aufgelisteten sportorientierten Wortwahl unterstreicht.

An HAINER und ADIDAS werden aufgrund der guten Entwicklung in der Vergangenheit und der selbst formulierten ehrgeizigen Ziele hohe Maßstäbe angelegt. Mit der Verwendung von Metaphern versucht das Management die Kommunikation zu vereinfachen und Unsicherheit bezüglich der zukünftigen Unternehmensentwicklung zu reduzieren. Bestimmte verwendete Metaphern dienen zur Unterstützung der eigenen Argumentation und zur Erzeugung von Unangreifbarkeit im Sinne des Selbstschutzes. Externer Druck von Seiten des Kapitalmarktes und des Wettbewerbsumfeldes, im Emotionen-Modell als Normen der Gesellschaft, Berufsgruppe oder Organisation bezeichnet, machen neben strategisch-rationalen Treibern auch persönliche, subjektiv-rationale und emotional beeinflusste Motive als Treiber der REEBOK-Übernahme wahrscheinlich. Der verbreitete Optimismus hinsichtlich des REEBOK-Segments und teilweise versteckte Andeutungen zu den Herausforderungen bei REEBOK zeigen, dass das Management auch eigene Interessen verfolgt und daher eine offene Meinungsäußerung wegen der zu erwartenden Kritik der Aktionäre und möglicher Kursrückgänge unterbleibt. Die Vermutung, dass der ADIDAS-Vorstand emotionalen Dissonanzen ausgesetzt ist, liegt nahe.

7.2.4.4 Interdependent verknüpfte Treiber - rational-emotionale und emotional-rationale Treiber der ADIDAS-REEBOK-Transaktion

Theorie, empirische Analyse und Interpretation zeigen, dass M&A-Transaktionen das Ergebnis unterschiedlicher strategisch-rationaler, subjektiv-rationaler, emotional induzierter und interdependent verknüpfter Treiber sein können. Die Ausführungen zu den M&A-Motiven der REEBOK-Übernahme machen die interdependente Verknüpfung von Emotion und Ratio deutlich. Rationale Strategien können unbewusst emotional bestimmt sein und emotionale Strategien subjektiv-rational beeinflusst werden. Die Erkenntnis, dass strategisch-rationale M&A-Treiber durch die bewusste Einbeziehung emotionaler Elemente und emotional induzierte Motive mittels logisch-kognitivem Bezug kanalisiert werden können, kann das Entscheidungsverhalten nachhaltig optimieren.

Die ADIDAS-REEBOK-Transaktion hat sich als Ergebnis einer komplexen Mischung rationaler und emotionaler Treiber erwiesen. Die Annahme von Motivüberschneidungen ist für die Übernahme von REEBOK gerechtfertigt. Die folgende Tabelle 23 bietet einen Überblick der relevanten M&A-Treiber. Die von der Verfasserin dieser Arbeit als bedeutend für die Transaktion identifizierten Treiber sind kursiv hervorgehoben. Der jeweilige rationale, emotionale bzw. interdependent verknüpfte Bezug für die ADIDAS-REEBOK-Übernahme ist in Abhängigkeit ihrer Relevanz gekennzeichnet (XXX=hoch, XX=mittel, X=niedrig, O=keine).

Tab. 23: Relevante Treibertheorien der ADIDAS-REEBOK-Transaktion und ihr rationaler, emotionaler bzw. interdependent verknüpfter Bezug.

Quelle: eigene Darstellung

Treibertheorie	**strategisch-rational**	**subjektiv-rational**	**emotional**	**interdependent verknüpft**
Monopolhypothese	XXX	X	X	X
Effizientheorie	XXX	X	X	X
Resource-Dependence-Theorie	XXX	X	X	X
Transaktionskostentheorie	XXX	O	O	O
Steuer-/Bilanztheorie	XXX	O	O	O
Bewertungstheorie	XXX	XX	XX	XX
Coinsurance-Effekt	XXX	X	X	X
Hybris-Hypothese	O	XXX	XXX	XXX
Free-Cashflow-Hypothese	O	XXX	XXX	XXX
Empire-Building-Theorie	O	XXX	XXX	XXX
Corporate-Control-Hypothese	O	XX	XX	XX
Nachahmer-Effekt	O	XXX	XXX	XXX
Raider-Theorie	O	XX	XX	XX
Prozess-Theorie	O	XXX	XXX	XXX

Die Monopolhypothese, das heißt das Ziel, eine dominante Marktstellung zu erreichen oder dem Marktführer die Vormachtstellung streitig zu machen, kann eindeutig als Treiber der ADIDAS-REEBOK-Transaktion gewertet werden. Effzientheorie, Resource-Dependence-Theorie sowie Markt- und Risikotheorie sind ebenfalls als M&A-Treiber der Übernahme von REEBOK identifiziert worden. Bei der Untersuchung dieser M&A-Treiber ist deutlich geworden, dass Treiberüberschneidungen existieren und Unternehmensübernahmen das Resultat unterschiedlicher Motive sind. Durch Vorwärts- und Rückwärtsintegration im Sinne der Resource-Dependence-Theorie, Risikostreuung, strategisches „Hedging", Vermeidung von Doppelaktivitäten und Diversifikation des Markenportfolios wird mit der Übernahme von REEBOK versucht, Kostenvorteile und Synergieeffekte zu erzielen.

Die Bewertungstheorie, die M&A-Transaktionen mit Unterenehmensbewertungsunterschieden durch Informationsasymmetrien erklärt, ist ebenfalls relevant für die REEBOK-Übernahme. Vor dem Hintergrund des Aufschlags von 34,2 Prozent auf den Schlusskurs der REEBOK-Aktie vom 2. August 2005[369] müssen den Entscheidungsverantwortlichen Informationen über das Synergiepotential vorgelegen haben, die dem Markt nicht zur Verfügung standen. Die Zahlung der Prämie kann jedoch auch als Indiz für die Hybris des ADIDAS-Managements gewertet werden. Die Selbstüberschätzung der Führung von ADIDAS wird durch die im Konzern herrschenden Machtverhältnissen und der selbstbewussten Einschätzung der zukünftigen Positionierung von REEBOK vor dem Hintergrund schlechter REEBOK-Zahlen und rückläufiger Auftragsbestände erkennbar. Auch die identifizierten emotional induzierten M&A-Treiber, die subjektiv-rational beeinflusst sind, dürfen nicht losgelöst betrachtet werden, sondern weisen Überschneidungen auf. Die Free-Cashflow-Hypothese, die Managerial-Diversifikations-Hypothese, die Empire-Building-Theorie und der Nachahmer-Effekt, bei denen jeweils das Verfolgen von subjektiven Interessen zu Lasten der Anteilseigner unterstellt werden kann, lassen sich im Rahmen der empirischen Untersuchung als M&A-Treiber der ADIDAS-REEBOK-Transaktion identifizieren.

Nachdem die möglichen Treiber der Übernahme von REEBOK in der empirischen Fallstudie untersucht und vorgestellt worden sind, folgen in Kapitel acht eine Darstel-

---

[369] Vgl. http://www.adidas-group.com/de/investor/_downloads/pdf/pressemeldungen/reebok-d.pdf (03.08.2005, S. 1).

lung der Transaktion vor dem aktuellen Markthintergrund, eine vorsichtige Erfolgsbeurteilung, ein Vergleich mit der gescheiterten SALOMON-Transaktion sowie eine Betrachtung der Übernahme unter fiktiver Berücksichtigung des in dieser Arbeit entwickelten interdisziplinären integrativen M&A-Entscheidungsansatzes und seine Übertragung auf die Integration von REEBOK. Die Analyse der ADIDAS-REEBOK-Transaktion in Kapitel acht ergänzt die empirische Fallstudie Kapitel sieben. Zusammenfassung und Implikation erfolgen gemeinsam in Kapitel acht.

8 Analyse der ADIDAS-REEBOK-Transaktion

Zur Vervollständigung der empirischen Fallstudie gemäß den vorgestellten Untersuchungsmethoden wird die Übernahme von REEBOK durch den ADIDAS-Konzern in diesem Kapitel unter differenzierten und erweiterten Gesichtspunkten analysiert. Zunächst wird die Übernahme vor dem aktuellen Markthintergrund betrachtet.

8.1 *Beurteilung der REEBOK-Übernahme vor dem aktuellen Markthintergrund*

In der Presse wird die REEBOK-Übernahme immer wieder thematisiert. Einen Überblick der Pressereaktionen bietet die folgende Tabelle 24.

Tab. 24: Die Übernahme im Pressespiegel – Zur Beurteilung der REEBOK-Übernahme vor dem aktuellen Markthintergrund.

Quelle: eigene Darstellung

Datum	Zeitung/Zeitschrift	Kommentar
25.01.2006	FAZ	**„Langweiler im Schuhregal“** *Nach der Übernahme von REEBOK kommt auf ADIDAS viel Arbeit zu.* […] *Das REEBOK-Geschäft in den Vereinigten Staaten läuft schlecht; ein Problem, mit dem man sich demnächst auch in der Adidas-Zentrale im fränkischen Herzogenaurach beschäftigen muss. Seit der deutsche Konkurrent vergangenen August die 3,1 Mrd. € teure Übernahme von REEBOK vereinbart hat, sind die Probleme der Amerikaner auch die der Franken. Auf ADIDAS kommt viel Arbeit zu. Im vergangenen halben Jahr ging es mit dem Geschäft von REEBOK steil bergab, und Analysten erwarten keine schnelle Erholung.* […] ADIDAS will mit REEBOK den Weltmarktführer NIKE attackieren. Allerdings hat REEBOK seit Bekanntwerden des Zusammenschlusses einiges an Glanz verloren. *„Ein paar Probleme“ habe REEBOK in Nordamerika,* […], sagt ein ADIDAS-Sprecher. *Doch das ist eine ziemliche Untertreibung: Im Oktober legte REEBOK einen Quartalsumsatz weit unter den Erwartungen vor. […] Im Gesamtkonzern schrumpfte der Umsatz um 11 Prozent auf 1,04 Mrd. US $. REEBOK selbst machte dafür „Unsicherheit bei einigen Einzelhändlern“ wegen des Verkaufs an ADIDAS verantwortlich.* Vielen Analysten reicht diese Erklärung nicht aus. *„Das Design von REEBOK kommt im Moment einfach nicht an“*, sagt JOHN SHANLEY vom New Yorker Analysedienst SUSQUEHANNA FINANCIAL. […] *Klar ist allerdings, dass eine Runderneuerung für das amerikanische REEBOK-Programm kurzfristig kaum möglich ist. In der Sportartikelbranche sind Vorlaufzeiten von anderthalb Jahren für neue Kollektionen üblich. Der Handlungsdruck ist groß.* […] *Analysten bezweifeln, dass sich das Geschäft im Schlußquartal aufgehellt hat.* SHANLEY mutmaßt, dass die Details zu den Ergebnissen unter Verschluß bleiben könnten, wenn ADIDAS die Übernahme nun schnell vollzieht und womöglich keine separaten Zahlen für

		REEBOK mehr vorlegt. Eine REEBOK-Sprecherin wollte diese Vermutung nicht kommentieren, doch wahrscheinlich werden die Aktionäre erst Anfang März auf der ADIDAS-Bilanzpressekonferenz erfahren, wie das Weihnachtsgeschäft von REEBOK gelaufen ist. [...] Die Erwartungen, die ADIDAS-Chef HERBERT HAINER mit seinem REEBOK-Coup geweckt hat, sind freilich hoch. [...] „Vom ersten Tag an" werde der Gewinn je Aktie von ADIDAS durch den REEBOK-Kauf wachsen, verspricht HAINER. [...] Reebok habe „ein großartiges Potential", [...], heißt es selbstbewußt in Herzogenaurach. [...]
02.03.2006	FAZ	**„ADIDAS mit ersten Kratzern"** *ADIDAS darf ohne Zweifel als Erfolgsstory gelten. Umsatz und Gewinn steigen seit Jahren,* [...]. *Doch die neuen Geschäftszahlen sorgen für erste Kratzer: Die Kosten für die Übernahme des Konkurrenten REEBOK haben den weltweit zweitgrößten Sportartikelhersteller im vierten Quartal 2005 überraschend in die Verlustzone gedrückt.* *Bei REEBOK findet sich das ein oder andere unerfreuliche Detail: Im vierten Quartal ging der Umsatz der REEBOK-Gruppe währungsbereinigt um drei Prozent zurück, in Dollar gerechnet sogar um fünf Prozent. Noch größere Sorgen bereiten REEBOKS Auftragsbestände, die zum Ende des vierten Quartals währungsbereinigt um 22 Prozent und in Dollar gerechnet um 24 Prozent gesunken sind. In den Vereinigten Staaten ging der Auftragsbestand sogar um 30 Prozent zurück.*
03.03.2006	FAZ	**„Reebok wird für Adidas zum Krisenherd"** *Der milliardenschwere Kauf des amerikanischen Konkurrenten REEBOK entpuppt sich für den fränkischen Sportartikelhersteller ADIDAS als Restrukturierungsfall.* [...] *„Die Marke ist nicht annähernd da, wo sie stehen sollte",* räumte ADIDAS-Vorstandschef HERBERT HAINER auf der Bilanzpressekonferenz in Herzogenaurach ein. *„Wir müssen REEBOK wieder flottmachen", sagte HAINER. Der Zukauf wird erst ab Februar 2006 in den ADIDAS-Zahlen konsolidiert, doch belastete REEBOK das Finanzergebnis von ADIDAS bereits im vergangenen Jahr. Das angestammte Geschäft der Marke ADIDAS florierte dagegen weiterhin.* *Die Schwächen von REEBOK sind bereits seit Monaten bekannt. Branchenexperten attestieren den Amerikanern langweilige Produkte. „Das Produktsortiment von REEBOK muss aufgewertet und verbessert werden",* kündigte HAINER an. *Es gebe aber für die Probleme „keine schnelle Lösung", weil die Entwicklung neuer Produkte im Sportartikelgeschäft rund anderthalb Jahre dauere. ADIDAS wolle außerdem den Vertrieb von REEBOK zielgerichteter steuern.*
03.03.2006	FAZ	**„Wachsende Zweifel"** Die Börse hat ADIDAS-Vorstandschef HERBERT HAINER seit dem vergangenen Sommer dafür gefeiert, dass er für rund drei Mrd. € den amerikanischen Konkurrenten REEBOK hat. *Doch mittlerweile wachsen die Zweifel, ob die „einmalige Chance", die HAINER noch heute beschwört, ein Segen für ADIDAS ist. Tatsächlich hat HAINER das Ausmaß der Krise, in der REEBOK steckt, unterschätzt.* [...] *Die Aufgaben, die jetzt bei REEBOK auf HAINER und seine Mannschaft warten, sind* [...] *groß. Ein Unternehmen, das ungefähr gleich groß ist wie ADIDAS selbst, ohne größere Reibungsverluste zu integrieren, ist bereits eine Herkulesaufgabe. REEBOK zugleich wieder flottzumachen ist doppelt schwer. HAINER steht unter Zugzwang.* Er hat für REEBOK einen hohen Preis bezahlt. Jetzt stellt sich die Frage, ob das Unternehmen dabei nicht von den Amerikanern über den Tisch gezogen wurde. HAINER muss die Versprechungen zur

		Profitabilität, die er bei der REEBOK-Übernahme gemacht hat, rasch einlösen. Sonst wird es eng für den Adidas-Chef.
09.03.2006	FAZ	**„Uns war klar, dass REEBOK nicht die angesagteste Marke ist"** ADIDAS-Chef HERBERT HAINER über die Krise der neuerworbenen Sparte und das Geschäft mit der Fußball-Weltmeisterschaft *Der fränkische Sportartikelhersteller ADIDAS steht vor großen Herausforderungen. Das Geschäft des für mehr als drei Mrd. € übernommenen amerikanischen Konkurrenten REEBOK bricht ein.* HERBERT HAINER, der Vorstandsvorsitzende von ADIDAS, sagt, wie er die Probleme lösen will. Hat das Ausmaß der Probleme bei REEBOK nicht auch Sie überrascht? *Natürlich klingt es dramatisch, wenn der Auftragsbestand bei REEBOK um 22 Prozent sinkt, und mir wäre lieber, wenn das Minus kleiner wäre. Aber uns war bei der Übernahme klar, dass REEBOK zurzeit nicht gerade die angesagteste Marke ist und Probleme bei Positionierung und Distribution hat. Wir müssen das Produktsortiment überarbeiten. Deshalb erwarten wir für REEBOK 2006 einen Umsatzrückgang zwischen drei und sieben Prozent.* *Das klingt ziemlich optimistisch, angesichts der verheerenden Auftragslage.* Wir kriegen das hin. Die Winterkollektion von REEBOK kam bei den Händlern bereits besser an als die für das erste Halbjahr. […]
26.04.2006	manager magazin	**„Bislang keine konsequente Markenführung"** *Probleme beim übernommenen Sportartikelhersteller REEBOK gesteht ADIDAS-Vorstandschef HERBERT HAINER in einem Interview mit dem manager magazin ein.* *Die sinkenden Auftragszahlen bei REEBOK seien zwar „nicht schön", aber es sei nicht so dramatisch wie es scheine. Das Problem bei REEBOK sei, „dass bislang keine konsequente globale Markenführung betrieben wurde",* sagt HAINER […]. *Hier werde ADIDAS mit seinem Know-how bei der Markenführung von REEBOK helfen.* *Inzwischen sei auch eine klare Abgrenzung der beiden Marken ADIDAS und REEBOK getroffen worden. ADIDAS stehe vor allem für Mannschaftssport und europäischen Sport, REEBOK hingegen für Individualität, Lifestyle und American Sports.* *Deutlich sprach HAINER sich gegen eine Positionierung von REEBOK als Billigmarke aus: „Das ist genau das, was wir nicht wollen."* Er räumte ein, dass es bei manchen Preislagen zu Überschneidungen beider Marken kommen werde. HAINER: „Da werden wir wohl miteinander konkurrieren." […]
10.11.2006	FAZ	**„Schreckgespenst SALOMON"** Lange hatte sich HERBERT HAINER unbeirrt gezeigt. *Schon als der ADIDAS-Chef vor anderthalb Jahren REEBOK für die Rekordsumme von 3,1 Mrd. € übernahm, war der amerikanische Rivale von Absatzrückgängen gebeutelt. Seither haben sich die Probleme verschärft, die Umsätze sind Quartal für Quartal geschrumpft. Doch HAINER setzte fest darauf, die Entwicklung umkehren zu können. Jetzt muss er eingestehen, dass er sich verschätzt hat und sein Zeitplan für die Neuausrichtung von REEBOK zu ehrgeizig war. Die Senkung der Gewinnprognose für das kommende Jahr kostet HAINER an der Börse viel Vertrauenskapital, wie der Kurseinbruch der ADIDAS-Aktie […] zeigt.* Das Image des Erfolgsmanagers hat eine tiefe Schramme bekommen. Die Lage ist brenzlig. *Schon seit vielen Monaten entwickelt sich die ADIDAS-Aktie schwächer als der Gesamtmarkt.* […]

10.11.2006	FAZ	**„ADIDAS sorgt für eine böse Überraschung“** *Gewinnprognose für 2007 wegen REEBOK gesenkt*/Neuausrichtung verzögert sich und wird teurer/Aktienkurs bricht ein *Der fränkische Sportartikelkonzern ADIDAS hat das Ausmaß der Probleme bei seiner neuerworbenen Krisensparte REEBOK unterschätzt. ADIDAS brauche „länger als ursprünglich angenommen“, um die unter chronischen Absatzrückgängen leidende Sparte REEBOK wieder auf Kurs zu bringen, gestand Vorstandschef HERBERT HAINER* [...] *ein. Wegen der zunehmenden Schwierigkeiten mit REEBOK senkte ADIDAS seine Gewinnprognose für 2007 und erwartet nun nur noch einen Anstieg des Jahresüberschusses um 15 Prozent statt wie bisher um 20 Prozent.* [...] *Die Probleme von REEBOK in seinem wichtigsten Absatzmarkt Nordamerika haben sich im dritten Quartal verschärft. Der Auftragsbestand der Marke brach bis Ende September gegenüber dem Vorjahr währungsbereinigt um 25 Prozent ein. „Das war enttäuschend“, sagte HAINER. Zum Halbjahr hatte das Minus dagegen noch bei 18 Prozent gelegen.* [...]
23.01.2007	manager magazin	**„Neuer NIKE-Jäger“** *Trotz der Übernahme von REEBOK ist es ADIDAS bisher nicht gelungen, zum schärfsten Konkurrenten NIKE aufzuschließen.* *Nordamerika ist der größte Sportartikelmarkt der Welt. Dort rangiert ADIDAS deutlich hinter dem Weltmarktführer NIKE, versucht jedoch, mit der Übernahme von REEBOK Marktanteile hinzuzugewinnen. Bisher lässt der Erfolg allerdings auf sich warten.* *Zuletzt belastete die Übernahme die Ergebnisse des Konzerns erheblich. Wegen der höheren Ausgaben für REEBOK wird im laufenden Geschäftsjahr nur eine Gewinnsteigerung von 15 Prozent statt der bisher prognostizierten 20 Prozent erwartet. ADIDAS hatte REEBOK für 3,1 Mrd. € vor allem zur Stärkung des US-Geschäfts gekauft. Seit der Ankündigung der Übernahme durch ADIDAS halten sich die US-Sportartikelhändler jedoch mit Bestellungen bei REEBOK zurück.* *Der Umsatz von REEBOK ging seit Februar 2006 um 7 Prozent zurück. Wegen der schleppenden REEBOK-Integration sank der ADIDAS-Aktienkurs im Verlauf der vergangenen zehn Wochen um mehr als 5 Prozent auf knapp 38 Euro. ADIDAS will ab 2009 durch die REEBOK-Integration jährlich 175 Mio. € an Kosten einsparen.*
02.02.2007	FAZ	**„ADIDAS will REEBOK auffrischen“** *Der fränkische Sportartikelkonzern ADIDAS verspricht für seine Krisensparte REEBOK im laufenden Jahr einen Aufschwung. Nach einem schwierigen Jahr nimmt sich REEBOK für 2007 ein Umsatzwachstum im niedrigen einstelligen Prozentbereich vor. ADIDAS-Vorstandsvorsitzender HERBERT HAINER verteidigte den Zukauf der Amerikaner. HAINER sagte, er traue REEBOK innerhalb von drei bis fünf Jahren einen Umsatz von 5 Mrd. US $ zu. Derzeit liegt das jährliche Umsatzvolumen bei 3 Mrd. US $.* *ADIDAS will das Ruder in diesem Jahr vor allem mit verstärkten Marketingaufwendungen herumreißen, auf der Produktseite werde man erst von der Frühjahrskollektion 2008 an mit einer überarbeiteten Palette für größere Impulse sorgen können. ADIDAS hat bereits im November angekündigt, seine Investitionen in Marketing und Produktentwicklung bei REEBOK um 50 Mio. € aufzustocken.* [...] *Die Lage bei dem vor zwei Jahren für 3,1 Mrd. € übernommenen amerikanischen Patienten REEBOK ist brisant.* [...]

03.02.2007	FAZ	**„Der DFB hat mich verblüfft“** *Sorgen bereitet ADIDAS auch die amerikanische Tochtergesellschaft REEBOK.* [...] *Die Geschäfte bei REEBOK laufen schlecht, vor allem in Amerika. Und seit der Übernahme hat sich die Lage zugespitzt.* *Ihr Neuerwerb REEBOK kommt nicht auf die Beine. Haben Sie die Schwierigkeiten hier unterschätzt?* *Wir haben von vornherein gewusst, dass REEBOK in manchen Ländern wie Amerika nicht die beste Reputation hat. Dann kam aber die Schwäche in einigen Bereichen hinzu, die für REEBOK besonders wichtig sind: Basketball- und Freizeitschuhe zum Beispiel. Das war nicht vorherzusehen, und das kann sich auch wieder drehen.* [...] Wann werden Sie zum ersten Mal stolz von Ihrem Neuerwerb REEBOK sprechen können? Ich denke im Jahr 2008 werden viele Leute sagen, sie hätten nicht gedacht, dass REEBOK so schnell so gut dasteht. [...]
07.03.2007	Business Week	**“ADIDAS: Stumbling over REEBOK?”** *So far, the expected gains from the American shoemaker haven't materialized, but management says it's getting back on track* *ADIDAS Group's motto is “Impossible Is Nothing.” But since the No. 2 sporting-goods maker announced in August, 2005, that it would snap up rival REEBOK for $3.8 billion to gain a firmer footing in the U.S. and challenge market leader NIKE, the company has yet to prove that the combo will work.* *Even ADIDAS seems to be admitting it's a slog. [...] ADIDAS admitted that REEBOK “didn't deliver the earnings accretion it had anticipated.” [...] True to its mantra, however, ADIDAS says it's racing flat-out to make its tie-up with REEBOK a winner. The company has closed factories in Indonesia and is repositioning the REEBOK brand to widen its appeal.* “Our focus this year will be on getting REEBOK back onto a growth track,” ADIDAS Chief Executive HERBERT HAINER said in a statement. “It's going to take time, but we're moving in the right direction.” *As part of that move, the company is ramping up its sales and marketing efforts.* [...] The company says it expects these efforts to increase sales of the REEBOK brand this year in the “low-single-digit” range. [...]
08.03.2007	FAZ	**„ADIDAS trifft nicht“** *Zum zweiten Mal binnen vier Monaten muss ADIDAS-Chef HERBERT HAINER einräumen, dass der Sportartikelhersteller seine ursprünglichen Vorgaben für REEBOK nicht halten kann. Das vor anderthalb Jahren hoffnungsfroh und teuer gekaufte Unternehmen hat, anders als von HAINER stets betont, 2006 eben doch keinen positiven Nettobeitrag zum Konzernergebnis geleistet.* [...] *Dass das ADIDAS-Management abermals seine Zusagen für REEBOK nicht einlöst, stärkt in dieser Situation das Vertrauen der Anleger nicht. Wie groß die Zweifel sind, zeigt die schwache Entwicklung des Aktienkurses von ADIDAS, der in einem guten Börsenumfeld in den vergangenen zwölf Monaten stagnierte. Nun wächst der Druck auf HAINER weiter. Denn auch der Auftragsbestand bei der bislang florierenden Kernmarke ADIDAS ist zum Jahresende nur um ein Prozent gestiegen. Um das angepeilte Umsatzplus von rund fünf Prozent zu erreichen, muss auch die Stammmarke noch kräftig zulegen.*
09.05.2007	FAZ	**„REEBOK macht ADIDAS Hoffnung“** Erstmals steigt der Auftragsbestand der amerikanischen Tochtergesellschaft/Aktienkurs legt kräftig zu *Nach großen Anlaufschwierigkeiten zeichnet sich für REEBOK,* [...], *eine Besserung ab. Im ersten Quartal 2007 hat REEBOK die Talfahrt der Auftragsentwicklung gestoppt.* [...]

		Der Umsatz von REEBOK stieg im ersten Quartal um 15 Prozent auf 524 Mio. €, auf vergleichbarer Basis sank er jedoch, um Währungseffekte bereinigt, um 5 Prozent. „Kurzfristig haben wir noch einen Berg Arbeit vor uns und viele Herausforderungen zu meistern“, kommentierte HAINER die Anstrengungen, mit REEBOK die Wende zu schaffen.
09.08.2007	FAZ	**„[…] Sportartikelkonzern mit Gewinnschub im zweiten Quartal/REEBOK schrumpft“** *Die beiden Hauptmarken ADIDAS und REEBOK haben sich im zweiten Quartal stark gegenläufig entwickelt. Während ADIDAS im Aufwind war, blieb das REEBOK-Geschäft weiter unter Druck.* „Es bleibt noch eine Menge Arbeit zu tun“, räumte Hainer mit Blick auf […] REEBOK ein. *Im zweiten Quartal ging der Umsatz von REEBOK um 13,7 Prozent auf 514 Mio. € zurück. Währungsbereinigt liege das Minus bei 10 Prozent, sagte ADIDAS-Finanzvorstand ROBIN STALKER. Damit hat sich die Umsatzentwicklung gegenüber dem ersten Quartal verschlechtert.* […] *Hainer sagte, REEBOK habe vor allem in seinem wichtigsten Markt Nordamerika und in Großbritannien weiter zu kämpfen.* „In den Vereinigten Staaten wird sich daran in den nächsten zwei bis drei Quartalen wohl nichts ändern“, erwartet der ADIDAS-Chef.
06.12.2007	Bloomberg	**“ADIDAS forecasts no 2008 growth in REEBOK U.S. sales”** *ADIDAS the world's second-largest sporting-goods maker, said U.S. sales of REEBOK shoes and clothes will stagnate next year after managers had more difficulty than forecast in combining the brand with the rest of its business.* "REEBOK should grow worldwide in 2008, but the U.S. market will have to wait until 2009 to see some gains," Chief Executive Officer HERBERT HAINER told reporters yesterday […]. REEBOK “will not be our CHRYSLER,” HAINER said, […] The German carmaker's stock peaked five months after that takeover and never recovered.
31.01.2008	FAZ	**„ADIDAS kauft eigene Aktien statt andere Unternehmen […], REEBOK muss in Amerika weiter kämpfen“** […] *Vorstandschef HAINER räumt ein, es sei bisher noch nicht gelungen, das Geschäft von REEBOK in seinem wichtigen amerikanischen Heimatmarkt zu stabilisieren:* „Wir haben bei REEBOK in diesem Jahr noch Aufräumarbeiten vor uns“ sagte er im Gespräch mit Journalisten in New York. *Erst im Jahr 2009 werde REEBOK in den Vereinigten Staaten wieder Umsatzwachstum erreichen. Nach den Worten von HAINER war REEBOK in der Vergangenheit zu sehr als billige Massenmarke positioniert. REEBOK habe zu sehr auf trendabhängige Freizeitmode gesetzt und zu wenig auf Sportausrüstung. Seit der Übernahme habe ADIDAS das Massengeschäft reduziert und dabei zum Teil bewusst auf Umsätze verzichtet. Um REEBOK in höheren Preiskategorien positionieren zu können, investiert ADIDAS jetzt verstärkt in die Produktentwicklung* […]. […] *Mit Blick auf den amerikanischen Markt zeigt sich HAINER auch unabhängig von REEBOK vorsichtig:* „Ich glaube nicht, dass der Markt insgesamt in diesem Jahr wächst. […] *Die Kernmarke ADIDAS werde aber trotz dieses schwachen Umfelds in Amerika auch in diesem Jahr zulegen.* […]
05.03.2008	dpa-AFX	**„ADIDAS gibt nach Zahlen Anfangsgewinne ab/REEBOK belastet […]“** *Die Zahlen für das vierte Quartal sehen okay aus, aber der Auftragsbestand bei REEBOK ist sogar noch schlechter als erwartet,* sagte EQUINET-Analyst INGEBERT FAUST. *Dagegen sei der Auftragsbestand bei der Marke ADIDAS sehr stark.* […] *REEBOK sei aber weiterhin mit Blick auf die mittelfristige Ent-*

		wicklung das große Fragezeichen. [...] Von Analyst ROBERT GREIL von MERCK & CO hieß es, die Zahlen lägen sowohl unter seinen als auch unter den Markterwartungen. [...] Doch operativ hinke ADIDAS seinen Schätzungen hinterher, wofür vor allem höhere Marketing- und Integrationskosten bei REEBOK verantwortlich seien. *Bei den Marken habe sich der Umsatz bei ADIDAS und TAYLORMADE gut entwickelt und bei REEBOK enttäuscht.* [...]
06.03.2008	FAZ	**„REEBOK belastet ADIDAS"** *Die Lage von ADIDAS ist unverändert. Die Kernmarke mit den drei Streifen floriert, die vor drei Jahren zugekaufte ramponierte amerikanische Tochtergesellschaft REEBOK darbt.* [...] *Eine Erfolgsgeschichte ist REEBOK nicht wieder geworden.* [...] *Die Schwäche von REEBOK hat das Management bis heute nicht in den Griff bekommen. ADIDAS hat die Aufgabe, REEBOK wieder zum Strahelen zu bringen, unterschätzt. [...] Die entscheidende Herausforderung für REEBOK, im amerikanischen Heimatmarkt die Wende zu schaffen, ist dieses Jahr noch schwieriger geworden.* Die Konjunktur in den Vereinigten Staaten schwächelt wegen der Krise am Immobilienmarkt. Und das trifft REEBOK, wie die jüngsten Zahlen zeigen, voll.
06.03.2008	FAZ	**„ADIDAS will den Markt in China erobern"** [...] Chef der amerikanischen Krisensparte REEBOK wird durch ADIDAS-Manager ersetzt [...] *HAINER bekräftigte zudem, dass die vor drei Jahren für mehr als drei Mrd. € gekaufte schwächelnde amerikanische Tochtergesellschaft REEBOK dieses Jahr wieder steigende Umsätze verbuche: „REEBOK wird 2008 definitiv wachsen", kündigte der ADIDAS-Chef an. 2007 schrumpfte der REEBOK-Umsatz auf vergleichbarer Basis um fünf Prozent.* [...] *Schwierigkeiten macht vor allem der unter einer Konsumzurückhaltung leidende amerikanische Markt, der zugleich der wichtigste für REEBOK ist. In Nordamerika sei für die Marke in diesem Jahr mit weiteren Umsatzrückgängen zu rechnen, sagte HAINER. Die Kernmarke ADIDAS soll dagegen trotz Konsumflaute auch in den Vereinigten Staaten wachsen. Die Schwäche im Heimatmarkt spiegelt sich auch in den Auftragsbeständen der Marke wider, die dort bis Jahresende abermals 20 Prozent einbrachen. Weltweit lagen die Aufträge von REEBOK um 8 Prozent unter den Vergleichszahlen im Vorjahr.* [...]

Die Pressekommentare zur aktuellen Situation der REEBOK-Übernahme zeigen teilweise Überschneidungen mit den bereits erörterten Treibern. Zusammenfassend unterstreicht der Überblick zur REEBOK-Transaktion die Probleme der übernommenen Marke, den fehlenden Beitrag zum Konzernergebnis, wachsende Zweifel an der Vorteilhaftigkeit der Übernahme sowie Überlegungen und Maßnahmen zur erfolgreichen Integration von REEBOK.

Da das ursprünglich formulierte Transaktionsziel, der weltweit führende Anbieter im Sportartikelmarkt zu werden, in 2006 nicht erreicht worden ist, hat die ADIDAS-Konzernführung reagiert. Sie strebt an und verfolgt weiter das Ziel, NIKE die Vormachtstellung auf dem weltweiten Sportartikelmarkt streitig zu machen. Das soll mit den in Abbildung 59 dargestellten Maßnahmen erreicht werden.

Abb. 59: Ziele ADIDAS-Konzern 2007.

Quelle: eigene Darstellung

Das Eingeständnis der ADIDAS-Führung, dass bei REEBOK noch große Herausforderungen zu meistern sind, zeigt, dass die Wiederbelebung von REEBOK der Schlüssel zum Erfolg sein wird. Die Formulierung von fünf Bausteinen zur Integration von REEBOK in der Hauptversammlung vom 10. Mai 2007 unterstreicht die antizipierte Bedeutung und den Erfolgsbeitrag des REEBOK-Segments für den gesamten Konzern. Abbildung 60 fasst die von der ADIDAS-Führung formulierten Integrationsbausteine für REEBOK zusammen.

Fünf REEBOK-Integrations-bausteine	•Eindeutige Markenkerndefinition mit REEBOK als globale Marke amerikanischen Hintergrunds, die für Individualität, Breitensport und Spaß an der Bewegung steht, und ADIDAS als performanceorientierte Marke mit europäischem Ursprung
	•Wirksame Kommunikation der REEBOK-Markenbotschaft inklusive hoher Investitionen in den REEBOK-Markenauftritt
	•Verbesserung und Verbreiterung der Produktpalette von REEBOK
	•Preis- und Vertriebsoptimierung inklusive Einschränkung von Vertriebskanälen und Reduzierung des Produktangebots in Massenmärkten bei gleichzeitiger Preiserhöhung in bestimmten Absatzkanälen
	•Expansion in wachstumsstarke Regionen und Märkte mit attraktiven Margen (Osteuropa und Asien)

Abb. 60: Bausteine für die Integration von REEBOK.

Quelle: eigene Darstellung

Grundsätzlich sind die angekündigten Aktionen des ADIDAS-Managements zur Verbesserung der Integration von REEBOK positiv zu beurteilen. Die festgelegten Integrationsbausteine sind jedoch nach Meinung der Verfasserin dieser Arbeit widersprüchlich, wenn man die vom ADIDAS-Vorstand identifizierten Schwächen des REEBOK-Segments betrachtet. Die ADIDAS-Führung muss sich fragen lassen, ob die angestrebte Verbreiterung der Produktpalette realisierbar ist, wenn REEBOK zukünftig weniger den Massenmarkt bedienen soll. Dieses Vorgehen könnte sich als nicht kongruent erweisen.

Die Schwierigkeiten im REEBOK-Segment resultieren in Heterogenität und Unsicherheit hinsichtlich der zukünftigen Entwicklung. Die Reaktion der ADIDAS-Führungsverantwortlichen auf die Unsicherheit bezüglich des Erfolgsbeitrags von REEBOK sind die vorgestellten Integrationsbausteine. Der im theoretischen Teil aufgestellten Annahme folgend, begegnet das Management der Heterogenität mit Homogenität. Dabei wird dem erfolgreichen Beispiel anderer Sportartikelhersteller hinsichtlich der Markenkerndefinition, der Preisstrategie und der Expansion in wachstumsstarke Märkte gefolgt (Nachahmer- bzw. „Hedging"-Strategie).

Fraglich ist, warum die ADIDAS-Führung konkrete Maßnahmen zur Integration von REEBOK erst ein Jahr nach der Übernahme verkündet hat? Mögliche Gründe sind bereits erörtert worden. Neben der Hybris-Hypothese und persönlichen „Hedging"-Motiven sprechen für die auf der Hauptversammlung angekündigten Integrationsbausteine das Ziel des Vorstandes, mit positiv dargestellten Kennzahlen für das erste Quartal 2007 und einem Maßnahmenplan Kritik der Aktionäre vorwegzunehmen bzw. zu reduzieren. Die Kurssteigerung der ADIDAS-Aktie am Vortag der Hauptversammlung mit einem Plus von 7,3 Prozent[370] bestätigt diese Annahme und zeigt deutlich die auf dem Kapitalmarkt oft zu beobachtende Irrationalität. Folgt man den bereits erwähnten Ausführungen POWELLS, der mit seinen Untersuchungen eine gleichzeitige Präsenz rationaler und emotionaler Treiber an den Finanzmärkten feststellt, wird deutlich, dass die Börse die ADIDAS-Aktie „gefeiert" hat, weil noch schlechtere Zahlen erwartet worden waren. [371]

Je nach Darstellung der Kennzahlen in Euro bzw. währungsbereinigt ergibt sich ein unterschiedliches Bild. Es ist offensichtlich, dass die Führung von ADIDAS währungsbereinigte Kennzahlen vorstellt, die im Vergleich zu den Zahlen in Euro für das erste Quartal 2007 deutlich positiver ausgefallen sind. Grundsätzlich ist die Darstellung währungsbereinigter Zahlen kritisch zu sehen und dient lediglich als Vergleichsmaßstab. Tatsächlich ist das Konzernergebnis Währungseffekten ausgesetzt und damit nicht währungsneutral.

Die Durchsetzung einer Unternehmensvision, wie sie die Übernahme von REEBOK durch ADIDAS darstellt, bedarf Zeit. Der bereits aktuell erforderliche Strukturwandel wird voraussichtlich mehr als die von den ADIDAS-Entscheidungsverantwortlichen anvisierten drei Jahre beanspruchen. Fraglich bleibt, ob die Aktionäre der ADIDAS-Führung so lange das Vertrauen aussprechen werden. Derzeit herrscht, auch bedingt durch den zunehmenden Wettbewerb im Markt, starker exogener Druck von Seiten des Kapitalmarktes, die angekündigten Synergien und Kosteneinsparungen

---

[370] Vgl. FAZ vom 09.05.2007, Nr. 107, S. 22.
[371] Vgl. POWELL (1991), S. 184 f.

zu realisieren. Die aufgezeigten Pressekommentare sehen HAINER und die ADIDAS-Führung bereits unter Zugzwang.

Zudem steht ADIDAS auf dem wichtigen nordamerikanischen Heimatmarkt von REEBOK vor großen Herausforderungen. Vor dem Hintergrund einer wirtschaftlichen Eintrübung in den USA mit zurückhaltendem Konsumentenverhalten, eines schwierigen Marktumfeldes, zunehmenden Konkurrenzdrucks, niedriger Margen im Vergleich zu anderen Märkten und einer problematischen Wettbewerbssituation im Einzelhandel ist das Ziel, ab 2009 auch mit REEBOK im nordamerikanischen Markt zu wachsen, sehr ambitioniert. Das im Vorfeld der Übernahme erklärte Ziel, mit REEBOK die geographische Reichweite, vor allem auf dem nordamerikanischen Markt, auszubauen[372], muss vorerst als gescheitert betrachtet werden. In diesem Zusammenhang darf nicht vernachlässigt werden, dass der starke Euro die Umrechnung von US-$-Umsätzen in Euro belastet. Auch die von der ADIDAS-Führung mit den sportlichen Großereignissen Olympische Spiele in Peking und Fußball-EM in Österreich und der Schweiz in 2008 anvisierten Ziele sind hinsichtlich der Übernahme von REEBOK und der Relevanz des REEBOK-Segments für diese Ereignisse kritisch zu betrachten. Sowohl bei den Olympischen Spielen als auch bei der Fußball-EM ist die Marke ADIDAS offizieller Partner. Vor dem Hintergrund dieser sportlichen Großereignisse darf hinterfragt werden, welchen Beitrag die Übernahme von REEBOK zu den anvisierten Gewinn- und Umsatzsteigerungen beitragen wird.

8.2 *Vorsichtige Beurteilung des Erfolgs der REEBOK-Übernahme*

Die Übernahme von REEBOK durch ADIDAS in 2006 war die spektakulärste M&A-Transaktion der Sportartikelindustrie. Die Nummer zwei der Branche kaufte die Nummer drei im Markt. Die ADIDAS-REEBOK-Transaktion hat die Sportartikelindustrie verändert. Mit der horizontalen Integration von REEBOK waren hohe Ziele und ehrgeizige Erwartungen verbunden.

Die Vorteilhaftigkeit der Übernahme von REEBOK nach einem Jahr zu analysieren, ist schwierig. Die Integration von Unternehmen braucht Zeit. Trotzdem soll eine erste Beurteilung möglicher Erfolgs- und Misserfolgsfaktoren erfolgen.

---

[372] Vgl. http://www.adidas-group.com/de/investor/_downloads/pdf/pressemeldungen/reebok-dt.pdf (03.08.2005, S. 1).

In Kapitel sechs sind vier Methoden der Erfolgsmessung vorgestellt worden. Zur vorläufigen Analyse wird auf jahresabschlussorientierte und kapitalmarktorientierte Messverfahren sowie auf die ereignisorientierte Erfolgskontrolle eingegangen. Die Kennzahlenanalyse und die Darstellung der Aktienkursentwicklung in Kapitel sieben beinhalten die zur Erfolgsbeurteilung notwendigen Daten. Die größenorientierten Kennziffern der Vergleichsjahre 2005 und 2006 spiegeln alle eine verbesserte Unternehmenssituation wider. Der Umsatz des ADIDAS-Konzerns stieg währungsbereinigt in 2006 um 53 Prozent. Mit 10,084 Mrd. € übertraf der Konzernumsatz zum ersten Mal in der Unternehmensgeschichte die 10-Milliarden-Euro-Marke. Durch die erstmalige Konsolidierung der Vermögenswerte und Verbindlichkeiten von REEBOK nahm zum Ende des Geschäftsjahres 2006 die Bilanzsumme des Konzerns um 46 Prozent auf 8,379 Mrd. € zu. Das Eigenkapital des ADIDAS-Konzerns stieg in 2006 um 5 Prozent auf 2,828 Mrd. €. Der Gewinn vor Steuern in Höhe von 723 Mio. € konnte durch operative Verbesserungen in den Segmenten ADIDAS und TAYLOR MADE-ADIDAS Golf um 10 Prozent gesteigert werden. Das Betriebsergebnis legte im Betrachtungszeitraum um 25 Prozent auf 881 Mio. € zu. Der Cashflow konnte durch die REEBOK-Übernahme von 352 Mio. € auf 762 Mio. € mehr als verdoppelt werden.

Die rentabilitätsorientierten Kennzahlen zeigen kein einheitliches Bild. Während die Gesamtkapitalrentabilität von 12,67 Prozent in 2005 auf 10,82 Prozent in 2006 und die Umsatzrentabilität von 9,87 Prozent auf 7,16 Prozent gesunken sind, konnte die Eigenkapitalrentabilität von 24,4 Prozent auf 25,56 Prozent gesteigert werden. Hinsichtlich der Gesamtkapitalrentabilität konnte die Zunahme des Gewinns in Verbindung mit den gestiegenen Fremkapitalzinsen den Anstieg des Gesamtkapitals nicht ausgleichen. Der Rückgang der Umsatzrentabilität kann mit der im Verhältnis zum Umsatzanstieg geringen Gewinnzunahme erklärt werden.

Betrachtet man die Übernahmeprämie und die Überrendite, reflektiert der den REEBOK-Aktionären gezahlte Kaufpreis in Höhe von 59,00 US $ pro Aktie eine Prämie von 34,2 Prozent verglichen mit dem Schlusskurs der REEBOK-Aktie vom 2. August 2005.[373] Die durchschnittliche M&A-Prämie über alle Branchen weltweit lag in 2006 bei ca. 17 Prozent.[374] Die Kursentwicklung der ADIDAS-Aktie bestätigt nicht den in der Übernahmeprämie abgebildeten höheren Ertragswert, der eine deutlich positive-

[373] Vgl. http://www.adidas-group.com/de/investor/_downloads/pdf/pressemeldungen/reebok-d.pdf (03.08.2005, S. 1).
[374] Vgl. http://www.trade-net.ch/de/anlagen/_aktuell_06/07.pdf.

re Zukunftsentwicklung prognostiziert als der Kapitalmarkt. Die REEBOK-Transaktion hat auch keine hohen Überrenditen generiert. Der Unternehmenszusammenschluss wurde vom Kapitalmarkt im Zeitverlauf negativ bewertet. Der Aktienkurs hat sich schlechter entwickelt als aufgrund der Datensituation vor der Transaktion erwartet. Die Anleger schätzen damit die mit der Übernahme verfolgten Ziele und Wertsteigerungspotentiale wegen der Probleme bei REEBOK als nicht realistisch ein.

Bei der ereignisorientierten Erfolgskontrolle wird unter anderem die Fluktuationsrate von Führungskräften des übernommenen Unternehmens betrachtet und eine kausale Beziehung zum Akquisitionserfolg unterstellt. Die Machtverhältnisse im Konzern nach dem Erwerb von REEBOK spiegeln sich in der Besetzung der Führungspositionen im Konzern und bei der Marke REEBOK wider. Auch wenn von der ADIDAS-Führung eine gerechte und transparente Besetzungspolitik für leitende Positionen im Konzern angestrebt war, fällt die Dominanz von ADIDAS-Managern auf. Der Rücktritt des CEO von REEBOK PAUL FIREMAN, die Besetzung des Postens Head of Global Marketing für REEBOK mit ULI BECKER und die Übergabe funktionsübergreifender Verantwortung im Bereich Licence Management, Marketing-Kooperation und Brand PR an MICHAEL RIEHL als Leiter Global Sports Relation sind nur einige Beispiele für die im Konzern bestehenden Machtverhältnisse. Ein Beispiel für Mitarbeiterfluktuation auf höchster Managementebene ist der Rückzug von PAUL FIREMAN. Obwohl zunächst geplant war, erst nach einer Übergangszeit aus der operativen Führung zurückzutreten, legte PAUL FIREMAN mit Abschluss der Übernahme am 31. Januar 2006 seine Tätigkeit nieder. Die wissenschaftlich nachgewiesene hohe Mitarbeiterfluktuation bei übernommenen Unternehmen wird auch durch den Weggang von DENNIS BALDWIN und die Besetzung des Postens Head of Global Marketing für REEBOK durch ULI BECKER bestätigt. Nachdem für diesen Posten zunächst eine deutsch-amerikanische Doppelspitze vorgesehen war, übernahm ULI BECKER die Aufgabe in Alleinverantwortung.

Zusammenfassend ergeben die aus den jahresabschlussorientierten, kapitalmarktbezogenen und ereignisorientierten Messverfahren ermittelten Kennzahlen kein einheitliches Erfolgsbild. Auch wenn ADIDAS mit der Übernahme von REEBOK das Ziel, NIKE die Vormachtstellung streitig zu machen bisher nicht erreicht hat, muss festgehalten werden, dass die Wettbewerbsfähigkeit durch den Zusammenschluss verbessert und der Abstand zur folgenden Konkurrenz ausgebaut werden konnte. Nach Ansicht der Verfasserin dieser Arbeit hat sich jedoch als zentrales Problem der

Übernahme die konzeptionelle Ausrichtung erwiesen. Die angekündigten Vorteile und Synergieeffekte konnten nicht realisiert werden. Das Potential der Marke REEBOK ist falsch eingeschätzt worden. Der Rückgang der ADIDAS-Aktie in 2006 infolge von Bedenken hinsichtlich schwacher Auftragsbestände bei REEBOK kann als Indiz für die Schwierigkeiten des übernommenen Segments gewertet werden. Hauptwachstumstreiber des ADIDAS-Konzerns ist nach wie vor die Marke ADIDAS. ADIDAS trägt als Marktvorreiter mit starken Produkteinführungen, Technologieführerschaft und attraktiven Kommunikationsinitiativen maßgeblich zur Stärkung des Konzern-Markenprofils bei. Das ADIDAS-Segment dominierte in 2006 das Konzernergebnis mit einem Umsatz von 6,6 Mrd. € und einer Rohertragsmarge in Höhe von 47,8 Prozent.[375]

Diese von der Unternehmensführung als Rekordwerte bezeichneten Zahlen rechtfertigen die Frage, inwieweit ein organisches Wachstum ohne Integrationsprobleme und -kosten bei REEBOK für den ADIDAS-Konzern und seine Aktionäre nicht erfolgreicher gewesen wäre. Zum strategischen Wachstum hätten sich auch Instrumente wie Allianz oder Kooperation geeignet. Diese bieten in einem von Unsicherheit und Volatilität geprägten Marktumfeld Flexibilität und erfordern keine gegenseitige Kapitalbeteiligung. Unterstellt eine Allianz oder Kooperation mit REEBOK hätte sich als erfolgreich erwiesen, wäre die strategische Option offengestanden, die beiden Unternehmen später zusammenzuführen.

Der Führung von ADIDAS wird von Seiten des Kapitalmarktes nicht unbegrenzt Zeit gelassen, nachzuweisen, dass die Übernahme Wertzuwachs generiert. Der Erfolgsdruck, dem das ADIDAS-Management ausgesetzt ist, wird auch in der Presse thematisiert.

[375] Vgl. Geschäftsbericht 2006 ADIDAS Group.

Tab. 25: Die Übernahme im Pressespiegel – Zum Erfolgsdruck der ADIDAS-Führungsverantwortlichen.

Quelle: eigene Darstellung

Datum	Zeitung/Zeitschrift	Kommentar
25.01.2006	FAZ	**„Langweiler im Schuhregal"** Nach der Übernahme von REEBOK kommt auf ADIDAS viel Arbeit zu [...] *Die Erwartungen, die ADIDAS-Chef HERBERT HAINER mit seinem REEBOK-Coup geweckt hat, sind freilich hoch.* [...] „Vom ersten Tag an" werde der Gewinn je Aktie von ADIDAS durch den REEBOK-Kauf wachsen, verspricht HAINER. [...] Reebok habe „ein großartiges Potential", [...], heißt es selbstbewußt in Herzogenaurach.
03.03.2006	FAZ	**„Wachsende Zweifel"** *Die Börse hat ADIDAS-Vorstandschef HERBERT HAINER seit dem vergangenen Sommer dafür gefeiert, dass er für rund drei Mrd. € den amerikanischen Konkurrenten REEBOK hat. Doch mittlerweile wachsen die Zweifel, ob die „einmalige Chance", die HAINER noch heute beschwört, ein Segen für ADIDAS ist. Tatsächlich hat HAINER das Ausmaß der Krise, in der REEBOK steckt, unterschätzt.* [...] *Die Aufgaben, die jetzt bei REEBOK auf HAINER und seine Mannschaft warten, sind* [...] *groß. Ein Unternehmen, das ungefähr gleich groß ist wie ADIDAS selbst, ohne größere Reibungsverluste zu integrieren, ist bereits eine Herkulesaufgabe. REEBOK zugleich wieder flottzumachen ist doppelt schwer. HAINER steht unter Zugzwang.* Er hat für REEBOK einen hohen Preis bezahlt. Jetzt stellt sich die Frage, ob das Unternehmen dabei nicht von den Amerikanern über den Tisch gezogen wurde. HAINER muss die Versprechungen zur Profitabilität, die er bei der REEBOK-Übernahme gemacht hat, rasch einlösen. Sonst wird es eng für den Adidas-Chef. [...]
10.11.2006	FAZ	**„Schreckgespenst SALOMON"** Lange hatte sich HERBERT HAINER unbeirrt gezeigt. Schon als der ADIDAS-Chef vor anderthalb Jahren REEBOK für die Rekordsumme von 3,1 Mrd. € übernahm, war der amerikanische Rivale von Absatzrückgängen gebeutelt. Seither haben sich die Probleme verschärft, die Umsätze sind Quartal für Quartal geschrumpft. Doch HAINER setzte fest darauf, die Entwicklung umkehren zu können. Jetzt muss er eingestehen, dass er sich verschätzt hat und sein Zeitplan für die Neuausrichtung von REEBOK zu ehrgeizig war. *Die Senkung der Gewinnprognose für das kommende Jahr kostet HAINER an der Börse viel Vertrauenskapital, wie der Kurseinbruch der ADIDAS-Aktie* [...] *zeigt. Das Image des Erfolgsmanagers hat eine tiefe Schramme bekommen. Die Lage ist brenzlig. Schon seit vielen Monaten entwickelt sich die ADIDAS-Aktie schwächer als der Gesamtmarkt. Mit dem Rückschlag droht die Stimmung endgültig zu kippen.* [...] *Weitere Schnitzer kann sich der ADIDAS-Chef jedenfalls nicht erlauben.*
10.11.2006	FAZ	**„ADIDAS sorgt für eine böse Überraschung"** Gewinnprognose für 2007 wegen REEBOK gesenkt/Neuausrichtung verzögert sich und wird teurer/Aktienkurs bricht ein

		Der fränkische Sportartikelkonzern ADIDAS hat das Ausmaß der Probleme bei seiner neuerworbenen Krisensparte REEBOK unterschätzt. ADIDAS brauche „länger als ursprünglich angenommen“, um die unter chronischen Absatzrückgängen leidende Sparte REEBOK wieder auf Kurs zu bringen, gestand Vorstandschef HERBERT HAINER [...] ein. [...] Vorstandschef HAINER verteidigte trotz des Rückschlags den Kauf von REEBOK [...] abermals. [...] *„Die Wende zu schaffen hat 2007 die höchste Priorität, und ich stehe weiter persönlich dafür ein“*, sicherte HAINER zu.
08.03.2007	FAZ	**„ADIDAS trifft nicht“** Zum zweiten Mal binnen vier Monaten muss ADIDAS-Chef HERBERT HAINER einräumen, dass der Sportartikelhersteller seine ursprünglichen Vorgaben für REEBOK nicht halten kann. Das vor anderthalb Jahren hoffnungsfroh und teuer gekaufte Unternehmen hat, anders als von HAINER stets betont, 2006 eben doch keinen positiven Nettobeitrag zum Konzernergebnis geleistet. [...] *Dass das ADIDAS-Management abermals seine Zusagen für REEBOK nicht einlöst, stärkt in dieser Situation das Vertrauen der Anleger nicht. Wie groß die Zweifel sind, zeigt die schwache Entwicklung des Aktienkurses von ADIDAS, der in einem guten Börsenumfeld in den vergangenen zwölf Monaten stagnierte. Nun wächst der Druck auf HAINER weiter.* Denn auch der Auftragsbestand bei der bislang florierenden Kernmarke ADIDAS ist zum Jahresende nur um ein Prozent gestiegen. Um das angepeilte Umsatzplus von rund fünf Prozent zu erreichen, muss auch die Stammmarke noch kräftig zulegen.

Es muss zukünftig das primäre Ziel der Unternehmensführung sein, die Wirtschaftlichkeit des Unternehmens zu sichern und die versprochenen Synergien zügig zu realisieren. An der Konsolidierung von REEBOK und der erfolgreichen Gestaltung der REEBOK-Integration wird sich das ADIDAS-Management messen lassen müssen. Die formulierten Integrationsbausteine sind erste positive Ansätze in die richtige Richtung. Es ist offensichtlich, dass, je schlechter die relative Positionierung von ADIDAS am Kapitalmarkt ist, die Aktionäre nachhaltige Restrukturierungsmaßnahmen einfordern. Inwieweit die ökonomische Notwendigkeit einer Portfolioarrondierung besteht, hängt entscheidend von den Integrationsfortschritten der Unternehmensführung ab. Die zukünftige Ausrichtung und der damit angestrebte Erfolg werden Auswirkungen auf die Stellung des Managements und damit auf das Verfolgen von Eigeninteressen haben, wie Einkommen, Beförderung, Macht und Arbeitsplatzsicherheit.

8.3 *Beurteilung der REEBOK-Übernahme vor dem Hintergrund der gescheiterten SALOMON-Transaktion*

Die Betrachtung der gescheiterten SALOMON-Übernahme ist im Zusammenhang mit der ADIDAS-REEBOK-Transaktion interessant und kann dazu beitragen, die Frage zu klären, inwieweit das ADIDAS-Management aus den Transaktionserfahrungen gelernt oder diese bewusst zugunsten subjektiver Interessen verdrängt hat. Parallelen zwischen den Übernahmen sind offensichtlich. Der Verweis auf die gescheiterte SALOMON-Übernahme kommt auch in zahlreichen Pressekommentaren zur Sprache. Einen Überblick vermittelt Tabelle 26.

Tab. 26: Die Übernahme im Pressespiegel – Zur Beurteilung der REEBOK-Übernahme vor dem Hintergrund der gescheiterten SALOMON-Transaktion.

Quelle: eigene Darstellung

Datum	Zeitung/Zeitschrift	Kommentar
08.08.2005	Der Spiegel	**„Bereit zum Endspurt"** *Als die ADIDAS-Manager 1997 den französischen Wintersportausrüster SALOMON übernahmen, glaubten sie, eine ideale Ergänzung gefunden zu haben, um an NIKE als reinem Sommerausrüster vorbeiziehen zu können. Doch weil SALOMON weit weniger profitabel war als der Mutterkonzern, verhagelten die Franzosen ADIDAS regelmäßig die Rendite. „Salomon haben wir gänzlich falsch eingeschätzt", sagt HAINER. „Das Wintergeschäft ist seit zehn Jahren rückläufig. Außerdem sind Ski und Skischuhe fast nur in Europa hergestellt, aber in den USA verkauft worden. […]."* *Der Mann beweist Mut. Die bislang letzte Großakquisition der Franken, die Übernahme des französischen Unternehmens SALOMON, erwies sich als grandioser Flop und musste rückabgewickelt werden. Die Folgen lassen sich noch heute in der Bilanz des Dax-Unternehmens besichtigen.* Ohnehin sind Großfusionen außer Mode geraten, weil, wie sich in zahlreichen Fällen zeigte, die Risiken unabsehbar sind. Das gilt, siehe DAIMLERCHRYSLER, für transatlantische Übernahmen ganz besonders. […] Während Nike bis auf die jüngste Übernahme des kleinen Skaterlabels CONVERSE in der Vergangenheit stets organisch gewachsen ist, musste sich ADIDAS den Satz nach vorn erkaufen. Nach Vollendung der Übernahme will ADIDAS jährlich 125 Mio. € einsparen. Wie dies konkret aussehen soll, lässt HAINER allerdings offen.
11.05.2006	manager magazin	**„Übernahme, zweiter Versuch"** […] Vorstandschef HAINER nannte die Übernahme von REEBOK eine „fantastische Chance": *ADIDAS habe aus den Fehlern der SALOMON-Übernahme gelernt.* „Wir wollten REEBOK, weil es hervorragend zu uns passt, und wir sind dabei, REEBOK zügig in unsere Unternehmensgruppe zu integrieren", sagte HAINER. Nun müsse REEBOK markentechnisch und finanziell auf den richtigen Weg gebracht und an die Maßstäbe herangeführt werden, die mit den Marken ADIDAS und TAYLORMADE bereits erzielt worden seien. *„Es läuft in der Tat sehr gut, und ich darf Ihnen sagen, dass wir aus den Fehlern der SALOMON-Akquisition gelernt haben", sagte HAINER. In diesem Zusammenhang verteidigte der ADIDAS-Chef die Entscheidung, die vor neun Jahren für 1,4 Mrd. € übernommene Sparte SALOMON im vergangenen Jahr an den finnischen Skihersteller AMER SPORTS zu verkaufen. „Die Trennung von SALOMON erlaubt es uns, uns ganz auf die Bereiche zu konzentrieren, in denen unser Know-how unbestritten ist, die Entwicklung erstklassiger Sportschuhe und Sporttextilien sowie den wachsenden Golfbereich"*, so HAINER.

10.11.2006	FAZ	**„Schreckgespenst SALOMON"** Lange hatte sich HERBERT HAINER unbeirrt gezeigt. Schon als der ADIDAS-Chef vor anderthalb Jahren REEBOK für die Rekordsumme von 3,1 Mrd. € übernahm, war der amerikanische Rivale von Absatzrückgängen gebeutelt. Seither haben sich die Probleme verschärft, die Umsätze sind Quartal für Quartal geschrumpft. Doch HAINER setzte fest darauf, die Entwicklung umkehren zu können. Jetzt muss er eingestehen, dass er sich verschätzt hat und sein Zeitplan für die Neuausrichtung von REEBOK zu ehrgeizig war. Die Senkung der Gewinnprognose für das kommende Jahr kostet HAINER an der Börse viel Vertrauenskapital, wie der Kurseinbruch der ADIDAS-Aktie [...] zeigt. Das Image des Erfolgsmanagers hat eine tiefe Schramme bekommen. Die Lage ist brenzlig. Schon seit vielen Monaten entwickelt sich die ADIDAS-Aktie schwächer als der Gesamtmarkt. Mit dem Rückschlag droht die Stimmung endgültig zu kippen. *Schließlich dürfte vielen Anlegern noch das Schreckgespenst der SALOMON-Übernahme im Gedächtnis haften. ADIDAS hat es nie geschafft, den Ende der neunziger Jahre gekauften französischen Sportartikelkonzern zum Erfolg zu führen, und ihn stattdessen 2005 wieder verkauft. Wiederholt sich jetzt die Geschichte mit REEBOK?* Weitere Schnitzer kann sich der ADIDAS-Chef jedenfalls nicht erlauben.
03.02.2007	FAZ	**„Der DFB hat mich verblüfft"** [...] *REEBOK droht also nicht das gleiche Schicksal wie dem Wintersportausrüster SALOMON, den Sie ein paar Jahre nach der Übernahme wieder verkauft haben?* *Auf keinen Fall. [...] REEBOK ist ein völlig anderer Fall als SALOMON. Der Wintersport war nicht unser Metier, und ich persönlich hatte nie einen großen Glauben daran. REEBOK dagegen ist genau das Geschäft, das wir bei ADIDAS seit Jahrzehnten machen. Hier kennen wir uns aus. [...]*
07.03.2007	Business Week	**"ADIDAS: Stumbling over REEBOK?"** [...] *Consider ADIDAS' ill-fated purchase of the French-owned SALOMON group a decade ago, which brought ski and golf gear into its stable of offerings. After numerous attempts to make the match work, ADIDAS jettisoned the SALOMON ski business in October, 2005. [...]* *While many may still question the cultural fit of the American-German corporate tie-up, the ADIDAS-REEBOK combo offers benefits the SALOMON merger never could.* For example, REEBOK'S products complement ADIDAS' traditional strength in sports such as soccer and give the German company some big-name basketball endorsements from the likes of Allen Iverson. REEBOK is also strong in women's and lifestyle fashions and has a strong nationwide distribution network. [...]
06.12.2007	mnager magazin	**„Fressen statt gefressen zu werden"** [...] Zunächst will Hainer die 3,1 Mrd. € teure Übernahme des US-Rivalen REEBOK zu einem Erfolg machen. „Das war bisher schwieriger als gedacht." *ADIDAS lerne aber aus seinen Fehlern nach dem Kauf des Wintersport-Spezialisten SALOMON. Damals habe ADIDAS zu wenig über bestimmte Bereiche des Geschäfts gewusst und dem alten Management in Frankreich zu sehr vertraut. Bei REEBOK gehe ADIDAS anders vor.*

Wie die REEBOK-Übernahme hatte die Übernahme von SALOMON im Jahr 1997 zum Ziel, das beste Sportartikelunternehmen der Welt zu werden. Mit der Akquisition von SALOMON wurde der ADIDAS-Konzern zum zweitgrößten Anbieter in der Sportartikelindustrie. Vor der SALOMON-Transaktion war ADIDAS nur organisch gewachsen und konnte somit keine Transaktionserfahrung aufweisen. Die Darstellungen der Vorteilhaftigkeit der jeweiligen Akquisitionen durch die Vorstandsvorsitzenden sind nahezu gleich. Der damalige Vorstandsvorsitzende von ADIDAS ROBERT LOUIS-DREYFUS formulierte im Geschäftsbericht 1997 in seinem Brief an die Aktionäre wie folgt: „SALOMON und ADIDAS passen sehr gut zusammen. In beiden Unternehmen wird aufbauend auf langjähriger Tradition höchster Wert auf Qualitätsprodukte für sportliche Spitzenleistungen gelegt, die sich durch Innovation und technischen Fortschritt auszeichnen. Die Produkte ergänzen sich, und die Unternehmen profitieren gegenseitig von ihrem jeweiligen Know-how. Gemeinsam sind ADIDAS und SALOMON ausgewogen in Hinsicht auf die Hauptproduktgruppen Sportschuhe, -bekleidung und -zubehör, aber auch hinsichtlich der saisonalen Komponenten des Geschäfts sowie der regionalen Ausrichtung auf die wichtigsten Sportartikelmärkte.“[376] Auf sehr ähnliche Weise wurde der Zusammenschluss von ADIDAS und REEBOK von HERBERT HAINER und PAUL FIREMAN im August 2005 gelobt: „Dies ist eine einmalige Chance, zwei der angesehensten und bekanntesten Unternehmen der weltweiten Sportartikelindustrie zusammenzuführen. ADIDAS und REEBOK sind dynamische und wachsende Unternehmen mit einem gemeinsamen Bekenntnis zu Innovationen, Sport-Performance und Sport Lifestyle. Zusammen werden wir unsere geographische Reichweite, vor allem in Nordamerika, ausbauen und ein Sortiment an Sportschuhen, Sportbekleidung und Sportzubehör anbieten, das ein noch breiteres Spektrum von Kunden und Kundengruppen abdeckt“,[377] erklärte HAINER. Für PAUL FIREMAN ist ADIDAS „[...] der perfekte Partner für REEBOK. Zusammen mit ADIDAS können wir ein verbessertes Portfolio von globalen Marken anbieten.“[378]

Auch die Ziele der Transaktionen weisen Parallelen auf, wobei die mit der Übernahme von SALOMON angestrebten Ziele klarer formuliert sind. Treiber beider Akquisitionen sind die Erreichung einer Vormachtstellung im Markt im Sinne der Monopolhypothese, die Erzielung von Synergieeffekten, die Realisierung von Kosteneinsparungen, die Risikodiversifikation, verstanden als „Hedging“-Strategie, eine tiefere Marktdurchdringung sowie ein verbesserter Produkt- und Preismix. Während die für die Zielerreichung notwendigen Maßnahmen bereits vor der Übernahme von SALO-

---

[376] Vgl. Geschäftsbericht 1997 ADIDAS AG, S. 2.
[377] Vgl. http://www.adidas-group.com/de/investor/_downloads/pdf/pressemeldungen/reebok-dt.pdf (03.08.2005, S. 1).
[378] Vgl. http://www.adidas-group.com/de/investor/_downloads/pdf/pressemeldungen/reebok-dt.pdf (03.08.2005, S. 2).

MON festgelegt wurden, erfolgte die Planung dieser Aktivitäten bei der Akquisition von REEBOK erst nach der Übernahme und nach ersten enttäuschenden Geschäftszahlen. Konkrete Kostenvorteile durch die SALOMON-Übernahme sollten beispielsweise durch Einsparungen bei den Vertriebs-, Verwaltungs- und allgemeinen Aufwendungen, durch Effizienzsteigerungen in der Distribution, durch gemeinsame Nutzung von Vertriebskanälen, durch Rationalisierung der Forschung und Entwicklung und durch verbesserte Marketingaktivitäten realisiert werden. Die Formulierung eines definitiven Maßnahmenkatalogs, wie im Geschäftsbericht von SALOMON 1997 ausgeführt, fehlt für die Übernahme von REEBOK.

Im Unterschied zur Übernahme von REEBOK 2005 wies die SALOMON-Akquisition weniger Produktüberschneidungen auf. Mit dem Erwerb von SALOMON wurde das ADIDAS-Angebotsspektrum um drei der führenden Sportmarken im Wintersportartikel- (SALOMON), Golfausrüster- (TAYLOR MADE) und Fahrradkomponentenbereich (MAVIC) erweitert. Im Gegensatz zu den ambitioniert formulierten Zielen HERBERT HAINERS hinsichtlich der REEBOK-Übernahme, formulierte ROBERT LOUIS-DREYFUS bereits vor der Übernahme vorsichtig, dass „es seine Zeit brauche, bis SALOMON so weit in unser Unternehmen integriert ist, dass diese Synergieeffekte sich voll auszahlen."[379] Auch hinsichtlich fehlgeschlagener Erwartungen im Zusammenhang mit der SALOMON-Akquisition ist das ADIDAS-Management um ROBERT LOUIS-DREYFUS offener umgegangen. Im ADIDAS-SALOMON-Geschäftsbericht von 1998 werden Schwierigkeiten mit der Integration zugegeben.[380] Während sich nach der Übernahme von REEBOK die Machtverhältnisse, trotz anderslautender Bekenntnisse vor der Transaktion, rasch zugunsten von ADIDAS verschoben haben, waren die Bindeglieder der Übernahme von SALOMON Teamwork, ein gemeinsamer kultureller Hintergrund sowie geteilte Strategien und Werte. Die Anbindung der zentralen Funktionen der übernommenen Segmente SALOMON, TAYLOR MADE und MAVIC an die jeweils zuständigen ADIDAS-Verantwortlichen erfolgte erst nach ca. drei Jahren.

Parallelen sind auch in der Wortwahl der Vorstandvorsitzenden zu finden. Beiden gemeinsam ist die Verwendung sportbezogener Metaphern bei der Formulierung der Unternehmensziele. Während ROBERT LOUIS-DREYFUS jedoch eher vorsichtig formuliert, „Wir werden uns nicht auf unseren Lorbeeren ausruhen. Wie die von uns

[379] Vgl. Geschäftsbericht 1997 ADIDAS AG, S. 3.
[380] Vgl. ebd., S. 22.

ausgerüsteten Spitzensportler streben auch wir stets nach höheren Zielen."[381], verwendet HERBERT HAINER Metaphern mit Sportbezug bewusst zur Unterstützung der eigenen Argumentation. Beim Vergleich der Metaphern in den Ausführungen der Vorstandsvorsitzenden zu den Übernahmen zeigt sich deutlich, dass die Führung um HERBERT HAINER mehr Metaphern zur Kommunikation und zur Verschleierung der REEBOK-Schwierigkeiten verwendet hat. Da das Management um ROBERT LOUIS-DREYFUS bereits vor der Übernahme von SALOMON einen realistischen Integrationszeitraum angestrebt hat und auch potentielle Schwierigkeiten genannt wurden, musste nicht auf Metaphern zur besseren Darstellung von Problemen zurückgegriffen werden.

Auch wenn der Erwerb von SALOMON wegen des Verkaufs in 2005 als gescheitert anzusehen ist, hat sich die Integration der Marken der ehemaligen SALOMON-Gruppe erst ab 2000 und somit drei Jahre nach der Übernahme in positiven Resultaten im Geschäftsergebnis niedergeschlagen. Deutliche Produktzuwächse, gesteigerte Umsatzerlöse und ein verbessertes Betriebsergebnis konnten bei den Marken SALOMON, TAYLOR MADE und MAVIC ab dem Jahr 2000 generiert werden.

Nachdem Parallelen und Unterschiede zwischen den Akquisitionen von SALOMON und REEBOK dargestellt wurden, kann die Frage beantwortet werden, inwieweit das Management von ADIDAS aus den Erfahrungen der SALOMON-Übernahme hätte lernen können. Die Führung von ADIDAS kann durch den Erwerb von SALOMON als akquisitionserfahren bezeichnet werden. Unter Berücksichtigung der Aussagen HAINERS hinsichtlich seiner Erfahrungen aus der Akquisition von SALOMON und der Probleme mit denen ADIDAS durch die REEBOK-Integration konfrontiert ist, hat das Management, nach Ansicht der Verfasserin dieser Arbeit, im Gegensatz zu seiner eigenen Überzeugung nicht aus den Fehlern der SALOMON-Übernahme gelernt. Auch wenn, wie im theoretischen Teil der Arbeit deutlich gemacht, M&A-Transaktionen immer das Ergebnis unterschiedlicher rationaler und emotional induzierter Treiber sind, kann die SALOMON-Übernahme im Vergleich zur REEBOK-Übernahme als stärker strategisch-rational beeinflusst angesehen werden. Die Bedeutung subjektiv-rationaler und emotional induzierter M&A-Treiber bei der Übernahme von REEBOK ist in der empirischen Untersuchung thematisiert worden und lässt den Schluss zu, dass die Führungsverantwortlichen aus Eigeninteresse Erfah-

[381] Vgl. Geschäftsbericht 1997 ADIDAS AG, S. 3.

rungen aus der SALOMON-Übernahme, die bekannten Misserfolgszahlen von Unternehmensübernahmen sowie die mit der REEBOK-Transaktion verbundenen Schwierigkeiten ignoriert haben.

8.4 *Beurteilung der REEBOK-Übernahme unter fiktiver Berücksichtigung des interdisziplinären integrativen M&A-Entscheidungsansatzes und seine Übertragung auf die Integration von REEBOK*

Die in dieser Arbeit entwickelte interdisziplinäre integrative M&A-Entscheidung setzt sich aus den Teilbereichen einer erweiterten Due Diligence, dem interdisziplinären integrativen M&A-Treiberansatz und der M&A-Handlungsempfehlung zusammen. Diese Arbeit vertritt die Meinung, dass die Berücksichtigung und die Anwendung der Teilbereiche des interdisziplinären integrativen M&A-Entscheidungsansatzes die Erfolgswahrscheinlichkeit von M&A-Transaktionen verbessern kann. Aufgabe der Due Diligence ist die systematische Analyse und Identifikation aller die M&A-Transaktion beeinflussenden strategisch-rationalen, subjektiv-rationalen, emotionalen und interdependent verknüpften Treiber. Durch die Einführung des multiperspektivischen Emotionsbegriffs, der von einem gegenseitigen Wechselwirkungsverhältnis von Emotion und Ratio ausgeht, kann der interdisziplinär integrative M&A-Treiberansatz entwickelt werden. Auch die aus dem interdisziplinären integrativen M&A-Treiberansatz abgeleitete Handlungsempfehlung beruht auf der Verknüpfung von Emotion und Ratio. Mit der Gestaltungsempfehlung und dem Konzept der instantanen rationalen Emotionalität wird ein Rahmen gesteckt, der den Bereich der subjektiven Rationalität und des Emotionalen analytisch zugänglich macht und gleichzeitig den praktischen Bedarf nach einer Integration dieser in Entscheidungen vernachlässigten Elemente widerspiegelt.

Es ist davon auszugehen, dass vor der Übernahme von REEBOK eine rationale Due Diligence durchgeführt worden ist. Aufgrund der ernüchternden Ergebnisse der Transaktion und des in dieser Arbeit nachgewiesenen Einflusses subjektiv-rationaler und emotional induzierter M&A-Treiber kann angenommen werden, dass eine subjektiv-rationale und emotionale Due Diligence entweder aus Unkenntnis oder leichtfertig zur Verschleierung eigener M&A-Motive nicht erfolgt ist. Den ADIDAS-Führungsverantwortlichen kann zugutegehalten werden, dass ihnen die Auswirkung subjektiv-rationaler, emotionaler und interdependent verknüpfter Treiber auf den Erfolg der Übernahme von REEBOK nicht vertraut war. Das Verständnis des ADIDAS-

Managements für den interdisziplinären integrativen M&A-Treiberansatz bei der Entscheidung für die REEBOK-Übernahme konnte daher auch nicht vorausgesetzt werden.

Auch wenn der interdisziplinäre integrative M&A-Entscheidungsansatz bei der Akquisition von REEBOK nicht angewendet wurde und seine Bedeutung als rationales Regulationskonstrukt emotionalen Erlebens Führungskräften schwer zu vermitteln ist, ist die Übertragung der rational-emotional verknüpften M&A-Entscheidung auf die Integration von REEBOK erstrebenswert. Wie die M&A-Entscheidung ist die Entscheidung bei der Planung von Integrationsmaßnahmen von strategisch-rationalen, subjektiv-rationalen, emotional induzierten und interdependent verknüpften Treibern geprägt. Damit sind auch bei Integrationsentscheidungen Heterogenität und Homogenität relevant. Übertragen auf den Integrationsprozess kommt der Due Diligence die Identifikation von Faktoren zu, die die Integration beeinflussen. Der interdisziplinär integrative Treiberansatz analysiert die hinter den jeweiligen Motiven stehenden Theorien und bildet zusammen mit dem in dieser Arbeit entwickelten multiperspektivischen Emotionsbegriff die Grundlage für die rational-emotional verknüpfte Integrationsempfehlung und den Integrationserfolg. Abgeleitet aus dem erarbeiteten interdisziplinären integrativen M&A-Entscheidungsansatz lässt sich die Entscheidung zur Integration von REEBOK wie folgt darstellen.

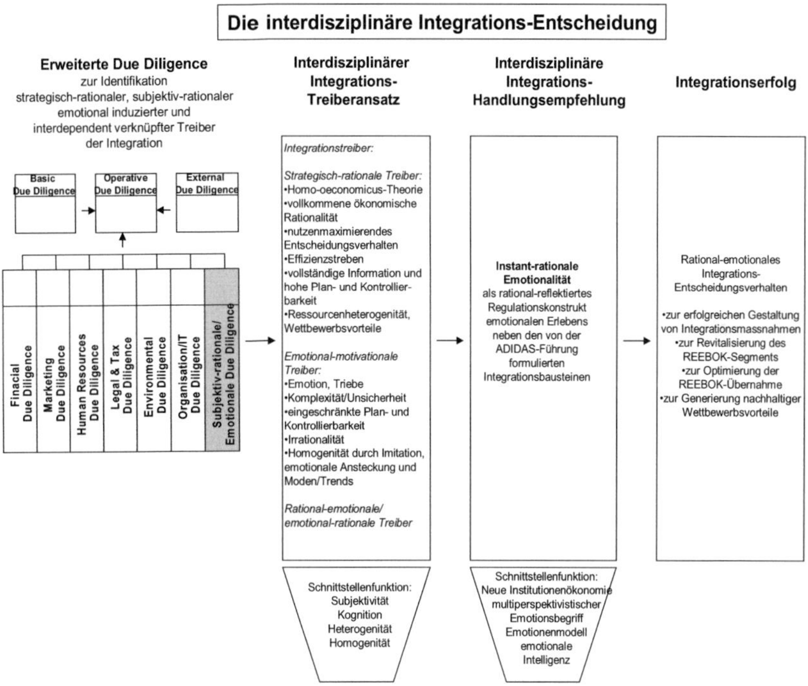

Abb. 61: Die interdisziplinäre Integrations-Entscheidung und ihre Teilbereiche.

Quelle: eigene Darstellung

Die Integration beinhaltet die vom ADIDAS-Management vorgestellten Bausteine. Der ADIDAS-Führung muss das auch bei der Unternehmensintegration wirkende positive Element emotionalen Verhaltens bewusst gemacht werden. Der Einfluss von subjektiver Rationalität und Emotionalität bei Entscheidungen und Integrationsaufgaben darf nicht grundsätzlich negativ beurteilt werden. Vielmehr muss eine Aufwertung subjektiv-rationalen und emotionalen Verhaltens erfolgen. Analog zur M&A-Entscheidung soll bei der Integration der motivationale Charakter von Emotionalität bewusst rational eingesetzt werden. Emotionale Entscheidungen sind als berechenbare und gewollt positiv aufgefasste Faktoren zu verstehen, die die Strategiewahl und Qualität der Integrationsmaßnahmen zu verbessern helfen.

Voraussetzung für die erfolgreiche Anwendung des interdisziplinären Integrations-Entscheidungsansatzes und der erarbeiteten Handlungsempfehlung, verstanden als Regulations- und Reflexionshilfe, ist die Fähigkeit des ADIDAS-Managements, die Funktion von subjektiver Rationalität und Emotionen im strukturellen Organisationskontext wahrzunehmen. Wenn der ADIDAS-Führung bewusst wird, dass für optimierte Entscheidungen bei M&A-Transaktionen oder bei Integrationsmaßnahmen rein rationale Fähigkeiten für den Erfolg nicht ausreichend sind, sondern die Fähigkeit, in Entscheidungen instantan Emotionalität und Rationalität einzusetzen, besteht die Möglichkeit, die Integration von REEBOK noch erfolgreich gestaltet werden.

Zusammenfassend kann festgehalten werden, dass die bewusste Berücksichtigung von Emotionalität als rational berechenbarer Faktor den Integrationserfolg fördert. Der interdisziplinäre integrative M&A-Entscheidungsansatz in Verbindung mit der Handlungsempfehlung und dem Konstrukt instantaner-rationaler Emotionalität kann, übertragen auf die Integration von REEBOK, zur Revitalisierung des REEBOK-Segments beitragen.

8.5 *Zusammenfassung und Implikation von Fallstudie und Analyse der ADIDAS-REEBOK-Transaktion*

Mit der Fallstudie in Kapitel sieben und der Analyse der ADIDAS-REEBOK-Transaktion in Kapitel acht wurde die Frage nach den Treibern und der Wirkung (Erfolg/Misserfolg) der Übernahme diskutiert. Die Fallstudie hat den Einfluss und die praktische Relevanz der im theoretischen Teil vorgestellten M&A-Treiber für die Übernahme von REEBOK aufgezeigt. Die strategisch-rationalen, subjektiv-rationalen, emotionalen und interdependent verknüpften M&A-Motive der ADIDAS-REEBOK-Transaktion sind ausführlich erörtert und dargestellt worden.

Das analytische Ergebnis erlaubt keine abschliessende Erfolgsbeurteilung. Die Arbeit gibt mit dem interdisziplinären integrativen M&A-Entscheidungs- und Integrationsansatz Hinweise zur erfolgversprechenden Durchführung von M&A-Transaktionen und Integrationsmaßnahmen. Übertragen auf die ADIDAS-REEBOK-Transaktion, die bisher nicht die Erwartungen erfüllt hat, sollte es möglich sein, die REEBOK-Integration erfolgreich zu gestalten.

9 Schlussfolgerungen und Ausblick

9.1 *Die ökonomische Wende*

Diese Arbeit will darauf hinweisen, dass menschliches Verhalten in wirtschaftlichen Entscheidungssituationen nur durch die Einbindung von Erkenntnissen anderer Disziplinen abgebildet werden kann. Die neoklassischen Annahmen zum Modell des Homo oeconomicus reichen zur Darstellung der Realität nicht aus. Die klassischen Theorien der Wirtschaftswissenschaften operieren am menschlichen Entscheidungsverhalten und seinen Belangen vorbei. Sie können mit ihren vereinfachenden Annahmen nicht erklären, wie Menschen Informationen auswählen, Entscheidungen treffen und wer sie dabei beeinflusst. Die Neoklassik hat zu lange ignoriert, dass menschliches Verhalten, menschliche Wahrnehmungen, Handlungsroutinen und Motive wirtschaftliche Vorgänge bestimmen.

Durch die Einführung von Einsichten der Neuen Institutionenökonomie, der Psychologie, der Verhaltenstheorie und der Neurowissenschaften können die Analyse wirtschaftlicher Vorgänge und das ökonomische Menschenbild verbessert werden. Mit der Öffnung der klassischen Wirtschaftstheorie für andere Disziplinen hat der menschliche Faktor in der Wirtschaft eine neue Bedeutung erlangt und die Ökonomie Souveränität zurückgewonnen. Die beschriebene Entwicklung ist der Beginn eines Erkenntnisprozesses. BENZ und FREY erwarten, dass in den kommenden Jahren die Interaktion zwischen Ökonomie und anderen Disziplinen weiter zunimmt.[382] Umwälzungen in den Wissenschaften brauchen jedoch Zeit. Jede Theorie ist keine Dauerlösung, sondern ein verbesserbares Argument im Diskurs, das dem stetigen Wandel unterliegt.

9.2 *Allgemeine Implikationen*

„Der aufgeklärte rationale Plan, auch dort, wo er genial war, misslang mitunter in der Wirklichkeit, weil in der Triebhaftigkeit Gesetze der Vorsicht und Maßhaltung nicht beachtet wurden.“[383]

---

[382] Vgl. BENZ/FREY (2001), S. 22.
[383] Vgl. WAFFENSCHMIDT (1963), S. 21.

Die Aussage von WAFFENSCHMIDT ist eindeutig und hat bis heute nicht an Aktualität verloren. Es ist jedoch falsch, sich dem irrationalen Element von subjektiver Rationalität und Emotionalität unreflektiert hinzugeben. Vielmehr muss subjektiv-rationalem und emotionalem Verhalten rational begegnet werden. Gemäß dem kognitiven Element emotionalen menschlichen Verhaltens sind subjektive Rationalität und Emotionalität Bestandteile eines intelligenten Systems, die dem menschlichen Handeln eine Richtung geben. Emotionen sind damit für rationale Entscheidungen unerlässlich. Auf die Wissenschaft vom ökonomischen Geschehen bezogen, bedeutet diese Einsicht, dass emotionales Verhalten als Treiber visionärer Entwicklung mit dem Instrumentarium eines auf Wissen begründeten Realismus hinterfragt werden muss. Subjektive Rationalität und Emotionalität positiv verstanden und rational eingesetzt können dazu beitragen, Entscheidungen zu optimieren.

Nach WAFFENSCHMIDT kann sich der Mensch nicht rein rational verhalten, da seinem Verstand Grenzen gesetzt sind und sein Handeln von subjektiver bzw. eingeschränkter Ratio und von Emotionen bestimmt wird.[384] Folglich beruhen menschliche Entscheidungen auf der Verbindung und dem Zusammenspiel von Emotion und Ratio. WAFFENSCHMIDT folgend führen weder rein rationales noch rein emotionales Verhalten zu erfolgreichem Handeln.[385] Visionen alleine reichen nicht aus, um Entscheidungen zu treffen und wirtschaftlich erfolgreiche Geschäftsmodelle einzuführen. Die operationale Umsetzung erfordert zudem die Überprüfung der strategischen Rationalität. Im Umkehrschluss sind strategisch-rationale Entscheidungen nur erfolgreich, wenn sie den subjektiv-rationalen und emotionalen Kontext angemessen würdigen. Bezogen auf das Thema der vorliegenden Arbeit können M&A-Transaktionen sowohl aufgrund subjektiv-rationaler bzw. emotionaler Verhaltensweisen als auch aufgrund der Vernunftslösung ohne die Berücksichtigung emotionaler Treiber scheitern.

Rationale Theorie und emotionale Realität sind nicht im Widerspruch. Emotionalität darf nicht, wie von der Neoklassik angenommen, grundsätzlich negativ beurteilt werden. Die Aufwertung emotionaler Verhaltensweisen als visionäre Handlungen und deren Einbeziehung in ein strategisch-rationales Instrumentarium hilft, die Erfolgswahrscheinlichkeit und die Gestaltungssicherheit von Entscheidungssituationen im Allgemeinen und M&A-Transaktionen sowie Integrationsmaßnahmen im Speziellen

---

[384] Vgl. WAFFENSCHMIDT (1963), S. 21.
[385] Vgl. ebd.

zu verbessern. Ergänzt um den emotionalen Einfluss wird aus der strategisch-rationalen Verstands- eine Vernunftsbegründung im Sinne des interdisziplinären integrativen Entscheidungsansatzes und des Konstrukts instantaner-rationaler Emotionalität. Instantane-rationale Emotionalität beinhaltet folglich die Gleichzeitigkeit von visionären Zielen, intuitivem Sicherheitsstreben, realistischem Entscheidungsverhalten und strategischem Handeln.

Eine Erfolg versprechende M&A-Entscheidung muss aus den Bausteinen Rationalität und Emotionalität bestehen. Emotionalität, rational verstanden, wird damit zu einem konstanten und berechenbaren Faktor. Folglich muss das übergeordnete Ziel sein, Führungskräfte zu bewusstem sowie hinterfragtem rational-emotionalem Verhalten und reflektiertem nicht egoistischem Handeln zu motivieren. Unter Berücksichtigung der neoklassischen Ansätze würde das im Ergebnis dem vereinfachenden Modell des Homo oeconomicus nahe kommen, erweitert um den rationalen Einsatz subjektiver Rationalität und Emotionalität. Der nach Eigennutz strebende Homo oeconomicus kann rational und situationsabhängig seine eigene Emotionalität positiv einbringen bzw. bewusst kontrollieren.

Es ist offensichtlich, dass die Verwendung des Konstrukts instantaner-rationaler Emotionalität die positive Bewertung von Emotion als Vision und das Bekennen der Entscheidungsträger zu ihrer eigenen subjektiven Rationalität und Emotionalität voraussetzt. Konsequent eingesetzt wird dieses fortschrittliche Denken Führungskräfte hervorbringen, die durch ihr bewusst rational hinterfragtes emotionales Verhalten nachhaltige Wettbewerbsvorteile für Unternehmen generieren. Ob sich ein solches Wunschgebilde aus gleichzeitiger Rationalität und Emotionalität im Sinne einer rational sowie emotional kanalisierten und kontrollierten M&A-Entscheidungsfindung realisieren lässt, darf bezweifelt werden. Die ernüchternde Erkenntnis ist, dass sich die Bedeutung des Konstrukts instantaner-rationaler Emotionalität M&A-Managern nicht einfach vermitteln lässt. Erfahrungsgemäß wird opportunistisches menschliches Verhalten nur eingeschränkt rational hinterfragt, wenn es um eigene Interessen geht. Kritisch betrachtet werden darf auch, dass die Vermittlung der instantanen rationalen Überprüfung emotionalen Verhaltens Zeit kostet, jedoch weniger als die zeit- und kostenintensive Aufbesserung von Fehlentscheidungen. Mit der Einführung von Einsichten anderer Disziplinen in die Ökonomie sind die Voraussetzungen verbessert worden, das Konstrukt zu verstehen und auf intelligente Weise einzusetzen.

9.3 *Theoretische Implikationen*

Die Ergebnisse der empirischen Untersuchung bestätigen den Einfluss und die praktische Relevanz, die rationale und emotionale Treiber auf die Durchführung von M&A-Transaktionen haben. Vor dem Hintergrund einer wachsenden Zahl gescheiterter Transaktionen muss die Relevanz ökonomisch-rationaler M&A-Motive und ihre Ex-post-Rechtfertigung durch das M&A-Management relativiert beurteilt werden. Klassische strategisch-rationale Erklärungsansätze greifen zur Begründung der Motive von Unternehmensübernahmen zu kurz und können nicht alle empirisch relevanten Treiber des M&A-Phänomens erfassen. In diesem Zusammenhang darf der Beitrag subjektiv-rationaler und emotionaler Motive nicht übersehen werden, soweit sie nicht rational hinterfragt worden sind.

Diese Arbeit vertritt die Meinung, dass M&A-Entscheidungen nicht alleine der ökonomisch-rationalen Logik folgen, sondern auch auf Wirkungsmechanismen subjektiv-rationaler, emotionaler und interdependent verknüpfter Treiber zurückgeführt werden müssen. Vor dem Kontext sich ständig wandelnder Märkte, einer verschärften Wettbewerbssituation und zunehmenden Veränderungsdrucks erweist sich die Berücksichtigung dieser Treiber als notwenig und erfolgsentscheidend. Persönliche Interessen und Motive des M&A-Managements können nicht geleugnet werden. Manager, die über M&A-Transaktionen entscheiden, sind zunächst Menschen mit eigenen persönlichen Zielen, die sie zu verwirklichen suchen. Diese subjektiv-rationalen und teilweise opportunistischen Ziele (Einkommens-, Macht- und Positionssicherung) werden zunehmend den unternehmensbezogenen Motiven von M&A-Transaktionen zu Lasten der Eigentümer, Aktionäre und der Belegschaft vorangestellt. Subjektiv-rationale und emotional induzierte M&A-Motive prägen die managementseitige Wahrnehmung betrieblicher Ressourcen, Strukturen, Prozesse, Entwicklungspotentiale und Entscheidungssituationen.

Als bedeutendste subjektiv-rationale bzw. emotionale M&A-Motive der Übernahme von REEBOK durch ADIDAS wurden folgende Treiber identifiziert: Nachahmerstreben, Herdenverhalten, Absicherungstendenzen, „Hedging"-Motive und dem Selbstschutz dienende Maßnahmen. Mittels der Prinzipal-Agenten-Theorie, des Emotionen-Modells und des in dieser Arbeit entwickelten multiperspektivischen Emotionsbegriffs können die Effekte und der Einfluss persönlicher Handlungsmotive und Interessen von Führungskräften bei M&A-Entscheidungen berücksichtigt werden.

Sowohl die klassischen rationalen Ansätze als auch die emotional induzierten Theorien können für sich betrachtet nicht jede M&A-Transaktion begründen. In dieser Arbeit wurde daher ein interdisziplinärer integrativer M&A-Treiberansatz entwickelt. Durch die Analyse des rationalen und emotionalen Kontextes der M&A-Entscheidung trägt der interdisziplinäre integrative Treiberansatz dazu bei, das komplexe Geflecht rationaler und emotionaler M&A-Motive zu erhellen. Der interdisziplinäre integrative M&A-Entscheidungsansatz geht daher mit der Forderung einer Konvergenz psychologischer, verhaltens-, sozial- und wirtschaftswissenschaftlicher Ansätze einher. Durch seine Interdisziplinarität versucht der M&A-Treiberansatz der Praxis ein Instrumentarium bereitzustellen, das Lücken in der Organisations- und Entscheidungstheorie im Zusammenhang mit M&A-Transaktionen schließen wird. Das eingeführte Konstrukt instantaner-rationaler Emotionalität hilft die Gestaltungssicherheit in M&A-Entscheidungssituationen zu verbessern und erlaubt, die in Unternehmensübernahmen gesetzten Erwartungen zu erfüllen. Grundlage des Konstrukts instantaner-rationaler Emotionalität ist der interdisziplinäre integrative M&A-Treiberansatz. Instantane-rationale Emotionalität beinhaltet die Vorstellung einer Vernünftigkeit von Emotionen bzw. einer emotionalen Vernunft und verweist damit auf das verflochtene Wechselwirkungsverhältnis von Emotion und Ratio. Emotionen bilden folglich die Basis rationaler Erkenntnisse und Entscheidungen. Sie können bewusst hinterfragt und rational angewandt nachhaltig zum Erfolg von M&A-Transaktionen und Integrationsmaßnahmen beitragen. Durch die unmittelbare (instantane) Verbindung der Forderung der Neoklassik nach Kontrolle und Planbarkeit mit der motivationalen Funktion von Emotionen wird das Konstrukt instantaner-rationaler Emotionalität den Anliegen unterschiedlicher Forschungsrichtungen gerecht und kann als interdisziplinär bezeichnet werden.

Der interdisziplinäre integrative M&A-Entscheidungsansatz kann nicht für sich in Anspruch nehmen, die Gesamtheit aller M&A-Treiber im Falle einer M&A-Entscheidungssituation abzubilden. Trotz seiner methodischen Breite und Interdisziplinarität sind dem Ansatz Grenzen durch das Wesen der subjektiven Rationalität bzw. Emotionalität gesetzt. Die Aufwertung von Emotionalität als positiver visionärer Faktor ist vorläufig noch nicht verbreitet.

9.4 *Implikationen für die betriebliche M&A-Praxis*

In 2007 hat die Übernahmeeuphorie trotz der Krise am US-Hypothekenmarkt angehalten. Der Gegensatz von steigenden Transaktionszahlen bei gleichzeitig stabilen Misserfolgsquoten wirft Fragen auf. Hohe Wertverluste und wachsende Probleme von Unternehmen mit M&A-Aktivitäten haben zu einer kritischen Überprüfung und Refokussierung der durch M&A-Transaktionen formierten Organisationsmodelle geführt.

Ziel der Untersuchung ist, die empirisch relevanten Treiber von M&A-Transaktionen zu beleuchten und deren Wirkung im Rahmen der M&A-Entscheidungssituation darzustellen. Neben den klassischen strategisch-rationalen M&A-Motiven zeigte sich der kausale Einfluss subjektiv-rationaler und emotionaler Motive als Treiber von M&A-Transaktionen. Neben dem Erklärungsbeitrag über die Wirkungsmechanismen rationaler und emotionaler M&A-Treiber soll die Arbeit helfen, das Bewusstsein von Führungskräften für den Einfluss strategisch-rationaler, subjektiv-rationaler, emotional induzierter und interdependent verknüpfter Motive in M&A-Entscheidungssituationen zu schärfen. Die Kenntnis der Wirkung subjektiv-rationalen und emotionalen Entscheidungsverhaltens hilft subjektive Rationalität und Emotionalität rational zu erfassen und die damit verbundenen Vor- und Nachteile bei der Entscheidung im Allgemeinen und der M&A- und Integrationsentscheidung im Speziellen zu verstehen. M&A-Führungskräfte müssen sich sowohl der Wirkung subjektiver Rationalität und Emotionalität auf strategisch-rationale Faktoren als auch ihrer eigenen Emotionalität bewusst sein. Erfolgreiche M&A-Entscheidungsträger begreifen subjektive Rationalität und Emotionalität nicht als destruktiven Störfaktor, sondern als bewusst rational und motivational gestaltbares Element.

Von einem einheitlichen emotionalen Wirkungsmodell auszugehen, würde die Facetten menschlichen Verhaltens ignorieren. Rationales Verhalten darf nicht vorausgesetzt werden. Die Antwort auf Emotionalität kann nur Ratio sein. Das Konstrukt instantaner-rationaler Emotionalität ermöglicht, den Bereich des Emotionalen analytisch zugänglich zu machen, und erlaubt M&A-Führungskräften, emotionales Verhalten rational zu kanalisieren und im Sinne emotionaler Empathie zu nutzen. Die Anwendung der in dieser Arbeit entwickelten interdisziplinären integrativen M&A-Entscheidung in Verbindung mit ihren Teilbereichen trägt dazu bei, die Erfolgswahrscheinlichkeit von M&A-Transaktionen zu verbessern. Durch seine Disziplinenkonvergenz stellt der interdisziplinäre integrative M&A-Entscheidungsansatz zudem eine notwendige und hinreichende Antwort auf den sich immer schneller und diskontinuierlicher vollziehenden gesellschaftlichen sowie marktlichen Wandel bereit. Diesem Anspruch wird der Entscheidungsansatz jedoch nur dann gerecht, wenn in Unternehmen das Bewusstsein für ein professionelles, auf strategisch-rationalen und emotionalen Treibern beruhendes M&A-Management aufgebaut wird. Gleichzeitig muss die Notwendigkeit erkannt werden, dass der Erfolg von Akquisitionsstrategien durch die Analyse und Kodifizierung von Erfahrungen aus M&A-Entscheidungen optimiert werden kann.

9.5 *Implikationen für die Übernahme und Integration der Marke REEBOK in den ADIDAS-Konzern*

Die empirische Untersuchung hat gezeigt, dass die von der ADIDAS-Führung im Vorfeld der Übernahme von REEBOK formulierten ehrgeizigen Ziele und ambitionierten Erwartungen bisher nicht erfüllt wurden. Der Zusammenschluss, der vom ADIDAS-Management mit der hinter der Transaktion stehenden strategisch-rationalen Logik gerechtfertigt wurde, verlief unerwartet problematisch. Auch wenn durch die Übernahme von REEBOK der Zugang zum nordamerikanischen Markt erschlossen wurde und mittlerweile eine der beiden Marken fast jede Woche Sponsor eines sportlichen Großevents in den USA ist, belasten die schwachen REEBOK-Zahlen und die zur Sanierung der Marke notwendigen Maßnahmen das Ergebnis des ADIDAS-Konzerns.

In 2006 konnte zwar ein Konzern-Umsatzrekord erzielt werden, aber das Ergebnis vor Zinsen und Steuern ist aufgrund der schlechten Entwicklung des REEBOK-Segments schwächer als erwartet ausgefallen. Der Gewinn vor Steuern, der um 10 Prozent gesteigert werden konnte, ist alleine auf Verbesserungen in den Bereichen ADIDAS und TAYLOR MADE–ADIDAS Golf sowie die positive Entwicklung der Marke ADIDAS im europäischen und asiatischen Raum zurückzuführen. Vor allem der rückläufige Auftragsbestand der Marke REEBOK auf dem nordamerikanischen Heimatmarkt ist kritisch zu betrachten und rechtfertigt die bereits gestellte Frage, inwieweit sich ADIDAS durch organisches Wachstum erfolgreicher im Wettbewerb und auf dem wichtigen US-Markt hätte positionieren können.

Die empirische Analyse hat verdeutlicht, dass von Seiten der ADIDAS-Führung bei der Due Diligence von REEBOK Probleme, wie das Fehlen des Markenkerns oder die zu starke Fixierung auf die Modebranche, übersehen wurden. Inwieweit die Schwierigkeiten bei REEBOK bewusst aus subjektiv-rationalen und opportunistischen Interessen keine Berücksichtigung gefunden haben, kann weder eindeutig belegt noch widerlegt werden.

Die vorliegende Arbeit hat gezeigt, dass die Integration von Unternehmen sowie die Realisierung von Synergieeffekten und Kostenvorteilen Zeit und das Wissen um M&A-Treiber bedürfen. Als zentrales Problem der Übernahme von REEBOK haben sich die konzeptionelle Ausrichtung der Transaktion und die Überschätzung des Potentials der Marke erwiesen. Die in die Übernahme gesetzten Ziele, NIKE die Vormachtstellung im Sportartikelmarkt streitig zu machen und die Verbesserung der langfristigen Wachstumschancen, können möglicherweise noch mit dem in dieser Arbeit entwickelten Instrumentarium erreicht werden, wenn die Bausteine der interdisziplinären integrativen M&A-Entscheidung auf die Integration von REEBOK in den ADIDAS-Konzern übertragen werden.

9.6 *Vorschläge für weitere Forschungsvorhaben*

Weitere Forschungsvorhaben können auf theoretischer und empirischer Ebene erfolgen.

Entsprechend dem Untersuchungsziel, die empirisch relevanten M&A-Treiber zu bestimmen, wurden in dieser Arbeit neben strategisch-rationalen M&A-Motiven subjektiv-rationale, emotionale induzierte und interdependent verknüpfte Treiber identifiziert. Grundsätzlich interessant für Logik und Kausalität von Fusionen und Übernahmen sind neben dem Einfluss subjektiv-rationaler und emotionaler Transaktionstreiber auch die gesamte Unternehmung betreffende subjektiv-rationale sowie emotional beeinflusste M&A-Motive. Auch das externe Organisationsumfeld kann als emotionaler M&A-Treiber fungieren. Angelehnt an ALBROW könnte zudem das „emotionale Klima“ einer Unternehmung analysiert und die Möglichkeiten rationaler Kanalisierung hinterfragt werden.[386] Hinsichtlich M&A-Entscheidungen können daher, im Sinne der entscheidungsbezogenen Forschung, weitere Untersuchungen erfolgen, die den sub-

[386] Vgl. ALBROW (1992), S. 313.

jektiv-rationalen bzw. emotionalen Einfluss der institutionellen Unternehmensumwelt bewerten.

Auf empirischer Ebene bildet der spezifische Untersuchungsfokus nur die Wirkung rationaler und emotional induzierter M&A-Treiber bei der Übernahme von REEBOK durch ADIDAS ab. Der hohe Grad an Unsicherheit und Volatilität im Sportartikelmarkt rechtfertigt die Frage nach der Bedeutung subjektiv-rationaler und emotionaler M&A-Motive. Weitere empirische Untersuchungen könnten für andere Sportartikelausrüster erfolgen, die ebenfalls Unternehmen übernommen haben.

Von Interesse wäre auch die Bedeutung subjektiv-rationaler und emotionaler M&A-Treiber in anderen Branchen sowie in Abhängigkeit vom Verdrängungswettbewerb zu analysieren. Im Zuge einer solchen Untersuchung könnte auch geprüft werden, inwieweit der interdisziplinäre integrative M&A-Entscheidungsansatz auf andere Wettbewerbsmärkte übertragbar ist und ob das Konstrukt instantaner-rationaler Emotionalität Wettbewerbsvorteile generiert.

9.7 *Ausblick*

Die hohe Anzahl gescheiterter M&A-Transaktionen erfordert einen realistischen und pragmatischen Lösungsansatz mit klarem Fokus auf ein interdisziplinäres und integratives Instrumentarium. Zahlreiche M&A-Transaktionen können auf den Einfluss subjektiv-rationaler und emotionaler M&A-Treiber und das Eigeninteresse der Entscheidungsverantwortlichen zurückgeführt werden. Ohne die ökonomische Relevanz und strategische Logik zu hinterfragen, folgen M&A-Entscheidungsträger, aus persönlichen Motiven oder aufgrund zunehmender Unsicherheit, vorherrschenden Markttrends und überambitionierten Zielen. Die daraus resultierende hohe Misserfolgsquote von M&A-Transaktionen mit mangelnden Synergiepotentialen und Kapitalvernichtung sowie die zusätzlichen Kosten infolge der subjektiv-rational bzw. emotional induzierten M&A-Entscheidungssituation stehen in keinem Verhältnis zum Erfolgsbeitrag. Zunehmend fordern die Kapitalmärkte bei der Umsetzung visionärer M&A-Transaktionen eine interdisziplinäre und integrative Lösung. Zur Kanalisierung opportunistischer Interessen des Managements in M&A-Geschäftsmodellen müssen Anteilseigner die Anwendung eines rational reflektierten Regulationskonstrukts subjektiv-rationalen und emotionalen Erlebens fordern.

Die Praxis zeigt, dass Rationalität und Effizienzstreben nicht zwangsläufig die dominierenden Handlungsmaßstäbe für das M&A-Entscheidungsverhalten darstellen. Bei M&A-Transaktionen muss sich die Unternehmensführung der Wirkung strategisch-rationaler, subjektiv-rationaler, emotionaler und interdependent verküpfter Treiber auf die M&A-Entscheidung bewusst sein. Ohne deren Bedeutung zu kennen, ist es nicht möglich, neue Markttrends aufzubauen. Weder strategisch-rationale Logik noch emotional induzierte Visionen für sich alleine reichen aus, um wirtschaftlich erfolgreiche M&A-Transaktionen oder die Integration von Unternehmen durchzuführen. Ein optimiertes Vorgehen erfordert instantane-rationale Emotionalität. Emotionale M&A-Treiber müssen hinsichtlich ihrer ökonomischen und strategischen Rationalität überprüft werden. Im Umkehrschluss ist bei rationalen M&A-Treibern der subjektive und emotionale Kontext angemessen zu berücksichtigen.

Diese Arbeit hat gezeigt, dass Emotionen notwendig sind, um visionäre und intuitive Entscheidungen zu treffen, optimale Problemlösungen zu finden und mit Veränderungen umzugehen. Daher muss Emotionalität neben strategisch-rationalem Effizienzstreben in die Führung von Unternehmen einbezogen werden. Der interdisziplinäre integrative M&A-Entscheidungsansatz und seine Teilbereiche stellt Führungskräften ein Instrumentarium zur Verfügung, das ihnen erlaubt, im Sinne einer rational reflektierten Regulation, subjektive Rationalität und Emotionen wahrzunehmen und zu bewerten. Erfolgreiche Entscheidungsträger erkennen das Wechselspiel von Rationalität und Emotionalität und setzen diese Schlüsselkompetenz bewusst ein. Das in dieser Arbeit vorgestellte Vernunftskonstrukt instantaner-rationaler Emotionalität kann, richtig eingesetzt, die Erfolgsbilanz und die Gestaltungssicherheit von Unternehmensübernahmen und Integrationsmaßnahmen positiv beeinflussen, verbessern und optimieren.

Die zentrale und entscheidende Herausforderung für die Praxis wird die Schaffung von Anreizstrukturen sein, die Führungskräfte dazu veranlassen, in Entscheidungssituationen instantan rational-emotional zu handeln. Bisher existieren hierzu lediglich die bekannten Theorien der Neuen Institutionenökonomie, deren Fokus auf extrinsischer Motivation bspw. durch ergebnisabhängige Leistungskomponenten bzw. erfolgsorientierte Entlohnung liegt. Die Prinzipal-Agenten-Theorie versucht, das Verhalten von Entscheidungsträgern anhand individueller Anreizstrukturen zu beeinflussen.

Neue Ansätze heben langfristige Erfolgskriterien hervor. FREY und OSTERLOH betonen die Bedeutung intrinsischer Motivation und den langfristigen Gesamtunternehmenserfolg. Sie fordern, über Alternativen zur Leistungsvergütung nachzudenken und die Managervergütungspraxis zu verbessern. Nach FREY und OSTERLOH läd die erfolgsorientierte Vergütungspraxis Entscheidungsträger dazu ein, Leistungskriterien zu Lasten des Unternehmens und des langfristigen Erfolgs zu manipulieren. FREY und OSTERLOH sehen die menschliche Motivation breiter angelegt. Sie sprechen Individuen intrinsische Motivation zu. Handeln resultiert folglich aus Selbstzweck. Gemäß FREY und OSTERLOH reduziert eine höhere Managervergütung bzw. monetäre Anreize intrinsisch motiviertes Verhalten (Verdrängungseffekt). Sie schlagen daher vor, über langandauernde Selektionsprozesse, die Entkoppelung von Vergütung und Leistung und Instrumente der Mitarbeiterführung die intrinsische Managermotivation zu steigern sowie die Loyalität zum Unternehmen zu bewahren. Die Überlegungen von FREY und OSTERLOH bieten interessante Ansatzpunkte für weiterführende Untersuchungen zu Anreizstrukturen im Zusammenhang mit strategisch-rationalen, subjektiv-rationalen, emotionalen und interdependent verknüpften Treibern.[387]

[387] Vgl. zum gesamten Absatz FREY/OSTERLOH (2000), S. 64–69, FREY/OSTERLOH (2005), S. 96–111.

Literaturverzeichnis

Achleitner, A. (2001): *Handbuch Investment-Banking*, Gabler, Wiesbaden.

Agrawal, A./Jaffe, J./Mandelker, G. (1992): The Post-Merger Performance of Acquiring Firms: A Re-examination of an Anomaly, in: *The Journal of Finance*, Vol. XLVII, 4 September 1992, S. 1605–1621.

Ahuja, G./Katila, R. (2001): Technological acquisitions and the innovation performance of acquiring firms: A longitudinal study, in: *SJoM*, 22. Jg. 2001, Nr. 3, S. 197–220.

Akerlof, G. (1984): *An Economic Theorist´s Book of Tales*, Cambridge University Press, Cambridge

Aktiengesetz (AktG)

Albrecht, S. (1994): *Erfolgreiche Unternehmenszusammenschlussstrategien: Eine empirische Untersuchung deutscher Unternehmen*, Gabler, Wiesbaden.

Albrow, M. (1992): „Sine ira et studio" – or do organizations have feelings?*,* in: *Organization Studies* 13/3.

Amit, R./Livnat, J. (1988). Diversification strategies, business cycles and economic performance, in: *SMJ*, Vol. 9, 1998, S. 99–101.

Ansoff, I. (1965): *Corporate Strategy – An Analytic Approach to Business Policy for Growth and Expansion*, McGraw-Hill, New York et al.

Aristoteles (1995): *Über die Seele – De Anima*, Meiner Verlag, Hamburg.

A. T. Kearney (1997): *Redefining the European Restructuring Agenda – Strategies and Procedures to Acomplish Substantial Change*, Lissabon, IMD International, 09.04.1997.

Aurelius (1986): *Selbstbetrachtungen*, Reclam Universal-Bibliothek, Ditzingen.

Averill, J./Nunley, E. (1992): *Die Entdeckung der Gefühle. Ursprung und Entwicklung unserer Emotionen*, Hamburg.

Baetge, J. (1998): *Bilanzanalyse*, Düsseldorf.

Bagozzi, R./Gopinath, M./Nyer, P. (1999): The Role of Emotions in Marketing, in: *Journal of the Academy of Marketing Science*, 27 (2), S. 184–207

Bamberger, B. (1994): *Der Erfolg von Unternehmensakquisitionen in Deutschland: Eine theoretische und empirische Untersuchung*, Josef Eul, Bergisch Gladbach u. a.

Banarjee, A. (1992): A Simple Model of Herd Behaviour, in: *QJE*, Vol. 107, No. 3, August 1992, S. 797–817.

Bauer, H. (1986): Das Erfahrungskurvenkonzept, in: *WiSt*, 15. Jg., Heft 1, Januar 1986, S. 1–10.

Behrens, R./Merkel, R. (1990): Das *Beteiligungsgeschäft – Qualifikationsanforderungen an den erfolgreichen M&A-Berater*, in: **Frank, G./Stein, I.** (Hrsg.): *Management von Unternehmensakquisitionen*, Stuttgart (1993), S. 163–177.

Benz, M./Frey, B. (2001): *Ökonomie und Psychologie eine Übersicht*, in: **Frey, B./von Rosenstiel, L.** (2002) (Hrsg.): *Enzyklopädie der Wirtschaftspsychologie*, Hogrefe Verlag für Psychologie, Göttingen, Bern, Toronto, Seattle.

Benz, M./Frey, B. (2007): *Die psychologischen Grundlagen des Marktmodels (homo oeconomicus)*, in: **Frey, B./von Rosenstiel, L.** (2007) (Hrsg.): *Enzyklopädie der Psychologie*, Hogrefe Verlag für Psychologie, Göttingen, Bern, Toronto, Seattle.

Berenberg Bank Investment Research (2007).

Berle, A./Means, G. (1935): The Modern Corporation and Private Property, in: *The Journal of Political Economy*, Vol. 43, No. 4, S. 548–554.

Besanko, D./Dranove, D./Shanley, M. (2000): *Economics of Strategy, Second Edition*, John Wiley, New York et al.

Bürgerliches Gesetzbuch (BGB)

Bliss, R./Rosen, R. (2001): CEO Compensation and Bank Mergers, in: *JFE*, Vol. 61, 2001, S. 107–138.

Bolton, S. (2005): *Emotion Management in the Workplace*, Basingstoke, New York.

Bottenberg, E. (1972): *Emotionspsychologie*, Goldmann, München.

Bradley, M./Desai, A./Kim. E. (1988): The Rationale behind Interfirm Tender Offers, in: *JFE*, Vol. 11, 1983, S. 183–206.

Bressmer, C./Moser, A./Sertl, W. (1989): *Vorbereitung und Abwicklung der Übernahme von Unternehmen*, Bd. 1 der Reihe Mergers & Acquisitions, Kohlhammer, Stuttgart, Berlin.

Brühl, V. (2000): Finanzwirtschaftliche Synergieeffekte durch Mergers & Acquisitions, in: *Die Bank*, 8/2000, S. 521–527.

Bruton, G./Oviatt, B./White, M. (1994): Performance of acquisitions of distressed firms, in: *AMJ*, 37. Jg. 1994, Nr. 4, S. 972–989.

Bühner, R. (1990): *Erfolg von Unternehmenszusammenschlüssen in der Bundesrepublik Deutschland*, Poeschel, Stuttgart.

Bühner, R. (1992): Aktionärsbeurteilung grenzüberschreitender Zusammenschlüsse, in: *ZfBF*, 44. Jg., H. 5, S. 445–461.

Bühner, R./Spindler, H. (1986): Synergieerwartungen bei Unternehmenszusammenschlüssen, in: *Der Betrieb* 12, (1986), S. 601–606.

Caytas, I./Mahari, J. (1988): *Im Banne des Investment Banking*, Stuttgart.

Coase, R. (1937): The Nature of the Firm, in: *Economica*, Vol. 4, Nr. 16, S. 386–405.

Chan, S./Kensinger, J./Keown, A./Martin, J. (1997): Do strategic alliances create value?, in: *JFE*, H 46, S. 199-221.

Coenenberg, A. (2000): *Jahresabschluss und Jahresabschlussanalyse*, 17. Aufl., Landsberg/Lech.

Commons, J. (1931): Institutional Economics, in: *AER*, Vol. 12, S. 648–657.

Copeland, T./Weston, F. (1988): *Financial Theory and Corporate Policy*, Addison-Wesley, Irwin, Menlo Park, CA.

Credit Agricole Cheuvreux (2007): Research Center, Frankfurt am Main.

Damasio, A. (1995): *Descartes Irrtum. Fühlen, Denken und das menschliche Gehirn*, List, München.

Damasio, A. (1997): Neuropsychology. Towards a Neuropathology of Emotion and Mood, in: *Nature*, 386 (6627), S. 769–770.

Damasio, A. (2000): *A Second Chance for Emotion*, in: **Lane, R./Nadel, L.** (Eds.), *Cognitive Neuroscience of Emotion*, New York, S. 12–23.

Damasio, A. (2001): *Fundamental Feelings*, in: Nature, 413 (6858), S. 781.

Darwin, C. (2007): *The expression of the emotions in man and animals*, Filiquarian, Pub Llc.

Davies, H./Lam, P. (2001): *Managerial Economics – An Analysis of Business Issues*, Third Edition, Prentice Hall, London, New York.

Deetjen, P./Speckmann, E./Hescheler, J. (2004): *Physiologie*, 4. Aufl., München, Jena.

Descartes, R./Heffernan, G. (2001): *Discours de la methode pour bien conduire sa raison et chercher la verite dans le sciences – Von der Methode des richtigen Vernunftgebrauchs und der wissenschaftlichen Forschung*, 2. verb. Auflage, Meiner Verlag, Hamburg.

Deutsches Aktieninstitut e. V.

Diekmann, A. (1999): *Empirische Sozialforschung. Grundlagen, Methoden, Anwendungen*, Rowohlt Verlag.

DiMaggio, P./Powell, W. (1991): *Introduction*, in: **DiMaggio, P./Powell, W.** (Eds.), *The New Institutionalism, in Organizational Analysis*, University of Chicago Press, Chicago.

Doz, Y. (1992): *Empirische Relevanz von strategischen Allianzen in Europa*, in: **Bonder, C./Pritzl, R.** (Hrsg.): *Wegweiser für strategische Allianzen*, Frankfurt am Main, S. 47-62.

Dresdner Kleinwort Equity Research (2007).

DZ-Bank AG Deutsche Zentral-Genossenschaftsbank Research Publication (2007).

Eisenhardt, K. (1989a): Agency Theory – An Assessment and Review, in: *Academy of Management Review*, Vol. 14, S. 57–74.

Ekman, P. (1973): *Darwin and facial expression: A century of research in review*, Academic Press, New York.

Elster, J. (1998): Emotions and economic theory, in: *Journal of Economic Literature*, 36, 2, S. 47–74.

Engeser, M./Augter, S. (2004): Managergehälter. Ritt ohne Risiko, in: *Wirtschaftswoche*, 29.07.2004, S. 56–61.

Epiktet (1992): *Handbüchlein der Moral*, Reclam Universal-Bibliothek, Ditzingen.

Ernst & Young (2006): Studie: *Handeln wider besseres Wissen, Warum viele Transaktionen scheitern, ohne es zu müssen*, S. 1–31.

Fama, E./Jensen, M. (1983): Agency Problems and Residual Claims, in: *The Journal of Law and Economics*, XXVI, June, S. 327–349.

Fama, E. (1980): Agency Problems and the Theory of the Firm, in: *Journal of Political Economy*, 88, S. 288–307.

Fama, E. (1991): Efficient Capital Markets II, in: *The Journal of Finance*, Vol. 46, S. 1575–1617.

Fiebig, G./Kramer, M. (1998): A framework for the study of emotions in organizational contexts, in: *Management Communication Quarterly*, 11, S. 536–572

Fineman, S. (1993): *Emotions in Organizations*, London.

Flannery, M. (1999): Comment on Milbourn, Boot, and Thakor, in: *JBF*, Vol. 23, S. 215–220.

Flick, U. (1995): *Triangulation*, in: **Flick, U.** (Hrsg.): *Handbuch der qualitativen Sozialforschung. Grundlagen, Konzepte, Methoden und Anwendungen*, 2. Aufl., Beltz, Weinheim, S. 423–434.

Fowler, K./Schmidt, D. (1989): Determinants of tender offer post-acquisition financial performance, in: *SMJ*, 10. Jg. 1989, Nr. 4, S. 339–350.

Frank, R. (1985): *Choosing the Right Pond*, Oxford University Press, New York.

Frank, R. (1988): *Passions within Reason. The Strategic Role of Emotions*, Norton, New York.

Frankfurter Allgemeine Zeitung (FAZ) (2007): FAZ vom 09.05.2007, Nr. 107, S. 22.

Frankfurter Allgemeine Zeitung (FAZ) (2007): FAZ vom 14.06.2007, Nr. 135, S. 15.

Frankfurter Allgemeine Zeitung (FAZ) (2007): FAZ vom 28.06.2007, Nr. 147, S. 23.

Frankfurter Allgemeine Zeitung (FAZ) (2007): FAZ vom 24.12.2007, Nr. 299, S. 16.

Frantz, R. (1988): *X-Efficiency: Theory, Evidence and Applications*, Kluwer, Boston.

Frey, B./Osterloh, M. (2000): Pay for Performance–Immer empfehlenswert?, in: *zfo*, 69. Jg., Heft 2, S. 64–69

Frey, B./Osterloh, M. (2005): Yes, Managers Should Be Paid Like Bureaucrats, in: *Journal of Management Inquiry*, Vol. 14, No. 1, S. 96–111.

Frijda, N. (1986): *The Emotions*, New York.

Fuhrmann, M. (2001): *Aristoteles: Poetik. Griechisch/Deutsch*, 2. bibliographisch ergänzte Ausgabe, Reclam Universal-Bibliothek, Ditzingen.

Gabriel, Y. (1998): Psychoanalytic contributions to the study of the emotional life of organizations, in: *Administration & Society*, 30, S. 291–314.

Gaughan, P. (1999): *Mergers, Acquisitions and Corporate Restructuring*, John Wiley & Sons, Cambridge, Mass.

Gerpott, T. (1993): *Integrationsgestaltung und Erfolg von Unternehmensakquisitionen*, Schäffer-Poeschel, Stuttgart.

Geschäftsbericht ADIDAS AG 1997.

Geschäftsbericht ADIDAS-SALOMON AG 1998.

Geschäftsbericht ADIDAS-SALOMON AG 1999.

Geschäftsbericht ADIDAS Group 2005.

Geschäftsbericht ADIDAS Group 2006.

Gesetz gegen Wettbewerbsbeschränkungen (GWB)

Glotz, P. (1999): *Die beschleunigte Gesellschaft – Kulturkämpfe im digitalen Kapitalismus*, München.

Goleman, D. (1999): *Der Erfolgsquotient*, München.

Goleman, D. (2001): *An EI-Based Theory of Performance*, New York, S. 27–44

Goleman, D. (2007): Emotionale Intelligenz, 19. Aufl., Deutscher Taschenbuch Verlag, München.

Gomez, P./Weber, B. (1989): *Wertschöpfung durch die Übernahme von Unternehmen*, Schäffer-Poeschel, Stuttgart.

Gort, M. (1969): An Economic Disturbance Theory of Mergers, in: *QJE*, Edition 83, S. 624–642.

Grote, B. (1990): *Ausnutzung von Synergiepotentialen durch verschiedene Koordinationsformen ökonomischer Aktivitäten*, Lang, Frankfurt am Main, Bern.

Grote, M./Wellmann, A. (1999): *Mikroökonomik*, Oldenbourg, München, Wien.

Haleblian, J./Finkelstein, S. (1999): The Influence of Organisational Experience and Acquisition Performance: A Behavioural Learning Perspective, in: *Administrative Science Quarterly*, 44. Jg., S. 29–56.

Handelsgesetzbuch (HGB)

Hall, R. (2002): *Organizations: structures, processes, and outcomes*, Prentice Hall, Upper Saddle River, NJ.

Haverkamp, A. (1996): *Theorie der Metapher*, Darmstadt.

Hayward, M. (2002): When do firms learn from their acquisition experience? Evidence from 1990–1995, in: *SJoM*, 23. Jg. 2002, Nr. 1, S. 21–39.

Hawkins, D./Best, R./Coney, K. (2001): *Consumer Behavior: Building Marketing Strategy*, 8th ed., Boston.

Heinemann, K. (2007): *Einführung in die Soziologie des Sports*, 5. überarb. und aktualisierte Aufl., Hofmann-Verlag, Schorndorf.

Heinen, E. (1968): *Einführung in die Betriebswirtschaftslehre*, 1. Aufl., Gabler, Wiesbaden.

Henzler, H. (1999): *Globalisierung und Standort Deutschland*, in: **Giesel, F./Glaum, M.**, *Globalisierung – Herausforderung an die Unternehmensführung zu Beginn des 21. Jahrhunderts*, München.

Higgins, R./Schall, L. (1975): Corporate Bankruptcy and Conglomerate Merger, in: *The Journal of Finance*, 30, S. 93–113.

Hill, P./Schnell, R. (1999): *Methoden der Empirischen Sozialforschung*, 6. völlig überarb. und erw. Aufl., Oldenbourg, München.

Hölters, W. (2002): *Handbuch des Unternehmens- und Beteiligungskaufs*, Otto Schmidt, Köln.

Homburg, Ch./Krohmer, H. (2003): *Marketingmanagement*, Gabler, Wiesbaden.

Huemer, F. (1991): *Mergers & Acquisitions: Strategische und finanzielle Analyse von Unternehmensübernahmen*, Lang, Frankfurt am Main.

IBM (2006): *Expanding the horizon*, Somers, N.Y., IBM Corporation.

Institute for Mergers & Acquisitions an der Universität Witten/Herdecke (IMA) (2004): *M&A-Strategien und Übernahmewelle: Die Zukunft des M&A-Marktes*, Studie zur Entwicklung des M&A-Marktes basierend auf einer Umfrage unter 192 M&A-Professionals.

Jansen, S./Körner, K. (2000): *Fusionsmanagement in Deutschland*, Witten/Herdecke.

Jansen, S. (2000): *Erfahrung schützt nicht vor Misserfolgen* – Erste Ergebnisse einer Studie von 103 Fusionen, in: Handelsblatt, Beilage „Mergers & Acquisitions", 28. April 2000.

Jansen, S. (2001a): *Mergers & Acquisitions: Eine strategische, organisatorische und kapitalmarkttheoretische Einführung*, Gabler, Wiesbaden.

Jansen, S. (2001b): *Mergers & Acquisitions: Unternehmensakquisitionen und -kooperationen*, Gabler, Wiesbaden.

Jansen, S. (2004): *Management von Unternehmenszusammenschlüssen, Theorien, Thesen, Tests und Tools*, Klett-Cotta, Stuttgart.

Jensen, M. (1986): Agency Cost of Free Cashflow, Corporate Finance, and Takeovers, in: *AER, Papers and Proceeding*, Vol. 76, No. 2, 1986, S. 323–329.

Jensen, M./Meckling, W. (1976): Theory of the Firm, Managerial Behaviour, Agency costs and Capital structure, in: *JFE*, 1, S. 305–360.

Jensen, M./Ruback, R. (1983): The Market for Corporate Control – The Scientific Evidence, in: *JFE*, 11, S. 5–50.

Jöhr, W. (1972): Zur Rolle des psychologischen Faktors in der Konjunkturtheorie, in: *Ifo-Studien*, 18, S. 157–184.

JP Morgan Investment Research (2007).

Kahneman, D/Tversky, A. (1979): Prospect Theory: An Analysis of Decision under Risk, in: *Econometrica*, 47, S. 263–291.

Kaplan, S./Weisbach, M. (1992): The Success of Acquisitions: Evidence from Divestitures, in: *The Journal of Finance*, XLVII, 1, S. 107-138.

Katona, G. (1975): *Psychological Economics*, Elsevier, Amsterdam.

Keren, G. (1996): Perspectives of behavioural decision making: Some critical notes, in: *Organizational Behavior and Human Decision Processes*, 65, 3, S. 169–178.

King, D./Dalton, D./Daily, C./Covin, J. (2004): Meta-Analysis of Postacquisition Performance: Indications of unidentified moderators, in: *SMJ*, 2004, S. 187–200.

Kleinert, J./Klodt, H. (2000): *Megafusionen – Trends, Ursachen und Implikationen*, Kieler Studien, Tübingen.

Kleinginna, P./Kleinginna, A. (1981): A categorized List of Emotion Definitions, with Suggestions for a Consensual Definition, in: *Motivation and Emotions*, 5. Jg., S. 345–379.

Klima, R. (1988): *Gefühl*, in: **Fuchs, W./Klima, R./Lautmann, R./Rammstedt, O./Wienold, H.** (Hrsg.): *Lexikon der Soziologie*, 2. Aufl., Opladen.

Kootz, E. (1996): *Structural Holes, Market Constraints and Embedding Strategies – An Empirical Analysis of Mergers & Acquisitions in Germany*, Diss., St. Gallen, Rosch Buch, Hallstadt.

KPMG (2002): M&A-Studie.

Krell, G. (2002): *Welche Bedeutung haben emotionale Kompetenzen im Arbeitsleben?*, in: **Salisch, M.** (Hrsg.): *Emotionale Kompetenz entwickeln. Grundlagen in Kindheit und Jugend*, Stuttgart, S. 73–89.

Kroeber-Riel, W./Weinberg, P. (2003): *Konsumentenverhalten*, 8. Aufl., München.

Küpers, W./Weibler, J. (2005): *Emotionen in Organisationen*, Verlag W. Kohlhammer, Stuttgart.

Kusewitt, J. (1985): An exploratory study of strategic acquisition factors relating to performance, in: *SMJ*, 6. Jg. 1985, Nr. 2, S. 151–169.

Lakoff, G./Johnson, M. (1989): *Leben in Metaphern*, Heidelberg.

Lazarus, R. (1991): *Emotion and Adaptation*, Oxford University Press, London.

LeBon, G. (1895/1912): *Psychologie des Foules (Psychologie der Massen)*, 2. verb. Aufl., Leipzig.

LeDoux, J. (2000): Emotion Circuits in the Brain, in: *Annual Review of Neuroscience*, 23 (1), S. 155–184.

Leibenstein, H. (1976): *Beyond Economic Man. A New Foundation for Microeconomics*, Harvard University Press, Cambridge.

Leimbach, A. (1991): Unternehmensübernahmen im Wege des Management-Buy-Outs in der Bundesrepublik Deutschland: Besonderheiten, Chancen, Risiken, in: *ZfbF*, Jg. 43, Nr. 5, 1991, S. 450–463.

Levinthal, D./March, J. (1993): The myopia of learning, in: *SJoM*, 14. Jg. 1993, Nr. 8, S. 95–112.

Lewellen, W. (1971): A Pure Financial Rationale for the Conglomerate Merger, in: *The Journal of Finance*, 39(1), S. 275–281.

Loewenstein, G. (1996): Out of Control: Visceral influences on behavior, in: *Organizational Behavior and Human Decision Processes*, 65, 3, S. 272–292.

Loewenstein, G./Lerner, J. (2001): *The Role of Affect in Decision Making*, in: **Davidson, R.. et al.** (Hrsg.): *The Handbook of Affective Science*, Oxford, Oxford University Press.

Lubatkin, M. (1983): Mergers and the performance of the acquiring firm, in: *The Academy of Management Review*, 1983, Nr. 8, S. 218–225.

Lucks, K./Meckl, R. (2002): *Internationale Mergers & Acquisitions: Der prozessorientierte Ansatz*, Berlin.

Macharzina, K. (2004): *Unternehmensführung – Das internationale Managementwissen – Konzepte – Methoden – Praxis*, 4. Aufl., Wiesbaden.

Manning, P. (1979): Metaphors of the field: Varieties of organizational discourse, in: *Administrative Science Quarterly* 24, S. 660–671.

Markowitz, H. (1952): Portfolio Selection, in: *The Journal of Finance* 7, S. 77–91.

Mayring, P. (1996): *Einführung in die qualitative Sozialforschung*, Weinheim.

McDougall, W. (1927): *The Group Mind*, New York.

McKinsey & Co (1999): *Value Creation through M&A and Alliances*, Madrid Conference, 01.07.1999.

Meckling, W. (1976): Values and the Choice of the Model of the Individual in the Social Sciences, *Schweizerische Zeitschrift für Volkswirtschaft und Statistik*, 112, S. 545–560.

Meyer, C. (1994): How the Right Measures Help Teams Excel, in: *HBR*, Vol. 72, No. 3, S. 95–103.

Meyer, W./Reisenzein, R./Schützwohl, A. (2001): *Einführung in die Emotionspsychologie* – Band 1: *Die Emotionstheorie von Watson, James und Schachter*, 2. Aufl., Bern.

M.M. Warburg & Co Aktien Research Report (2007).

Mueller, D. (1979): *Hypothesen über Unternehmenszusammenschlüsse*. Discussion Paper Series, International Institute of Management, Wissenschaftszentrum Berlin.

Müller-Stewens, G. (1999): *Mergers and Acquisitions: Markttendenzen und Beraterprofile*, Schäffer-Poeschel, Stuttgart.

Müller-Stewens, G./Spickers, J./Deiss, C. (1999): *Mergers & Acquisitions – Markttendenzen und Beraterprofile*, Schäffer-Poeschel, Stuttgart.

Müller-Stewens, G. (2000): *Akquisitionen und der Markt für Unternehmenskontrolle: Entwicklungen und Erfolgsfaktoren*, in **Picot, A./Nordmeyer, A./Pribilla, P.** (Hrsg.): *Management von Akquisitionen*, Stuttgart, S. 41–62.

Müller-Stewens, G./Lechner, C. (2001): *Strategisches Management: Wie strategische Initiativen zum Wandel führen*. St. Galler General Management Navigator, Stuttgart.

Müller-Stewens, G. (2006): Zukäufe lohnen sich wieder, in: *Handelsblatt*, 03.05.2006, S. 44.

Nelson, R. (1959): *Merger Movements in American Industry 1895–1956*, Princeton.

Neumann, J./Morgenstern, O./Buchanan, J./Güth, W./Selten, R. (2001): *Theory of Games and Economic Behaviour*, Verlag Wirtschaft und Finanzen, Stuttgart, Erstausgabe Princeton (1944).

Nieschlag, R./Dichtl, E./Hörschgen, H. (2002): *Marketing*, 19. Aufl., Berlin.

Oatley, K./Johnson-Laird, P. (1987): Towards a cognitive theory of emotions, in: *Cognition and Emotion*, Jg. 1, S. 29–50.

Olten, R. (1998): *Wettbewerbstheorie und –politik*, 2. Aufl., Oldenbourg, München, Wien.

Ott, J. (1990): *Akquisition und Integration mittelständischer Unternehmungen*, Bamberg.

Otto, J./ Euler, H./Mandl, H. (2000): *Begriffsbestimmungen*, Weinheim.

Panzar, J. (1989): *Technological Determinants of Firm and Industry Structure*, in: **Schmalensee, R./Willig, R.** (Eds.), *Handbook of Industrial Organization*, Vol. I, Esevier Science, S. 4–59.

Paprottka, S (1995): *Synergie und Integration von Unternehmenszusammenschlüssen*, Diss., Dr. Kovac, Hamburg.

Paprottka, S (1996): *Unternehmenszusammenschlüsse, Synergiepotentiale und ihre Umsetzungsmöglichkeiten durch Integration*, Gabler, Wiesbaden.

Pareto, V./Eisermann, G. (1962): *Vilfredo Paretos System der allgemeinen Soziologie*, 1. Aufl., Enke, Stuttgart.

Pausenberger, E. (1989): Zur Systematik von Unternehmenszusammenschlüssen, in: *WISU*, 18. Jg., Nr. 11/89, S. 621–626.

Pennings, J./Barkema, H./Douma, S. (1994): Organizational learning and diversification, in: *AMJ*, 37. Jg. 1994, Nr. 3, S. 608–640.

Penrose, E. (1959): *The Theory of the Growth of the Firm*, Oxford.

Perin, S. (1996): *Synergien bei Unternehmensakquisitionen*, Gabler, Wiesbaden.

Picot, A. (1991): *Ökonomische Theorien der Ökonomie. Ein Überblick über neuere Ansätze und deren betriebswirtschaftliches Anwendungspotential*, in: **Ordelheide, D./Rudolph, B./Brüsselmann, E.** (Hrsg.): *Betriebswirtschaftslehre und ökonomische Theorien*, Schäffer-Poeschel, Stuttgart, S. 4194–4204.

Picot, A. (2000): *Management von Akquisitionen: Akquisitionsplanung und Integrationsmanagement*, Stuttgart.

Picot, G. (2005): *Handbuch Mergers & Acquisitions, Planung, Durchführung, Integration*, 3. Aufl., Schäffer-Poeschel, Stuttgart.

Picot, A./Reichwald, R./Wigand, R. (2001): *Die grenzenlose Unternehmung: Information, Organisation und Management*, 4. Aufl., Wiesbaden.

Platon (1994): *Sämtliche Werke*, Band I-IV, Rowohlt, Hamburg.

Plutchik, R. (1962): *The Emotions: Facts, Theories and a New Model*, Random House, New York.

Plutchik, R. (1984): Emotions and Imagery, in: *Journal of Mental Imagery*, 8 (1), S. 105–122.

Porter, M. (1987): Diversifikation – Konzerne ohne Konzept, in: *Harvard Manager* 4, S. 30–49

Poser, H. (2003): *Rene Descartes – Eine Einführung*, Reclam Universal-Bibliothek, Ditzingen.

Powell, W. (1991): *Expanding the Scope of Institutional Analysis*, in: **DiMaggio, P./Powell, W.** (Eds.), *The New Institutionalism in Organizational Analysis*, University of Chicago Press, Chicago.

Pratt, J./Zeckhauser, R. (1985) (Hrsg.): *Principals and Agents: The Structure of Business,* Boston.

Preißner, A./Engel, S. (1997): *Marketing*, 3. Aufl., München.

Rafaeli, A./Sutton, R. (1989): *The expression of emotion in organisational life*, in: **Staw, B./Cummings, L.** (Eds.), *Research in Organizational Behaviour 11*, Greenwich, Conn., S. 1–42.

Ravenscraft, D./Scherer, F. (1987a): *Mergers, Sells-Offs & Economic Efficiency*, Washington D.C.

Ravenscraft, D./Scherer, F. (1987b): Life after Takeover, in: *Journal of Industrial Economics*, 36, 2, S. 147–156.

Reid, S. (1976): *The new Industrial Order*, McGraw-Hill, New York.

Ricoeur, P. (1991): *Die lebendige Metapher*, Müchen.

Roll, R. (1986): The Hubris Hypothesis of Corporate Takeovers, in: *Journal of Business*, Jg. 59.

Sal. Oppenheim Equity Research (2007).

Sandler, G. (1991): *Synergie: Konzept, Messung und Realisation – Verdeutlicht am Beispiel der horizontalen Diversifikation durch Akquisition*, Diss., Nr. 1249, HSG, Difo-Druck, Bamberg.

Savage, L. (1972): *The Foundations of Statistics*, 2. überarb. Aufl., Dover Publications Inc.

Schachter, S. (1962): Cognitive, social and physiological determinants of emotional state, in: *Psychological Review*, 69, S. 379–407.

Schäfer, M. (2001): *Integrationscontrolling – Bausteine zur Beobachtung der Integration von Akquisitionen*, St. Gallen.

Schaper-Rinkel, W. (1998): *Akquisition und strategische Allianzen*, Deutscher Universitäts-Verlag, Wiesbaden.

Schenk, H. (1996): Bandwagon Mergers, International Competitiveness, and Government Policy, in: *Empirica*, 23(3), S. 255–278.

Schmalenbach, E. (1947): Pertiale Wirtschaftslenkung, 1. Aufl., Dorn-Verlag, Bremen-Horn.

Schmitt, R. (1995): *Metaphern des Helfens*, Psychologie-Verlags-Union, Weinheim.

Schmitt-Atzert, L. (1996): *Lehrbuch der Emotionspsychologie*, Stuttgart.

Schmölders, G. (1962): *Volkswirtschaftslehre und Psychologie*, Reinbek, Berlin.

Schmusch, M. (2002): „Die Goodwill Blase“, in: *FAZ*, 4. Juni 2002, Beilage Nr. 126, S. 1.

Schubert, W./Küting, K. (1981): *Unternehmenszusammenschlüsse*, Vahlen, München.

Schumann, J. (1992): *Grundzüge der mikroökonomischen Theorie*, 6. Aufl., Springer, Berlin, Heidelberg, New York.

Scitovsky, T. (1976): *The Joyless Economy: An Inquiryinto Human Satisfaction and Dissatisfaction*, Oxford University Press, Oxford.

Scott, R. (1987): *Institutions and Organizations*, Second Edition, London/New Delhi.

Scott, R. (1994): *Conceptualizing Organizational Fields: Linking Organizations and Societal Systems*, in: **Derlin, U./Gerhardt, U./Fritz, W.** (Hrsg.): *Systemrationalität und Partialinteresse*, Nomos, Baden-Baden, S. 203–221.

Seneca (1995): *Philosophische Schriften*, **Rosenbach, M.** (Hrsg.), erster Band, 5. Aufl., Wissenschaftliche Buchgesellschaft, Darmstadt.

Seth, A. (1990): Value Creation in Acquisitions: A Re-Examination of Performance Issues, in: *SMJ*, Vol. 11, 1990, S. 99–115.

Sewing, N. (1996): *Steigerung des Erfolgs von grenzüberschreitenden Akquisitionen durch gezielte Integration der Mitarbeiter differierender Landeskulturen*, Wiesbaden.

Sherman Act

Simon, H. (1959): Theories of decision making in economics and behavioural science, in: *AER*, Vol. 49, No. 3, S. 253–283.

Spinoza, B. (2003): *Tractatus de intellectus emendatione – Abhandlung über die Verbesserung des Verstandes*, Philosophische Bibliothek, 2. verb. Aufl., Meiner Verlag, Hamburg.

Sporting Goods Intelligence (2006), Glen Mills, PA, USA.

Sporting Goods Intelligence (2007), Glen Mills, PA, USA.

Steger, T. (2001): *Was Metaphern über Gefühle sagen – Ein neuer Zugang zu Emotionen auf der Managementebene*, in: **Schreyögg G./Sydow, J.** (Hrsg.): *Emotionen und Management*, Managementforschung 1, Wiesbaden, S. 75–109.

Stigler, G. (1950): Monopoly and Oligopoly by Merger, in: *AER*, Vol. 40, No. 2, S. 23–24.

Storck, J. (1993): *Mergers & Acquisitions: Marktentwicklung und bankpolitische Konsequenzen*, Gabler, Wiesbaden.

Sudarsanam, P. (1995): *The Essence of Mergers and Acquisitions*, Prentice Hall, London.

Tarde, G. (1890): *Die Gesetze der Nachahmung*, Paris.

Thaler, R. (1992): *The Winner´s Curse. Paradoxes and Anomalies of Economic Life*, Free Press, New York.

Thommen, J./Achleitner, A. (1998): *Allgemeine Betriebswirtschaftslehre*, 2. vollst. überarb. und erw. Aufl., Gabler, Wiesbaden.

Thomson Financial (2007)

Tomkins, S. (1962): *Affect, Imagery, and Consciousness. The Positive Effects*, New York, Springer.

Trautwein, F. (1990): Merger Motives and Merger Prescriptions, in: *SMJ*, Vol. 11, S. 283–295.

Trommsdorff, V. (2003): *Konsumentenverhalten*, 5. Aufl., Stuttgart.

United Nations Conference on Trade and Development World Investment Report (2000)

UBS Investment Research (2007).

Umwandlungsgesetz (UmwG)

Varian, H. (1991): *Grundzüge der Mikroökonomik*, 2. Aufl., München.

Vogel, D. (2002): *M&A Ideal und Wirklichkeit*, Gabler, Wiesbaden.

Von Aquin, T. (2001): *Über sittliches Handeln*, Reclam Universal-Bibliothek, Ditzingen.

Waffenschmidt, W. (1963): *Graphisch-anschauliche Einführung in die Volkswirtschaftslehre*, 2. Aufl., Meisenhein am Glam.

Weber, M. (1921): *Soziologische Grundbegriffe*, 6. erneut durchges. Aufl, Mohr, Tübingen, 1984.

Weber, M. (2006): *Wirtschaft und Gesellschaft*, Voltmedia, Paderborn.

Wertpapiererwerbs- und Übernahmegesetz (WpÜG)

Westbrook, R./Oliver, R. (1987): Product / Consumption-Based Affective Responses and Postpurchase Processes, in: *Journal of Marketing Research*, 24 (3), S. 258–271.

West LB Equity Research (2007).

Weston, J. (2001): *Mergers and Acquisitions*, McGraw-Hill, New York.

Weston, J./Chung, S. (1983): Some aspects of Merger Theory, in: *Journal of Midwest Finance Association* 12, S. 1–33.

Willers, H./Siegert,T. (1988): *Mergers & Acquisitions – Ein strategisches Instrument*, in: **Henzler, H.** (Hrsg.): *Handbuch strategische Führung*, Wiesbaden, S. 261.

Williamson, O. (1975): *Markets and Hierarchies: Analysis and Antitrust Implications*, The Free Press, New York.

Wirtz, B. (2003): *Mergers & Acquisitions Management: Strategie und Organisation von Unternehmenszusammenschlüssen*, Gabler, Wiesbaden.

Wöhe, G. (1968): *Einführung in die Allgemeine Betriebswirtschaftslehre*, 1. Aufl., Vahlen, München.

Wöhe, G. (1993): *Einführung in die Allgemeine Betriebswirtschaftslehre*, 18. Aufl., Vahlen, München.

Wöhe, G. (2000): *Einführung in die Allgemeine Betriebswirtschaftslehre*, 20. Aufl., Vahlen, München.

Wundt, W. (2007): *Grundzüge der physiologischen Psychologie*, 1. Aufl., Vdm Verlag Dr. Müller, Saarbrücken.

You, V./Caves, R./Smith, M./Henry, J. (1986): *Mergers and Bidders Wealth: Managerial and Strategic Factors*, in: **Thomas, L.** (Ed.), *The Economics of Strategic Planning*, Lexington Books, Lexington/Mass.

Zollo, M./Winter, S. (2002): Deliberate learning and the evolution of dynamic capabilities, in: *Organization Science*, 13. Jg. 2002, Nr. 3, S. 339–351.

Zollo, M./Singh, H. (2004): Deliberate learning in corporate acquisitions: Post-acquisition strategies and integration capability in U.S. Bank mergers, in: *SMJ*, 2004, Nr. 25, S. 1233–1256.

Zürcher Trend (2006): *Zürcher Trend, Der Schweizer Kapitalbrief für Privatanleger & der Zürcher Wirtschaftsbrief für Unternehmer*, Transterra GmbH, 50. Jahrgang, 52/2006.

Zwahlen, B. (1994): *Motive und Gefahrenpotentiale bei einer Unternehmensakquisition*, Diss., Zürich.

Verzeichnis zitierter Internet-Quellen

http://www.adidas-group.com/de/bizmedia/biographies/HerbertHainer_dt.pdf

http://www.adidas-group.com/de/investor/_downloads/pdf/pressemeldungen/reebok-d.pdf (03.08.2005, Seite 1)

http://www.adidas-group.com/de/investor/_downloads/pdf/pressemeldungen/reebok-d.pdf (03.08.2005, Seite 3)

http://www.adidas-group.com/de/overview/history/History-d.pdf

http://www.adidas-group.com/de/investor/_downloads/HAUPTVERSAMMLUNG/Speech_2007.pdf

http://www.adidas-group.com/de/investor/_downloads/pdf/quarterly_reports/Q3_2006_DE.pdf (Seite 7)

http://www.faz.net/s/RubC8BA5576CDEE4A05AF8DFEC92E288D64/Doc~E6CB2B77BDB8948EC9100FC03DB5E6549~ATpl~Ecommon~Scontent.html

http://www.ma-online.de/

http://www.ma-online.de/mar/dateien/MA02_05_A1.pdf

http://www.ma-online.de/mar/dateien/jahresrueckblick2005.pdf

http://www.ma-online.de/mar/dateien/jahresrueckblick2006.pdf

http://www.ma-online.de/mar/dateien/Halbjahr0707.pdf

http://www.kpmg.de/about/press_office/18332.htm.

http://www.reebok.com/useng/history/2000.html

http://www.trade-net.ch/de/anlagen/_aktuell_06/07.pdf

http://www-935.ibm.com/services/de/bcs/pdf/2006/ceostudy_execsum.pdf

Anhang

Ergebnisse 2006 auf einen Blick	
	Ergebnisse 2006
Umsatzwachstum (währungsneutral)	
mit Reebok	+ 53 %
ohne Reebok	+ 14 %
Rohertragsmarge	
mit Reebok	44,6 %
ohne Reebok	47,8 %
Operative Marge	
mit Reebok	8,7 %
ohne Reebok	10,5 %
Operatives kurzfristiges Betriebskapital in % des Umsatzes	25,8 %
Investitionen	277 Mio. €

Kennzahlenanalyse

Gewinn-und-Verlust-Rechnung

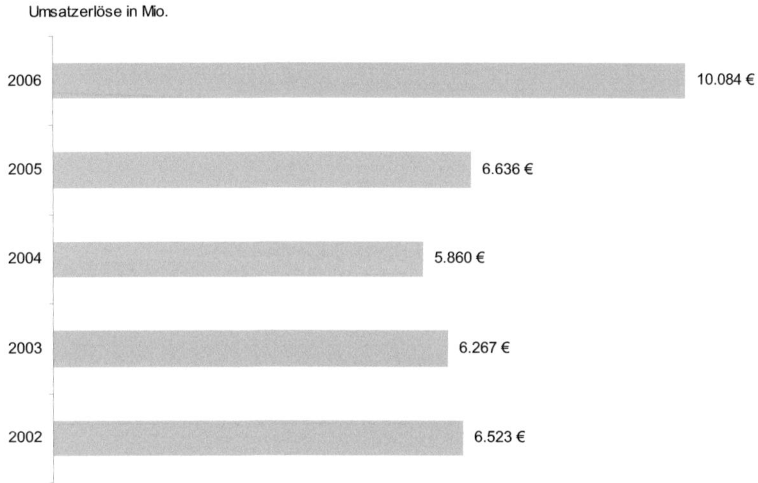

Rohertragsmarge in %
2006
44,6
2005
48,2
2004
48,0
2003
44,9
2002
43,2

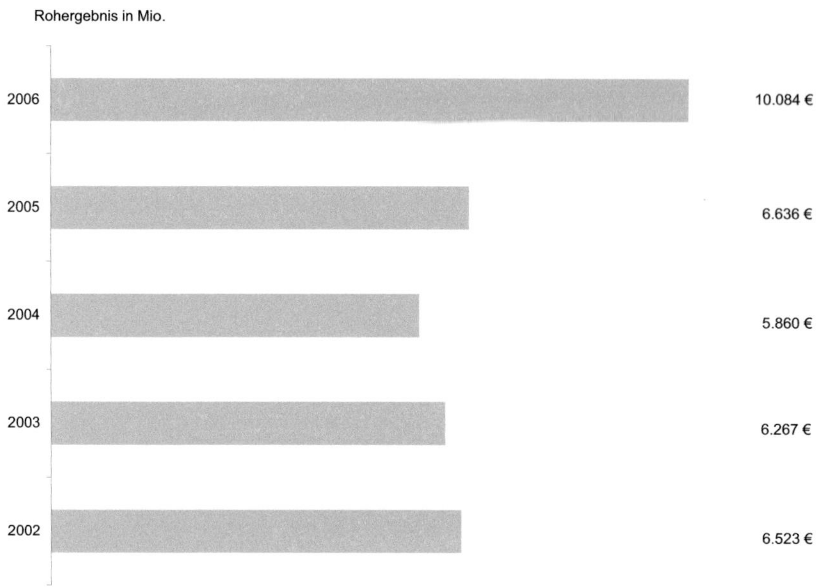
Rohergebnis in Mio.
2006
10.084 €
2005
6.636 €
2004
5.860 €
2003
6.267 €
2002
6.523 €

Lizenz- und Provisionserträge in Mio.

Operative Aufwendungen in Mio.

Operative Aufwendungen in % der Umsatzerlöse
2006
36,7
2005
38,2
2004
38,2
2003
37,1
2002
35,9

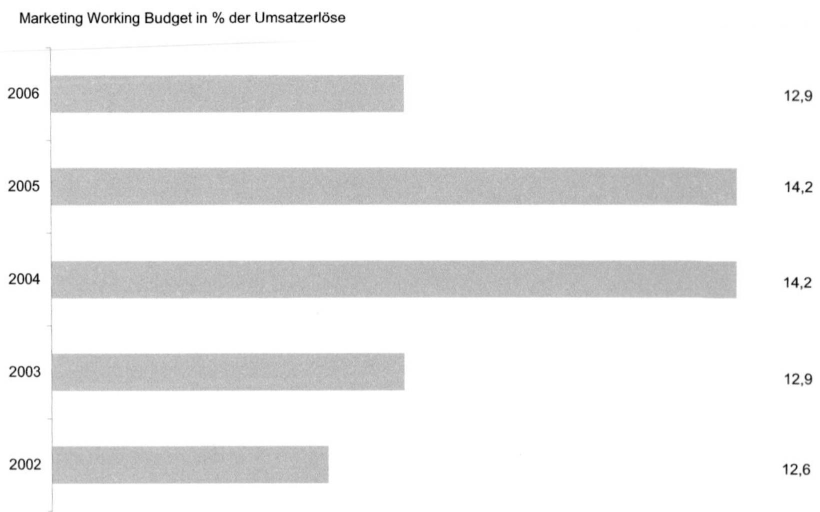
Marketing Working Budget in % der Umsatzerlöse
2006
12,9
2005
14,2
2004
14,2
2003
12,9
2002
12,6

Operative Marge in %

Betriebsergebnis in Mio.

Nettofinanzaufwendungen in Mio.

Gewinn vor Steuern in Mio.

Bilanz und Kapitalflussrechnung

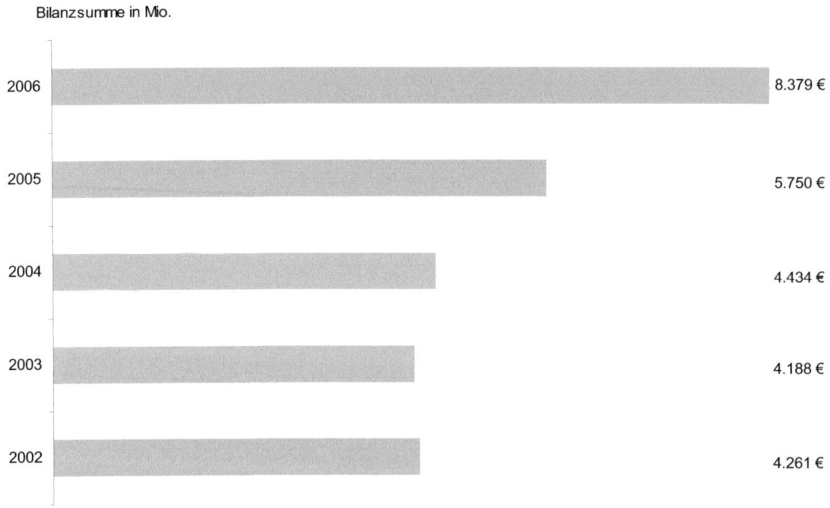

Forderungen aus Lieferungen und Leistungen in Mio.

Netto-Liquidität/Nettofinanzverbindlichkeiten in Mio. €

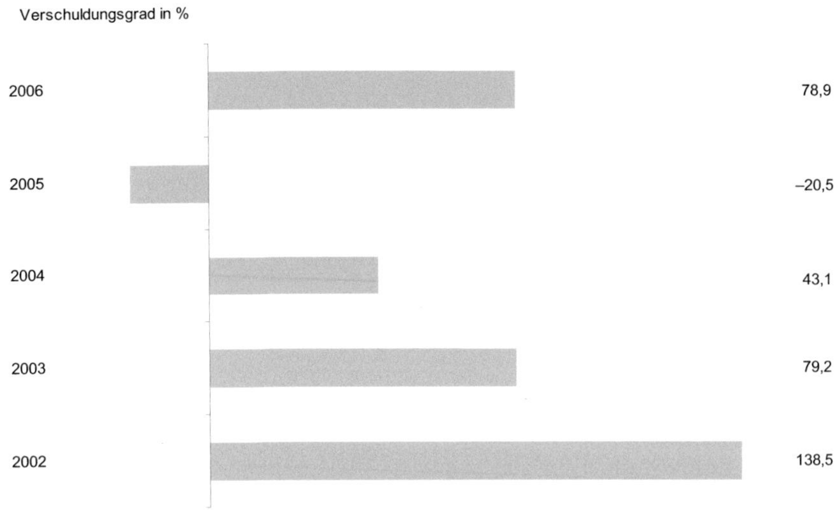
Verschuldungsgrad in %
2006
78,9
2005
–20,5
2004
43,1
2003
79,2
2002
138,5

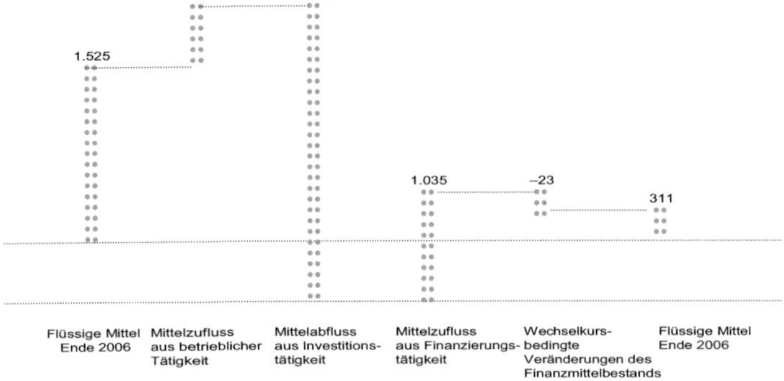
Veränderung der flüssigen Mittel in Mio. €
1.525
762
–2.988
1.035
–23
311
Flüssige Mittel Ende 2006
Mittelzufluss aus betrieblicher Tätigkeit
Mittelabfluss aus Investitionstätigkeit
Mittelzufluss aus Finanzierungstätigkeit
Wechselkursbedingte Veränderungen des Finanzmittelbestands
Flüssige Mittel Ende 2006

Kennzahlen zur Aktie

Kennzahlen zur Aktie auf einen Blick

		2006	2005
Unverwässertes Ergebnis je Aktie	€	2,37	2,05 1)
Verwässertes Ergebnis je Aktie	€	2,25	1,93 1)
Operativer Cashflow je Aktie	€	3,74	1,88 1)
Jahresendkurs	€	37,73	40,00 1)
Jahreshoch/Jahrestief	€	44,00/34,66	41,00/27,78 1)
Dividende	€	0,42	0,325 1)
Dividendensumme	Mio.€	85	66
Ausschüttungsquote	%	18	17
Dividendenrendite	%	1,11	0,81
Eigenkapital pro Aktie	€	13,90	13,22 1)
Kurs-Gewinn-Verhältnis am Jahresende		16,8	20,7
Durchschnittliches Handelsvolumen je Handelstag	Aktien	2.039.527	1.696.371 1)
Rang im Dax am Jahresende nach Marktkapitalisierung		24	18
Handelsvolumen		21	21

1) Angepasst aufgrund des am 06.06.06 im Verhältnis 1 : 4 durchgeführten Aktiensplits
2) Vorbehaltlich der Zustimmung der Aktionäre
3) Wie von der Deutschen Börse veröffentlicht

Marktkapitalisierung zum Jahresende in Mio.

Synergieeffekte

Kostensynergien (in Mio. €)	2006e	2007e	2008e	2009e	Gesamt	Zieleinsparung ADIDAS
Kosten verkaufter Waren (Herstellungskosten)	0,0	12,5	12,5	0,0	0,0	
Allgemeine Betriebsaufwendungen	0,0	5,0	75,0	70,0	150,0	
Gesamt	**0,0**	**17,5**	**87,5**	**70,0**	**175,0**	
Zieleinsparung ADIDAS	0,0	17,5	87,5	70,0	175,0	175,0
Zieleinsparung ADIDAS akkumuliert	0,0	17,5	105,0	175,0		
Anfängliches von ADIDAS geschätztes Einsparungspotential akkumuliert	0,0	17,5	75,0	125,0		

Staffelung von Kostensynergien aus der Integration in Mio. €

	2007	2008	2009
Jährliche Kosteneinsparungen	87,5	175	175
Einmalaufwendungen pro Jahr	70	70	–
Nettoeffekt	17,5	105	175

Umsatzsynergien (in Mio. €)	2006e	2007e	2008e	2009e	Gesamt (geschätzt)	Zieleinsparung ADIDAS
Markenbekleidung (Reebok)	0,0	20	20	65	105	100
Vertragshändler (ADIDAS)	0,0	10	40	50	100	100
Produktinnovationen (Reebok)	0,0	30	40	65	135	100
Vertragshändlerübernahmen (Reebok)	0,0	40	50	70	160	200
Gesamt	**0,0**	**100**	**150**	**250**	**500**	**500**
ohne ADIDAS	0,0	10	40	50	100	
ohne Reebok	0,0	90	110	200	400	

Staffelung von Umsatzsynergien aus der Integration in Mio. €

	2007	2008	2009
Zusätzlicher Umsatz pro Jahr	100	250	500
Durchschnittliche Einmalaufwendungen pro Jahr	15–25	15–25	15–25

Eidesstattliche Versicherung gem. § 6 Abs. 2 Nr. 5 und 10

Hierdurch versichere ich: Ich habe diese Arbeit selbständig und nur unter Benutzung der angegebenen Quellen und technischen Hilfen angefertigt, sie hat noch keiner anderen Stelle zur Prüfung vorgelegen. Wörtlich übernommene Textstellen, auch Einzelsätze oder Teile davon, sind als Zitate kenntlich gemacht worden.

Zudem erkläre ich hierdurch, dass ich die „Leitlinien guter wissenschaftlicher Praxis der Deutschen Sporthochschule Köln" in der aktuellen Fassung eingehalten habe.

EINZELSCHRIFTEN

Eric Zöller
Kommunale Doppik – Auswirkungen der Eröffnungsbilanz auf die Haushaltssystematik am Beispiel von Rheinland-Pfalz
Lohmar – Köln 2009 ♦ 340 S. ♦ € 63,- (D) ♦ ISBN 978-3-89936-777-5

Thomas Holtfort
Einfluss von Saisonalität auf den Momentumeffekt – Eine empirische Untersuchung des deutschen Aktienmarktes
Lohmar – Köln 2009 ♦ 232 S. ♦ € 56,- (D) ♦ ISBN 978-3-89936-780-5

Torsten Dennin
Besicherte Rohstoffterminkontrakte im Asset Management – Die Möglichkeiten einer dynamischen vs. statischen Allokation auf der Grundlage von Mean Reversion Preiseigenschaften
Lohmar – Köln 2009 ♦ 276 S. ♦ € 58,- (D) ♦ ISBN 978-3-89936-781-2

Martin M. Bieri
Revolutorische Wettbewerbsvorteile durch endogene Regelbrüche – Dargestellt am Beispiel des Non-Food-Aktionsgeschäftes
Lohmar – Köln 2009 ♦ 84 S. ♦ € 42,- (D) ♦ ISBN 978-3-89936-783-6

Cornelia A. J. Haas
Goodwill-Bilanzierung nach IFRS und Implikationen für das Controlling
Lohmar – Köln 2009 ♦ 456 S. ♦ € 66,- (D) ♦ ISBN 978-3-89936-785-0

Oliver Boldt
Unternehmensübergreifendes Qualitätsmanagement für korridorbezogene Kombinierte Güterverkehre Schiene/Straße – Konzeptionelle Entwicklung eines Gestaltungsansatzes und erste Ergebnisse zur praktischen Umsetzung
Lohmar – Köln 2009 ♦ 440 S. ♦ € 68,- (D) ♦ ISBN 978-3-89936-786-7

Lara T. Mohr
Die Bedeutung subjektiv-rationaler und emotionaler Manager-Motive bei Mergers & Acquisitions – Untersucht am Beispiel der Übernahme von REEBOK durch ADIDAS
Lohmar – Köln 2009 ♦ 356 S. ♦ € 64,- (D) ♦ ISBN 978-3-89936-790-4

JOSEF EUL VERLAG